JN250646

新版

獣医公衆衛生学実習

獣医公衆衛生学教育研修協議会 編

編集委員長 丸山総一 日本大学

委　　員 重茂克彦 岩手大学
上野俊治 北里大学
植田富貴子 日本獣医生命科学大学
伊藤直人 岐阜大学
加藤行男 麻布大学
三澤尚明 宮崎大学

学窓社

執筆者一覧

執筆者（執筆順）

重茂　克彦	元岩手大学農学部獣医学課程教授
村松　康和	酪農学園大学獣医学部人獣共通感染症ユニット教授
熊谷　　進	食品安全委員会委員長
高鳥　浩介	NPO法人カビ相談センター代表
上野　俊治	北里大学獣医学部獣医公衆衛生学教授
壁谷　英則	日本大学生物資源科学部獣医学科獣医公衆衛生学准教授
佐藤　　至	岩手大学農学部獣医学課程教授
岡谷　友三　アレシャンドレ	麻布大学獣医学部獣医学科公衆衛生学第二研究室講師
中馬　猛久	鹿児島大学共同獣医学部獣医公衆衛生学教室教授
柏本　孝茂	北里大学獣医学部獣医学科獣医公衆衛生学准教授
加藤　行男	麻布大学獣医学部獣医学科公衆衛生学第二研究室准教授
三宅　真実	大阪府立大学大学院生命環境科学研究科獣医学専攻生体環境制御学教授
武士　甲一	元帯広畜産大学畜産衛生学研究部門食品衛生学分野教授
山﨑　英樹	帯広畜産大学畜産衛生学研究部門食品衛生学分野助教
牧野　壯一	京都聖母女学院短期大学教授
三澤　尚明	宮崎大学農学部獣医学科獣医公衆衛生学教授
林谷　秀樹	東京農工大学大学院農学研究院准教授
猪島　康雄	岐阜大学応用生物科学部食品環境衛生学分野准教授
高木　敬彦	麻布大学獣医学部獣医学科公衆衛生学第一教授
堀内　基広	北海道大学大学院農学研究院教授
丸山　総一	日本大学生物資源科学部獣医学科獣医公衆衛生学教授
岡村　雅史	北里大学獣医学部獣医学科獣医公衆衛生学准教授
苅和　宏明	北海道大学大学院獣医学研究科環境獣医科学講座公衆衛生学教授
前田　秋彦	京都産業大学総合生命科学部動物生命医科学科教授
伊藤　直人	岐阜大学応用生物科学部人獣共通感染症学准教授
竹原　一朗	東京農工大学大学院農学研究院教授
好井健太朗	北海道大学大学院獣医学研究科環境獣医科学講座公衆衛生学准教授
伊藤　啓史	鳥取大学農学部獣医学科獣医公衆衛生学准教授
安藤　匡子	鹿児島大学共同獣医学部獣医公衆衛生学教室准教授
川本　恵子	帯広畜産大学動物・食品衛生研究センター食品有害微生物分野准教授
度会　雅久	山口大学農学部獣医学科獣医公衆衛生学教授
石原加奈子	東京農工大学大学院農学研究院講師
淺野　　玄	岐阜大学応用生物科学部野生動物医学准教授
植田冨貴子	日本獣医生命科学大学獣医学部獣医学科獣医公衆衛生学教授
高野　貴士	日本獣医生命科学大学獣医学部獣医学科獣医公衆衛生学助教
望月眞理子	日本獣医生命科学大学獣医学部獣医保健看護学科教授
落合　由嗣	日本獣医生命科学大学獣医学部獣医学科獣医公衆衛生学准教授

序　文

獣医公衆衛生学は社会的な実践活動を担う応用獣医学の一分野である。それにかかわる実習は実践活動の基礎をなすものとして、必要不可欠な位置づけにある。

今日、諸科学の発展に伴い、獣医公衆衛生学が関連する分野や項目は多岐にわたり、各種試験・検査方法には著しい進歩が見られるようになった。また、獣医系大学で実施されている獣医公衆衛生学実習の項目や内容も統一されたものとは言い難い状態であった。そこで、2007年に、全国の獣医公衆衛生関連科目担当者で構成される獣医公衆衛生学研修協議会において、学生が同じ基礎で学び、獣医師として将来具備していなければならない内容を盛り込んだ実習書を作成することが決定された。実習書の作成にあたり、編集委員会を設け、各大学で行われている実習内容と項目を精査し、できるだけ各大学に共通の項目を取り上げた。

本書では獣医公衆衛生学における食品衛生、人獣共通感染症、環境衛生分野の主要な実習項目を採用した。本書で取り上げた内容には境界領域のものも含まれているが、そのような実習項目については関連領域と調整して効率の良い実習計画を策定されることを期待している。また、実習者に対する危険度、実習に利用可能な機器、設備なども考慮した上で直接扱って実習することのできないものは、写真で代用することに努め、施設・設備のなどの面で卒後研修に委ねた方が良いものは割愛した。さらに、公衆衛生分野で行政対応する事態を考慮し、公定法を基本として記述した。各大学間の時間割や施設等の違いから、掲載したすべての項目を実習することは事実上不可能であるため、状況に合わせて必要な項目を選択して実習していただきたい。

近年、欧米諸国では、獣医学教育を国際的水準に合わせることが進められており、獣医公衆衛生学実習も国際化に対応した内容を加味することが求められている。一方で、わが国の獣医学教育におけるコア・カリキュラムの策定も進行している。将来的に本書の内容をこれらに合わせて改訂することにやぶさかでないので、多く方からの建設的なご批判、ご提言を頂けたら幸いである。

ご多忙の中、快く分担執筆に応じて頂いた各大学の諸先生に篤くお礼を申し上げるとともに、本書の刊行に当たりご尽力頂いた株式会社学窓社山口啓子社長へ深く感謝の意を表する次第である。

平成22年4月
獣医公衆衛生学実習書
編集委員会代表　丸山　総一

目　次

執筆者一覧 …… Ⅲ
序文 …… Ⅳ
目次 …… Ⅴ
実習をはじめるまえに …… Ⅷ

第1部　食品衛生 …… 1

第1章　食品の衛生管理 …… 2
公定法概論 …… 重茂克彦　2
検体とサンプリング法 …… 重茂克彦　3
指標細菌 …… 村松康和　4
真菌検査法 …… 熊谷　進、高鳥浩介　12
食品の変質、腐敗、変敗 …… 14
揮発性窒素 …… 上野俊治　14
水分活性 …… 壁谷英則　15
油脂の変敗 …… 上野俊治　17
残留農薬 …… 佐藤　至　19
食品添加物 …… 23
亜硝酸塩 …… 佐藤　至　23
着色料 …… 壁谷英則　24
洗浄と消毒 …… 岡谷友三アレシャンドレ　25
HACCP …… 中馬猛久　29
第2章　細菌・ウイルス性食中毒 …… 32
食中毒の疫学調査 …… 林谷秀樹　32
腸炎ビブリオ …… 柏本孝茂　33
サルモネラ属菌 …… 加藤行男　35
病原性大腸菌 …… 三宅真実　38
黄色ブドウ球菌 …… 重茂克彦　40
ボツリヌス菌 …… 武士甲一、山﨑栄樹、牧野壮一　44
ウェルシュ菌 …… 武士甲一、山﨑栄樹、牧野壮一　47
セレウス菌 …… 重茂克彦　50
カンピロバクター …… 三澤尚明　52
エルシニア・エンテロコリチカ …… 林谷秀樹　56
その他の食中毒起因菌 …… 加藤行男　58
ノロウイルスによる食中毒 …… 猪島康雄　60
第3章　乳肉衛生 …… 64
乳の成分と性状 …… 高木敬彦　64
乳の細菌学的検査 …… 村松康和　74
残留抗菌性物質 …… 加藤行男　79
伝達性海綿状脳症検査法 …… 堀内基広　80
第4章　水産食品の衛生 …… 82
鮮度試験 …… 重茂克彦　82

魚介毒の試験 …… 丸山総一 82
第5章 食卵の衛生 …… 岡村雅史 88
卵の微生物汚染防止機構 …… 岡村雅史 88
卵の品質と鮮度検査 …… 岡村雅史 88
異常卵 …… 岡村雅史 89
卵の採卵から加工･流通経路と保存法 …… 岡村雅史 89
ヒトへの健康障害 …… 岡村雅史 89

第2部 人獣共通感染症 …… 91

第6章 人獣共通感染症の診断およびその注意点 …… 92
人獣共通感染症の診断の意義 …… 苅和宏明 92
診断の手法 …… 前田秋彦 93
剖検・採材とその注意点 …… 伊藤直人 95
診断と届出義務 …… 96
感染症法 …… 苅和宏明 96
狂犬病予防法 …… 伊藤直人 99
家畜伝染病予防法 …… 竹原一朗 102
第7章 ウイルス性人獣共通感染症 …… 104
狂犬病 …… 伊藤直人 104
日本脳炎 …… 好井健太朗 107
インフルエンザ …… 伊藤啓史 109
その他のウイルス性人獣共通感染症の診断 …… 安藤匡子 112
第8章 細菌性人獣共通感染症 …… 117
炭疽 …… 川本恵子、牧野壮一 117
パスツレラ症 …… 村松康和 124
猫ひっかき病 …… 丸山総一 127
結核 …… 丸山総一 129
ブルセラ症 …… 度会雅久 131
オウム病 …… 壁谷英則 132
その他の細菌性人獣共通感染症の診断 …… 壁谷英則 136
薬剤耐性菌とその同定 …… 石原加奈子 138
第9章 寄生虫性人獣共通感染症 …… 143
トキソプラズマ症 …… 加藤行男 143
アニサキス症 …… 丸山総一 145
エキノコックス症 …… 淺野 玄 146
その他の寄生虫性人獣共通感染症の診断 …… 淺野 玄 148

第3部 環境衛生 …… 153

第10章 大気の衛生 …… 154
温熱環境の測定 …… 154
温度(気温) …… 植田富貴子、高野貴士 154
湿度(気湿) …… 植田富貴子、高野貴士 156
気流(気動) …… 植田富貴子、高野貴士 157
輻射熱 …… 植田富貴子、高野貴士 158
温熱条件の評価と基準 …… 上野俊治 158
照度 …… 佐藤 至 159
大気成分の測定 …… 高木敬彦 160

騒音・振動 …… 高木敬彦 171
第11章 水環境の衛生 …… 173
飲料水 …… 佐藤 至 173
試料の採取法 …… 佐藤 至 173
理化学的試験 …… 佐藤 至 173
硝酸態窒素、亜硝酸窒素 …… 上野俊治 175
農薬類 …… 佐藤 至 179
細菌検査 …… 落合由嗣 179
変異原性試験 …… 高木敬彦 180
Rec Assay …… 植田冨貴子、望月眞理子 184
公共浴用水 …… 184
試料の採取法 …… 上野俊治 184
理化学的試験 …… 上野俊治 185
細菌検査 …… 落合由嗣 186
下水・汚水 …… 188
試料の採取法 …… 佐藤 至 188
理化学的試験 …… 佐藤 至 188
透視度 …… 佐藤 至 188
浮遊物質および溶解性蒸発残留物 …… 佐藤 至 189
溶存酸素 …… 佐藤 至 189
生物化学的酸素要求量 …… 佐藤 至 190
化学的酸素要求量 …… 佐藤 至 191
亜硝酸化合物・硝酸化合物 …… 上野俊治 192
界面活性剤 …… 上野俊治 194
ヘキサン抽出物 …… 上野俊治 195
各種金属元素の検出 …… 植田冨貴子、望月眞理子 196
細菌検査 …… 落合由嗣 199
付表 χ^2の表 …… 200
付表 全乳の比重補正表 …… 201
付録 主な化合物の化学式一覧 …… 202
索 引 …… 203

獣医公衆衛生学実習をはじめるまえに

白衣の着用と身だしなみ

獣医公衆衛生学実習においては、必ず清潔な白衣を着用する。実習などにおいて白衣を着用する意義は、病原微生物、薬品、などの汚染により生ずるhazardから自分自身を守ることにある。したがって、白衣は種々のものに汚染している可能性を考慮すべきである。白衣は白いので一見きれいなものであると思いこみがちであるが、このような誤った認識は改めなければならない。自分自身を守る目的の白衣によって他の人に汚染を広げてはならないのは当然である。したがって、白衣を着用しながらの飲食、喫煙、学生食堂の出入り、実習室内での飲食などは絶対にしてはならない。

また、爪は短く切っておくとともに、髪の長い人は後ろで束ねて実験の妨げにならないよう心がける。

実験台周辺の清潔、整頓

実験を始めるにあたり、実験台とその周辺を清潔にし、整理、整頓を心がけるべきである。実験台の上には、筆記用具など実験に必要なもの以外は置かないようにする。

実験中の行動は「落ちついて」、「まじめに」

何の実習でも実験は落ちついてまじめに取り組む心構えが必要である。大勢で実習をしていると、集団心理が働いて浮かれがちである。また、実験を早く終わらせようとして急いだり、手を抜いたりすると失敗する。また、実験中は常に実験台周辺にいて経過を良く観察し、特定の個人のリードに安易に任せる態度は厳に慎むべきである。

滅菌と無菌操作

微生物を用いた実験の特色は滅菌と無菌操作をその主要な手技とすることである。われわれの周辺には無数の微生物が存在する。万一、それが実験材料に混入すると実験結果に混乱を起こし実験そのものを無意味にする。これを避け、正しい実験を行うためには滅菌と無菌操作の意義を良く理解しその手技を身につける必要がある。

薬品、培地の廃棄

実習で使用した薬品は無用な環境汚染を起こさないよう、指定された容器に廃棄し、不用意に「流し」に流してはならない。また、観察の終了した培地は放置せず、すみやかに滅菌して廃棄する。

消　毒

実験終了時はすみやかに実験台をアルコールスプレーなどの消毒薬で消毒するとともに、手指を薬用石けんで洗浄後、消毒して退室する。

レポートの作成

実習の結果をまとめて整理し、レポートを作成することは、実験を振り返って実験の目的、方法、結果について正しい認識をもつために重要である。したがって、ただ単に実験操作を行っただけでは実験が終わったことにはならない。その結果をすみやかに整理して検討し、レポートを提出して初めて実験を完了したことになる。とくに、不成功に終わった実験にあっては、その原因について十分究明しておくことが大切である。

第1部
食品衛生

第1章

食品の衛生管理

公定法概論

食品衛生に関する検査は、食に起因する危害の発生を未然に防止し、食品の安全性と有益性、健全性を確保する上で必要不可欠なものである。食品衛生検査は大きく微生物学的検査と理化学的検査に分けられ、さらに場合によっては動物を用いた毒性試験も行われる。これらの定性的あるいは定量的な試験を行う場合、通常その方法は複数あるが、すべての方法で同一の結果を出せるとは限らない。したがって、結果の同一性を保証するために国家が特定の検査法を法律などで指定する場合がある。これらを「公定法」と称している。

食品衛生検査の目的としては、成分規格や製造基準の定められている食品に対して、その製品が規格に適合しているか、基準に従って製造・加工されているかどうかを判定すること、不当表示がなされていないか判定すること、衛生上危害を生じる恐れのある有害物質、有害微生物が含まれていないかを判定することがあげられる。これらの目的を達成するために、厚生労働省からの告知・通知法に示された公定法が用いられる。さらに、食中毒・食品媒介感染症の発生にあたって原因食品や原因物質の究明が行われるが、告知・通知法がない対象物については、厚生労働省監修の「食品衛生検査指針」標準法として記載されている方法に基づいて検査が行われる。「食品衛生検査指針」は、現在「理化学編」、「微生物編」、「食品添加物編」、「残留農薬編」、および「動物用医薬品・飼料添加物編」の5編で構成されており、それぞれの食品衛生行政上の判断の根拠となるデータを得るための公定法および標準法をとりまとめたものである。

しかしながら、科学技術の急速な進歩により、以前に示された公定法が必ずしも最適な方法とはいえなくなっている場合もあり、感度、精度、再現性の面からさらに適切な方法が新たに公定法となることも考えられる。また、公定法に準じる標準法についても見直しの機運が高まってきており、国際的に認められている検査法との互換性や同等性が尊重され、試験法の国際調和が求められてきている。試験法は、その時代の科学の発展に応じて最適のものが採用され、改善されていく性質のものであることを心にとめておくべきである。

各大学における獣医公衆衛生学実習においては、公定法や標準法を完全に再現・実習することは時間的制約などにより困難な場合が多いが、各試験法の理論的背景・原理を理解するよう努めて欲しい。

検体とサンプリング法

食品衛生検査によって得られた結果は、食品の安全性、有益性、健全性を評価する科学的基盤となると同時に、評価に伴う行政上あるいは自主管理上の措置の科学的根拠となる。したがって、検査結果によってはその食品に対し様々な措置を行うこととなり、人体への健康影響はもちろんのこと、社会的、経済的な影響は大きい。それ故に、食品の検査は適正かつ厳格に実施されなければならない。また、検査の発端となるサンプリング（検体採取、標本抽出）も十分に留意して検査の目的にかなうよう適正に行われる必要がある。

食品衛生検査の大多数が破壊検査であることから、対象となる食品すべてを検査することは難しい。また、非破壊検査であっても、数が非常に多ければ全数を検査することは不可能である。そこで、検査されるべき対象から一部採取し、これを検査することが行われる。ただし、採取された検体の結果から、元の集団（ロット）全体が判断されるので、検査の信頼性を確保するためには検体採取の方法を注意深く設定し、ロットの特性を正しく反映するようにしなければならない。さらに、検査には理化学的検査、微生物学的検査があるので、それぞれの検査の特性に応じて検体を採取し、検査室に持ち込むまでにロットの特性が変化しないように運搬しなければならない。さらにどのようなロットから採取された検体かを正確に記録し、確実に検査室で受領することが必要となる。

ロットと検体

ロットとは、等しい条件下で生産し、または生産したと思われる品物の集まりである。ロットからあらかじめ定められた方法に従って検体を抜き取って試験し、その結果をロット判定基準と比較してそのロットの合格・不合格を判定する。食品の品質はロットや部位により不均一性があることを理解しておかなければならない。サンプリングの目的は、ロットを代表する検体を採取することであり、ロットを代表するということは、検体（標本集団）の特性の平均値がロット（母集団）の特性の平均値と一致することを意味する。サンプリング方式は、統計学に基づき、ロットのサイズを考慮してそのロットから抜きとる検体数を決定する必要がある。このようなサンプリングの概念については、コーデックス委員会分析法サンプリング部会で一般ガイドラインを採択しており、また、国際微生物規格委員会が提唱した、微生物学的検査のためのサンプリング法も同様な考え方のもとに行われている。

国際食品微生物規格においては、微生物および食品の取り扱い条件による危害度の両者を考慮した上で微生物の危害度分析を行い、それに対応したサンプリング法が設定されている。

現在、わが国の食品衛生法第26条に基づく行政検査に用いられているサンプリング法は、通知により定められており、必要に応じ改訂がなされている。今後、このようなガイドラインに基づいてサンプリング法についても国際調和が図られていくものと考えられる。

検体の確認における留意事項

検体採取はあらかじめ定められた採取計画によって行われるので、品名、形状、包装状態、貨物の記号、保管場所などを確認し、これらの情報から検体採取しようとしている対象が真に目的のものであることを確認しなければならない。また、この時点でロットの範囲を明確にしなければならない。さらに、上記の情報に加えて採取年月日、採取場所、採取者、採取量、採取方法、検体の状態など採取にかかわる事項、ロット名、生産地、輸出国、製造年月日、量、形状などロットにかかわる事項、検査目的、検査項目など検査にかかわる事項、その他運搬、保管にかかわる事項など、検体の基本情報・識別情報として必要な事項を記載しなければならない。

検体の採取と運搬における留意事項

検体の採取時には、異物の混入や汚染が生じないように留意し、さらに検体の取り違えや交差汚染が発生しないよう注意しなければならない。また、採取した検体は元の性状を変化させることなく検査室に運搬しなければならない。そのためには、次の事項について十分に注意を払う必要がある。

①―検体はロットごとに別々に採取する。

②―検体には検体ごとに固有の情報を記載した検体送付票を添付する。

③―あらかじめ定めた方法以外の方法で検体を採取あるいは運搬した場合は、その旨を記録する。

④―微生物学的検査に供する場合は、滅菌した器材を用い、できるだけ無菌的に採取する。

⑤―微生物学的検査に供する場合は、対象微生物に応じて最も適した環境で運搬する。

⑥―理化学検査の場合も、検査項目に応じ、不安定なものは低温で、酸化を受けやすいものは密閉容器を用いるなど、性質に応じて注意を払う。

⑦―検体はできるだけ短時間で検査室へ運搬する。

検体の受領と保管に関する留意事項

検体の受領にあたっては、検体の状態を確認し、採取、運搬時の記録表と一致し、また肉眼的に異常が見られないことを確認しなければならない。受領時に検体番号を付し、検査台帳に記載するなどの措置により、検査の開始に備える。この時点では、検体の取り違え、記載ミスに注意を払う必要がある。また、検査開始まで検体を保管する場合は、運搬における注意事項と同様に性状が変化しないように留意する。

指標細菌

一般細菌数(生菌数)

標準平板菌数とも呼ばれ、ある一定の条件下で発育する中温性好気性菌数を意味する。現在、わが国の食品衛生法に基づく「食品・添加物等の規格基準」および「乳等省令」に規定されている標準平板培養法による細菌数(生菌数)はこの菌数のことを指している。測定された菌数の多少は、食品およびそれらが生産された環境全般の、一般的な細菌による汚染状況を示す指標となり、食品の安全性・保存性・取り扱い時の衛生面での良否などの細菌学的品質を総合的に評価する際の極めて有力な手段となる。

一般細菌数検査

材　料

被検材料、滅菌希釈水、滅菌ペトリ皿(深型が良い)、滅菌メスピペット、標準寒天培地、ふ卵器、恒温水槽、集落計算器、コロニーカウンター

必要に応じて：秤量計、ストマッカーおよび滅菌ストマッカー用バッグあるいはブレンダーカップなど、材料の乳剤作製に必要な器具類

方法(標準平板培養法)

①―被検材料が液体の場合は必要に応じて滅菌済み広口瓶に入れ、そのまま瓶を良く振る(25回以上)。これを試料原液とする。

被検材料が固体、粉末、あるいは粘性の高い半流動状物質の場合は、検体の数個所から原則として25 gを量り取り、滅菌ストマッカー用バッグに移し、9倍量に相当する225 mLの滅菌希釈水を加えてストマッカー処理をして、均質化したものを原液とする。検査材料の細胞分布が均一と考えられる場合は、10 gを量りとり、90 mLの滅菌希釈水を加えて均質化したものを試料原液としても良い。

ガーゼやタンポンなど、拭き取り材料を検査に供する場合は、これらの拭き取り材料を一定量の滅菌希釈水でストマッキングするなどした洗い流し液を試料原液とする。

②―滅菌希釈水を用いて、各試料の10倍希釈液と100倍希釈液を作る。必要に応じて、さらに1,000倍、10,000倍…の希釈液を用意する。

③―滅菌ペトリ皿に各希釈液を1 mLずつ滴下する。各希釈液あたり2枚(以上)の滅菌ペトリ皿を使

用する。

④—その後20分以内に、あらかじめ加温溶解し恒温水槽内で45〜50℃に保持した標準寒天培地約15 mLを各ペトリ皿に加え、静かに回転・前後左右に傾斜して希釈液と培地を混合した後、静置して、培地を冷却凝固させる。

⑤—培地が凝固した後、ペトリ皿を倒置して35±1.0℃で48±3時間培養後、発生した集落数を計数・算出する。

⑥—拡散集落がないか、あるいは拡散集落が平板の1/2以下で他の集落が良く分散していて集落の計数に支障のない場合は、集落計算器を用いて常に一定した光線の下で集落数を計測する。生菌数の算定の要領は以下に示すとおりである。

⑥-1　30〜300の集落が得られた場合

i．30〜300の集落が一つの希釈段階で得られた時：2枚の平板の集落数の算術平均を求める(表1-1．⑥-1/ i)。

ii．30〜300の集落が連続する二つの希釈段階で得られた時：各希釈につき2枚の平板の算術平均を算定し、両者の比を求める。

ii -1．両者の比が2倍以下の場合：連続する2段階の希釈平板の集落数から算術平均を求める(表1-1．⑥-1/ ii -1および⑥-1/ ii -3)。

ii -2．両者の比が2倍を超えた場合：30〜300の集落が得られた連続する二つの希釈段階のうち、希釈の低い方の集落数の算術平均を求める(表1-1．⑥-1/ ii -2)。

⑥-2　すべての希釈段階の平板で集落数が300以上の場合：最も希釈倍率の高いものについて、正確に1 cm^2の区画のある密集集落計算板を用いて計測する(表1-1．⑥-3)。

i．1 cm^2の区画に10個以下の集落数の場合は、中心を通過する領域で縦に6区画、これに直交する領域で6区画の計12区画で集落数の合計から1 cm^2あたりの平均集落数を求め、これにペトリ皿の底面積を乗じて1平板あたりの集落数を算出する。

ii．1 cm^2の区画に10個以上の集落数の場合は、上記⑥-2．i．と同様に区分けし、4〜5区画の集落数の合計から1 cm^2あたりの平均集落数を求め、これにペトリ皿の底面積を乗じて1平板あたりの集落数を算出する。

⑥-3　すべての希釈段階の平板で集落数が30以下の時：最も低い希釈倍数に30を乗じて求める。表1-1．⑥-3の例では10倍希釈液と100倍希釈液を用いているので、

表1-1　一希釈あたり2枚の平板培地を用いて求められる生菌数算出例

判定例	各希釈での生菌数		二つの希釈段階それぞれで得られる生菌数の比率	生菌数/mL	
	10倍	100倍		計算式	SPC/mL
⑥-1/ i	180 205	12 18		$\frac{10\times(180+205)}{2}$	1,900
⑥-1/ ii -1	245 230	32 30	$\frac{10\times(245+230)}{2}:\frac{100\times(32+30)}{2}\leqq 1:2$	$\frac{2,450+2,300+3,200+3,000}{4}$	2,700
⑥-1/ ii -2	145 101	58 60	$\frac{10\times(145+101)}{2}:\frac{100\times(58+60)}{2}>1:2$	$\frac{1,450+1,010}{2}$	1,200
⑥-1/ ii -3	230 225	32 DC*	$\frac{10\times(230+225)}{2}:100\times 32\leqq 1:2$	$\frac{2,300+2,250+3,200}{3}$	2,600
⑥-2	TNTC** TNTC	520 431		$\frac{52,000+43,100}{2}$	48,000または 30,000以上
⑥-3	18 20	3 0			300以下
⑥-4	0 0	0 0			Laboratory Accident (LA)
⑥-5	DC DC	DC DC			Laboratory Accident (LA)

*：拡散集落(Diffusion colony)，　**：「Too numerous bacteria to count」

$$10(\text{倍希釈}) \times 30 = 300$$

となり、生菌数の表記は「300以下」とする。

以下に示す⑥-4から⑥-7の場合は試験室内事故(Laboratory accident；LA)とする。

⑥-4　集落の発生がなかった場合(常温保存可能品などを除く、表1-1. ⑥-4)

⑥-5　拡散集落の占める部分が平板の1/2を超える時(表1-1. ⑥-5)

⑥-6　汚染されたことが明らかなもの。

⑥-7　その他、不適当と思われるもの。

⑦—生菌数の記載は、算定対象とした平板の集落数の希釈倍数を乗じ、さらに得られた数字の上位3桁目を四捨五入して、上位2桁を有効数字として表記し、食品1 g(1 mL)当たりの菌数として求める。例えば、液体の検体では、算定された菌数値をそのまま31,000/mLあるいは31×10^3/mLまたは3.1×10^4/mLと記載する。

参　考

世界的な傾向として、30～300の集落が連続する二つの希釈段階で得られ、かつ両者の集落数の比が2倍未満の場合(⑥-1/ii-1参照)、連続する2段階の希釈平板の集落数から次の計算式により生菌数を求める。

$$N = \frac{\Sigma C}{(n_1 + 0.1 n_2) d}$$

ΣC：各平板の集落数の合計

n_1：希釈が低い方の算定対象ペトリ皿数

n_2：希釈が高い方の算定対象ペトリ皿数

d：希釈が低い方の希釈倍数

例)

10^2希釈で集落数が188と235、10^3希釈で31と40であった場合、求める生菌数は下記のとおりである。

$$N = \frac{188 + 235 + 31 + 40}{[2 + (0.1 \times 2)] \times 10^{-2}}$$

$$= \frac{494}{0.022} = 22{,}455$$

1 mLあたり23,000あるいは23,000 SPC

大腸菌群、糞便系大腸菌群、大腸菌

大腸菌群(coliforms)は「グラム陰性の無芽胞桿菌で、乳糖を分解して酸とガスを産出するすべての好気性または通性嫌気性の菌群」と定義される。この名称は衛生細菌学領域で使用される用語であり、医学細菌学上の分類に基づくものではない。したがって、細菌分類学でいう大腸菌(*Escherichia coli*)とは必ずしも一致しない。*Citrobacter freundii*、*Klebsiella aerogenes*など多くの腸内細菌科(Enterobacteriaceae)に属する菌種を包含する。従来、食品中に大腸菌群が存在するということは糞便汚染があった根拠とされ、出所を同じくする赤痢菌、コレラ菌、サルモネラ属菌などの病原菌による汚染の可能性がある不潔な食品と判定されてきた。しかし、本菌群は自然界に広く分布していることから、食品中の存在が直ちに糞便汚染を意味するものではない。今日では従来の安全性の指標としての意味を踏まえ、より良好な環境のもとで、より安全性の高い良質の食品を生産し確保するのに必要な環境衛生管理上の尺度として捉えていこうとする考え方が主流となってきた。

わが国の乳・乳製品や食肉・魚肉練り製品などでは、成分規格で不適当な加熱処理や取り扱い不良を判断する指標として大腸菌群を検査し、陰性であることが義務づけられている。また、わが国では生食用カキおよび凍結前未加熱の加熱後摂取冷凍食品について大腸菌の規格が設定されているが、この対象となるのは厳密には糞便系大腸菌群である。

大腸菌群

材　料

被検材料、滅菌希釈水、2倍濃度BGLB培地(10 mLずつ試験管に分注、滅菌)あるいは3倍濃度BGLB培地(5 mLずつ試験管に分注、滅菌)、BGLB培地、滅菌メスピペット、EMB培地または遠藤培地、白金耳、白金線、乳糖ブイヨン培地、普通寒天斜面培地、グラム染色用具一式、顕微鏡、ふ卵器、恒温水槽以下は必要に応じて：秤量計、ストマッカーおよび滅菌ストマッカー用バッグあるいはブレンダーカップなど、材料の乳剤作成に必要な器具類

方　法(図1-1)

①―被検材料が液体の場合は必要に応じて滅菌済み広口瓶に入れ、そのまま瓶を良く振る(25回以上)。被検材料が固体、粉末あるいは粘性の高い半流動状物質の場合は、検体の数個所から原則として25 gを量りとり、滅菌ストマッカー用バッグに移し9倍量に相当する225 mLの滅菌希釈水を加えてストマッカー処理して、均質化したものを原液とする。検査材料の細胞分布が均一と考えられる場合は、10 gを量りとり、90 mLの滅菌希釈水を加えて均質化したものを原液としても良い。

ガーゼやタンポンなど、拭き取り材料を検査に供する場合は、これらの拭き取り材料を一定

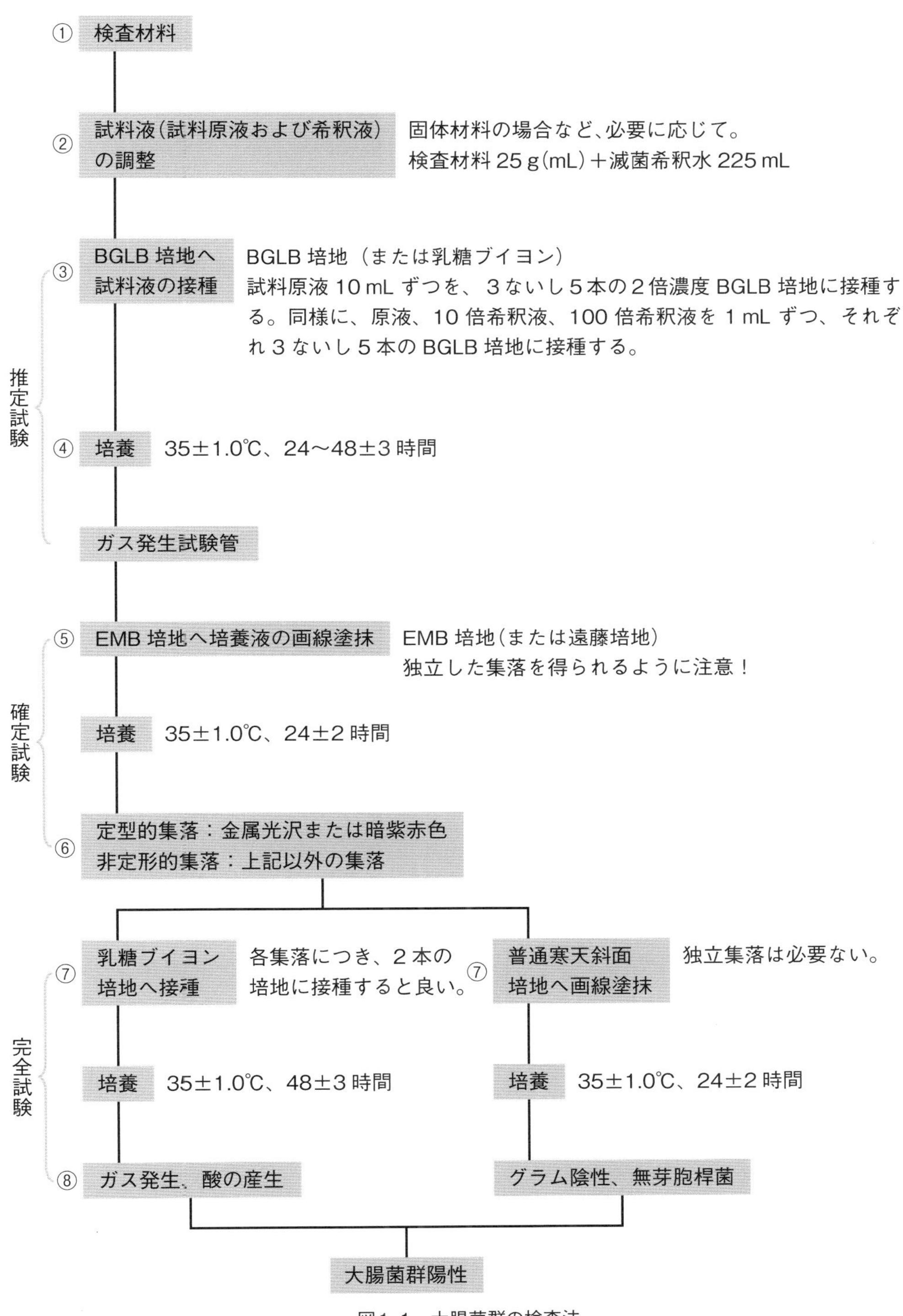

図1-1　大腸菌群の検査法

量の滅菌希釈水でストマッキングした洗い流し液を試料原液とする。

②—滅菌希釈水を用いて、試料原液の10倍希釈液と100倍希釈液を作製する。必要に応じて、さらに1,000倍、10,000倍…と希釈列を作製する。

③—試料原液を10 mLずつ3ないし5本の2倍濃度BGLB培地に接種する。同様に被検材料の原液、10倍希釈液と100倍希釈液を1 mLずつ、それぞれ3ないし5本のBGLB培地に接種する。必要に応じて作製した1,000倍、10,000倍…の希釈液についても各1 mLずつ、それぞれ3ないし5本のBGLB培地に接種する。

④—35±1.0℃で48±3時間(前後3時間の余裕を認める)培養してガス発生の有無を観察する。ガス発生が認められなければ大腸菌群陰性とする。

⑤—ガス発生を認めた場合は、そのBGLB培地から培養液を1白金耳量をとり、EMB培地または遠藤培地に画線塗抹し35±1.0℃で24時間±2培養する。

⑥—培養後のEMB培地または遠藤培地から定型的大腸菌群集落または2個以上の非定型的集落を白金線で釣菌し、乳糖ブイヨン培地および普通寒天斜面培地の斜面部に移植する。

⑦—乳糖ブイヨン培地は35±1.0℃で48±3時間培養し、普通寒天斜面培地は35±1.0℃で24時間培養する。

⑧—乳糖ブイヨン培地でガス発生を確認した場合は、これと相対する普通寒天斜面培地上の菌塊をとり、グラム染色後に鏡検し、グラム陰性無芽胞桿菌を認めた場合を大腸菌群陽性とする。これで、原液10 mLから各希釈段階の試料液を接種した、それぞれ3ないし5本ずつのBGLB培地のうちの何本のBGLB培地が大腸菌群陽性であったかがわかる。

⑨—⑧の結果をもとに、「表1-2、1-3 MPN」および「表1-4、1-5 MPN値の求め方」を参考にして被検材料のMPN値を算出する。

糞便系大腸菌群検査

材　料

被検材料、滅菌希釈水、EC培地、滅菌メスピペット、EMB培地または遠藤培地、白金耳、白金線、乳糖ブイヨン培地、普通寒天斜面培地、グラム染色用具一式、顕微鏡、ふ卵器、恒温水槽

大腸菌検査

材　料

上記に加えて：SIM培地、インドール試薬(Ehrlichの試薬など)、VP-MR培地、メチルレッド溶液、6% α-ナフトール溶液、40% KOH溶液、シモンズのクエン酸培地

方　法(図1-2)

①—被検材料が液体の場合は必要に応じて滅菌済み広口瓶に入れ、そのまま瓶を良く振る(25回以上)。被検材料が固体、粉末あるいは粘性の高い半流動状物質の場合は、検体の数個所から原則として25 gを量りとり、滅菌ストマッカー用バッグに移し9倍量に相当する225 mLの滅菌希釈水を加えてストマッカー処理して、均質化したものを原液とする。検査材料の細胞分布が均一と考えられる場合は、10 gを量りとり、90 mLの滅菌希釈水を加えて均質化したものを原液としても良い。

ガーゼやタンポンなど、拭き取り材料を検査に供する場合は、これらの拭き取り材料を一定量の滅菌希釈水でストマッキングした洗い流し液を試料原液とする。

②—滅菌希釈水を用いて、試料原液の10倍希釈液と100倍希釈液を作製する。

③—試料原液を10 mLずつ3ないし5本のEC培地に接種する。同様に被検材料の10倍希釈液と100倍希釈液を1 mLずつ、それぞれ3ないし5本のEC培地に接種する。

④—44.5℃±0.2℃の温度で24±2時間培養してガス発生の有無を観察する。ガス発生が認められなければ糞便系大腸菌群陰性とする。

⑤—ガス発生を認めた場合は、そのEC培地から培養液の1白金耳量をとり、EMB培地または遠藤培地に画線塗抹し35±1.0℃までの温度で24±2時間培養する。

⑥—培養後のEMB培地または遠藤培地から定型的大腸菌群集落または2個以上の非定型的集落を白金線で釣菌し、乳糖ブイヨン培地および普通寒天斜面培地の斜面部に移植する。

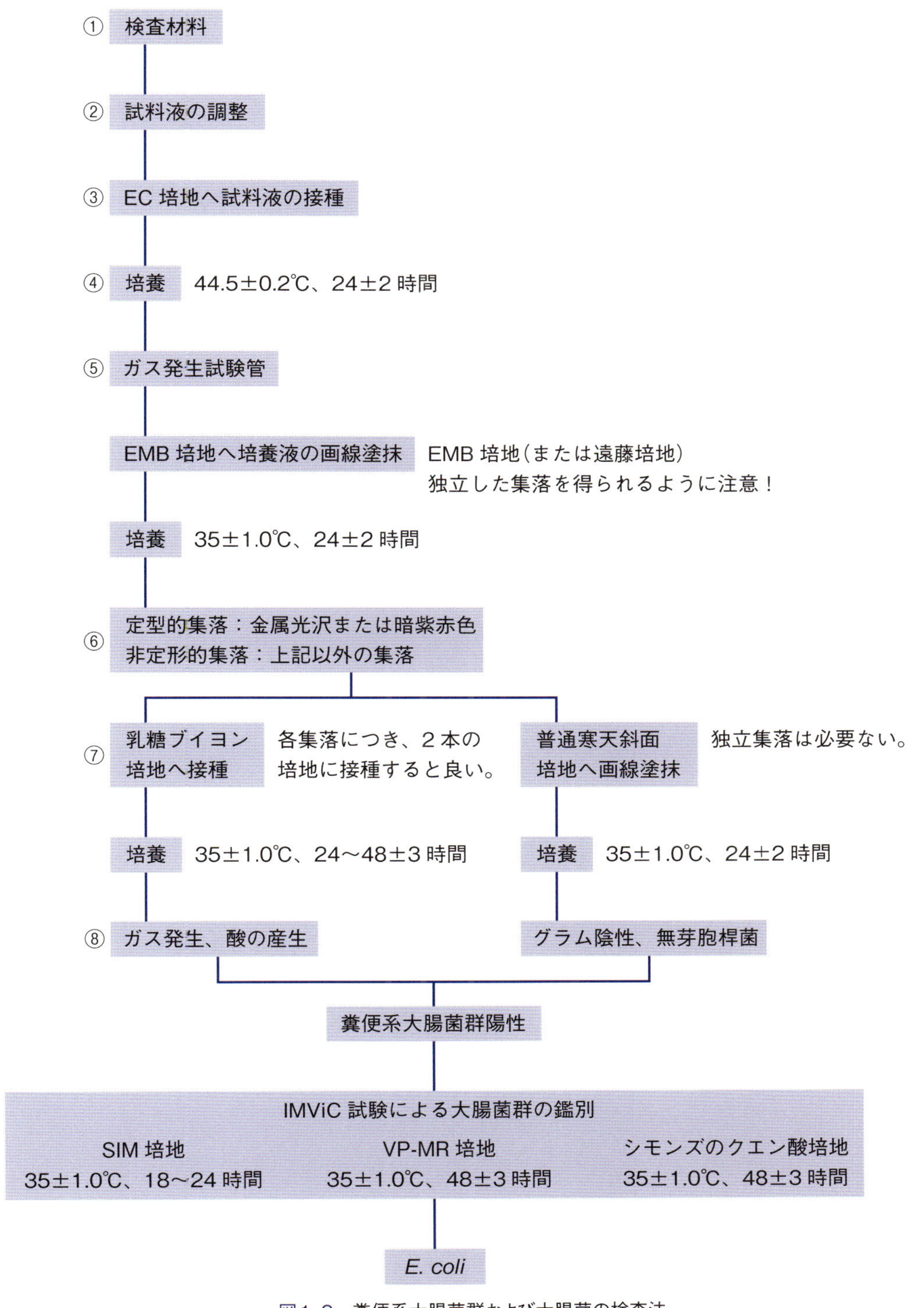

図1-2　糞便系大腸菌群および大腸菌の検査法

⑦―乳糖ブイヨン培地は35±1.0℃で48時間(前後3時間の余裕を認める)培養し、普通寒天斜面培地は35±1.0℃で24時間培養する。

⑧―乳糖ブイヨン培地でガス発生を確認した場合は、これと相対する普通寒天斜面培地上の菌塊をとり、グラム染色後に鏡検し、グラム陰性無芽胞桿菌を認めた場合を糞便系大腸菌群陽性とする。

⑨―「図1-2 糞便系大腸菌群および大腸菌の検査法」の後IMViC試験を実施する。

表1-2　参考：各段階3本ずつ3段階希釈における試料100 mLあたりのMPN値とその95%信頼限界（ISO4831による）

陽性管数			MPN	95%信頼限界	
10 mL	1 mL	0.1 mL	100 mL	下限	上限
0	0	0	<3	0	9.4
0	0	1	3	0.1	9.5
0	1	0	3	0.1	10
0	1	1	6.1	1.2	17
0	2	0	6.2	1.2	17
0	3	0	9.4	3.5	35
1	0	0	3.6	0.2	17
1	0	1	7.2	1.2	17
1	0	2	11	4	35
1	1	0	7.4	1.3	20
1	1	1	11	4	35
1	2	0	11	4	35
1	2	1	15	5	38
1	3	0	16	5	38
2	0	0	9.2	2	35
2	0	1	14	4	35
2	0	2	20	5	38
2	1	0	15	4	38
2	1	1	20	5	38
2	1	2	27	9	94
2	2	0	21	5	40
2	2	1	28	9	94
2	2	2	35	9	94
2	3	0	29	9	94
2	3	1	36	9	94
3	0	0	23	5	94
3	0	1	38	9	100
3	0	2	64	16	180
3	1	0	43	9	180
3	1	1	75	17	200
3	1	2	120	30	360
3	1	3	160	30	380
3	2	0	93	18	360
3	2	1	150	30	380
3	2	2	210	30	400
3	2	3	290	90	990
3	3	0	240	40	990
3	3	1	460	90	2,000
3	3	2	1,100	200	4,000
3	3	3	>1,100		

表1-3　参考：各段階5本ずつ3段階希釈における試料100 mLあたりのMPN値とその95%信頼限界（ISO4831による）（つづく）

陽性管数			MPN	95%信頼限界	
10 mL	1 mL	0.1 mL	100 mL	下限	上限
0	0	0	1.8	0	6.5
0	0	1	1.8	0	6.5
0	1	0	1.8	0.1	6.5
0	1	1	3.6	0.7	9.9
0	2	0	3.7	0.7	9.9
0	2	1	5.5	1.7	14
0	3	0	5.6	1.7	14
1	0	0	2	0.2	9.9
1	0	1	4	0.7	10
1	0	2	6	1.7	14
1	1	0	4	0.7	11
1	1	1	6.1	1.7	14
1	1	2	8.1	3.3	22
1	2	0	6.1	1.8	14
1	2	1	8.2	3.3	22
1	3	0	8.3	3.3	22
1	3	1	10	3	22
1	4	0	11	3	22
2	0	0	4.5	0.8	14
2	0	1	6.8	1.8	15
2	0	2	9.1	3.3	22
2	1	0	6.8	1.9	17
2	1	1	9.2	3.3	22
2	1	2	12	4	25
2	2	0	9.3	3.4	22
2	2	1	12	4	25
2	2	2	14	6	34
2	3	0	12	4	25
2	3	1	14	6	34
2	4	0	15	6	34
3	0	0	7.8	2.1	22
3	0	1	11	4	22
3	0	2	13	6	34
3	1	0	11	4	25
3	1	1	14	6	34
3	1	2	17	6	34
3	2	0	14	6	34
3	2	1	17	7	39
3	2	2	20	7	39
3	3	0	17	7	39
3	3	1	21	7	39
3	3	2	24	10	66
3	4	0	21	7	40
3	4	1	24	10	66
3	5	0	25	10	66
4	0	0	13	4	34

表1-3 (つづき)参考:各段階5本ずつ3段階希釈における試料100 mLあたりのMPN値とその95%信頼限界(ISO4831による)

陽性管数			MPN	95%信頼限界	
10 mL	1 mL	0.1 mL	100 mL	下限	上限
4	0	1	17	5	34
4	0	2	21	7	39
4	0	3	25	10	66
4	1	0	17	6	39
4	1	1	21	7	41
4	1	2	26	10	66
4	1	3	31	10	66
4	2	0	22	7	48
4	2	1	26	10	66
4	2	2	32	10	66
4	2	3	38	13	100
4	3	0	27	10	66
4	3	1	33	10	66
4	3	2	39	13	100
4	4	0	34	13	100
4	4	1	40	13	100
4	4	2	47	14	110
4	5	0	41	13	100
4	5	1	48	14	110
5	0	0	23	7	66
5	0	1	31	10	66
5	0	2	43	3	100
5	0	3	58	21	150
5	1	0	33	10	100
5	1	1	46	14	110
5	1	2	63	21	150
5	1	3	84	34	110
5	2	0	49	15	150
5	2	1	70	22	170
5	2	2	94	34	220
5	2	3	120	30	240
5	2	4	150	60	350
5	3	0	79	23	220
5	3	1	110	30	240
5	3	2	140	50	350
5	3	3	170	70	390
5	3	4	210	70	390
5	4	0	130	30	350
5	4	1	170	60	390
5	4	2	220	70	440
5	4	3	280	100	700
5	4	4	350	100	700
5	4	5	430	150	1,100
5	5	0	240	70	700
5	5	1	350	100	1,100
5	5	2	540	150	1,700
5	5	3	920	230	2,500
5	5	4	1,600	400	4,600
5	5	5	＞1,600		

表1-4 3段階の希釈試料を接種した場合の液体材料および固体材料のMPN値の求め方

陽性管数/各希釈段階ごとの試料接種発酵管数					MPN表が示す係数	求めるMPN値*	
10 mL	1 mL	0.1 mL	0.01 mL	0.001 mL		液体	固体
5/5	2/5	0/5			49	49	490
	5/5	2/5	0/5		49	490	4,900
		5/5	2/5	0/5	49	4,900	49,000

*MPN値は液体材料の場合はMPN/100 mL、固体材料の場合はMPN/100 g

表1-5 4段階以上の希釈試料を接種した場合の液体材料および固体材料のMPN値の求め方

検査結果の例	陽性管数/各希釈段階ごとの試料接種発酵管数				見るべき3段階の数字	MPN表が示す係数	求めるMPN値*	
	10 mL	1 mL	0.1 mL	0.01 mL			液体	固体
A	5/5	3/5	2/5	0/5	5, 3, 2	140	140	1,400
B	5/5	5/5	2/5	0/5	5, 2, 0	49	490	4,900
C	5/5	5/5	5/5	2/5	5, 5, 2	540	540	5,400
D	5/5	5/5	5/5	5/5	5, 5, 5	＞1,600	＞16,000	＞160,000
E	5/5	3/5	2/5	1/5	5, 3, 3	170	170	1,700
F	3/5	4/5	1/5	0/5	3, 4, 1	24	24	240
G	0/5	1/5	0/5	0/5	0, 1, 0	1.8	1.8	18

*MPN値は液体材料の場合はMPN/100 mL、固体材料の場合はMPN/100 g

真菌検査法

真菌は土壌、空中、水中など環境中に広く分布する。環境中の真菌は動・植物の死骸や排泄物を分解し、環境浄化および地球上の元素循環において重要な役割を果たしている。その一方で、一部の真菌は動・植物に疾病を引き起こし、また、食品の変質、住宅や衣類等の劣化を引き起こすなど、危害性を有する。食品への真菌汚染は環境中の真菌が付着することにより起こるが、食品のもととなる動・植物が保有する真菌がそのまま移行する場合もある。真菌による汚染は穀類、種実類、果物およびそれらを原料とした加工品で多く見られる。真菌により食品の変質や外観不良、さらにはカビ毒による汚染により、多くの食品が廃棄され、多大な経済的損失を招くとともに、場合によっては健康危害を引き起こすことから、食品衛生上重視されている。

真菌の定量法

食品中の真菌数測定を行う。

培養時の注意点は

①―培養温度：25～30℃

②―培養期間：1週間

③―真菌用培地：クロラムフェニコール添加ポテト・デキストロース寒天(PDA)培地

④―培養期間中：培養平板は直接インキュベータに入れずにビニール袋などの密閉容器に入れてから培養する。
集落により胞子を多量に産生する真菌があり、平板の取り扱いに注意する必要がある。

⑤―集落の確認：培養2、4日後に集落数を確認する。培地裏面で集落の中心を確認しながら測定する。

⑥―真菌数測定範囲：1平板あたり数個から60以内の集落数を有する平板の結果から真菌数を推定する。

材　料

小麦粉	10 g
PDA平板	3枚
90 mL滅菌水	1本
9 mL滅菌水入り試験管	2本

方　法(図1-3、1-4)

①―滅菌水90 mLに小麦粉10 gを入れ良く混和する(10倍希釈)。

②―①液1 mLを滅菌水9 mLに入れ良く混和する(100倍希釈)。

③―②液1 mLを滅菌水9 mLに入れ良く混和する(1,000倍希釈)。

④―①、②、③液をPDA平板に各0.1 mLとり、

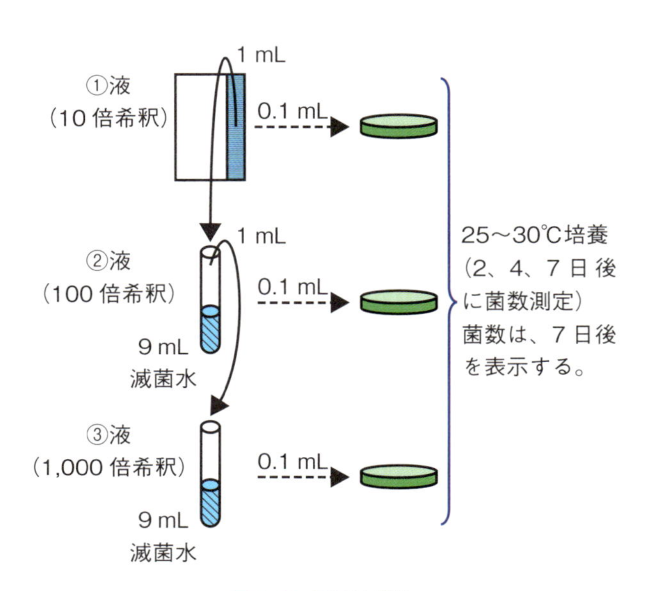

図1-3　定量培養法

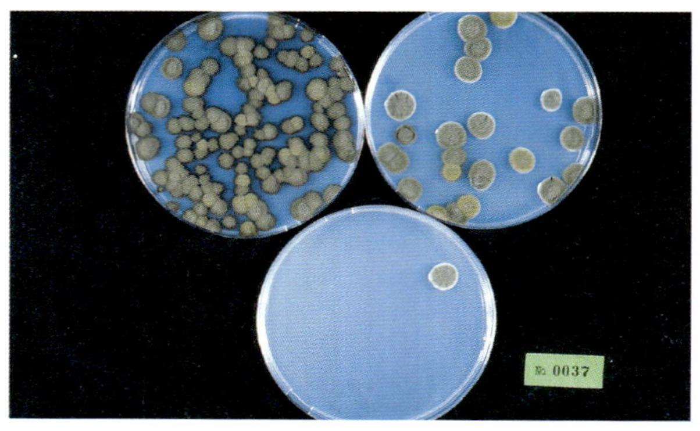

図1-4　10倍段階希釈による真菌分離培養平板。左上、右上、下の順に希釈。真菌数の測定は、右上のように集落数が60前後までの平板から求める。1、2個程度の集落や多量の集落平板は、真菌数測定の対象としない。

高希釈液からコンラージ棒で塗抹する。

⑤—25～30℃培養する。

⑥—2日後に真菌数測定を行う。

⑦—4日後に真菌数測定を行う。

⑧—7日後に真菌数測定を行う(菌数は7日間培養時に測定した数を表示する)。

真菌の同定法

マイコトキシン産生真菌の中で代表的な種類について集落と形態観察を行う。

1) *Aspergillus*

代表種　*Aspergillus flavus*(図1-5)

集落：PDA培地で25℃、7日間培養する。
　発育は速やか、明緑色、粉状、表面は平坦、裏面は無色

形態：胞子、単細胞性、やや球形で4～6 μm。粗面、無色
　頂のう　やや球形
　菌糸＝無色の有隔壁

生態分布、毒性：熱帯亜熱帯の土壌に生息。穀類から分離されることが多い。
　ピーナッツ、アーモンド、コーンなど。
　アフラトキシンを産生する株がある。

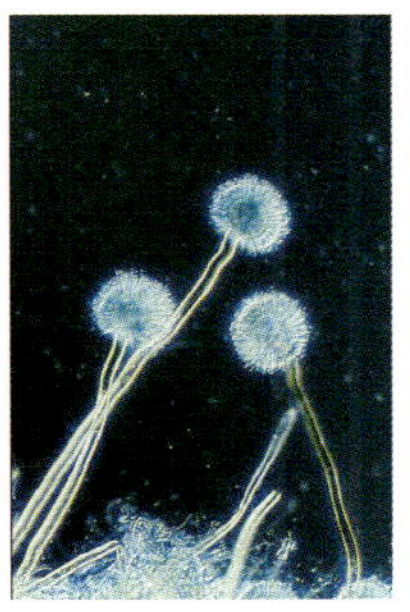

図1-5　*Aspergillus flavus*

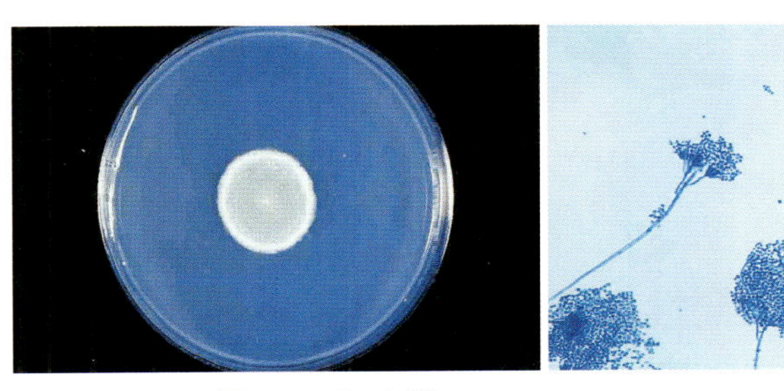

図1-6　*Penicillium expansum*

2) *Penicillium*

代表種　*Penicillium expansum*(図1-6)

集落：PDA培地で25℃、7日間培養する。
　発育はやや速い、緑色、粉状、表面は平坦、裏面は無色

形態：胞子、単細胞性、やや球形で3～5 μm。平滑、無色
　ペニシリ　複輪生体
　菌糸＝無色の有隔壁

生態分布、毒性：温帯など広い地域の土壌に生息。リンゴに寄生し、パツリンを産生することがある。

3) *Fusarium*

代表種　*Fusarium graminearum*(図1-7)

集落：PDA培地で25℃、7日間培養する。
　発育は速やか、朱色　綿状
　裏面は朱色

形態：胞子　多細胞性　三日月形で長径は50～120 μm
　平滑、無色
　菌糸＝無色の有隔壁

生態分布、毒性：温帯、寒冷帯など広い地域の土壌に生息する。
　麦類に寄生し、Fusarium毒のデオキシニバレノールを産生することがある。麦赤かび病菌として知られる。

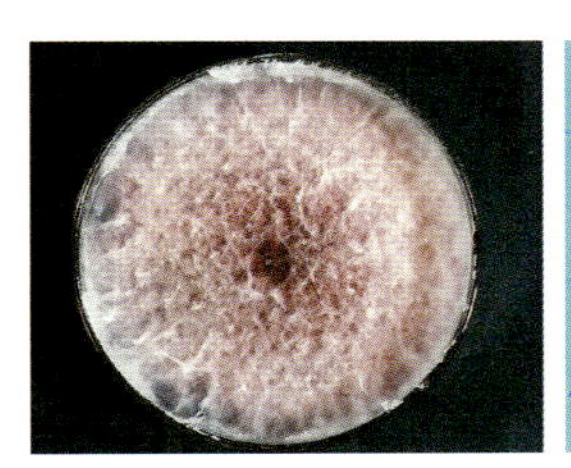
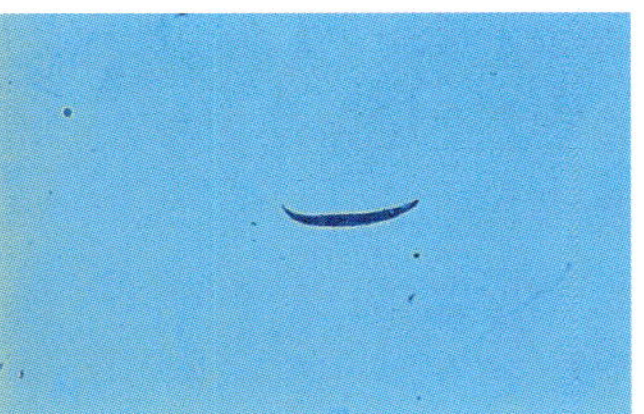

図1-7　*Fusarium graminearum*

カビ毒の検査法

カビ毒の検査方法は一般に、試料からの溶媒抽出、固相カラムによるクリーンアップ、高速液体クロマトグラフィー(HPLC)により目的とするカビ毒の分離、HPLCに連結した蛍光検出器やUV検出器による検出から成り立つ。HPLCの代わりに薄層クロマトグラフィー(TLC)を使うこともあり、簡便な方法として野外調査や高価な機器を配備することのできない場所での調査に適しているが、精度の高い定量性を得るためには、検出器を配備する必要があ

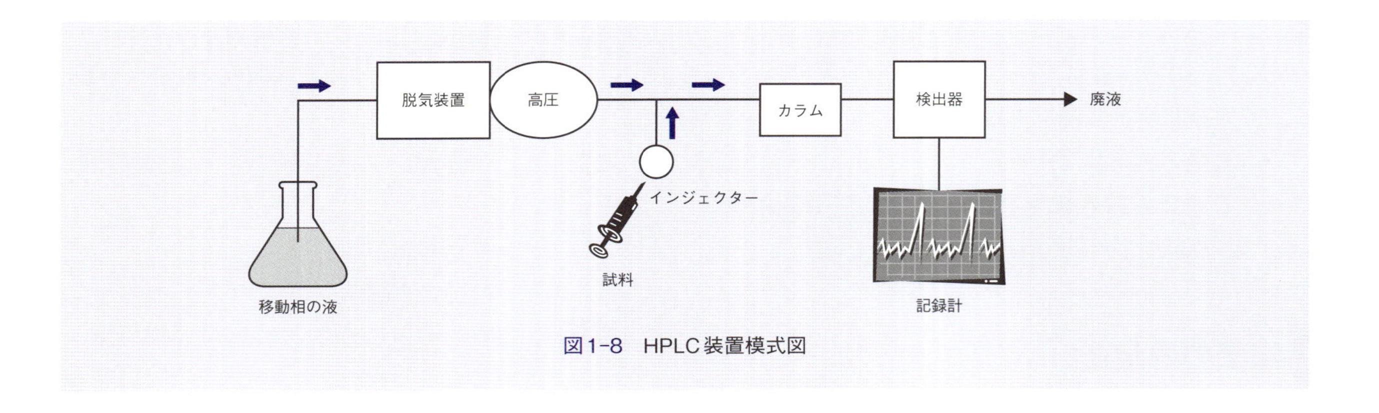

図1-8　HPLC装置模式図

る。また、ELISAによるカビ毒の検出も行われている。

HPLCは、微粒子からなる充填剤を詰めた円筒状のカラムおよびカラム中を高圧で液体を流すためのポンプから成る装置であり、カラムの一端に抽出試料を注入し、液体を流すことによって目的とするカビ毒を他の物質から分離することができる(図1-8)。

公定法として、厚生労働省より、穀類、豆類、種実類および香辛料類中のアフラトキシンB_1試験法が示されている[詳細はカビ毒(アフラトキシン)を含有する食品の取り扱いについて(平成14年3月26日)(食監発第0326001号)を参照のこと]。

試料50 gをアセトニトリル・水(9：1)の溶媒で抽出し、抽出した液を固相カラム[注1)]に注入し溶出液を得る。その溶媒を、窒素気流を送るかエバポレータを用いて除去する。残留物にトリフルオロ酢酸を加え、撹拌してから静置した後、アセトニトリル・水(1：9)の溶媒を加えたものをHPLC用試験溶液とする。

別にアフラトキシンの標準溶液についても、同様にトリフルオロ酢酸で処理し、アセトニトリル・水(1：9)の溶媒を加えたものをHPLC用標準溶液とする。

試験溶液と標準溶液をそれぞれHPLCに供し、試験溶液から得られたクロマトグラム上のピークの保持時間を標準品のピークと比較して定性する。ピーク高さまたはピーク面積が、標準溶液の測定から得られたピーク高さまたはピーク面積を上回る場合は陽性と判断する。

HPLCの条件として以下を用いる。

カラム充てん剤：オクタデシルシリル化シリカゲル(粒径3～5 μm)

カラム管：内径4.6 mm、長さ150 mmまたは250 mm

カラム温度：40℃

移動相：アセトニトリル・メタノール・水(1：3：6)

流速：1.0 mL/min.

検出波長：励起波長365 nm、蛍光波長450 nm

注1) MultiSep #228(Romer Labs社製)、Autoprep MF-A(昭和電工社製)など

食品の変質、腐敗、変敗

食品を放置すると、食品が有する酵素や微生物が産生する酵素、食品成分相互間の化学反応等によって食品として好ましくない状態に変化する場合がある。食品の腐敗検査としては、官能検査、理化学的検査(揮発性窒素、不揮発性アミン、pH、有機酸等)、微生物学的検査が実施される。

揮発性窒素(拡散法による定量)

蛋白質性食品は、鮮度低下に従い食品中の含窒素化合物(蛋白質、ポリペプチド、アミノ酸等)が分解され、アンモニア、トリメチルアミンなどの揮発性窒素(あるいは揮発性塩基窒素)を生成するため、揮

発性窒素蓄積量は食品の鮮度指標となる。

原　理

腐敗に伴って蓄積した食品中の揮発性窒素を溶液中に抽出し、アルカリ性にして拡散してくる揮発性窒素を吸収液（酸性溶液）に補集して定量する。

材　料

1）器　具

コンウェイ拡散器

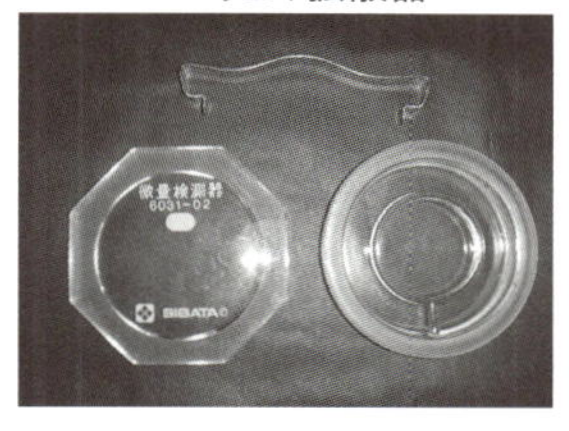

水平ビューレット

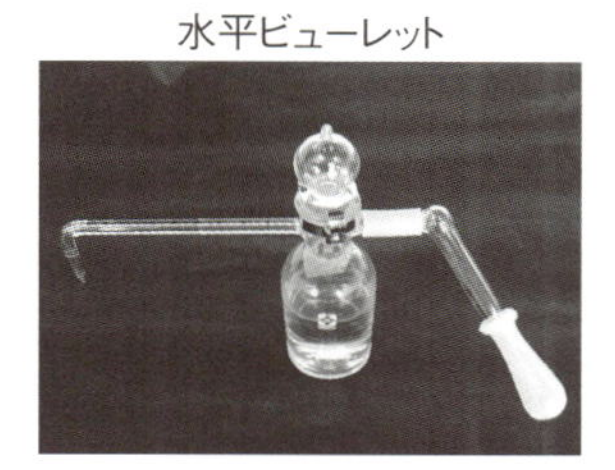

2）試　薬

放出用K_2CO_3飽和溶液

K_2CO_3 60 g を蒸留水 50 mL に加熱溶解してNH_3のガスを避けて放冷後、上清を使用する。

ブラウンスウィック液

メチルレッド0.2 gとメチレンブルー0.1 gをエタノール300 mLに溶解し、ろ過する（褐色ビンに保存）。

吸収用5 mmol/L H2SO4溶液

市販品（補正係数既知）を希釈して用いる。

滴定用0.01 mol/L NaOH溶液

市販品（補正係数既知）を希釈して用いる。

方　法

1）試験溶液の調整

固形試料では、一定量を乳鉢で磨細して適量の水で侵出し、50 mL容メスフラスコに移す。また液体試料は一定量を採取する。わずかに酸性となるよう中和して（5% H_2SO_4を用いる）、水で全量を50 mLとする（＝試験溶液）。

2）拡散操作

コンウェイ拡散器をやや傾けておき、拡散器外室に試験溶液1.00 mLを正確に注入する。拡散器内室には吸収用5 mmol/L H_2SO_4溶液1.00 mLを正確に注入する。拡散器の蓋をのせてわずかにずらし、隙間からピペット先端を拡散器外室に挿入して、放出用K_2CO_3飽和溶液約1.00 mLを手早く注入し、直ちに密封してクリップで固定する（外室の2液が混和した状態）。25℃で1時間放置する。操作を通して、外室液で内室液を汚染しないよう注意する。

3）滴　定

拡散器の蓋をとり、内室液にブラウンスウィック液1滴を加え（赤紫色となる）、水平ビューレットを用いて0.01 mol/L NaOH溶液で滴定して（緑色に変化）、測定値の2回平均（a mL）を求める。別に空試験として試料溶液の代わりに蒸留水を用いて同様に処理し、滴定した2回平均（b mL）を求める。

4）計　算

試料中の揮発性窒素（%）

$$= 0.14 \times \frac{(b-a) \times 50 \times F}{\text{試料採取量(mg)}} \times 100$$

0.14：

5 mmol/L、硫酸1 mLにより中和される揮発性窒素量（mg）＝0.14 mg揮発性窒素

a：試験溶液の滴定値

b：空試験値の滴定値

F：0.01 mol/L NaOHの補正係数

50：供試液の容量＝50 mL

判　定

mg%＝魚肉100 g中の揮発性窒素重量（mg）

＝前述の%値×1,000

5〜10 mg%	極めて新鮮
15〜20 mg%	新鮮
30〜40 mg%	初期腐敗
50 mg%以上	腐敗

水分活性（Water activity）

すべての食品は水分を含んでいる。食品中の水分は、遊離の状態（自由水）、あるいは食品成分と結合した状態（結合水）、つまり食品成分で束縛された状態で存在する。微生物が利用できるのは食品成分で束縛されない遊離の形で存在する自由水だけである。水分活性（water activity；Aw）とは、食品中の自由水の割合を示す数値である。

昔から乾燥、塩蔵、砂糖漬、冷凍などの加工処理が微生物の発育増殖防止、つまり食品の保蔵（preservation）に効果をあげているのは、ただ単に食品

中の含水量の減少によるのではなく、水分活性の低下によるものである。例えば、ある食品原料に食塩を加えたとする。その食品中に含まれる自由水の一部は食塩の溶解に使われ、食塩の分子と結合した状態(結合水)となるため、微生物が利用できる自由水が減少する。その結果、浸透圧が上昇するとともに、水分活性が低下し、細菌などの微生物の発育増殖が抑制される。食品に砂糖を加えた場合もこれと同じ現象が起こり、微生物の発育増殖が阻止される。また、食品を冷凍すると食品中の自由水が氷結することで、同様に水分活性が低下する。

いま一定温度Toのもとで密閉容器に純水を入れると水が蒸発し、水蒸気圧が平衡に達したところで蒸発が止まる。この時の平衡蒸気圧をPoとする。一方、同じ温度Toのもとで食品を密閉容器に入れる。この場合も食品中の自由水は蒸発するが、やがて水蒸気圧が平衡に達して蒸発が止まる。この時の平衡蒸気圧をPとすると、この食品の水分活性(Aw)はP/Poということになる。つまり純水の平衡蒸気圧と食品の平衡蒸気圧との比が水分活性である。これに100を乗じた数字が平衡相対湿度RH(Relative Humidity)である。したがって、もしPが食品でなく純水であればAwはP/Po = 1/1 = 1になるし、Pが食品なら食品の蒸気圧は純水のそれより低くなるから食品のAwは1よりも小さくなる。

仮に食品がまったく無水状態にあるとすると、P = 0だからP/Po = 0/1 = 0、つまり完全無水食品のAwは0である。したがって、水分活性は最大値1と最小値0の範囲で求められる。

$$Aw = P/P_0 \qquad 0 < Aw < 1$$

様々な食品の水分活性、水分、塩濃度(糖濃度)の関係を表1-6に、各種細菌の発育に必要な水分活性を表1-7に示す。

水分活性の測定には、密閉容器内にあらかじめ水分活性が明らかとなっている種々の飽和塩類溶液を用いて容器内を一定の相対湿度に保った後に、試料を密閉容器内に設置し、密閉容器内の水分が平行に達した時点で試料の重量の増減を測定することによって行う。水分活性の測定に用いられるわが国の公定法は、1)電気抵抗式機器による方法と2)コンウェイ拡散器法(揮発性物質の影響を受けない場合に限る)であり、特に後者は、中間－高水分活性域(0.5 ≦ Aw)において精度に優れていること、さらに実施が比較的容易であることなどの理由から、現在最も一般的に採用されている方法である。

コンウェイ拡散器法による水分活性の測定

1)　試料の調製

容器包装を取り除き、試料を10～20 gをとり、

表1-6　各種食品の水分活性と水分含量

食　　品	水分活性(Aw)	水分(%)	食塩、糖濃度(%)
野菜	0.98～0.99	90以上	
果実	0.98～0.99	87～89	
魚介類	0.98～0.99	70～85	
食肉類	0.97～0.98	70以上	
卵	0.97	75	
アジの開き	0.96	68	3.5
生ハム	0.94以下*		
パン	0.93	約35	
ハム、ソーセージ	0.90	56～65	
塩鮭	0.89	60	11.3
加糖練乳	0.85	27.5	56.3
乾燥食肉製品 (ドライソーセージ、サラミソーセージ)	0.86以下*		
いか塩辛	0.80	64	17.2
オレンジマーマレード	0.75	35	65～70
かつお塩辛	0.71	60	
干しえび	0.64	23	
煮干	0.57～0.58	16	
脱脂粉乳	0.27	4	
緑茶	0.26	4	

*法律で規定されているもの。

表1-7　各種細菌の発育に必要な水分活性

菌　種	最低水分活性
多くの腐敗細菌	0.90〜0.91
アエロモナス*	0.95〜0.98
セレウス菌*	0.92〜0.95
ボツリヌス菌*	
A型	0.95
B型	0.94
E型	0.97
大腸菌*	0.94〜0.97
サルモネラ*	0.93〜0.96
腸炎ビブリオ*	0.93〜0.98
黄色ブドウ球菌*	0.84〜0.92

*食中毒起因菌

速やかに細切する。あるいは、試料を内径25 mm以下のコルクボーラーで抜き取った後スライスする。それぞれ処理した試料約1 gをあらかじめ精秤したアルミ箔(内径25 mm)に入れて精秤し、これを測定試料とする。

2)　水分活性の測定

①—予測される試料の水分活性より高い値をもつ飽和溶液Aおよび低い値をもつ飽和溶液Bを準備する(表1-8)。この時、測定する材料を中心に上下同程度の間隔を示す水分活性の飽和水溶液を用いる。

②—あらかじめコンウェイ拡散器のすり合わせ部分にワセリンを塗っておく。精秤した試料を速やかに二つのコンウェイ拡散器の内室に入れ、外室には飽和溶液A、Bを別々のユニットに3〜4 mLを入れた後、すみやかに蓋をする。

③—蓋をクリップで止め、25±2℃で2時間±30分間静置する。

④—静置後試料の重量を精秤し、あらかじめ測定した重量との増減を求め、次の計算式によって試料の水分活性値を算出する。

計算式

$$Aw = \frac{bx - ay}{x - y}$$

a：飽和溶液Aの水分活性

b：飽和溶液Bの水分活性

x：試薬Aを使用した際の試料の重量増加量(プラスの値)

y：試薬Bを使用した際の試料の重量減少量(マイナスの値)

表1-8　飽和溶液の水分活性

試　薬	水分活性
$K_2Cr_2O_7$	0.980
K_2SO_4	0.969
KNO_3	0.924
KCl	0.842
KBr	0.807
NaCl	0.752
$NaNO_3$	0.737

注1)試料の重量は0.1 mgの位まで求める。

注2)水分活性の測定値は小数点以下2桁までとし、3桁以下は切り捨てる。

油脂の変敗

食品が含有する油脂は微生物、酸素および熱などによって変質する。このうち、熱、光、放射線および遷移金属イオンなどによって油脂が空気中の酸素と反応して酸化され変質する自動酸化は、食品衛生上重大な問題となる。このような油脂の変敗は多価不飽和脂肪酸に起こりやすく、変敗が進むと粘度の増加、変香、着色、舌に刺激を感じるようになり、さらに進むと悪臭を発する。著しく変敗した油脂では栄養価の低下や消化器毒性などの問題が生ずる。

油脂の抽出操作

検体は冷暗所に保管し、開封後直ちに試験する。開封した検体は、酸化を防止する目的で窒素ガス置換・封入し、保存する。

検体が油脂の場合はそのまま試験用試料とする。油脂性食品の場合は試料を粉砕または細切し、5〜20 gの油脂が得られる検体量を共栓つき三角フラスコに採取して、検体が浸る程度に精製エーテルを加え、時折り混和しながら約2時間冷暗所に放置する。上澄液をろ紙でろ過して収集し、三角フラスコ中に残った検体にはじめの半量の精製エーテルを添加して混和する。上澄液を同様にろ過してろ液(エーテル層)をあわせる。ろ液に無水硫酸ナトリウム(結晶)を適量添加して脱水した後、再度ろ過して結晶を除去したろ液に窒素を通じながら減圧下でエーテルを完全に除去するか、ロータリーエバポレーター(図1-9)でエーテルを完全に除去後、窒素置換して試料の酸化を防ぐ。以上の操作で得られた残留物を試験用試料とする。

図1-9　ロータリーエバポレーター(東京理化機器)

1. 酸価(Acid Value)

酸価は油脂中の遊離脂肪酸の量を示すものである。未精製の油脂には遊離脂肪酸が含有されているが、これは精製過程で除去されるので、精製油の酸価は極めて低い。しかし、油脂の保存状態が不適当であると加水分解や酸化によって遊離脂肪酸が増加し、酸価が上昇する。

原　理

酸価とは油脂1 g中に含有される遊離脂肪酸を中和するのに要する水酸化カリウムのmg数である。酸価は、油脂の加水分解で生成する脂肪酸と一次酸化生成物(カルボニル化合物)より二次的に生成する酸を測定するため、初期の酸化は検出し難い。

試　薬

0.1 N水酸化カリウム溶液

蒸留水約100 mLを300 mL容三角フラスコにとり、これに水酸化カリウム(KOH)約170 gを発熱に注意しながら徐々に加えて溶解し一夜放置する(飽和溶液)。その上澄液8 mLを蒸留水で1,000 mLとする。

本溶液の補正係数を定めるには、市販の標準0.1N硫酸溶液25 mLを白磁皿に正確にとり、フェノールフタレイン指示薬1～2滴加える。次いで作成した水酸化カリウム溶液を用いて液相が微紅色を呈するまで滴定し、ここに要した水酸化カリウム溶液のmL数(a)を求め、次式によって補正係数を算定する。

補正係数f = 25 ÷ a

エタノール：エーテル(1：1)

使用直前にフェノールフタレイン試液を数滴加え、30秒持続する微紅色を呈するように0.1N水酸化カリウム溶液で中和しておく。

フェノールフタレイン試液

フェノールフタレイン1 gをエタノール100 mLに溶解する。

方　法

試験用試料を300 mL容共栓つき三角フラスコ中に正確に秤量する。採取量は酸価5以下の場合で20 g、酸価5～15で10 g、15～30で5 g、30～100で2.5 g、100以上で1.0 gとする。これにエタノール：エーテル100 mLとフェノールフタレイン試液数滴を加え、試料を完全に溶解する。0.1N水酸化カリウム溶液で滴定し、微紅色が30秒間持続した時を中和の終点とする。

計　算

酸価は次式によって求める。

酸価(mg/g) = (5.611 × a × f) ÷ S

5.611：KOHの分子量56.11に由来

a：0.1N水酸化カリウム溶液の消費量(mL)

f：0.1N水酸化カリウム溶液の補正係数

S：試料の採取料(g)

2. 過酸化物価(Peroxide Value)

過酸化物価は脂質の酸化によって生成される過酸化物の量を表す。規定の方法により、試料にヨウ化カリウムを加えた場合に遊離されるヨウ素を試料1 kgに対するミリ当量(meq)数で表したものである。

原　理

不飽和脂肪酸の自動酸化によって生ずるハイドロパーオキサイドがヨウ化カリウムと反応し、還元されて水酸基に変化すると同時に、ヨウ化カリウムからヨウ素が遊離される。この遊離ヨウ素量をチオ硫酸ナトリウムで滴定するものである。

$$R\text{-}OOH + 2I^- \rightarrow R\text{-}OH + I_2 + H_2O$$

$$I_2 + 2S_2O_3^{2-} \rightarrow S_4O_6^{2-} + 2I^-$$

試　薬

氷酢酸・クロロホルム(3：2、v/v)

飽和ヨウ化カリウム溶液

ヨウ化カリウムを新たに煮沸して炭酸ガスを追い

出した蒸留水に溶解し、飽和させる。

0.1Nヨウ素酸カリウム溶液

120〜140℃で約2時間乾燥してデシケーター内で放冷した標準試薬ヨウ素酸カリウム(KIO_3)3.567 gを蒸留水に溶解し1,000 mLとする。

0.01Nチオ硫酸ナトリウム溶液

チオ硫酸ナトリウム($Na_2S_2O_3 \cdot 5H_2O$)26 gおよび炭酸ナトリウム(Na_2CO_3)0.2 gをとり、蒸留水約980 mLに溶解した後、イソアミルアルコール10 mLを加えて蒸留水で全量を1,000 mLとする(0.1N溶液)。良く混和して2日間静置後補正係数を定める。

本溶液の補正係数を定めるには、0.1Nヨウ素酸カリウム溶液25 mLを300 mL容共栓つき三角フラスコに正確にとり、ヨウ化カリウム(KI)2 gおよび6N硫酸5 mLを加え、直ちに栓をして静かに混合し、冷暗所に5分間放置した後、蒸留水約100 mLを加え、遊離したヨウ素を作製したチオ硫酸ナトリウム溶液で滴定する。褐色が淡黄色に変化した時点でデンプン指示薬を数滴加え生じた青色が消えるまで滴定を続ける。ここに要したチオ硫酸ナトリウム溶液のmL数(a)を求め、次式によって補正係数を算出する。

$$補正係数 f = 25 \div a$$

0.01N溶液は0.1N溶液を正確に10倍希釈して作製し、補正係数は0.1N溶液のものをそのまま用いる。

デンプン溶液

可溶性デンプン1 gに少量の水を加えて混和し、ペースト状にしたものに、混和しながら熱水100 mLを加えて煮沸して透明とした後、冷却して上澄をとるか、ろ紙でろ過して、冷暗所に保存する。

方　法

試験用試料1 gを共栓つき三角フラスコ中に正確に秤量する。これに氷酢酸・クロロホルム25 mLを加えて試料を完全に溶解する。次に、容器内の空気を窒素置換し、窒素ガスを通しながら飽和ヨウ化カリウム溶液1 mLを加え、窒素ガスを止めて直ちに密栓し、1分間振盪混和して冷暗所に10分間放置する。次に、蒸留水30 mLを加え密栓して混和した後、デンプン溶液1 mLを指示薬として添加し、0.01Nチオ硫酸ナトリウム溶液で滴定する。なお、空試験を行い(試験用試料を用いずに同様に操作する)デンプン溶液で青色とならないことを確認する。

計　算

$$過酸化物価(meq/kg) = (a \times f \times 10) \div B$$

a：0.01Nチオ硫酸ナトリウム溶液の滴定量(mL)
f：0.01Nチオ硫酸ナトリウム溶液の補正係数
B：試料の採取量(g)

規格基準

食品衛生法では、油処理した即席めん類の成分規格(昭和52年3月23日、環食第52号)として「含有油脂の酸価が3以下または過酸化物価が30以下」と規定されており、また、油揚げ菓子(油脂分10%以上のもの)に関する指導要領(昭和52年11月16日、環食第248号)では「酸価が3を超え、過酸化物価が30を超えるもの、または酸価が5を超えるか、過酸化物価が50を超えるものは販売できない」ことになっている。さらに、洋菓子の衛生規範(昭和58年3月31日、環食第54号)では、「製品に含まれる油脂の酸価が3以下、過酸化物価が30以下」となっている。一方、日本農林規格では食用植物油脂の規格(昭和58年12月)として酸価が未精製油脂で0.2〜4.0以下、精製油では0.2〜0.6以下、サラダ油は0.15以下、食用精製加工油脂の規格(昭和57年8月)として酸価が0.3以下、過酸化物価が3.0以下となっている。

残留農薬

食品への残留規制から見ると、農薬等(農薬、動物用医薬品、飼料添加物)は以下の5類型に区分される。

1) 食品に含有されてはならないとされている抗生物質および抗菌性物質(残留基準が定められているもの等を除く)
2) 食品から検出されてはならないとされている物質(マラカイトグリーンなど20物質)
3) 食品ごとに定められた個別の残留基準によって規制される物質
4) 対象食品に個別の残留基準が定められておらず、一律基準(0.01 ppm)で規制される物質
5) 規制対象とならない物質(ビタミン、ミネラル

など65物質）

残留農薬等の検査は、上記2)に該当する物質については「食品、添加の規格基準」（厚生労働省告示）に定める方法によって行わなければならない。その他の農薬等については「食品に残留する農薬、飼料添加物又は動物用医薬品の成分である物質の試験法」（厚生労働省医薬食品局食品安全部長通知）に従って行うのが原則であるが、同等以上の感度と精度を有する他の方法を採用してもかまわない。

残留農薬等の検査方法には特定の物質を対象とする「個別試験法」と、類似した性質をもつ多くの物質を対象にする「一斉試験法」があるが、ポジティブリスト制度の導入により検査対象となる農薬および食品の種類が飛躍的に増加したことから、多数の農薬を同時に分析できる一斉試験法の必要性が高まった。上記の通知では一斉試験法として以下の8試験法を示している。本実習書ではこのうち試験対象農薬の多い「GC/MSによる農薬等の一斉試験法（農作物）」を取り上げて、その方法を解説する。

1) GC/MSによる農薬等の一斉試験法（農作物）
2) LC/MSによる農薬等の一斉試験法Ⅰ（農作物）
3) LC/MSによる農薬等の一斉試験法Ⅱ（農作物）
4) GC/MSによる農薬等の一斉試験法（畜水産物）
5) LC/MSによる農薬等の一斉試験法（畜水産物）
6) HPLCによる動物用医薬品等の一斉試験法Ⅰ（畜水産物）
7) HPLCによる動物用医薬品等の一斉試験法Ⅱ（畜水産物）
8) HPLCによる動物用医薬品等の一斉試験法Ⅲ（畜水産物）
9) GC/MSによる農薬等の一斉試験法（農産物）

分析対象化合物

BHC、クロルピリホス、マラチオンなど、245物質

装置および器具

ガスクロマトグラフ質量分析計（GC/MS）、ホモジナイザー、吸引ろ過装置、その他ガラス器具一式、オクタデシルシリル（ODS）化シリカゲルミニカラム（1,000 mg）、グラファイトカーボン/アミノプロピルシリル化シリカゲル（Carb/NH_2）積層ミニカラム（500/500 mg）

試　薬

アセトニトリル、アセトニトリル/トルエン混液（3：1）、アセトン/n-ヘキサン混液（1：1）、アセトン、塩化ナトリウム、無水硫酸ナトリウム、0.5 Mリン酸緩衝液（リン酸水素二カリウム（K_2HPO_4）52.7 gおよびリン酸二水素カリウム（KH_2PO_4）30.2 gを量りとり、水約500 mLに溶解し、1 M水酸化ナトリウム又は1 M塩酸を用いてpHを7.0に調整した後、水を加えて1 Lとする）、農薬等標準品

抽　出

1) 穀類、豆類および種実類の場合

①—試料10 gに水を20 mL加えて15分間放置し、これにアセトニトリルを50 mL加えてホモジナイズした後、桐山ロートで吸引ろ過する（図1-10）。

②—ろ紙上の残留物にアセトニトリルを20 mL加えてホモジナイズし、同じロートで吸引ろ過する。得られたろ液を合わせ、アセトニトリルを加えて正確に100 mLとする。

③—抽出液20 mLを分液ロートにとり、塩化ナトリウム10 gとリン酸緩衝液20 mLを加え、10分間振盪する。しばらく静置した後、分離した水層は捨てる（図1-11）。

④—ODSミニカラムにアセトニトリル10 mLを注入し、流出液は捨てる（コンディショニング）。

⑤—このカラムに上記のアセトニトリル層をゆっくりと注入し、さらにアセトニトリル2 mLで分液ロートを洗浄し、この洗液も注入する（図1-12）。

⑥—カラムからの溶出液に無水硫酸ナトリウムを加えて脱水し、無水硫酸ナトリウムをろ別した後、ろ紙上の無水硫酸ナトリウムを少量のアセトニトリルで洗浄する。

⑦—ろ液と洗液をナスフラスコに集め、40℃以下で窒素ガスを吹きつけ、溶媒を除去する。

⑧—残留物にアセトニトリル/トルエン混液を2 mL加えて溶解する。

2) 果実、野菜、ハーブ、茶およびホップの場合

①—果実、野菜およびハーブの場合は、試料20 gを量りとる。茶およびホップの場合は、試料5 gに水20 mLを加え、15分間放置する。

②—これにアセトニトリルを50 mL加えてホモジ

図1-10　ホモジネートの吸引ろ過

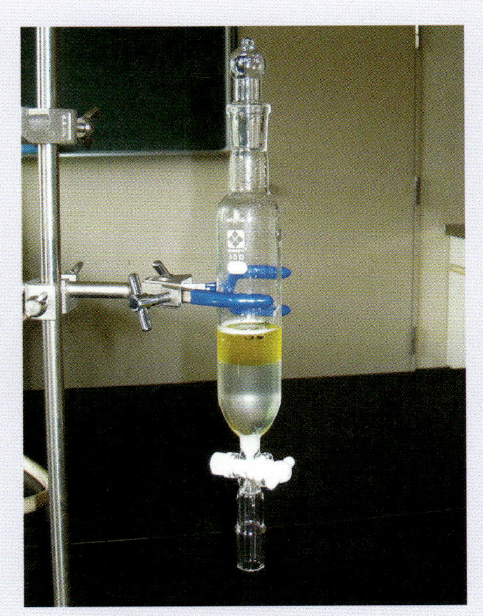
図1-11　液/液分配抽出による精製

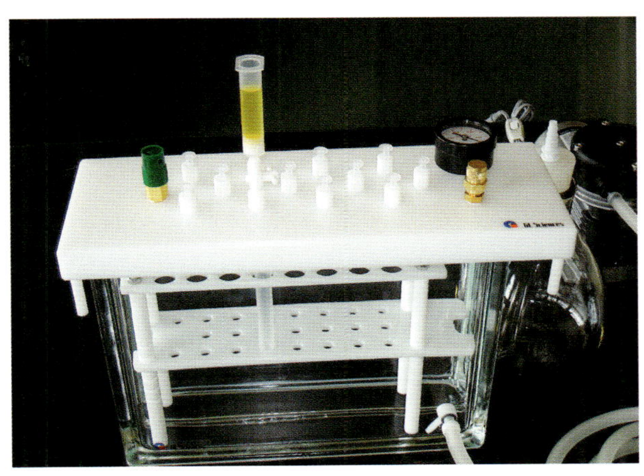
図1-12　固相抽出カラムによる精製

ナイズし、桐山ロートで吸引ろ過する。

③—ろ紙上の残留物にアセトニトリルを20 mL加えてホモジナイズし、同様に吸引ろ過する。得られたろ液を合わせ、アセトニトリルを加えて正確に100 mLとする。

④—抽出液20 mLを分液ロートにとり、塩化ナトリウム10 gとリン酸緩衝液20 mLを加え、10分間振盪する。しばらく静置した後、分離した水層は捨てる。

⑤—アセトニトリル層に無水硫酸ナトリウムを加えて脱水し、無水硫酸ナトリウムをろ別した後、ろ紙上の無水硫酸ナトリウムを少量のアセトニトリルで洗浄する。

⑥—ろ液と洗液をナスフラスコに集め、40℃以下で窒素ガスを吹きつけ、溶媒を除去する。

⑦—残留物にアセトニトリル/トルエン混液を2 mL加えて溶解する。

精　製

①—Carb/NH_2積層ミニカラムにアセトニトリル/トルエン混液を10 mL注入し、流出液は捨てる（コンディショニング）。

②—このカラムに抽出液を注入した後、フラスコを洗浄したアセトニトリル/トルエン混液20 mLも注入する。

③—全溶出液を窒素ガスにより40℃以下で1 mL以下に濃縮する。これにアセトン10 mLを加えて同様に濃縮し、再度アセトン5 mLを加えてから窒素ガスで溶媒を除去する。

④—残留物をアセトン/n-ヘキサン混液に溶かして正確に1 mLとしたものを試験溶液とする。

定性および定量

①—目的とする各農薬等の標準品についてそれぞれのアセトン溶液を調製する。それらを適宜混合した後にアセトン/n-ヘキサン混液で希釈して、当該食品における基準値の1/10～10倍の範囲で標準液を数点調製する。

②—試験溶液および標準液2 μLを次の条件でGC/MSに注入し、マススペクトルライブラリーとの照合結果ならびに標準品の保持時間との比較により定性を行う（図1-13、1-14、1-15）。

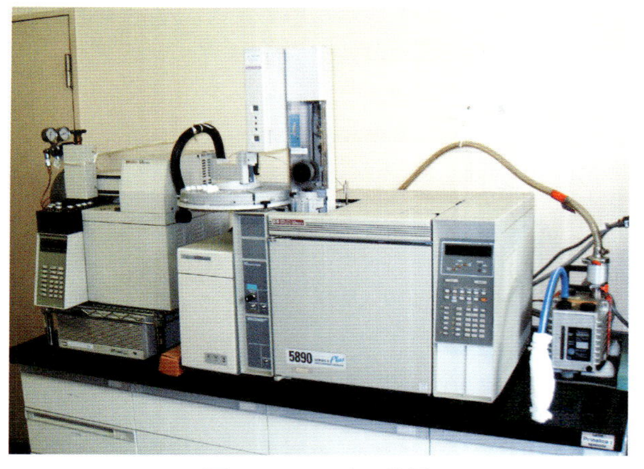

図1-13　GC/MS装置

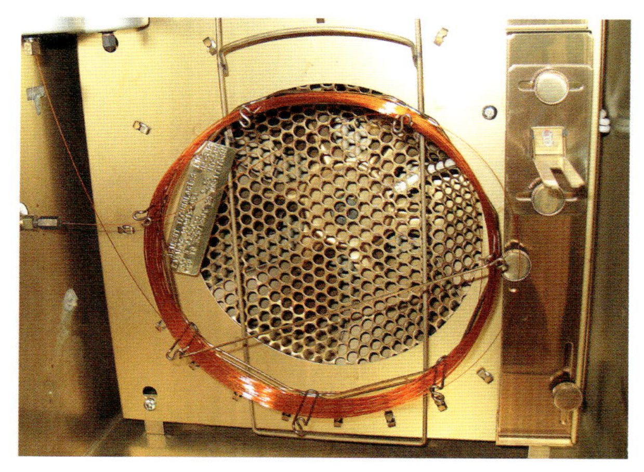

図1-14　キャピラリーカラム

ﾌｧｲﾙ名　: C:¥HPCHEM¥1¥DATA¥IWASAKI.M¥05NOV27¥NEWS-02.D
ｵﾍﾟﾚｰﾀ　:
測定時刻　: 28 Nov 105　1:32 am using AcqMethod VPH
装置　:　MS Chemst
ｻﾝﾌﾟﾙ名　: c2
一般情報　:
ﾊﾞｲｱﾙ番号　: 2

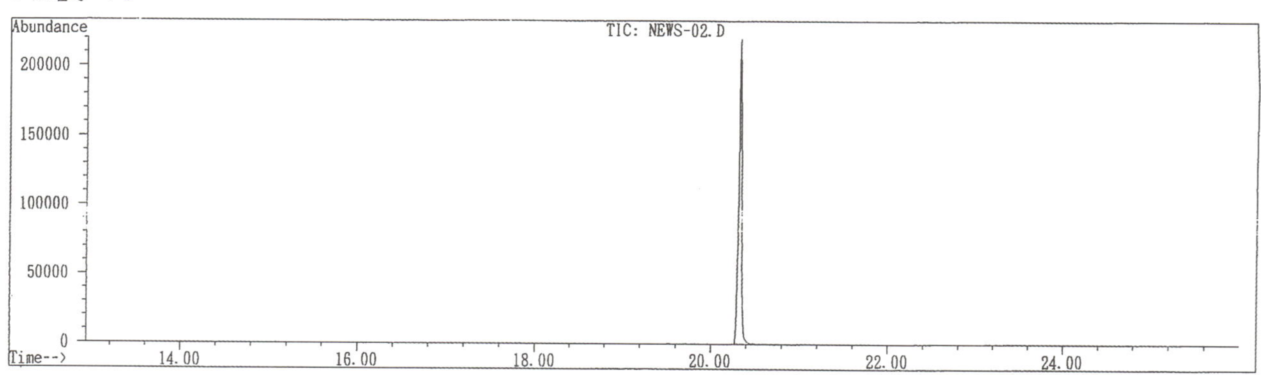

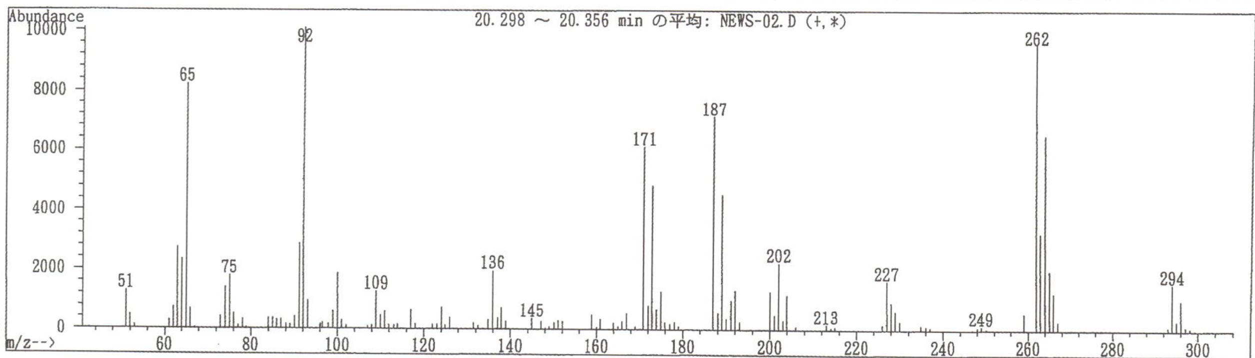

図1-15　残留農薬のGC/MS分析におけるクロマトグラム(上)とマススペクトル(下)の一例(pyrifenox)

カラム：5%フェニル-メチルシリコン　内径0.25 mm、長さ30 m、膜厚0.25μm

カラム温度：50℃(1分)−25℃/分−125℃(0分)−10℃/分−300℃(10分)

注入口温度：250℃

キャリアガス：ヘリウム(99.9999%)

イオン化モード(電圧)：EI(70 eV)

③—標準液のピーク高またはピーク面積で検量線を作成し、絶対検量線法によって定量する。定量値は残留基準値の1/10の桁まで求め、それを四捨五入して表す。すなわち、残留基準値が0.5 ppmの農薬で定量値が0.54 ppmであった場合は、四捨五入の結果0.5 ppmとなり、残留基準を満たしていると判断される。

妥当性の検証(Validation)

厚生労働省の通知法に従って分析を行う場合であっても、分析技術の妥当性についてはあらかじめ確認しておく必要がある。また、通知法によらずに検査を行う場合は、その方法の感度や精度について十分に検証する必要がある。

妥当性の検証には様々な項目があるが、残留農薬分析において最低限実施しなければならないのは、定量限界、回収率、マトリクス効果、の三つである。一般にクロマトグラフィーにおける定量限界は、ベースラインと目的物質のピークの信号強度比(S/N比)が10となる最小量とされ、当該物質の残留基準の1/10以下であることが望ましい。

回収率とは、食品に含まれている農薬等が抽出精製等の操作を経て最終的な分析試料に移行した割合である。一般に定量限界および残留基準値(または定量限界の10倍)に相当する量の農薬等を食品に添加して分析・定量を行い、これをそれぞれ3回以上繰り返して回収率とその変動係数を求める。回収率の平均は70～120%でその変動係数が10%(定量限界では20%)以内であることが求められる。

マトリクス効果とは試料に含まれている目的物質以外の成分(マトリクス)による分析結果への影響であり、通常の標準液とマトリクス添加標準液の定量結果の比較によりその有無を判断する。マトリクス効果が認められた場合は、精製方法の改善あるいはマトリクス添加標準液や標準添加法の採用を考慮する。

食品添加物

亜硝酸塩

ハムやソーセージには食品添加物として亜硝酸ナトリウムが添加されている。添加量は食品衛生法で規制されており、亜硝酸根として食肉製品では70 mg/kg以下、魚肉練り製品では50 mg/kg以下である。通常の摂取量では毒性は認められないが、亜硝酸はヘモグロビンを酸化して酸素運搬能のないメトヘモグロビンとするため、メトヘモグロビン血症の原因となる。また胃液中でアミン類と反応して発癌性のあるニトロソアミン(RR'>N-NO)を生成するので、多量の摂取には注意する必要がある。

●測定法(ジアゾ化法)

原　理

スルファニルアミドを亜硝酸イオンによってジアゾ化し(R＝N_2)、生成したジアゾニウム塩とナフチルエチレンジアミンとの結合で生じるアゾ色素(R'N＝NR")を比色定量する。

材　料

ホモジナイザー、恒温水槽、分光光度計、ろ紙、200 mLメスフラスコ、スルファニルアミド溶液(スルファニルアミド0.5 gを50%塩酸100 mLに溶解する)、ナフチルエチレンジアミン溶液(ナフチルエチレンジアミン塩酸塩を0.12 g/100 mLとする)、9%酢酸亜鉛二水和物溶液、標準液(硫酸デシケータで24時間以上乾燥させた亜硝酸ナトリウム150 mgを100 mLの水に溶解し(亜硝酸根として1,000 mg/L)、これを適宜希釈して0.05～0.5 mg-NO_2/Lとする)、0.5 mol/L水酸化ナトリウム水溶液

方　法

①―細切した試料10 gに80℃の水を80 mLと水酸化ナトリウム溶液12 mLを加えてホモジナイズし、200 mLのメスフラスコに移す。

②―ホモジナイズした容器を10 mLの温水で5回すすぎ、この洗液もフラスコに移す。

③―水酸化ナトリウム溶液20 mLと酢酸亜鉛溶液20 mLを加えてよく混ぜ、80℃の温水中で時々振り混ぜながら20分間加熱する。

④―冷却後に水を加えて200 mLとし、混和後ろ紙でろ過する。このとき、最初の20 mL程度は捨て、その後のろ液を測定試料とする。

⑤―水10 mLをメスフラスコに採り、以下同様に処理して空試験溶液とする。

⑥―必要に応じてろ液を希釈し、その3 mLにスルファニルアミド溶液0.2 mLを加えて混ぜ、更にナフチルエチレンジアミン溶液0.2 mLを加えて

混和し、20分後に540 nmの吸光度を測定する。

⑦—標準液を用いて検量線を作成し、試料中の亜硝酸根濃度を求める。

着色料

食品添加物とは、「食品の製造の過程においてまたは食品の加工もしくは保存の目的で、食品に添加、混和、浸潤、その他の方法によって使用する物」(食品衛生法第4条第2項)であり、保存料、甘味料、着色料、香料等が含まれる。平成7年に行われた食品衛生法の改訂により、これらは、既存添加物(450品目)と指定添加物(361品目)に大別される。既存添加物とは、法改正当時すでにわが国において広く使用されており、法改正以降もその使用、販売等が認められ、例外的に食品衛生法第10条の規定を適用しないこととなったもので、既存添加物名簿に収載されている。長い使用経験等と安全性上問題となったこともない等の理由から、従来既存添加物は審査が行われていなかったが、近年食品安全委員会により食品健康影響評価が実施されるようになった。実際に、アカネ色素については遺伝毒性、腎臓の発がん性が認められたため、2004年7月以降、既存添加物から除外され、食品に使用できなくなった。一方、指定添加物は、食品衛生法第10条に基づき、厚生労働大臣が定めたもので、食品衛生法施行規則別表1に収載されている。

食用に用いる着色料には、食用タール色素とそれ以外の着色料の2種類がある。現在わが国で食用に使用することが認められている食用タール色素は12種類[赤色2号(アマランス)赤色3号(エリスロシン)、赤色40号(アルラレッドAC)、赤色102号(ニューコクシン)、赤色104号(フロキシン)、赤色105号(ローズベンガル)、赤色106号(アシッドレッド)、黄色4号(タートラジン)、黄色5号(サンセットイエローFCF)、緑色3号(ファストグリーンFCF)、青色1号(ブリリアントブルーFCF)、青色2号(インジゴカルミン)]であり、指定添加物に該当する。その他の着色料はすべて既存添加物であり、銅クロロフィンナトリウム、銅クロロフィル、鉄クロロフィンナトリウム、βカロテンなどが含まれる。

食品より上記着色料以外の着色料が検出されれば食品衛生法違反となる。食品衛生法でその使用が認められているそれぞれの着色料については規格基準を設け、それぞれの着色料に応じた確認試験(定性試験)および純度試験法(定量試験)が定められている。特に食用タール色素の純度試験法はタール色素試験法が用いられる。本稿では、参考法として、薄層クロマトグラフィーによる色素の定性試験について概説する。

●薄層クロマトグラフィーによる色素の定性試験

材　料

①—脱脂羊毛：市販されている白色羊毛は蛍光染料を使用したり、化繊との混紡品が多いので、入手の際には純毛で蛍光染料を含まないものを選ぶように注意する。純毛で蛍光染料を含まない無着色の羊毛を石油エーテルで十分脱脂した後、エーテルを室温で蒸発させ、水で十分に洗い、軽く搾って風乾する。試験には約5 cm長に切って一つの試料につき4～5本使用する。

②—薄層板と展開溶媒

薄層板	展開溶媒
1)セルロース	ⅰ)アセトン・イソアミルアルコール・水(6：5：5)
	ⅱ)1-ブタノール・エタノール・1%アンモニア水(6：2：3)
	ⅲ)水・エタノール・5%アンモニア水(3：1：4)
	＊ⅰ)とⅱ)を常に併用して比較して総合的に判定する。キサンテン系色素が含まれることが予想される場合には同時にⅲ)を併用する。
2)シリカゲル	ⅰ)酢酸エチル・メタノール・28%アンモニア水(3：1：1)
3)化学修飾型シリカゲル	
	ⅰ)メタノール・アセトニトリル・5%硫酸ナトリウム(3：3：10)
	ⅱ)エチルメチルケトン・メタノール・5%硫酸ナトリウム(1：1：1)

③—タール色素標準溶液：各色素を100 mgとり、それぞれ水に溶かして1,001 mLとする(1 mg/1 mL)。

試料の調整

①―抽出

1）油脂の少ない試料の場合

ⅰ）液体試料：10～100 g（着色の程度により適量を採取する）をビーカーにとり、5倍量の水を加えて混和する。必要であればろ過し、色素抽出液とする。

ⅱ）半流動および固形試料：食品の着色された部分を10～100 g（着色の程度により適量を採取する）をビーカーにとり、5倍量の水を加えて加温しながら混和して溶解する。遠心して上清を回収する。着色した固形物が残る場合には、これに0.5％アンモニア水およびエタノールをそれぞれ20～50 mL量加えて攪拌し、先と同様に遠心して上清を回収し、先に回収した上清と併せ、色素抽出液とする。

2）油脂の多い試料の合

10～100 g（着色の程度により適量を採取する）をビーカーにとり、5倍量のエーテルおよび0.5％アンモニア水をそれぞれ加えて混和した後、水層を分取し、色素抽出液とする。

②―精製

蒸発皿に色素抽出液を20～50 mL加えて希釈し、酢酸でpH3～4に調整する。これに5 cm長の脱脂羊毛4～5本加え、沸騰水浴上で30分間時々混和しながら加温して色素を羊毛に吸着させる。着色した羊毛を取り出し、水洗した後に0.5％アンモニア水10～20 mLを加え、沸騰水浴上で10分間加温して色素を溶出させる。色素が溶出した羊毛を取り除き、溶出液を蒸発させる。完全に蒸発した後に、0.5 mLの水、あるいは50％エタノールを加えて溶解し、試験溶液とする。

薄層クロマトグラフィー

あらかじめ展開装置に展開溶媒を充満させておく。薄層の下端から1.5 cmのところ（原線）に1 cm間隔で試験溶液ならびに色素標準溶液を塗布する。この時、スポットは直径3 mm以下となるように、ドライヤーなどを用いて風乾させる。薄層の下端から0.5～1 cmとなるように展開溶媒に浸し、展開する。展開は薄層板の上端近くまで展開溶媒が移動するまで行う。展開終了時に展開溶媒の最終ラインに鉛筆で印を入れる。それぞれ検出されたスポットと展開溶媒の移動度を計測し、移動率Rf値（Rate of flow value）（＝原線から展開後のスポットの中心までの距離／原線から溶媒先端までの距離）を算出する。Rf値は薄層板の種類、展開溶媒、温度等の条件が一定であればそれぞれの物質に固有の値を示すので、それぞれの標準色素のRf値と比較し、試料中に含まれる色素を決定する。

洗浄と消毒

洗　浄

洗浄剤はpHの違いにより、酸性洗浄剤、中性洗浄剤、アルカリ洗浄剤に分類され、工業用あるいは医療用の洗浄剤は通常3未満のものが酸性、3以上11未満のものが弱酸性、中性、弱アルカリ性と表示され、11以上のものはアルカリ性あるいは弱アルカリ性と表示される。

酸性洗浄剤は無機物、サビ、水垢等の洗浄に適しているが、金属に対する腐食性が強く、皮膚への影響も強い。アルカリ性洗浄剤は洗浄力に優れているが、ガラスなど一般的にアルカリに弱い素材があるので注意が必要であり、皮膚への影響も強い。中性洗浄剤はアルカリ洗浄剤よりも洗浄力は劣るが、実験室で通常使用される器具の素材、皮膚ならびに環境への影響が比較的少ない。

一般ガラス器具（三角フラスコやビーカー）の洗浄

試薬や試料などの汚れの乾燥・付着を防ぐため、水あるいは洗浄液を張ったバットに浸けて置く。汚れが付着してしまった場合には洗浄液に2時間から24時間浸漬してから洗う。洗浄液の温度を40～

50℃に上げる、または超音波洗浄器(図1-16)を用いれば浸漬時間を5分～30分程と大幅に短縮できる。

洗浄剤を浸したブラシなどで汚れを落とし、洗浄剤が残らないよう流水でしっかりとすすぎ、最後にイオン交換水ですすぐ。乾燥機に入れて乾燥する、あるいは乾燥棚で自然乾燥させる。

ピペット

滅菌あるいは消毒後にピペット内を水洗いし、先端を上にしてピペット洗浄用のかごに入れ、洗浄液に一晩浸漬する。ピペット洗浄器(図1-17)に移し、6時間以上水洗いする。超音波洗浄器あるいは超音波洗浄器のついたピペット洗浄器を使用することにより洗浄時間を大幅に短縮できる。イオン交換水ですすぎ、ピペットの先端を上にして乾燥させる。

消毒ならびに滅菌

消毒とは、目的とする微生物あるいは人畜に対して有害な微生物を殺滅し、感染を予防する手段である。一方、滅菌は対象物のすべての微生物を死滅または除去することであり、「滅菌対象物が滅菌処理後に非無菌である確率が10^{-6}以下である」と定量的な基準が定められている。

消　毒

化学的分類に基づいた消毒薬の分類および特徴

ハロゲン化合物

①—塩素系消毒薬：次亜塩素酸ナトリウムが最も一般的で、栄養型細菌、真菌およびウイルスに有効である。芽胞および結核菌を死滅させるには高濃度の塩素が必要である。また、有機物があると殺菌効果が低下する。手術部位や手指の消毒には0.005～0.01%の濃度、その他では0.1～1.0%の濃度で使用する。皮膚に刺激性、金属製品に対しては強い腐食作用があり、酸と混合すると有毒な塩素ガスなどを発生するので注意が必要である。その他の塩素系消毒薬としてサラシ粉、クロラミン、ジクロルイソシアヌル酸ナトリウムがある。

②—ヨウ素系消毒薬：ヨウ素は栄養型細菌、真菌ならびにウイルスにも有効である。芽胞および結核菌に対しては効果がやや劣る。ヨウ素およびヨウ化カリウムを70%エタノールに溶解して用いるヨードチンキ(6.0%ヨウ素)、希ヨードチンキ(3.0%ヨウ素)あるいはヨウ素とポリビニルピロリドンを配合したポビドンヨード(7.5～10%ヨウ素)として使用する。

アルコール類

①—エタノールならびにイソプロパノール：即効的な殺菌作用を示し、栄養型細菌、結核菌、真菌、一部のウイルスに有効である。芽胞には無効である。エタノールは70～80%、イソプロパノールは50～70%濃度で使用する。

アルデヒド類

①—ホルムアルデヒド：栄養型細菌、結核菌、真菌、ウイルスに対し有効である。芽胞に対する効果

図1-16　小型超音波洗浄器

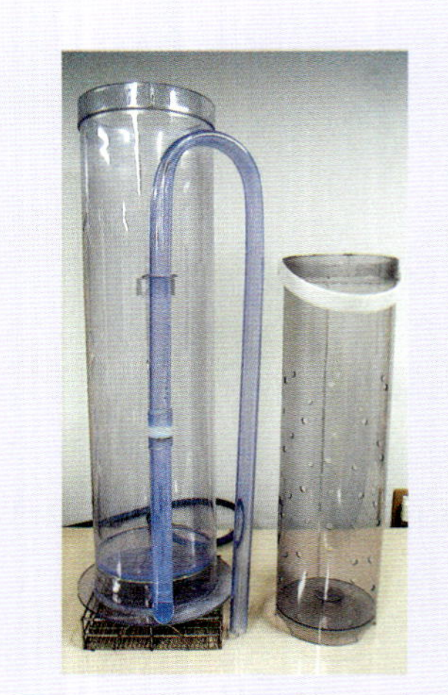

図1-17　ピペット洗浄器およびかご

はやや劣る。通常、ホルマリン(ホルムアルデヒドの35〜37.5%水溶液)として市販され、これを7〜35倍希釈した溶液として使用、またはガス化して使用する。

②—グルタルアルデヒド：広範囲の殺菌作用を有し、ウイルスおよび芽胞にも有効である。0.5〜3.0%濃度で使用する。

③—オルトフタルアルデヒド：広範囲の殺菌作用を有するが、芽胞に対する効果はやや劣る。作用が迅速であり、0.55%濃度で使用する。

いずれの化合物も生体刺激性や毒性を有し、使用時には手袋やメガネの使用、作業場の喚起などに留意する必要がある。米国ではホルムアルデヒドは発癌性物質として取り扱われる。

フェノール類

①—フェノール(石炭酸)：栄養型細菌、真菌、結核菌ならびに一部のウイルスに対し有効である。芽胞には無効である。1.0〜5.0%の溶液を使用する。生体組織に対して強い刺激性を有し、下水への廃棄規制がある。

②—クレゾール：殺菌力はフェノールの3倍強いが、大部分のウイルスおよび芽胞には無効である。1.0〜3.0%濃度で主にクレゾール石鹸として使用される。

③—ヘキサクロロフェン：グラム陽性菌に対し殺菌性を有するが、抗酸菌、真菌、グラム陰性菌には無効である。1.0〜3.0%溶液または軟膏として使用される。神経毒性が報告されているため、生体消毒剤としては使用しない。

④—トリクロサン(イルガサンDP300)：広範囲の細菌に対し優れた殺菌採用を有するが、グラム陰性菌の中には効果の低いものも存在する。0.3〜0.5%溶液として使用する。刺激性が低く、生体消毒剤として使用されている。

界面活性剤

①—陽イオン界面活性剤：第四級アンモニウム塩が最も広く使用されている。メチシリン耐性黄色ブドウ球菌を含む広範囲の細菌および真菌に有効である。結核菌、芽胞およびウイルスには無効である。塩化ベンザルコニウムならびに塩化ベンゼトニウムが代表的な消毒薬であり、0.1〜1.0%溶液として使用する。綿やガーゼパットなどの材料ならびに有機物の存在により殺菌効果は大きく低下する。

②—両面活性剤：第四級アンモニウム塩に比べ、蛋白質などの存在下においても殺菌効果の低下が少ない。結核菌に対し若干の効果を示す。塩酸アルキルポリアミノエチルグリシンならびに塩酸アルキルジアミノエチルグリシン0.1〜0.5%溶液が一般的に使用される。

酸化剤

①—過酸化水素(オキシドール)：栄養型細菌に有効である。粘膜や手指の洗浄・消毒には0.01〜1.0%、人工呼吸器回路の消毒には3.0〜6.0%濃度で使用する。

②—過酢酸(過酸化酢酸ともいう)：0.001〜0.2%濃度で広範囲の細菌や真菌に対し有効であり、0.3%濃度では芽胞に対しても有効である。過酢酸は銅、真鍮、純鉄、亜鉛メッキ鉄板を腐食するが、添加物やpHの調整により影響を減少できる。40%濃度の過酢酸の活性は1カ月で1.0〜2.0%しか低下しないが、1.0%など低濃度溶液は加水分解のため6日間で濃度が半減する。生体刺激性が強く呼吸器系に対し毒性を示す。

色素類

一般に殺菌ならびに静菌作用を有し、刺激性の副作用が少ないため粘膜や手指の消毒に用いられてきた。アキフラビン、アクリノール、アクリフラビタン、塩化メチルロザリニン、メチレンブルーなどの0.05〜0.2%溶液を使用する。

ビグアナイド類

クロルヘキシジン：栄養型細菌に有効である。結核菌、ウイルス、芽胞には無効である。通常、0.05%〜1.0%濃度で使用するが、手術用消毒液などとしては4.0%濃度のものが市販されている。

滅　菌

火炎(焼却)滅菌

ガスバーナーなどの火炎に直接さらし、対象物を焼却する滅菌方法である。白金耳などの不燃性器具や無菌操作中の試験管口の滅菌に用いる。

乾熱滅菌

乾熱滅菌器(金属製のオーブン；図1-18)を用いて行う。主にガラス器具に使用する。流動パラフィンの滅菌にも使用する。滅菌温度と時間は、それぞれ135℃～145℃では3～5時間、160℃で1～2時間、180℃で30分から1時間である。

煮沸、蒸気滅菌、間欠滅菌

煮沸滅菌は被滅菌物を沸騰水中で15～30分間加熱して菌を死滅させる。ピンセットやハサミなどの金属や注射筒などの滅菌に用いる。蒸気滅菌は沸騰水の蒸気中で30分間加熱する。生き残った芽胞の殺滅法として、滅菌後の被滅菌物を一昼夜室温に静置して発芽を促し、栄養型細菌としてから再度蒸気滅菌する。この方法を3回繰り返して滅菌することを間欠滅菌というが、いずれの方法も不完全な滅菌法である。

高圧蒸気滅菌

オートクレーブ(高圧蒸気滅菌器；図1-19)を用い、加圧蒸気で加熱する方法。通常121℃で15分間の加熱で芽胞を含むすべての微生物は死滅する。その他、115℃で30分間、126℃で10分間あるいは134℃で3分間などの温度と加熱時間の組み合わせが推奨される。プリオンの不活化には3気圧、133℃以上で20分間以上の加熱が必要とされる。

ろ過滅菌

液体や空気を小さな孔をもつセルロースアセテートやナイロン製の膜を通し、細菌などを除去する方法である。加熱により変質する糖類、抗生物質、血漿やビタミンなどの溶液や空気の滅菌に用いる。ろ過膜の孔より小さなウイルスあるいはマイコプラズマのように可塑性のある細菌はろ過膜を通過するため、これらが含まれる物質の場合には完全な滅菌効果は得られない。

ガス滅菌

エチレンオキシドあるいはホルムアルデヒドガスが広く用いられる。エチレンオキシドガスは殺菌力および浸透性も良く、プラスチック、ゴム、布製品の滅菌に有用な方法である。しかし、変異原性と発がん性ならびに引火性があり、特定化学物質等障害予防規則に準じて使用しなければならない。

放射線滅菌

X線やγ線が広く用いられる。易熱性のプラスチックやゴム製品などに用いられる。

紫外線滅菌

通常254 nm付近の波長の紫外線を用いる。γ線などに比べ、透過性が極端に弱く、ガラス、金属、プラスチックやゴム製品、施設、設備の表面が平滑なものに用いられる。水の殺菌にも用いられるが、水面から2～3 cm以内までしか作用しない。

過酸化水素低温ガスプラズマ滅菌

高周波の電気エネルギーを過酸化水素に放射して得た過酸化水素低温プラズマによる滅菌法。プラズマ中のフリーラジカルの作用により微生物を殺滅する。鋼製小物、光学機器、電子機器、プラスチックやゴム製品の滅菌に用いられる。

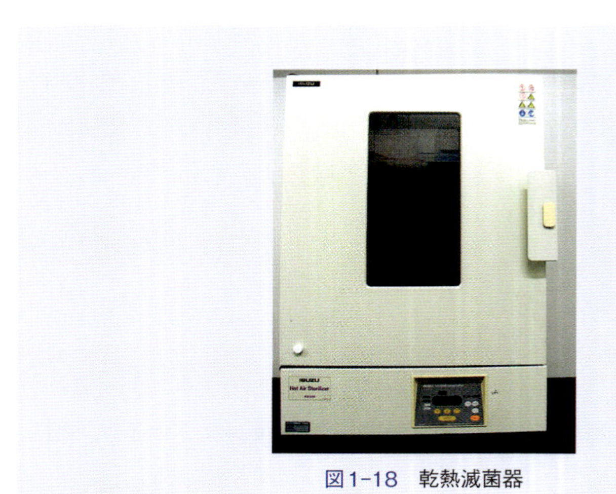

図1-18　乾熱滅菌器

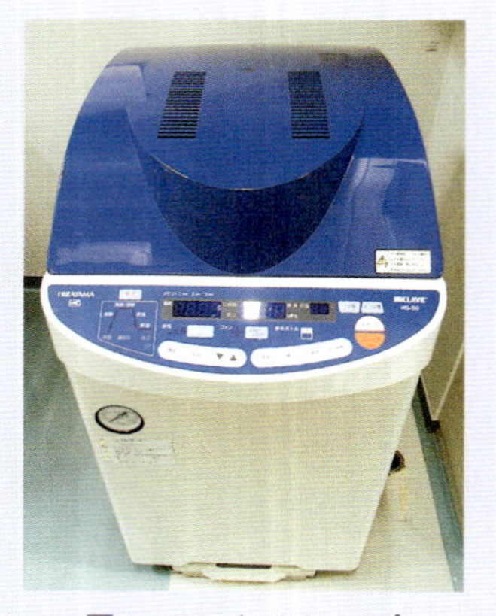

図1-19　オートクレーブ

HACCP

HACCPシステムとは

WHOでは、「食品衛生とは、生育、生産、製造から最終的に人に消費されるまでのすべての段階における食品の安全性、完全性、健全性を保障するのに必要なあらゆる手段を意味する」と定義されている。食品製造における汚染防止のためには最終製品の検査に依存するだけの品質管理方式では不十分であるという認識から考案されたのがHACCPシステムであり、一連の製造工程を管理する方式によって安全性を保障する方法である。

HACCPはHazard Analysis（危害分析）とCritical Control Point（重要管理点）の頭文字に由来する。Hazard（危害）とは健康に悪影響を与える可能性のある食品中の生物学的、化学的または物理的因子および状態を意味する。このHazardに関する情報を集め、HACCP計画で取り扱うかどうか評価分析し、それらに対する防止措置を策定するプロセスをHazard Analysisという。危害分析により明らかにされた潜在的危害を予防、排除もしくは許容レベルまで低減するために管理すべき各々の工程や段階がCCPとして設定されることになる。各CCPにおける検査や監視すべき項目について、許容できる場合とできない場合を区別する基準（危機的許容限界：Critical Limit）となる数値や条件を設定し、この基準を逸脱することがないように連続的に観察または測定するシステムを作る必要がある。このような作業に基づいて危害を防止しようとする方法がHACCPシステムである。

さらに、万一危機的許容限界を超えた場合にも確実に対応できるよう是正措置や改善措置をあらかじめ定めておくこと、管理計画全体が効果的に作動していることを確認する検証の手順を定めること、およびこれらの手法や記録文書の作成方法を定めることもHACCPシステムによる管理方法に含まれる。これらの構成要素はHACCPシステムの7原則としてまとめられている（表1-9）。

表1-9　HACCPシステムの7原則

原則1：危機分析（HA）を実施する。
原則2：重要管理点（CCP）を決定する。
原則3：各CCPにおいて危機許容限界を設定する。
原則4：各CCPに対するモニタリングシステムを設定する。
原則5：危機許容限界を逸脱した場合の是正処置を確立する。
原則6：システムが効果的に作動していることを検証する手順を確立する。
原則7：記録文書作成方法を定める。

HACCPプランの作成と実行

実際にHACCPシステムを適用する場合、以下のように論理的手順に従うことが不可欠である。

①―効果的なHACCPプランを作成するためには原料、製品、処理工程などに関する知識や技術を利用できるよう考慮しなければならない。そのために、適切な学問領域からメンバーを集めプラン作成チームを編成する。必要に応じて病原微生物や有害化学物質に精通した専門家もメンバーとなる。

②―プランは製品1品目ごとに作成する。管理しようとする製品の組成、構造などの特徴に加え、保存処理法、包装法、保管条件、流通方法などを詳しくリストアップする。

③―安全性は、利用者の実際の使用基準に基づいて考慮されなければならない。製品の最終的な使用者または消費者を明確にしておく（一般消費者、乳幼児、病院患者、宇宙飛行士など）。

④―その食品の生産工程の流れ図（フローダイアグラム）を作成する。各工程における詳しい作業手順を明らかにしておく。

⑤―実際に作業現場に赴き、流れ図を確認しながら実地検分を行い、施設の見取り図を作成する。

⑥―（原則1）　すべての工程における潜在的危害を列挙して危害分析を行い、その危害の管理方法を検討する。

⑦―（原則2）　CCPの選定を実施する。管理手段があるかどうかが問題となり、危害を完全に防除できる工程、危害を減少できる工程などがCCPとなる。

⑧—(原則3)　各CCPについて許容限界を設定する。よく用いられる基準として、温度、時間、湿度、pH、水分活性、有効塩素濃度などの測定値に加え、外観や色などの指標もある。

⑨—(原則4)　モニタリングシステムを設定する。
　温度や塩素濃度のように連続した物理化学的モニタリングが適用される。

⑩—(原則5)　各CCPで逸脱が起きた場合、安全性が損なわれる可能性がある製品に対し適切な処分を設定しておく。廃棄処分の規定のみならず、温度調節器の取りつけ、再加熱などもこの手順に含まれる。

⑪—(原則6)　システムが正常に機能しているかどうか検証する方法を定める。ランダムにサンプリングを行って検査する方法や第三者機関により監査を受ける方法などが考えられる。

⑫—(原則7)　危害分析、CCP、許容限界を文書化する。記録方法も定めておき、モニタリング、是正処置、システム変更の各作業を確実に記録する。

ケーススタディ

牛乳の製造工程とHACCP

手順2の例

　飲用牛乳は食品衛生法に基づく「乳等省令」により定められている。製品としての生乳、牛乳の成分規格は教科書等を参照する。
製造基準：規格に適した生乳を使用すること。62〜65℃の間で30分間の加熱殺菌またはそれと同等以上の殺菌(121℃ 2秒、72℃ 15秒など)をする。
保存方法：殺菌後直ちに10℃以下に冷却し保存する。

手順4の例

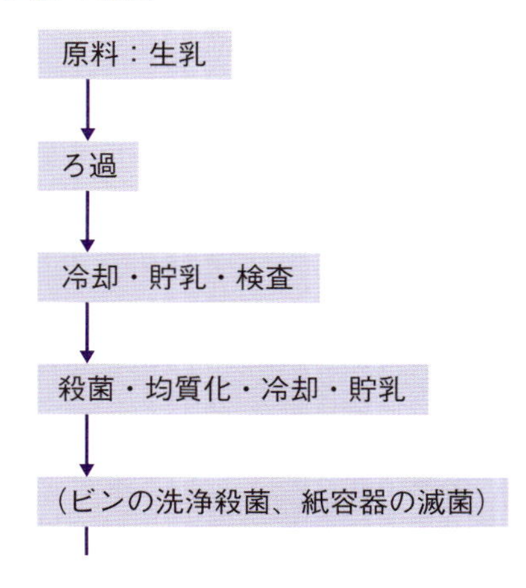

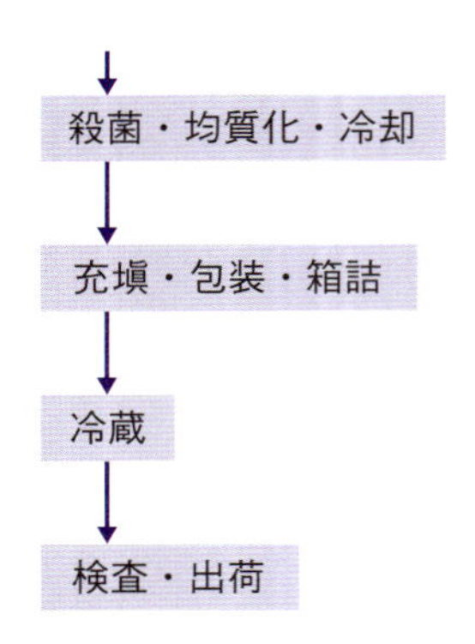

図1-20　牛乳製造工程のフローダイアグラム

手順6の例

　生乳の一次汚染菌：牛結核菌、ブルセラ菌、炭疽菌、カンピロバクター、リステリア菌、黄色ブドウ球菌、大腸菌、サルモネラ属菌など。
　二次汚染菌：黄色ブドウ球菌、サルモネラ属菌、大腸菌群、腸球菌、緑膿菌など。
　その他の異物の混入

手順7、8の例

表1-10　CCPの決定と許容限界の設定

CCP(工程)	危害	管理事項
(原料：生乳)	汚染菌の増殖	生乳検査
ろ過	異物の混入	異物の確認
冷却・貯留	菌の増殖	温度5℃以下
殺菌・冷却	菌の生残	殺菌温度時間
充填	二次汚染	シール、蓋
冷蔵	汚染菌の増殖	温度10℃以下

　それぞれのCCPにおいて、温度や時間を適切に設定する(表1-10)。蓋やシールが確実になされているか目視確認する。

手順9の例

　ろ過網の定期的チェックと交換
　自動温度管理装置の設置
　シーラーの定期点検など。

演　習

　例を参考に以下のケースを用いて、1から12までの手順に沿ってHACCPシステムのプランを立ててみよう。
①—ブロイラー肉の処理過程とHACCP
②—チーズの製造工程とHACCP
③—卵製品の製造工程とHACCP

参考文献

1） 食品衛生検査指針（理化学編） 社団法人日本食品衛生協会
2） 日本薬学会編：衛生試験法・注解（2005）、金原出版株式会社

第2章

細菌・ウイルス性食中毒

食中毒の疫学調査

食中毒発生時の疫学調査

食中毒が発生した場合、以下のような手順で原因を追究するための疫学調査が実施される。

1)　食中毒発生の探知と必要な情報の収集
　(1)食中毒発生の探知→医師からの届け出(食品衛生法第58条)
　(2)診断の確認→流行調査の出発点
　(3)流行発生の確認と患者情報の探索・収集

2)　流行状況の検討　⇒　原因施設の特定
　(1)時について→爆発流行、点流行、季節性
　(2)人の特性について→生物学的特性、社会学的特性
　(3)場について→地理的、空間的

3)　流行原因の探索　⇒　原因食品の推定
　(1)喫食調査および感染経路の解明
　　⇒マスターテーブルの作成
　(2)感染源の追求→微生物学的検査、化学的検査

マスターテーブルの作成

マスターテーブルは食中毒の原因食品を推定するために作成されるものである。マスターテーブルは、食中毒患者が摂取した食品ごとに以下のように作成される。

表2-1　マスターテーブル

	食中毒		
	発症	非発病	計
食べた	a	b	a+b
食べない	c	d	c+d
	a+c	b+d	a+b+c+d

$$\chi^2 = \frac{n(a \times d - b \times c)^2}{(a+c)(b+d)(a+b)(c+d)}$$

$$n = a + b + c + d$$

なお、a、b、c、dのいずれかが5以下の数の時は、χ^2分布から外れるので、yatesの補正式またはFisherの直接確率検定法を用いて計算する。

yatesの補正式

$$\chi^2 = \frac{n(|a \times d - b \times c| - \frac{1}{2}n)^2}{(a+c)(b+d)(a+d)(c+d)}$$

通常、2×2の分割表(自由度=1)の場合、χ^2値が$p(0.05)$の時3.84、$p(0.01)$の時6.64より大きければ有意と判定する(巻末の付表参照)。有意と判定された食品は食中毒の原因食品であることが疑われる。

Fisherの直接確率検定法

$$p=\frac{(a+c)!\,(b+d)!\,(a+b)!\,(c+d)!}{n!\,a!\,b!\,c!\,d!}$$

本法により直接確率が算出されるので、pが0.05または0.01より小さければ、それぞれ危険率5%または1%で有意である。

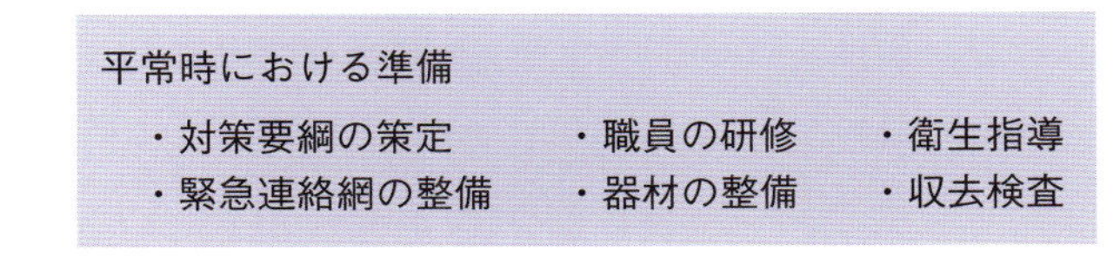

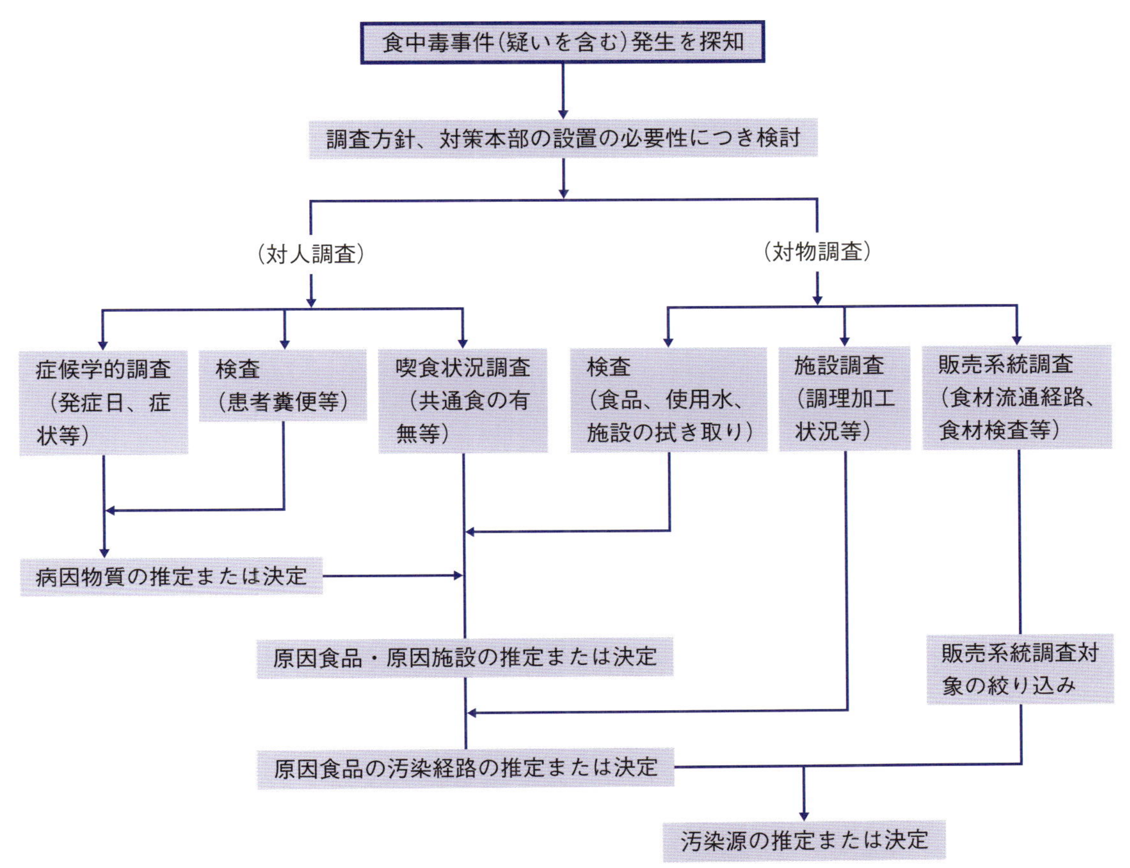

図2-1　食中毒調査の流れについて。(食品衛生研究会監修:食中毒散発例の疫学調査マニュアル、中央法規出版、2001。中央法規出版より許可を得て掲載)

腸炎ビブリオ

病原体とその性状

腸炎ビブリオ *Vibrio parahaemolyticus* は、0.4〜0.6 μm×1〜3 μmのやや湾曲した短桿菌で、グラム陰性の通性嫌気性菌である。海洋細菌であるため、発育にはNaClを必要とし、塩濃度が2〜4%で旺盛に増殖する。2本の環状染色体をもつため、分裂時間が早く、至適条件下で二分裂に要する時間はわずか10分程度である。

感染者の主症状は下痢症であり、下痢因子として耐熱性溶血毒素(TDH)およびその類似毒素(TRH)が同定されている。近年、腸炎ビブリオのもつⅢ型蛋白質分泌装置に関連した遺伝子をノックアウトすることで、腸炎ビブリオのもつウサギの腸管への水分貯留活性が著しく低下することが報告された。腸炎ビブリオのⅢ型蛋白質分泌装置、あるいは、Ⅲ型蛋白質分泌装置を介して分泌されるエフェクター蛋白質の下痢症への関与が考えられている。

分離・同定法

食品検体25 g
増菌培地：アルカリ性ペプトン水(腸炎ビブリオ用)
37℃、10～16時間
TCBS寒天培地に画線塗沫
37℃、10～16時間
　緑色で、他の*Vibrio*と比較して大きめの集落を形成する。分離・同定の流れを図2-2に示す。

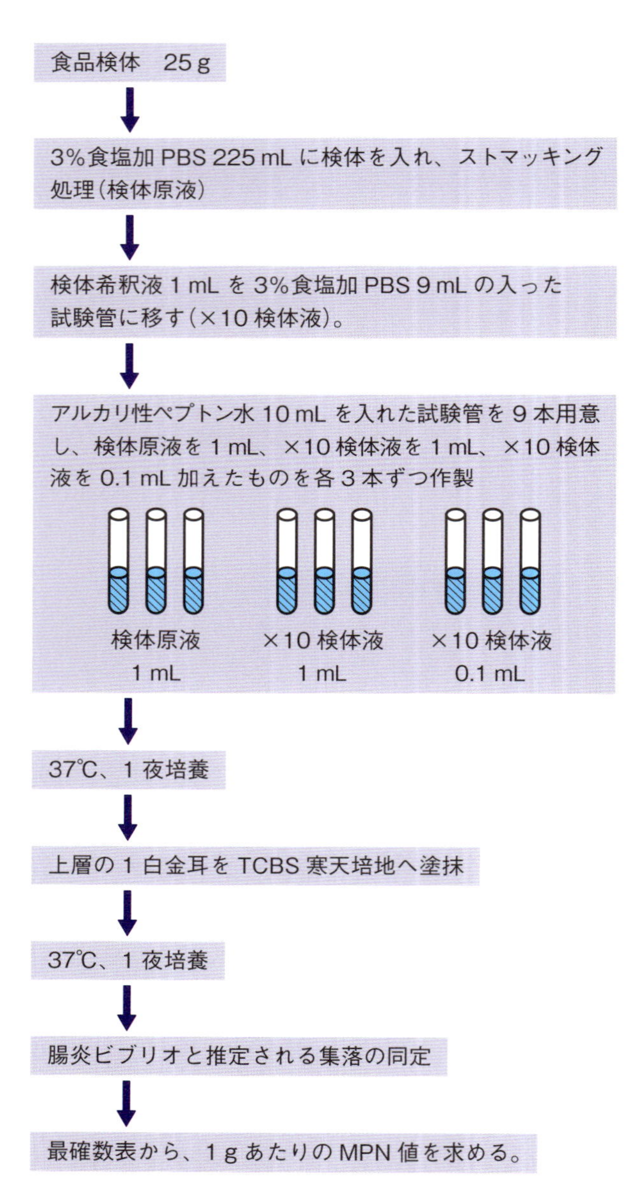

図2-2　腸炎ビブリオの検査法

培地の組成

・アルカリ性ペプトン水
　腸炎ビブリオ用アルカリ性ペプトン水粉末は、OXOID、栄研化学、日水製薬などで販売されている。

TCBS寒天培地

酵母エキス	5 g
ペプトン	10 g
クエン酸ナトリウム	10 g
チオ硫酸ナトリウム	7 g
牛胆汁	5 g
コール酸ナトリウム	3 g
白糖	20 g
NaCl	10 g
クエン酸鉄	1 g
ブロムチモールブルー	0.04 g
チモールブルー	0.04 g
アガー	15 g
水	1,000 mL

　各成分を加熱により水に溶解後、pHを8.6に合わせる。高圧滅菌は避けること。

　調整済みのTCBS寒天培地は、栄研化学、日本ベクトンディッキンソン、日水製薬株式会社などで販売されている。

その他(血清型別など、それぞれに特徴的な試験)

　腸炎ビブリオの下痢因子である、耐熱性溶血毒素(TDH)およびその類似毒素(TRH)遺伝子の検出は、PCRを用いて行う。両毒素遺伝子の検出のための特異的プライマーはタカラバイオより販売されている。

成分規格

　生食用生鮮魚介類、生食用カキ、冷凍食品からの腸炎ビブリオの菌数は、製品1 gあたり最確数が100/g以下であること、ゆでがに、ゆでだこでは陰性であることが設定されている。

臨床検体からの分離

検体は急性期下痢便であることが望ましく、採取後直ちにTCBS寒天培地に塗抹して差し支えない。検体の輸送が必要な場合には採取綿棒をCary-Blair輸送培地に穿刺して室温で保存する。回復期患者の便においては、アルカリ性ペプトン水で6〜8時間の増菌培養を必要とする。

サルモネラ属菌

病原体とその性状

サルモネラは腸内細菌科に属するグラム陰性、通性嫌気性の無芽胞桿菌で、ごくわずかの例外を除き、周毛性の鞭毛を有し運動性を示す。サルモネラ属には現在3菌種が含まれているが、ヒトに病原性があるのは*Salmonella enterica*、*S. bongori*の２菌種である。*S. enterica*は、さらに生化学性状によって6亜種（Ⅰ、Ⅱ、Ⅲa、Ⅲb、Ⅳ、Ⅵ）に分けられている。亜種Ⅰは*enterica*、Ⅱは*salamae*、Ⅲaは*arizonae*、Ⅲbは*diarizonae*、Ⅳは*houtenae*、Ⅵは*indica*と命名されている（亜種ⅤはS. *bongori*であったが、現在は種として独立している）。ヒトおよび動物から分離されるサルモネラは主に亜種Ⅰである。

サルモネラの血清型は、O抗原とH抗原の組み合わせにより2,500以上が知られている。*Salmonella enterica* subsp. *enterica*の血清型の多くは固有名がつけられ、血清型名を*Salmonella* Enteritidisのように記載されるが、*Salmonella*は属名であるためイタリック体、Enteritidisは血清型であるため頭文字を大文字にしたローマン体で記載される。S. *Enteritidis*を正式に記載すると下記のようになる。

Salmonella enterica subsp. *enterica* serovar Enteritidis.

食中毒で流行する血清型は、*S.* Enteritidisが最も多く、その他は年次により変動しているが、*S.* Infantis、*S.* Typhimurium、*S.* Saintpaul、*S.* Thompsonなどが多い。

分離・同定法

分離同定の流れを図2-3に示す。

加熱、乾燥、放射線照射および凍結された検体中のサルモネラは、損傷を受けているかまたは休眠状態にあるため、培地中の選択剤によって発育が抑制されることがある。したがって、上記の材料からサルモネラを分離する場合増菌培養に先立って非選択性の培地で前培養することが必要である。

検　体

サルモネラの検査対象となる食品としては、食肉、食鳥肉およびその加工品、卵類、乳および乳製品、穀類、魚肉、動物臓器製剤、飼料などである。検査には1検体あたり少なくとも25 gあるいは25 mLを必要とする。試料が固体の場合、無菌的に採取し、10倍量の滅菌した培地などを加えてストマッカーで細断する。

培地の組成

1）　前増菌用培地

前増菌用培地としては、緩衝ペプトン水（buffered peptone water）などの非選択培地が用いられる。

2）　増菌培地

テトラチオネート（TT）培地、ラパポート・バシリアディス（RV）培地等がある。

3）　分離培地

硫化水素の産生により判定する培地（DHL寒天培地、MLCB寒天培地、XLD培地）および硫化水素産生によらずに判定する培地（クロモアガーサルモネラ、ESサルモネラ寒天培地Ⅱなど）から1種類ずつ選んで用いる。

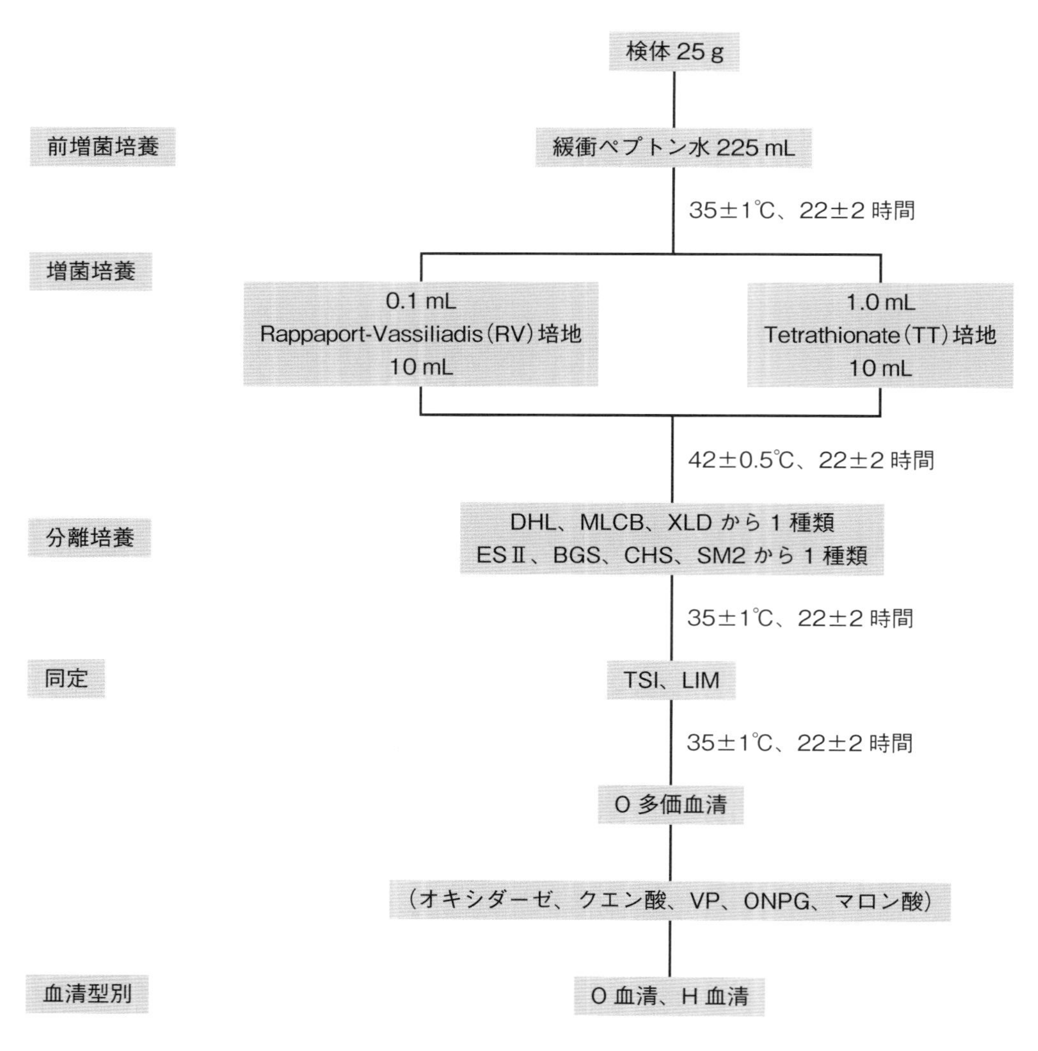

図2-3　サルモネラの検査法

緩衝ペプトン水(Buffered peptone water ; BPW)の組成　1 L分

ペプトン	10.0 g
塩化ナトリウム	5.0 g
リン酸二水素カリウム	1.5 g
リン酸水素二ナトリウム(12水和物)	9.0 g
(pH7.2 ± 0.2)	

テトラチオネート液体培地(Tetrathionate broth ; TT培地)の組成　1 L分

カゼインペプトン	2.5 g
肉ペプトン	2.5 g
胆汁酸塩	1.0 g
(pH8.0 ± 0.2)	
炭酸カルシウム	10.0 g
チオ硫酸ナトリウム	30.0 g

上記を煮沸、冷却後、ヨウ素容液(ヨウ素6.0 g、ヨウ化カリウム5.0 g)20 mLを加え混和して用いる。

DHL寒天培地(Desoxycholate Hydrogen Sulfide Lactose Agar)の組成　1 L分

肉エキス	3.0 g
ペプトン	20.0 g
乳糖	10.0 g
白糖	10.0 g
デオキシコール酸ナトリウム	1.0 g
チオ硫酸ナトリウム	2.3 g
クエン酸ナトリウム	1.0 g
クエン酸鉄アンモニウム	1.0 g
ニュートラルレッド	0.03 g
寒天	15.0 g
(pH7.0 ± 0.1)	

MLCB寒天培地(Mannitol Lysine Crystal Violet Brilliant Green Agarの組成)1 L分

酵母エキス	5.0 g
ペプトン	10.0 g

ハートエキス末	2.0 g
塩化ナトリウム	4.0 g
マンニット	3.0 g
L-リジン塩酸塩	5.0 g
(pH6.8 ± 0.1)	
チオ硫酸ナトリウム	4.0 g
クエン酸鉄アンモニウム	1.0 g
ブリリアントグリーン	0.0125 g
クリスタルバイオレット	0.01 g
寒天	15.0 g

ESサルモネラ寒天培地II(ES II)の組成　1 L分

ペプトン	10.0 g
酵母エキス	1.0 g
塩化ナトリウム	5.0 g
リン酸水素二ナトリウム	1.0 g
チオ硫酸ナトリウム	1.0 g
デオキシコール酸ナトリウム	1.0 g
マンニット	15.0 g
中性紅	0.03 g
合成酵素基質	0.45 g
ノボビオシン	0.02 g
寒天	15.0 g
(pH7.4 ± 0.2)	

同　定

サルモネラの同定には、TSI寒天培地とLIM培地を用いる。

定型的なサルモネラは、TSI寒天培地で高層部黄変・黒変・ガス産生および斜面部が赤変し、LIM培地でリジン脱炭酸反応陽性、運動性陽性、インドール反応陰性である。

TSI寒天培地(Triple Sugar Iron Agar)の組成　1 L分

肉エキス	5.0 g
ペプトン	15.0 g
乳糖	10.0 g
白糖	10.0 g
ブドウ糖	1.0 g
塩化ナトリウム	5.0 g
クエン酸第二鉄	0.2 g
チオ硫酸ナトリウム	0.2 g
フェノールレッド	0.02 g
寒天	15.0 g
(pH7.3 ± 0.1)	

LIM培地(lysin indole motility medium)の組成　1 L分

ペプトン	12.8 g
酵母エキス	3.0 g
ブドウ糖	1.0 g
L-トリプトファン	0.5 g
ブロムクレゾールパープル	0.02 g
寒天	2.7 g
L-リジン塩酸塩	10.0 g
(pH6.8 ± 0.1)	

サルモネラには、硫化水素非産生性、運動性の弱いもの、リジン脱炭酸反応陰性といった非定型的性状を示すものがあるので注意を要する。必要に応じて表2-2の性状試験を加える。

表2-2　サルモネラの主な生化学性状

性　状	反　応
オキシダーゼ	−
シモンズのクエン酸	+
VP反応	−
ONPG	−
ウレアーゼ	−
リジン脱炭酸反応	−

+：陽性、−：陰性

血清型別

生化学性状検査でサルモネラと同定された場合には、O群多価血清で凝集を確認し、凝集が認められたものについては、OおよびH抗原診断用血清を用いて血清型別を行う。

ためし凝集反応

市販のサルモネラ用O多価血清、O1多価血清を用いて凝集反応を確認する。ただし、サルモネラの同定は生化学性状を優先させるべきで、血清反応に頼ると誤った判断を起こしやすいので注意する。

方　法

①—良く磨いたスライドガラス上に、O多価血清を1滴載せる。

②—新鮮培養菌を白金耳で小量掻きとって、スライ

ドガラス上のO多価血清と良く混和する。

③―さらに、手で十数秒間ガラスを前後に傾斜させた後、凝集の有無を肉眼で判定する。

④―30秒以内に強く凝集したものだけを陽性とし、微弱な反応や、1分以内に遅れて現れる反応は陰性とする。

⑤―対照としてO多価血清の代わりに生理食塩液についても同様に行い、自発凝集でないことを確かめる。

⑥―O多価血清で凝集が認められない場合はO1多価血清で同様の操作を行う。

*スライドガラス上で凝集した菌は死滅しているわけではないので、使用したスライドガラスは必ず滅菌処理する。

O群別検査

培地上の新鮮培養菌を掻き取り、0.2〜0.3 mLの生理食塩水に濃厚に浮遊させて抗原とする。O多価血清に含まれる各O群血清をそれぞれ1滴ずつ加えて速やかに白金耳で混和し、さらに手でガラスを前後に傾斜させ肉眼で凝集の有無を判定する。30秒以内に強く凝集したものだけを陽性とする。

H抗原検査

生化学性状およびO群別検査で、「サルモネラO4(B)群陽性」と記載し、報告すれば食品衛生上十分であるが、血清型を明らかにする際にはH抗原を調べる必要がある。ただ、H抗原の検査はH血清の常備が必要であり、また操作も極めて煩雑なため、できれば適当な機関、例えばサルモネラセンター(国立感染症研究所)や地方衛生研究所に型別を依頼するのが賢明である。

病原性大腸菌

病原体とその性状

大腸菌(*Escherichia coli*)はヒトや動物の正常腸内フローラの一員で、そのほとんどは病原性をもたない。しかし、これが日和見感染症の原因となるほか、健常人に病気を引き起こす病原性の強い大腸菌がある。本書では後者の中から、特に食品衛生上問題となる下痢原性大腸菌を取り上げる。

下痢原性大腸菌は、以下の5型に分類されている。

1) 腸管病原性大腸菌(EPEC)
2) 腸管出血性大腸菌(EHEC)
3) 腸管侵入性大腸菌(EIEC)
4) 腸管毒素性大腸菌(ETEC)
5) 腸管凝集接着性大腸菌(EAEC)

それぞれの型により保有する病原因子が異なり、それゆえ感染発症機序、患者の病態などが異なる。型による特徴的な病態、疫学、菌の性状の差異、保有する病原因子の詳細等については他の成書を参考にしていただきたい[1)]。五つの型のうち、EHECではO157血清型が公衆衛生上最も重要なため、以下ではこの血清型に限定して概説する。O26など他の血清型は生化学的性状に違いがあり、同定方法が若干異なることに注意する必要がある。

分離・同定法

分離・同定の概略は図2-4にまとめた。通常、糞便と食品が検査材料となる。

糞便の場合

小型容器、あるいはCary-Blair輸送培地に採取された糞便が出発材料となる。これを白金耳あるいは綿棒で後述の選択培地表面に塗布するが、この際、シングルコロニーが出現するよう配慮することが必須である。

EHEC以外の菌株の分離・同定には、選択培地としてDHL培地、マッコンキー寒天培地等が用いられる。それぞれ選択性に差異があり、目的により使い分ける[2)]。実習の場合、選択性の弱いDHL寒天培地が使用しやすい。検体を接種後、36±1℃、

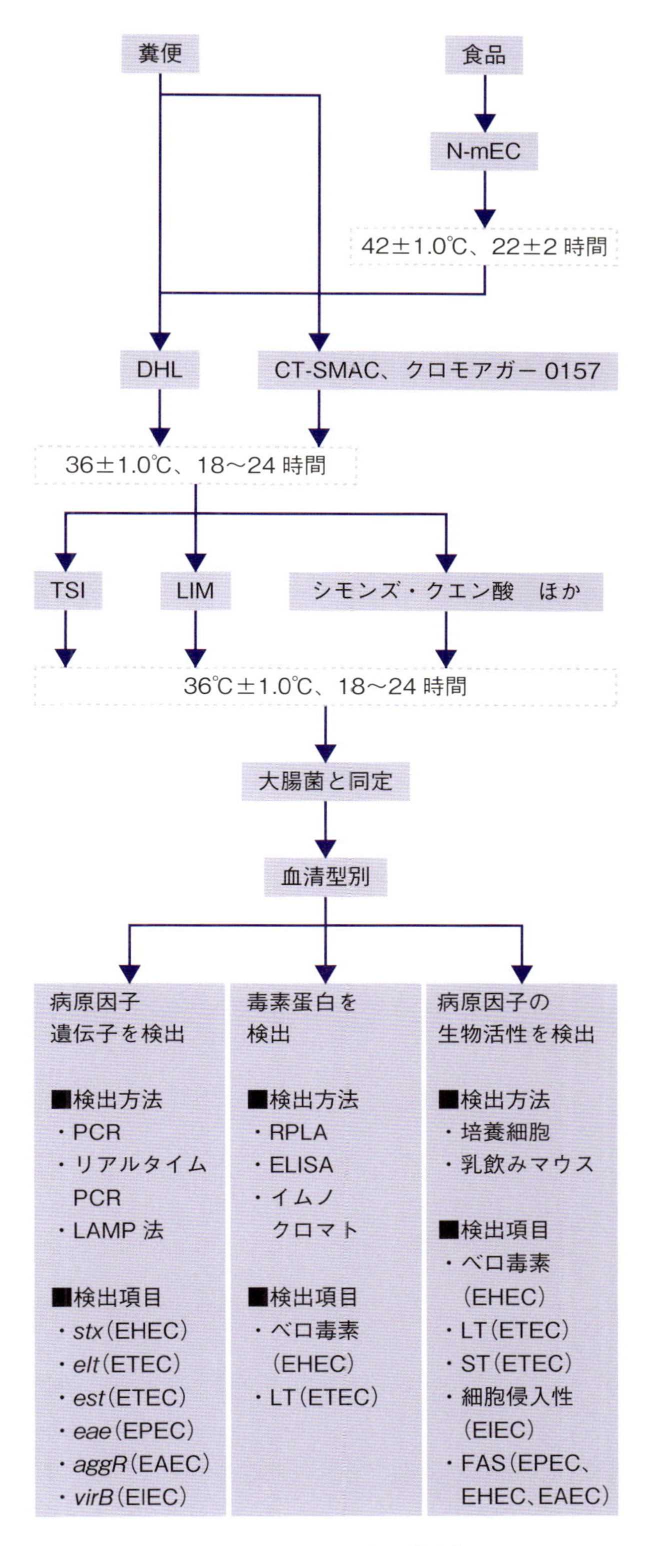

図2-4　病原性大腸菌の検査法

18〜24時間培養する。大腸菌は両選択培地上で赤紅色のコロニーを呈する。ただしEIECはしばしば乳糖遅分解性を示し、無色〜薄い桃色のコロニーを呈するので注意が必要である。大腸菌と疑われるコロニー、数個〜十個を採取してそれぞれ確認培地に接種する。確認培地として、TSI培地、LIM培地に加えて、シモンズ・クエン酸培地などが用いられる。TSI培地で斜面および高層部が黄変(EIECはしばしば斜面が赤変)することに加え、ガス産生、運動性、クエン酸塩利用能等の性状を基に大腸菌と同定する。選択培地、確認培地での菌コロニー形状・色調などの詳細については、別の成書[1, 4]や、培地メーカーのマニュアル[2]等の写真を参考にしていただきたい。

同定された菌株は、血清型別試験に供するとともに、病原因子の解析を行い、EPEC、EIEC、ETEC、EAECの型別判定を行う(後述)。

EHECはソルビトール遅分解性であり、かつ特定の抗菌剤(セフェキシム、亜テルル酸カリウムなど)に耐性を示すため、その選択培地としてマッコンキー培地を改変したCT-SMAC培地を使用する。この際、酵素基質培地であるクロモアガーO157などに加えてDHL培地も併用する。検体をこれら寒天培地へ塗布し、36±1℃、18〜24時間培養すると、CT-SMAC上でやや褐色を帯びた無色〜桃色がかったコロニーを、クロモアガーO157上では藤色のコロニーを呈する[4]。疑わしいコロニーの確認培地における性状を確認した後、血清型別、病原因子の検出によりEHECと同定する。便など臨床材料からEHECを分離・同定する方法の詳細は、国立感染症研究所等がまとめた病原体検出マニュアル[5](以下、検出マニュアル)を参照する。

食品の場合

食品を対象とする病原性大腸菌検査は、ほとんどの場合O157およびO26血清型のEHECが対象となる。食品中の菌量は比較的少なく増菌操作が必要である。増菌培地にはノボビオシン添加mEC培地(N-mEC)を用いる。食品25 gに225 mLのN-mECを加え、これをストマッカー処理したものを、42±1℃、22±2時間培養する。増菌培養後、糞便の場合と同様、CT-SMAC培地などへ接種し同定する。増菌しても十分な菌量の得られない場合、磁気ビーズを使って菌を捕集する必要がある。磁気ビーズによる菌の捕集法や、食品からのEHEC分離・同定法全般に関しては、厚生労働省の検査マニュアル(以下、検査マニュアル[3])を参考にする。

培地の組成

本項で述べた各種培地は市販されており、その組成も該当メーカーより入手できる[2]。また、特に

EHECの分離・同定に必要な培地の組成は、上述した検出マニュアルおよび検査マニュアルを参考にする。

その他

分離菌の血清型別には市販の検査キットが利用できる(デンカ生研の「病原大腸菌免疫血清「生研」1号セット」など)。血清型別試験方法の詳細は、検査キットの使用マニュアル等に詳しい。

病原性の型別は、型特異的な病原因子の検出による。検出法としては、病原因子の遺伝子を検出する方法、病原因子である毒素蛋白を免疫学的に検出する方法、毒素活性あるいは菌の病原性を培養細胞や実験動物を利用して検出する方法などがある[3, 5, 6, 9]。

腸管病原性大腸菌(EPEC)

菌体外膜蛋白intiminの構造遺伝子*eae*を菌ゲノム中にPCR法で検出する。また、培養細胞に菌を感染させて特徴的な形態変化を観察する方法もある(FAS法)[6]。

腸管出血性大腸菌(EHEC)

典型的なEHECは、EHEC特異的病原因子であるベロ毒素と*eae*が陽性である[6]。ただし近年*eae*陰性株が出現していることに注意する。ベロ毒素単独検出で型別可能である。ベロ毒素の検出には免疫学的検査キット(VET-RPLA「生研」、デンカ生研、など)と遺伝学的検査キット(タカラバイオ株式会社、など)が使用できる。EHECの同定にはほかにも様々な市販キットが利用できる。その詳細は検出マニュアルおよび検査マニュアル等を参照されたい[3, 5, 9]。

腸管侵入性大腸菌(EIEC)

細胞侵入性に関与する遺伝子をPCRで検出する。*invE*、*invB*、*ipaH*などの遺伝子が同定に利用される[6]。

腸管毒素性大腸菌(ETEC)

病原因子である2種の毒素、易熱性エンテロトキシン(LT)と耐熱性エンテロトキシン(ST)を、免疫学的方法やバイオアッセイにより検出する[10]。また、それらの構造遺伝子、*elt*、*est*を遺伝学的方法で検出する[6, 7, 8]。

腸管凝集接着性大腸菌(EAEC)

マーカー遺伝子である*aggR*をPCRで検出することで型別する[6]。

黄色ブドウ球菌

病原体とその性状

黄色ブドウ球菌(*Staphylococcus aureus*)はグラム陽性通性嫌気性球菌で、健康なヒトの約30～40%が鼻腔などに保菌している。また、ヒトのみならず牛、鶏といった家畜・家禽にも保有されているが、時として宿主に種々の疾病を引き起こす。黄色ブドウ球菌は極めて多数の毒素を産生し、ブドウ球菌属の中で最も病原性の高い菌種と考えられている。ヒトにおいては、種々の化膿性疾患、呼吸器感染、毒素性ショック症候群、ブドウ球菌性熱傷様皮膚症候群を引き起こすとともに、重要な食中毒起因菌である。ブドウ球菌食中毒は典型的な食品内毒素型食中毒であり、黄色ブドウ球菌が食品中で増殖する際に産生したエンテロトキシンstaphylococcal enterotoxins (SEs)が原因となる。ブドウ球菌食中毒の診断においては、原因食品からの黄色ブドウ球菌の分離とともに、食品中のSEsを直接証明することが重要な証拠となる。

分離・同定法

検　体

ブドウ球菌食中毒が疑われる場合、菌分離の検体としては、推定原因食品、患者の吐物および糞便、推定原因食品を調理した器具、調理者の手指、鼻腔

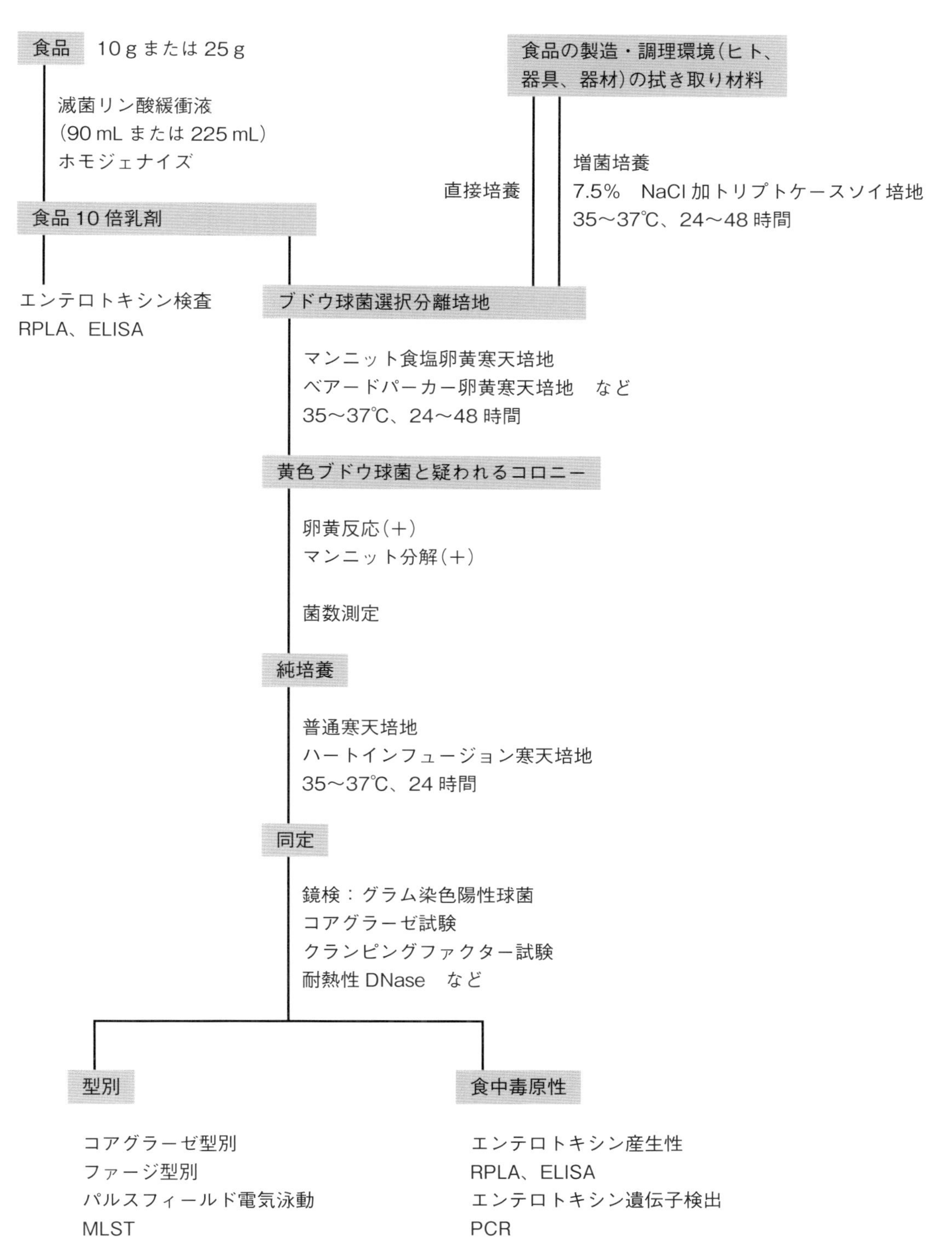

図2-5　食品および拭き取り材料からのブドウ球菌検査法

スワブなどが対象となることが多い。検体は、採取後速やかに試験に供することが望ましいが、輸送あるいは保管の必要がある場合は、冷蔵または凍結状態で行う。黄色ブドウ球菌は比較的凍結に対する耐性が高く、−20℃での生存性は良好とされている。

分離培養

患者検体や推定原因食品からの黄色ブドウ球菌分離は、通常検体を増菌培養せずに直接分離培地に塗抹する直接分離培養法で行う。図2-5に食品および拭き取り材料からの分離手順を示す。検体が液体であれば原液および10倍階段希釈液0.1 mLを、固体であれば10倍乳剤を作製してその原液および10倍階段希釈液0.1 mLを分離培地に滴下し、コンラージ棒で全面に塗布し、分離と同時に定量培養を行う。一方、器具や鼻腔スワブからの分離を試みる場合は、必要に応じて7.5% NaCl加トリプトケースソイ培地で増菌を行った後に分離培地に塗抹する。黄色ブドウ球菌と疑われるコロニーを釣菌し、普通寒天またはハートインフュージョン寒天培地で純培養する。

同　定

1)　グラム染色

純培養した菌から染色標本を作製し、光学顕微鏡で形態とグラム染色性を観察する。ブドウの房状の配列を示すグラム陽性球菌を確認する。

2)　コアグラーゼ試験

ウサギ血漿(ウサギ3～5羽から採血)を普通ブイヨンで10倍希釈し、試験管に0.5 mLずつ分注する。市販のコアグラーゼ試験用乾燥血漿を用いる場合は、使用説明書の記載に従って溶解・希釈して用いる。血漿は4℃で1カ月、－20℃で数カ月(市販血漿でも1カ月)保存できる。被検菌を普通寒天培地あるいはハートインフュージョン寒天培地で一夜培養し、この培養菌を血漿の入った試験管に一白金耳接種し混和する。35℃±1℃培養で3、6、24時間後に血漿がゼリー状に凝固したもの、あるいはフィブリンの析出したものを陽性と判定する。観察時に試験管に物理的衝撃を与えると凝固した血漿が砕けたり凝固が起こらなくなったりするので注意が必要である。また、長時間培養し判定が遅れると黄色ブドウ球菌の産生するスタフィロキナーゼにより線溶系が活性化されフィブリンが溶解して陰性と見誤る場合がある。

3)　クランピングファクター試験

スライドガラス上にウサギ血漿と生理食塩水を各々一滴取り、被検菌の新鮮培養菌(選択培地からのものは非特異凝集を示す場合がある)を生理食塩水に混和、自然凝集が起こらないことを確認後、血漿と混和する。混和後、1分以内に凝集塊が観察された場合を陽性と判定する。また、本試験の簡易診断キットとして血漿成分をラテックス粒子に感作させたものが市販されている。

4)　補助的試験

黄色ブドウ球菌の同定には、上記以外に耐熱性DNase試験、リゾスタフィン試験も有用である。また、生化学性状に基づいてブドウ球菌の種の同定を行う簡易試験キットが市販されている。黄色ブドウ球菌はカタラーゼ陽性、嫌気性条件下でブドウ糖、マンニットを分解する。

黄色ブドウ球菌の型別

1)　ファージ型別

イギリスのCentral Public Health Laboratory国際センターで決定したファージセットを使用し、ファージ感受性に基づいて型別する。食中毒由来菌株のファージ型はⅢ群が圧倒的に多いとされている。ファージの維持、管理は容易でなく、一般の検査室での実施は困難である。

2)　コアグラーゼ型別

コアグラーゼには多様性があり、その抗原性によってⅠ-Ⅹ型が知られている。Ⅰ-Ⅷ型の抗血清が市販されているので、抗血清による血漿凝固阻止試験により型別を行う。日本においては、コアグラーゼ型別は黄色ブドウ球菌の最も一般的な型別法として用いられている。食中毒由来菌株はⅦ型が多く認められ、Ⅱ、Ⅲ、Ⅵ型も認められ、Ⅳ型、Ⅴ型、Ⅷ型は少ないとされている。

3)　分子遺伝学的型別

黄色ブドウ球菌の食品汚染経路、汚染源の同定、食中毒事件解明において、近年は分離菌株を分子遺伝学的手法により分類することが行われている。前述のコアグラーゼ型別も、PCR法による多型解析が検討されている。また、全ゲノム配列を対象に型別を行うパルスフィールド電気泳動、ハウスキーピング遺伝子の配列変異により型別を行うMLST(Multi Locus Sequence Typing)法も用いられる。

培地とその組成

わが国では分離培地として7.5%塩化ナトリウムにより選択性をもたせたマンニット食塩寒天培地が汎用されているが、損傷菌に対しては増殖抑制が見られる場合があることが指摘されている。海外では、ベアード・パーカー(Baird-Parker)卵黄寒天培地が汎用されている。いずれも、培地に卵黄を添加することによりコロニー周囲の卵黄反応(リパーゼ反応)を観察することができ、他菌との鑑別が容易となる(図2-6)。

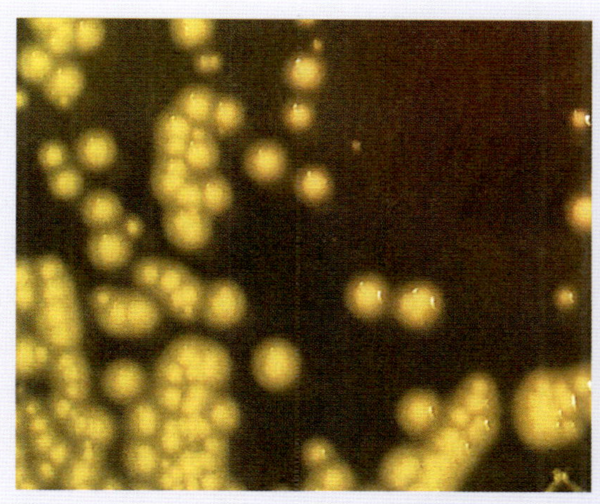

黄色ブドウ球菌のマンニット食塩卵黄寒天培地上のコロニー。35℃、48時間培養で培地の黄変と卵黄反応が観察される。

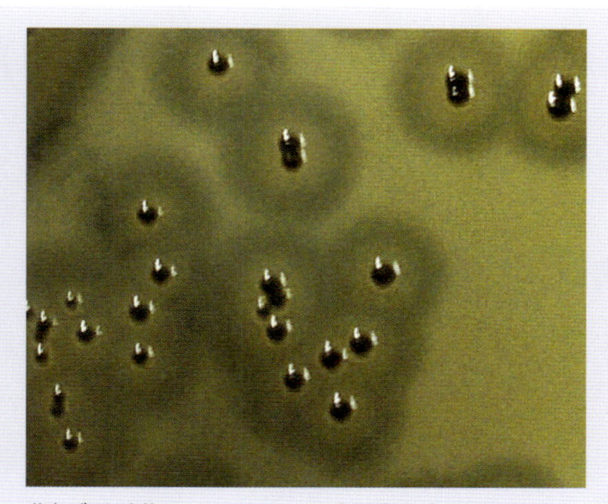

黄色ブドウ球菌のベアード・パーカー卵黄寒天培地上のコロニー。35℃、48時間培養で灰黒色のコロニーが形成され、周辺に卵黄反応が観察される。

図2-6　黄色ブドウ球菌のマンニット食塩卵黄寒天培地およびベアード・パーカー卵黄寒天培地上のコロニー

マンニット食塩卵黄寒天培地　Mannitol salt egg yolk agar

肉エキス	1.0 g
ペプトン	10.0 g
塩化ナトリウム	75.0 g
マンニット	10.0 g
フェノールレッド	0.025 g
寒天	15.0 g

精製水1,000 mLで加温、溶解し、オートクレーブ滅菌後50%卵黄液を100 mL加えて混和後滅菌シャーレに注いで平板に固める。

ベアード・パーカー卵黄寒天培地　Baird-Parker egg yolk agar

トリプトン	10.0 g
ラブーレムコ末	5.0 g
酵母エキス	1.0 g
ピルビン酸ナトリウム	10.0 g
グリシン	12.0 g
塩化リチウム	5.0 g
寒天	15.0 g

精製水1,000 mLで加温、溶解し、オートクレーブ滅菌後亜テルル酸カリウム溶液を終濃度0.01%になるように加え、さらに30%卵黄液を50 mL加えて混和後滅菌シャーレに注いで平板に固める。

エンテロトキシンの検出

エンテロトキシン(SEs)の検査には、黄色ブドウ球菌分離株の食中毒原性を調べるためのSE産生性・型別試験と食品中のSEs量を調べるための定量試験が必要である。SEs産生性・型別試験には、BHI培地、1% Yeast extract加BHI培地、NA-amine培地などが用いられる。SEsの産生性は好気的条件下で増強されることから、振盪培養を行い、37℃で24時間培養後遠心(3,000 rpm、20分)により菌体を除去し、メンブレンフィルター(ポアサイズ0.45 µm)でろ過した培養上清を検査に供する。

SEsの検出・型別は免疫学的方法によって行われる。逆受身ラテックス凝集反応法やELISAによりSEsを検出・型別するキットが市販されており、一般的にはこれらを用いて行う。なお、これらのキットは食品抽出物からのSEs検出にも利用可能である。

なお、近年ではPCR法によりSE遺伝子の保有を調べ、合わせて型別を行うことも可能になっている。しかしながら、遺伝子の証明は即座に毒素産生性を証明するものではないことを留意する必要がある。また、黄色ブドウ球菌は菌体にTaq polymerase inhibitorを大量に含むため、DNAを加熱抽出した場合は偽陰性を示すことがある。PCR反応が正常に進行したことを証明するために、内部対照をとることが重要である。

ボツリヌス菌

病原体とその性状

ボツリヌス菌(*Clostridium botulinum*)はグラム陽性、偏性嫌気性の桿菌で、通常芽胞の状態で自然界や動物の腸管内に分布する。本菌は細菌学的性状によりⅠ～Ⅳ群に分けられ[11)]、また、産生される神経毒素の抗原性によりA～Gの7型に区分される。このうちⅣ群のG型毒素産生菌は*C. argentinense*で、この他にもE型毒素産生性の*C. butyricum*、F型毒素産生性の*C. barati*が知られている(表2-3)。ボツリヌス症は神経毒素によって起こり、発症機序の違いによってボツリヌス食中毒、創傷性ボツリヌス症、乳児ボツリヌス症、成人の腸管感染毒素型ボツリヌス症などの病型に分類されている[12)]。主としてヒトではA、B、E、F型毒素により、家畜ではC、D型毒素によって疾病が発生している。

ボツリヌス毒素は、分子量15万の神経毒素と分子量15万の無毒成分の各1分子によって構成される易熱性複合蛋白質を基本型とし、これに赤血球凝集素が結合して分子量50万および90万の複合体が形成される[13)]。神経毒素は少なくとも1個のS-S結合をもつ1本鎖のポリペプチドとして産生され、蛋白分解菌では自己のプロテアーゼにより、また、蛋白非分解菌では腸管内トリプシンによって特定部位が切断(ニッキング)され、分子量5万の軽鎖と分子量10万の重鎖の2本鎖ポリペプチドとなる。この切断によって毒素は活性化され、毒力は100倍以上に高まる。近年、各型毒素遺伝子がA、B、E、F型菌では染色体DNAから、C、D型菌ではファージDNAから、G型菌ではプラスミドDNAから各々クローン化され、各型毒素遺伝子の塩基配列が決定された。これらの遺伝子情報に基づいて遺伝子増幅

表2-3　ボツリヌス毒素産生菌の細菌学的性状

試験項目	ボツリヌス菌の培養群				*C. butyricum*	*C. barati*
	Ⅰ	Ⅱ	Ⅲ	Ⅳ		
毒素型	A、B、F	B、E、F	C、D	G	E	F
蛋白分解性	＋	－	±	＋	－	－
ゼラチン液化	＋	＋	＋	＋	－	－
リパーゼ反応	＋	＋	＋	－	－	－
デンプンの加水分解	－	±	－	－	＋	±
エスクリンの加水分解	＋	－	－	－	＋	＋
牛乳反応	消化	凝固	凝固、消化	消化	凝固	凝固
インドール	－	－	±	－	－	－
運動性	±	＋	±	＋	±	－
グルコース	＋	＋	＋	－	＋	＋
ラクトース	－	－	－	－	＋	＋
スクロース	－	＋	－	－	＋	＋
マンノース	－	＋	±	－	＋	＋
発育至適温度	37～39℃	28～31℃	40～42℃	37℃	30～37℃	30～45℃
最低発育温度	10～12℃	3.3℃	15℃		10℃	
最低発育pH	4.6	5.0				
最低発育水分活性						
塩化ナトリウム	0.96	0.97				
グリセロール	0.93	0.94				
発育抑制食塩濃度	10%	5%				
芽胞の抵抗性						
耐熱性	120℃、4分	80℃、6分	100℃、30分	104℃、0.8～1.2(D値)		
γ線照射	D＝2～4.5kGy	D＝1～2kGy				
毒素の活性化(トリプシン)	－	＋	±	＋	＋	＋

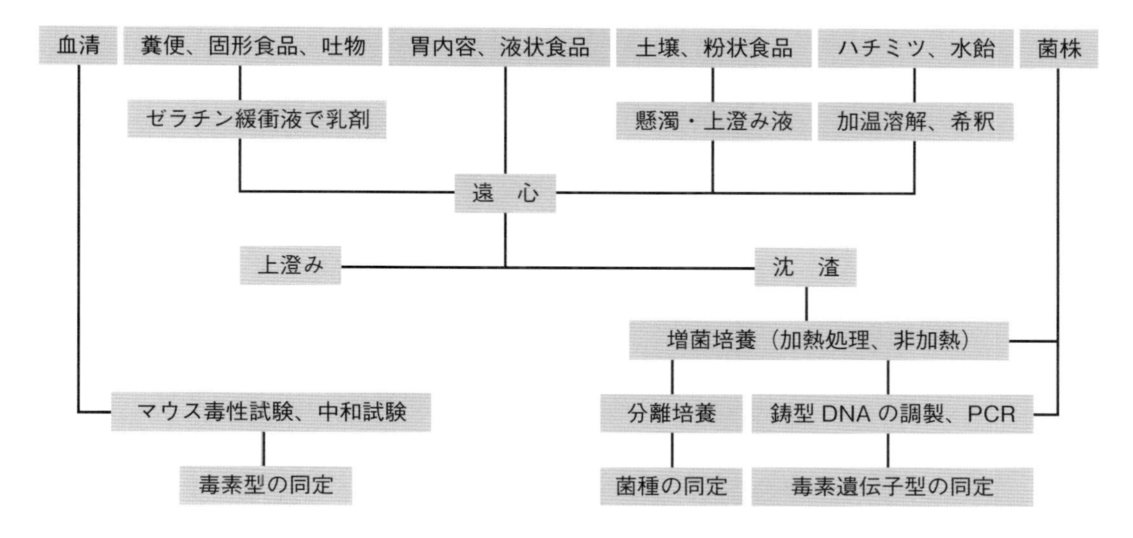

図2-7　ボツリヌス菌、毒素、毒素遺伝子検査法

法（以下、PCR法）が考案され、本症発生時の迅速スクリーニングに応用されている[14]。

わが国では過去に魚肉発酵食品である「いずし」や「きりこみ」を原因とするE型食中毒が多発した。近年ではA型、B型毒素に汚染された容器包装詰低酸性食品[15]による食中毒が発生し、食品流通の国際化に伴って輸入食品の芽胞汚染やこれまでとは異なる毒素型による食中毒の発生が危惧されるようになった。ボツリヌス症は発生頻度は低いものの極めて致死率が高いため、本症発生時の検査[16]には常に迅速かつ正確な結果が求められる。

検査法の概要

検査は毒素の証明を優先させ、毒素が陽性であればボツリヌス症と診断できるが、菌の証明のみでボツリヌス症と診断することは困難である。毒素の証明は、マウス毒性試験と中和試験によって行われ、これと併行して菌分離およびPCR法が試みられる（図2-7）。

検　体

検体は推定原因食品、患者の糞便、吐物、胃内容および血清などである。乳児ボツリヌス症[17]の場合はハチミツ、ベビーフード、野菜、ハウスダスト、室内の植木鉢のコンポストや居住地周辺の土壌、井戸水なども検査対象となる。固形試料では菌と毒素が偏在するので、その数個所から採取する。

試料の調製

各検体に2〜10倍容の0.2%ゼラチン加リン酸緩衝液を加えて乳剤とし、これを遠心（3,000 rpm、15分間）する。その上清を毒素試料とし、また、沈渣を菌分離用の試料とする。

注）PCRは増菌増養以降の試料に適用

毒素試験

毒素試料を段階希釈し、その0.5 mLずつを1群2匹のマウス（ICR系またはddY系、平均体重20 g）の腹腔内に注射する。この時毒素試料を煮沸、数分間処理した加熱試料も同時に注射する。注射後、マウスを5日間観察して生死を判定する。ボツリヌス毒素による腹腔陥没等の神経症状を呈してマウスが斃死した場合、毒素試料の希釈倍率から検体1 g中の毒素量を推定する（Minimum Lethal Dose；MLD、1 MLDはA型毒素で約20 pg/protein、A型毒素以外では約100 pg/proteinに相当）。蛋白非分解菌の産生する毒素を活性化させるため、毒素試料をトリプシン処理する。なお、血中毒素を証明する場合はトリプシン処理を要しない。毒素試料接種群に致死性が認められ、加熱処理試料で致死性が認められない場合、試料中のボツリヌス毒素の存在が疑われるので中和試験を行う。1単位に調製したA型〜G型までの診断用抗毒素（F型以外の抗毒素1単位は50,000 MLDを、F型では5,000 MLDを中和）と毒素試料を0.5 mLずつ混合して37℃で1時間反応させ、同様にマウスの腹腔内に注射する。生存したマウスに用いた抗毒素に該当する血清型が毒素の血清型である。また多くの場合、1菌株は単一

表2-4　ボツリヌス毒素遺伝子検出用プライマーと制限酵素による増幅断片の切断

遺伝子型	プライマー		切断パターン	
	名　称	増幅される断片のサイズ(bp)	制限酵素	フラグメント(bp)
A	BAS-1, 2	283	*Hpa* I	246＋37
B	BBS-1, 2	315	*Ssp* I	167＋148
C	BCS-1, 2	290	*Rsa* I	155＋135
D	BDS-1, 2	497	*Rsa* I	332＋165
E	BES-1, 2	266	*Aha* III	184＋82
F	BFS-1, 2	332	*Aha* III	220＋112
G	BGS-1, 2	488	*Aha* III	317＋171

表2-5　PCR反応液の組成

滅菌超純水	34.75 μL
10×緩衝液	5.00 μL
d-NTPs(20 μmol/L)	4.00 μL
上流域プライマー(20 pmol/L)	0.50 μL
下流域プライマー(20 pmol/L)	0.50 μL
Taq DNA Polymerase(5 U/μL)	0.25 μL
鋳型DNA溶液	5.00 μL
総量	50.00 μL
Total	100 μL

の毒素を産生するが、Af、Ba、Bfなど2種類の毒素(大文字の毒素を多く産生する)を同時に産生する株が存在するので注意を要する。

分　離

試料の調整で得た遠心沈渣を2本のクックドミート培地に各々適量接種し、その一方を65℃で20分間加熱処理した後、水道水で急冷する。非加熱処理のクックドミート培地と一緒に35℃で5日間以上培養する。クックドミート培地中でのガス産生性は蛋白分解菌では弱く、蛋白非分解菌では著しく強い。培養後、その上清を毒性試験に供する一方、Ⅰ群、Ⅳ群を疑う場合はCBI寒天培地および卵黄加GAM寒天培地に、またⅡ群、Ⅲ群を疑う場合は卵黄加GAM寒天培地に画線塗抹し、嫌気培養装置内で35℃、48時間培養する。卵黄を添加した培地では、集落周辺に形成される真珠層(虹色の反応体、リパーゼ反応)を指標にボツリヌス菌を検索する。本菌を疑う集落をクックドミート培地に培養(35℃、5日間)し、その培養上清をマウスに接種して分離株の毒素型と検体乳剤中の毒素型が一致することを確認する。

PCR法

培養試験に加えてPCR法による迅速スクリーニングを併用すると、効率良く検査結果が得られる場合が多い。増菌培養液100 μLを900 μLのトリス-EDTA緩衝液に接種して煮沸処理(5分間)し、冷却後、その遠心上清を鋳型DNA溶液として用いる。プライマーは毒素の軽鎖をコードする遺伝子の塩基配列に基づき、各型の特異性が確認できるように設計されたA～G型までのボツリヌス毒素遺伝子検出用セット(タカラバイオ㈱、表2-4)を用いる。常法にしたがってPCR反応液を調製(表2-5)し、標的遺伝子の増幅を試みる。至適アニーリング温度は個々のプライマーで相違があるが、55℃で統一して行っても支障はない。増幅反応終了後は常法に従ってアガロースゲル電気泳動を行い、泳動後、核酸染色を行ってバンドの有無を確認する。

培地の組成

Cooked Meat Medium(Becton Co.)

培地1.25 gを中試験管に秤量し、これに10 mLの蒸留水を加えて室温で1時間以上静置後、オートクレーブで滅菌する。滅菌後、水道水流水で急冷する。Ⅲ群を検出対象とする場合は、沈降炭酸カルシウム0.5%、ブドウ糖0.5%、酵母エキス1.02%、硫酸アンモニウム1.0%を添加する。

CBI寒天培地[18]

マックラング・トウベ培地(トリプチケースペプトン40 g、リン酸一水素ナトリウム5 g、塩化ナトリウム2 g、塩化マグネシウム0.1 g、ブドウ糖1 g、寒天25 g、蒸留水1 L、pH7.4)をオートクレーブで滅菌し、培地を50℃に保温した後、卵黄液(終末濃度2%)、サイクロセリン250 μg/mL、スルファモノメトキサゾール76 μg/mL、トリメトプリム4 μg/mLを添加する。

GAM寒天培地(日水製薬㈱)

培地をオートクレーブで滅菌(115℃で15分間)し、培地を50℃に保温した後、卵黄液を添加する。Ⅲ群を検出対象とする場合は、さらにL-システイン0.1%を卵黄液とともに加えて用いる。

その他

分離株の同定に用いる糖質分解試験、ゼラチン液化、インドール試験、デンプンの加水分解試験、エスクリンの加水分解試験、蛋白分解性、牛乳試験などについては文献[11]を参照されたい。治療用抗毒素[19]は販売されているが、診断用抗毒素は市販されていないので、緊急時には国立感染症研究所と連絡を取って入手する必要がある。

ボツリヌス症は、「感染症の予防及び感染症の患者に対する医療に関する法律(感染症法)」で四類感染症に区分され、また、ボツリヌス菌と毒素は二種病原体としてその所持・保管と移動が厳しく制限されている。ボツリヌス菌と毒素の検査を行う場合は、BSL3での実施が必須となる。

ウェルシュ菌

病原体とその性状

ウェルシュ菌(*Clostridium perfringens*)はグラム陽性、偏性嫌気性の桿菌で、中央ないし準端在性の卵円形芽胞を形成し、自然界や動物の腸管内に広く分布する[20](表2-6)。本菌はヒトにガス壊疽と腸炎を起こすことが知られており、産生する4種の毒素(α、β、ε、ι)の種類とその産生量によりA～E型の5毒素型に分けられる(表2-7)。ヒトの食中毒の大部分はA型菌によって起こり、まれにC、D型菌を原因とする場合もある。ヒトの食中毒に関与する病原因子は、芽胞形成時に産生されるエンテロトキシン[21]である。毒素型あるいはHobbsの血清群とエンテロトキシンの産生および腸炎起病性とは無関係である。自然界や健常人に分布するウェルシュ菌の大部分はA型菌で、その多くはエンテロトキシン非産生であるが、食中毒由来株[22]のほとんどはエンテロトキシンを産生する。エンテロトキシンは、100℃で1時間の加熱に耐える耐熱性芽胞形成菌と易熱性芽胞形成菌(75℃で20分間の加熱に耐え、100℃、1時間の加熱には耐えない芽胞)の両方によって産生されることが報告されている[23]。

ウェルシュ菌食中毒は、大量の本菌によって汚染された食品を摂取することによって起こる。食品とともに摂取された本菌は腸管内で増殖し、芽胞形成時に産生されるエンテロトキシンによって発症する生体内毒素型食中毒である。産生されたエンテロトキシンは腸粘膜細胞に結合した後、細胞膜にfunctional holeを形成させ、これを通じて細胞外のCa^{++}の急激な細胞内への流入によって細胞は死に

表2-6　ウェルシュ菌と類似菌の鑑別性状

菌種＼性状	レシチナーゼ	リパーゼ	好気的発育	運動性	ゼラチン	牛乳 凝固	牛乳 消化	糖分解 乳糖	糖分解 イノシット	糖分解 ラフィノース
C. perfringens	＋	−	−	−	＋	＋	−	＋	＋	＋
C. paraperfringens	＋	−	−	−	−	−	−	＋	−	−
C. absonum	＋	−	−	−	＋	＋	−	＋	−	−
C. bifermentans	＋	−	−	＋	＋	＋	＋	−	−	−
C. sporogenes	−	＋	−	＋	＋	＋	＋	−	−	−

＋：90%以上の菌株が陽性、−：90%以上の菌株が陰性

表2-7　ウェルシュ菌の病原性、毒素型およびエンテロトキシンの産生

菌型(毒素型)	病原性	主要産生毒素 α 致死、壊死 溶血、レシチナーゼ	β 致死 壊死	ε 致死 壊死	ι 致死 壊死	エンテロトキシン産生性
A	食中毒(ヒト)	⧻	−	−	−	＃
	ガス壊疽(ヒト)	⧻	−	−	−	−
B	腸管毒血症(牛、羊、山羊)	⧻	⧻	＃	−	−
C	腸管毒血症(牛、羊など)	⧻	⧻	−	−	−
	壊疽性腸炎(ヒト)	⧻	⧻	−	−	＃
D	腸管毒血症(羊、山羊、牛など)	⧻	−	⧻	−	＋
E	?	⧻	−	−	⧻	−

⧻：すべての菌株が陽性、＃：多くの菌株が陽性、＋：一部の菌株が陽性、−：陰性

至るが、この過程における水分と電解質の漏出が腸炎における下痢の原因[24]であるといわれている。潜伏時間は6〜18時間で、下痢と腹痛を主徴とし、嘔吐と発熱は一般に認められない。下痢は水溶性で一過性のことが多く、急性期の下痢便中には大量の芽胞とエンテロトキシンを含む。予後は比較的良好で、通常1〜2日で回復することが多い。

検査法の概要[25]

食品、糞便からのエンテロトキシンの検出および本菌の分離法を図2-8に示す。近年では、エンテロトキシン遺伝子を標的とする遺伝子増幅法(PCR法)が迅速検出法として普及している。

試料の調製

固形試料では菌と毒素が偏在することが多いので数個所から採取し、試料量を25 gとする。急性期の患者糞便中には大量の芽胞が存在するが、食品中では芽胞を形成するとは限らないので、加熱処理と併行して非加熱の試料も調製すべきである。食品および患者糞便は、無処理あるいはリン酸緩衝液を加えて乳剤とした試料を出発材料とする。

エンテロトキシンの直接検出

出発材料を遠心(3,000 rpm、15分間)し、その上清を試料とする。PET-RPLA「生研」に添付のマニュアルに従い、逆受身ラテックス凝集反応によりエンテロトキシンを検出する。

細菌の分離

無処理または検体乳剤を卵黄加CW寒天培地に画線塗抹し、35℃で24〜48時間嫌気培養(直接塗抹培養)する一方、試料約1 gをチオグリコレート培地あるいはクックドミート培地に接種し、中心温で75℃で20分間加熱する。加熱後、水道水流水中で冷却し、非加熱処理の試験管とともに35℃で24〜48時間培養(増菌培養)する。培養後、増菌液を卵黄加CW寒天培地に画線塗抹し、これを嫌気培養する。ウェルシュ菌は乳糖分解性、特徴あるレシチナーゼの産生による乳光反応帯(Lecitho-vitelinn反応またはNagler反応)を形成し、真珠層(リパーゼ反応)を形成しない。

分離株のエンテロトキシン産生性

分離株を芽胞形成用のDuncan and Strong培地に培養し、翌日、顕微鏡下で芽胞の形成の有無を確認する。芽胞形成が確認された場合、増菌液を同培地に接種後、75℃で20分間加熱する。加熱処理による培養を数代繰り返し、最終的に顕微鏡下で十分な芽胞形成を認めた場合、増菌液を遠心して上清をエンテロトキシンの試料とする。

PCR法

増菌培養液100 µLを900 µLのトリス-EDTA緩衝液に接種して5分間煮沸処理し、冷却後、その遠心上清を鋳型DNA溶液として用いる。分離平板上の集落については爪楊枝で釣菌した集落の一部をトリス-EDTA緩衝液に接種し、この場合は加熱処理

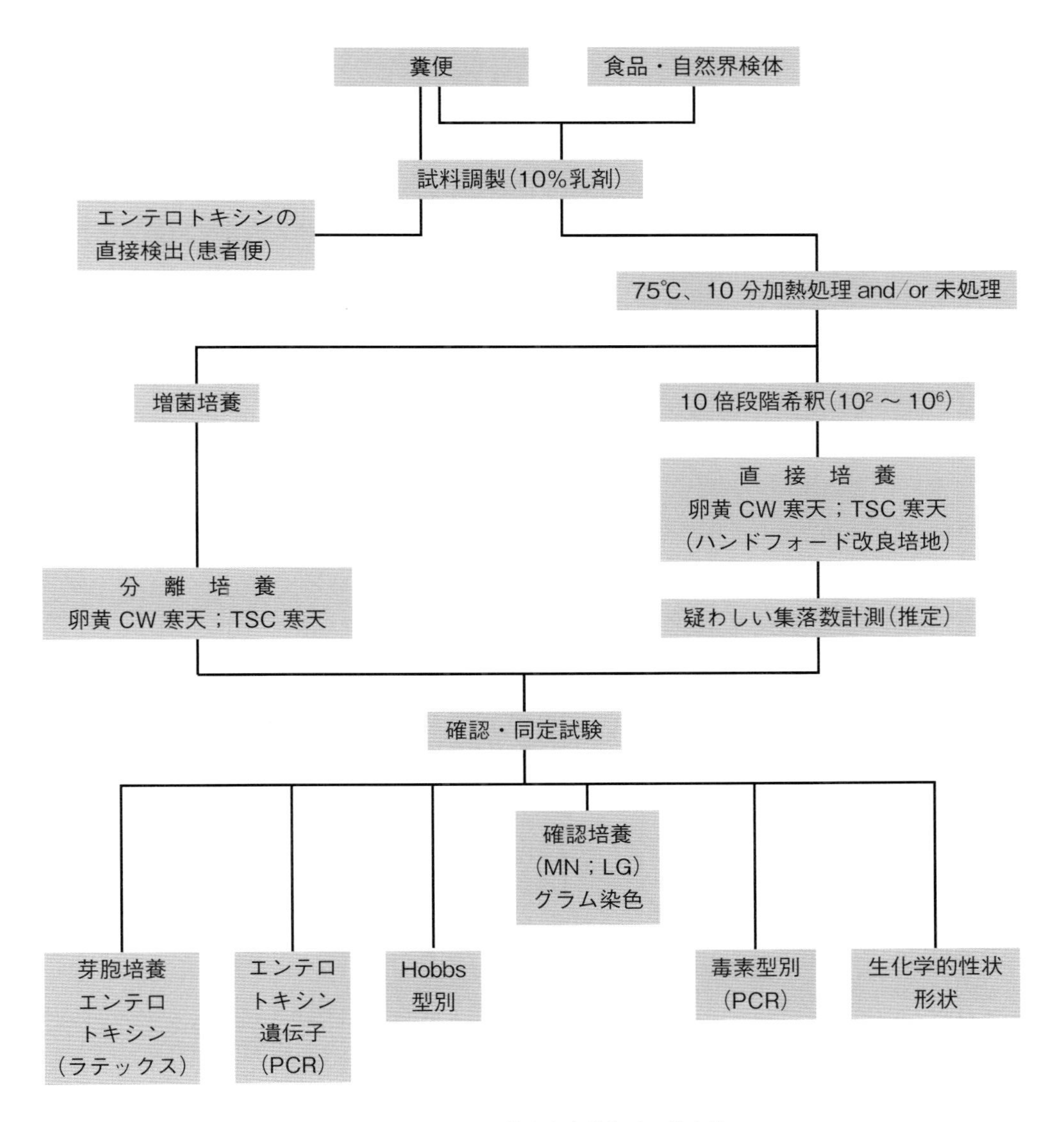

図2-8 ウェルシュ菌食中毒発生時の検査法

によるDNA抽出操作を必要としない。プライマーは[26]エンテロトキシンをコードする遺伝子の塩基配列に基づき、特異性が確認できるように設計されたPT1(5'-TGT AGA ATA TGG ATT TGG AAT-3')およびPT2(5'-AGC TGG GTT TGA GTT TAA TG-3')を用いる。本プライマーで増幅されるPCR産物のサイズは364 bpである。

培地の組成

Cooked Meat Medium(Becton Co.)

培地1.25 gを中試験管に秤量し、これに10 mLの蒸留水を加えて室温で1時間以上静置後、オートクレーブで滅菌する。滅菌後、水道水流水中で急冷してから用いる。

チオグリコレート培地(市販品多数あり)

培地粉末を所定量蒸留水に浮遊し、加温溶解後、中試験管に10 mLずつ分注してオートクレーブで滅菌(121℃、15分間)する。滅菌後、水道水流水中で急冷してから用いる。

Duncan and Strong培地(合成培地)

酵母エキス4 g、プロテオーゼペプトン15 g、可溶性デンプン4 g、リン酸一水素ナトリウム10 g、チオグリコール酸ナトリウム1 g、蒸留水1 L、pH 7.5；以上の成分を蒸留水に浮遊し、可溶性デンプンが完全に溶解するまで加温し、冷却後、pHを調製する。中試験管に10 mLずつ分注し、オートクレーブで滅菌する。滅菌後、水道水流水中で急冷してから用いる。本培地は冷蔵庫内で保存し、再度使用する場合は脱気のため煮沸後、水道水流水中で冷却してから用いる。

卵黄エマルジョン

市販の卵黄エマルジョン(OXOID Co. Ltd)あるいは自家調製の卵黄液を用いる。新鮮鶏卵の卵殻表面をルゴール液または酒精綿で消毒し、無菌的に卵白を除去して卵黄のみを取り出す。卵黄を滅菌容器にとり、無処理または滅菌生理食塩水を加えて50%浮遊液とし、終末濃度で2%となるように基礎培地に加える。無菌試験後に使用すること。

CW寒天培地(市販品多数あり)

カナマイシン含有と不含の培地がある。カナマイシン含有培地については、煮沸30分間処理またはオートクレーブで滅菌(115℃で15分間)後に、カナマイシン不含の培地はオートクレーブ滅菌(121℃、15分間)後に、いずれも培地を50℃に保温した後、卵黄液を添加する。

逆受身ラテックス凝集反応によるエンテロトキシンの検出

PET-RPLA「生研」(デンカ生研㈱)を用いる。マイクロプレート(V字型)に試料25 μLを入れて2倍段階希釈系列を作製する。一方の系列には抗体感作ラテックスを、他の系列には未感作ラテックスを滴下して混和し、室温で20〜24時間静置後、凝集像によりエンテロトキシンの存在の有無を判定する。

嫌気培養装置(市販品多数あり)

ガス発生袋(脱酸素、二酸化炭素発生)をジャー内に寒天培地と一緒に入れて培養する方法(アネロパック・ケンキ、三菱ガス化学㈱)、気相交換用コックと気圧計を備えた嫌気ジャー(トミー精工㈱)に寒天培地と少量の触媒を入れ、蓋をして真空ポンプで吸引後、水素ガスあるいは水素・窒素・二酸化炭素による混合ガスを充填して培養するガス置換用嫌気ジャーを用いる方法、検体の処理から培養まで一貫して嫌気状態で作業ができる嫌気性グローブボックスなどによる方法が普及している。嫌気培養装置がない場合は、調製した試料と寒天培地(クロストリジア寒天培地など)を専用パウチに入れ、混和後、開口部をシールして培養するパウチ法を用いる。

その他

レシチナーゼ陰性株による食中毒の発生が確認されているので、その中和試験の実施は必ずしも必須ではない。Hobbsの血清群とエンテロトキシンの産生性とは無関係であるが、その型別は一事例の疫学マーカーとして有効である。

セレウス菌

病原体とその性状

セレウス菌(*Bacillus cereus*)はグラム陽性、芽胞陽性の通性嫌気性桿菌である。土壌をはじめとする自然環境、農産物、水産物、畜産物、飼料等に広く分布する。ほとんどの株は周毛性の鞭毛を有し、運動性を示す。普通寒天培地上では表面が粗造で灰白色のコロニーを形成する。本菌は食品を汚染する機会が多く、時に腐敗・変敗の原因となるとともに、食中毒を引き起こす。また、日和見感染症の病原体として、気管支炎、髄膜炎、敗血症、眼球炎を引き起こすことがある。

セレウス菌食中毒は、易熱性毒素によって引き起こされる下痢型食中毒と、耐熱性毒素によって引き起こされる嘔吐型食中毒の二つのタイプが存在する。下痢型は生体内毒素型の食中毒であり、その症状はウェルシュ菌食中毒と類似する。一方、嘔吐型食中毒は食品内毒素型で、食品中で産生された嘔吐毒(cereulide)により引き起こされる。嘔吐型の症状はブドウ球菌食中毒に極めて良く類似する。わが国においては嘔吐型食中毒が多数を占めるが、欧州諸国では下痢型の発生が多い。

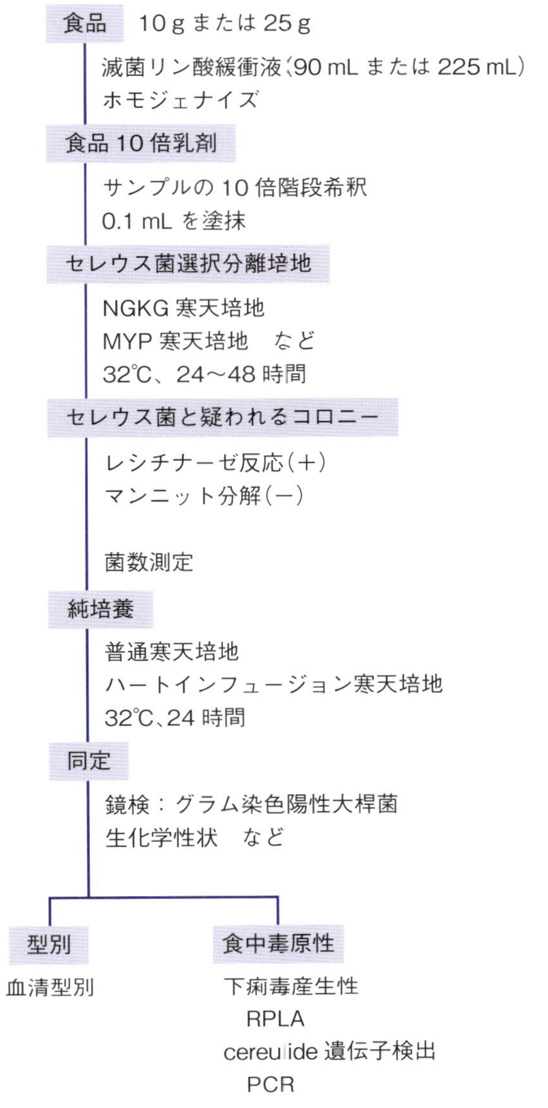

食品　10 g または 25 g

滅菌リン酸緩衝液（90 mL または 225 mL）
ホモジェナイズ

食品 10 倍乳剤

サンプルの 10 倍階段希釈
0.1 mL を塗抹

セレウス菌選択分離培地

NGKG 寒天培地
MYP 寒天培地　など
32℃、24～48 時間

セレウス菌と疑われるコロニー

レシチナーゼ反応（＋）
マンニット分解（－）

菌数測定

純培養

普通寒天培地
ハートインフュージョン寒天培地
32℃、24 時間

同定

鏡検：グラム染色陽性大桿菌
生化学性状　など

型別

血清型別

食中毒原性

下痢毒産生性
RPLA
cereulide 遺伝子検出
PCR

図2-9　セレウス菌の検査法

分離・同定法

検　体

セレウス菌食中毒が疑われる場合、菌分離の検体としては、推定原因食品、患者の糞便などが対象となることが多い。本菌による食中毒と確定するためには、原因食品や患者便から 10^5～10^6 CFU/g以上の菌が分離される必要がある。図2-9にセレウス菌検査の一般的手順を示す。

分離培養

セレウス菌は環境に広く分布し、常時食品中に一定数が存在することから、セレウス菌食中毒の検査においては本菌の有無を明らかにする定性的な培養だけでは不十分であり、定量的に菌数を把握することが重要である。NGKG寒天培地、MYP寒天培地に検体の10％乳剤の10倍階段希釈系列を0.1 mLずつ2枚の平板にコンラージ棒を用いて塗抹し、32℃で24～48時間好気培養後、レシチナーゼ反応陽性（NGKG、MYP）、マンニット陰性（MYP）を示し、粗造で湿潤な灰色から暗灰色のコロニーを形成するものをセレウス菌として計測する。また、釣菌して普通寒天培地またはハートインフュージョン寒天培地で純培養する。

表2-8　セレウス菌の生化学性状

グラム染色	＋（大桿菌、芽胞形成）
運動性	＋
カタラーゼ	＋
VP 反応	＋
ゼラチン液化	＋
硝酸塩還元	＋
クエン酸塩	＋
糖分解試験	
ブドウ糖	＋
マンニット	－
キシロース	－
アラビノース	－

同　定

1）グラム染色

純培養した菌から染色標本を作製し、光学顕微鏡で形態とグラム染色性を観察する。グラム陽性大桿菌であり、また、1％グルコース加普通寒天培地で対数増殖期（16時間培養）の栄養型菌体では、グラム染色により菌体内に空胞の形成（非染顆粒）が見られる。

2）生化学性状

表2-8にセレウス菌の生化学性状を示す。これらの性状を調べ、最終的な判断を下す。

セレウス菌の血清型別

セレウス菌は周毛性の鞭毛を有し、この鞭毛抗原（H抗原）により血清型別が可能である。セレウス菌はTaylor and Gilbertの提案によって26の型に型別される。抗H血清は市販されていない。

培地の組成

選択分離培地として、NGKG培地やMYP培地を用いる。これらの培地は卵黄を含み、セレウス菌の産生するレシチナーゼによりコロニー周辺に白濁帯が生じる(レシチナーゼ反応)。

NGKG寒天培地　NaCl Glycine Kim and Goepfert agar

ペプトン	1.0 g
酵母エキス	0.5 g
塩化ナトリウム	4.0 g
グリシン	3.0 g
硫酸ポリミキシンB	0.01 g
フェノールレッド	0.25 g
寒天	18.0 g

(pH6.8 ± 0.1)

精製水900 mLで加温、溶解し、オートクレーブ滅菌後20%卵黄液を100 mL加えて混和後滅菌シャーレに注いで平板に固める。

MYP寒天培地　mannitol yolk polymyxin agar

ペプトン	1.0 g
マンニット	10.0 g
塩化ナトリウム	2.0 g
$MgSO_4 \cdot 7H_2O$	0.1 g
Na_2HPO_4	2.5 g
KH_2PO_4	0.25 g
ピルビン酸ナトリウム	10 g
ブロムチモールブルー	0.12 g
寒天	14.0 g

(pH7.2)

精製水1,000 mLで加温、溶解し、オートクレーブ滅菌後50%卵黄液を50 mLおよびポリミキシンB100,000 Uを加えて混和後滅菌シャーレに注いで平板に固める。

毒素の検出

下痢毒の免疫学的検出法としては、逆受身ラテックス凝集反応による検出キットが市販されている。試験菌を1%グルコース加ブレインハートインフュージョン培地に接種し、32°Cで5〜6時間振盪培養し、遠心にて菌体を除去後メンブレンフィルター(ポアサイズ　0.45 µm)でろ過したものを粗毒素液として試験に供する。また、血管透過性亢進試験、腸管ループ試験などの生物学的試験法も利用できる。

cereulideについては、本毒素が低分子の環状ペプチドで抗原性を有しないことから、免疫学的検出法は未だ開発されていない。培養細胞であるHEp-2を用いて空胞化変性活性を検出する方法が報告されているが、通常の検査室での実施は困難である。近年、cereulide産生にかかわる遺伝子群が同定され、この遺伝子をターゲットとしたPCR法が開発された。すでにキットとして販売されているので、本PCRにより分離株がcereulide産生遺伝子群を保有しているかどうかは容易に検査可能である。

カンピロバクター

病原体とその性状

*Campylobacter*属菌はグラム陰性、無芽胞のらせん状桿菌(0.2〜0.8 × 2〜6 µm)で、酸素濃度が3〜15%の微好気性環境で発育する(図2-10)。至適発育温度は30〜37℃であるが、菌種により発育温度域が異なる。本属菌はカタラーゼ陽性群と陰性群に分けられ、陽性群のうち43℃で発育する菌種は「高温性カンピロバクター(thermophilic *Campylobacter*)」と呼ばれ、1982年に食中毒細菌に指定された*C. jejuni*と*C. coli*が含まれる。

カンピロバクター属菌は、家畜、家禽、伴侶動物および野生動物の消化管や生殖器などに広く生息しており、ヒトへは菌に汚染された食品や飲料水を介して感染するほか、保菌動物との接触により感染する。特に感染源として鶏が重要視されている。

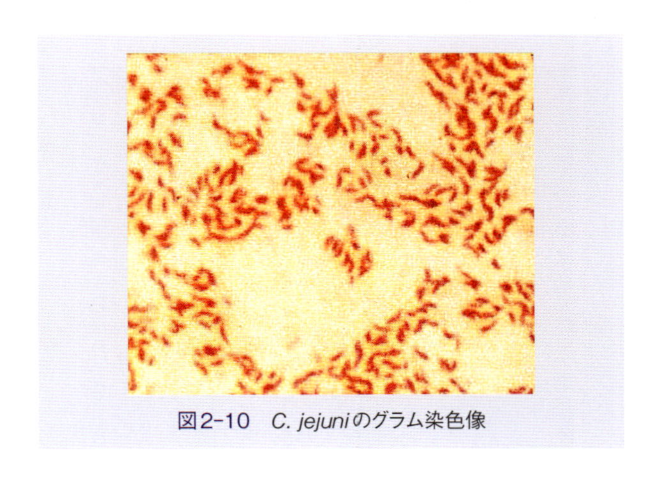
図2-10　*C. jejuni*のグラム染色像

分離・同定法

カンピロバクター食中毒の検査の場合、菌の分離は通常患者便と食品から行われる(図2-11)。検査材料を選択剤の入った液体培地で増菌した後、選択分離培地を用いて分離・同定する。患者便から菌を分離する場合は、発症後1週間以内に抗生物質を投与されていなければ、増菌培養をしなくてもほとんどの場合、選択培地を用いた直接培養によって検出が可能である。一方、食品からの分離は困難なことが多く、原因食品が「不明」となることが多い。特に食品の凍結・融解によって本菌の生残率は著しく減少する。食中毒発生時に検査材料に供試される食品(検食)は、凍結して保管されていることが多いため、菌の分離が困難な場合がある。したがって、このような食品からの菌を分離する場合には、増菌培養する温度を下げたり、選択剤の濃度を低くするか添加

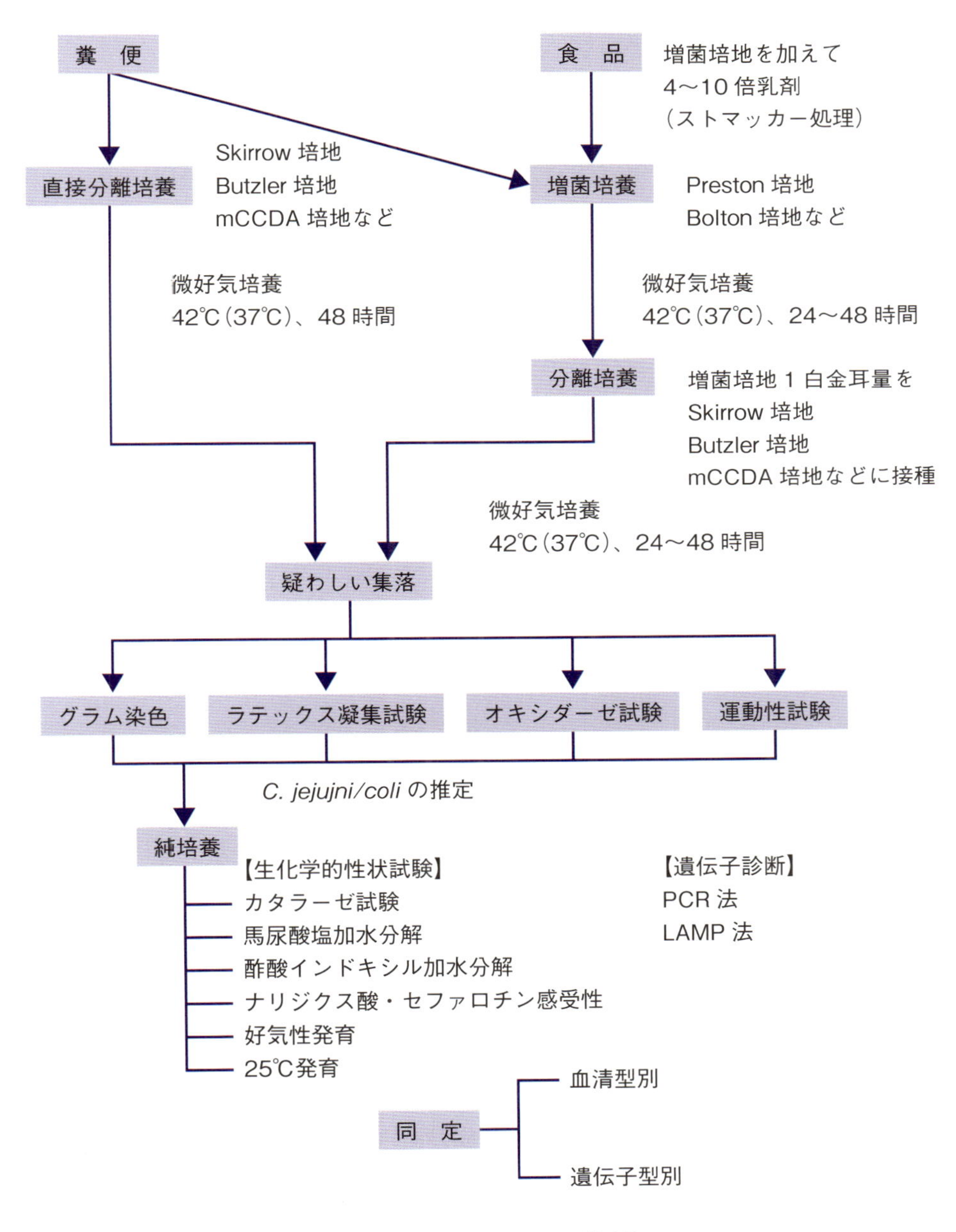

図2-11　カンピロバクターの検査法

表2-9　カンピロバクター属菌の主な鑑別性状

菌種	カタラーゼ	硫化水素(TSI)	酢酸塩水解 インドキシル	馬尿酸塩水解	発育温度		感受性	
					25℃	42℃	ナリジクス酸	セファロチン
C. jejuni	+	−	+	+	−	+	S	R
C. coli	+	−	+	−	−	+	S	R
C. lari	+	−	−	−	−	+	R	R
C. fetus	+	−	−	−	+	(−)	R	S
C. hyointestinalis	+	+	−	−	(+)	+	R	S
C. upsaliensis	(−)	−	+	−	−	+	S	S

+：陽性、−：陰性、( )：大部分の株、S：感受性、R：耐性

しないなどの工夫が必要となる。また、水系感染の場合は飲料水をフィルター(ポアサイズ0.45 μm)でろ過し、フィルターを増菌する。

市販されている選択培地のうち増菌培地としてはPreston(プレストン)、Bolton(ボルトン)培地が、分離用培地としてはSkirrow(スキロー)、Butzler(バツラー)培地および血液の代わりに活性炭を添加したmCCDA培地(CCDA培地に選択剤を添加したもの)などが汎用されている。微好気培養には市販のガス発生キットや容器が利用できる。サンプルは採材後速やかに検査に供試する。それができない場合は冷蔵して輸送や保存を行い、常温での放置やサンプルの乾燥を避けることが重要である。

成書には*C. jejuni*/*coli*の集落はSkirrow寒天培地上では直径1〜2 mmの紅色ないし褐色の隆起した集落を形成すると記載されているが、菌株や培地の湿潤度によってはムコイド状の扁平集落を形成したり遊走する場合もある(図2-12)。また*C. jejuni*/*coli*は陳旧培養では球状に変化するので、菌形態を観察する際には注意が必要である[27]。カンピロバクター属菌の鑑別性状(表2-9)は乏しく、*C. jejuni*と*C. coli*の鑑別は馬尿酸水解試験のみである。菌種に特異的なPCRなどの遺伝子診断法も開発されている[28]。また、*C. jejuni*/*coli*はナリジクス酸とセファロチン(30 μg/ディスク)に対する感受性がそれぞれ感受性(S)、耐性(R)となるが、最近ではナリジクス酸に対する耐性菌が多数出現しており、必ずしも感受性試験の結果が一致しない場合もあることを念頭に入れておく必要がある。

図2-12　Skirrow培地およびmCCDA培地上の*C. jejuni*の集落

カンピロバクター生化学性状検査法

試薬類

1. カタラーゼ：3%過酸化水素水
2. チトクローム・オキシダーゼ試験用ろ紙（市販品）
3. ナリジクス酸・セファロチンの30 μg/ディスク（市販品）
4. 1%馬尿酸ナトリウム液（0.4 mLずつ分注して冷凍保存）、ニンヒドリン試薬（ニンヒドリン2 g、アセトン50 mL、ブタノール50 mL）
5. インドキシル酢酸：アセトンで溶解した10%インドキシル酢酸を0.5 mLずつパルプディスク（直径10 mm、厚さ1.2 mm）に滴下し、風乾後ディスクを冷蔵保存する）。
6. TSI寒天培地（溶解後、3 mLを小試験管に分注し、滅菌後に高層斜面とする）

検査手順（図2-13）

①―カタラーゼ試験：血液寒天平板以外の培地で培養した菌をスライドガラスの上に塗布し、これに1%過酸化水素水を滴下させ、泡の発生を観察する。

②―チトクローム・オキシダーゼ試験：分離培地上の集落または純培養菌を蒸留水で湿らせた試験用ろ紙に塗布する。30秒以内に青色から青紫色に着色されたものを陽性と判定する。

③―馬尿酸加水分解試験：ミューラー・ヒントン培地（Oxoid）で培養した菌を1%馬尿酸ナトリウム液に濃厚に接種し、好気条件下で37℃で2時間反応させた後、3,000 rpm、20分間遠心した上清にニンヒドリン試薬0.1 mL加え、再び37℃で反応させる。試薬添加後30分以内に反応液が濃青紫色となった場合を陽性と判定する。Oxoid社以外のミューラー・ヒントン培地を使用する際は、0.5%食塩を添加したほうが菌の発育が良い。菌の接種量が少ないと、判定を誤ることがあるので注意する。

④―ナリジクス酸・セファロチン感受性試験：供試菌を普通ブイヨンに浮遊させ、その0.3 mLをミューラー・ヒントン培地（Oxoid）に塗抹する。

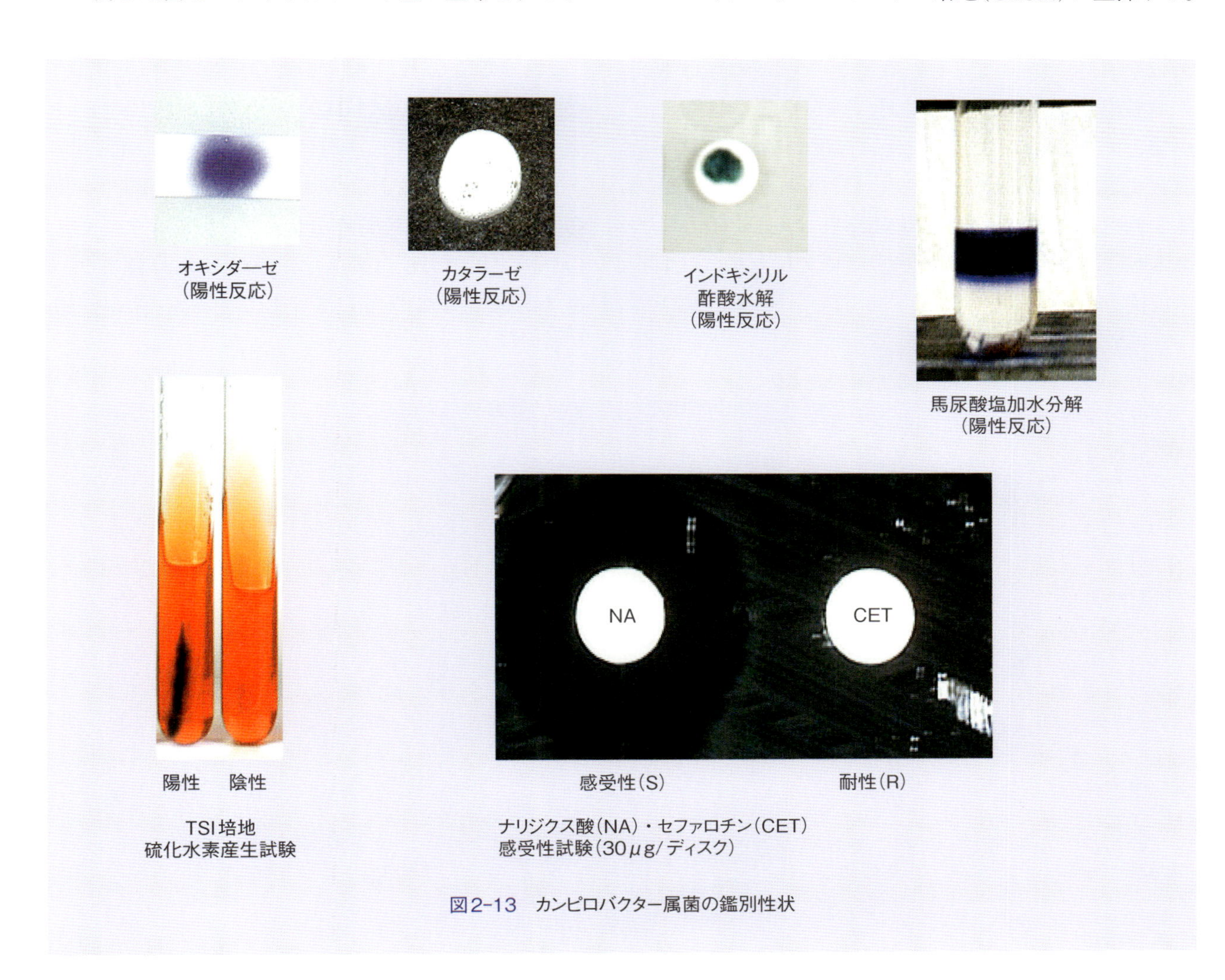

図2-13　カンピロバクター属菌の鑑別性状

乾燥後、30 μgの各薬剤を含有するディスクを培地上に置き、37℃で2日間培養して阻止円の有無を確認する。

⑤—インドキシル酢酸加水分解試験：インドキシル酢酸ディスクを精製水で湿らせ、試験菌を塗布する。陽性の場合は深青〜深緑色に変化する。

⑥—硫化水素産生性：TSI寒天培地に供試菌を接種し、微好気培養する。陽性の場合は、穿刺線に沿って黒変する。培地pHをアルカリ(pH7.5〜8.0)に調整すると感度良く検出できる。

その他

生化学的診断のほか、*C. jejuni/coli*の特定の遺伝子を増幅するPCR法やLAMP法などの遺伝子診断も利用することができる。疫学マーカーとしては、血清型(Penner、Lior血清型)や遺伝子型(パルスフィールドゲル電気泳動)などが用いられている。

エルシニア・エンテロコリチカ

病原体とその性状

エルシニア・エンテロコリチカ(*Yersinia enterocolitica*)は、腸内細菌科に属するグラム陰性、通性嫌気性で、大きさ0.5〜0.8×1〜3 μmの小桿菌で、芽胞や莢膜を欠く。周毛性鞭毛をもち、30℃以下の培養温度で運動性を示すが、37℃培養では鞭毛が発育せず運動性を欠く。発育温度域は0〜44℃、発育至適温度は28〜30℃で、4℃以下でも発育可能な低温菌である。発育可能なpHは4.0〜10.0であるが、発育至適pHは7.2〜7.4でアルカリに対する抵抗力が比較的強い。

*Y. enterocolitica*は、通常、生物型別と血清型別が行われている。生物型は5種の生物型に分けられている(表2-10)。また、血清型別は通常O抗原による型別が行われている。ヒトに病原性を示すものは生物型と血清型の特定の組み合わせに限られており、O3(3または4)、O4,32(1B)、O5,27(2)、O8(1B)、O9(2)、O13a,13b(1B)、O18(1B)、O20(1B)およびO21(1B)(カッコ内は生物型)の9血清群がヒトに病原性を示す。このうち、O3、O5,27およびO9は世界的に広く分布しているが、O4,32、O8、O13a,13b、O18、O20およびO21はほぼ北アメリカに限局して分布していることから「American

表2-10　*Yersinia enterocolitica*の生物型と血清型

テスト	生物型					
	1		2	3	4	5
	1A	1B				
リパーゼ(Tween 80)	+	+	−	−	−	−
エスクリン/サリシン	±	−	−	−	−	−
インドール	+	+	(+)[a]	−	−	−
D-キシロース	+	+	+	+	−	−
トレハロース	+	+	+	+	+	−
ラクトース	+	+	+	+	−	−
ピラジナミダーゼ	+	−	−	−	−	−
β-ガラクトシダーゼ	+	+	+	+	+	−
β-D-グルコシダーゼ	+	−	−	−	−	−
レシチナーゼ	+	+	−	−	−	−
VP反応	+	+	+	d[b]	+	+
血清型	その他	American Strains (O8含む)	O5, 27 O9	O3	O3	

a：弱い陽性の株がある。
b：異なる反応

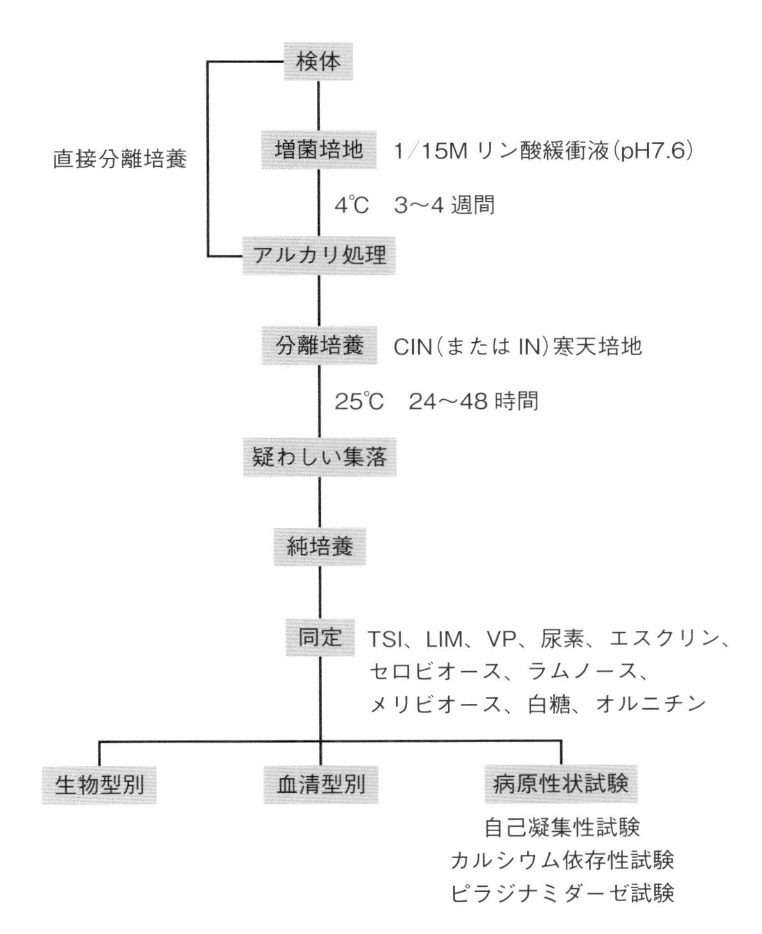

図2-14　*Yersinia enterocolitica* の検査法

strains」と呼ばれている。

分離・同定法

室温増菌法、2段階増菌法などが開発されているが、一般的には菌の分離には食品などの検体を1/15 Mリン酸緩衝生理食塩水(pH7.6)に入れ、4℃で3～4週間低温増菌する方法がとられている。また、低温増菌後、*Yersinia* 属菌がアルカリに強く抵抗する性状を利用した0.5% KOH処理法を用いて、*Yersinia* 属菌を選択分離する方法も併用される。選択分離培地としては、一般的にCIN寒天培地が使われる。ただし、*Y. enterocolitica* の血清型O3の中にセフスロジンに対して感受性を示す菌株があるため、選択抗生物質の中からセフスロジンを除いたIN培地も用いられる。また、病原性 *Y. enterocolitica* の選択分離のために、VYE寒天培地が開発されている。VYE寒天培地の代用としてCIN(またはIN)寒天培地にエスクリン0.5 gとクエン酸鉄アンモニウム0.5 g(1 Lあたり)を添加したものも用いられている。病原性 *Y. enterocolitica* はCIN(またはIN)寒天培地またはVYE寒天培地上で、直径0.5～1 mm程度の深紅色コロニーを形成する。なお、37℃の培養では病原性プラスミドが脱落することがあるので避けたほうが良い。また、25℃と37℃培養では異なる生化学性状を示すことがあるので、生化学性状試験は通常25～28℃培養で行う。

培地の組成

CIN(cefsulodin irgasan novobiocin agar)の組成(1Lあたり)

ペプトン	20.0 g
酵母エキス	2.0 g
マンニトール	20.0 g
ピルビン酸ナトリウム	2.0 g
塩化ナトリウム	1.0 g
硫酸マグネシウム	0.01 g
デスオキシコール酸ナトリウム	0.5 g
ニュートラルレッド	0.03 g
クリスタルバイオレッド	0.001 g
寒天	12.5 g

(pH7.4 ± 0.2)

上記の基礎培地(OXOID)を121℃、15分間滅菌した後、選択剤(セフスロジン7.5 mg、ノボビオシン1.25 mg、イルガサン2.0 mg)(培地500 mLあたり)を加える。基礎培地ならびに選択剤はOXOID社から市販されている。

その他の試験

血清型別は病原性O群血清が市販されている。

また、*Y. enterocolitica*のうち、病原性*Y. enterocolitica*はエスクリンおよびピラジナミダーゼ陰性、一方非病原性*Y. enterocolitica*はエスクリンおよびピラジナミダーゼ陽性であるので、これらの性状は病原性*Y. enterocolitica*の鑑別性状として重要である。また、病原性状試験として、37℃培養での自己凝集性試験、カルシウム依存性試験などが用いられる。

その他の食中毒起因菌

病原体

行政上、飲食に起因した健康被害は食中毒として扱われ、原因となった細菌はすべて食中毒起因菌となる。食品衛生法施行規則の食中毒事件票では、前項の食中毒起因菌のほかにコレラ菌(*V. chorelae* O1およびO139)、赤痢菌(*Shigella* spp.)、チフス菌(*Salmonella* Typhi)、パラチフスA菌(*Salmonella* Paratyhi A)などの「感染症法」の三類感染症に指定されている経口感染症起因菌およびナグビブリオ(*Vibrio chorelae* non-O1、non-O139)、その他の細菌と記されている。食中毒事件票等に係る記入要領が記載されている食中毒統計作成要領には、その他の細菌の項目としてエロモナス・ヒドロフィラ(*Aeromonas hydrophila*)、エロモナス・ソブリア(*A. sobria*)、プレシオモナス・シゲロイデス(*Plesiomonas shigelloides*)、ビブリオ・フルビアリス(*V. fluvialis*)、リステリア・モノサイトゲネス(*Listeria monocytogenes*)が記されている。なお行政上、ナグビブリオには*V. chorelae* non-O1、non-O139に加え*V. mimicus*が含まれる。

分離、同定法

検体は患者排泄便および原因食品である。汽水域海水あるいは河川などに常在している*Vibrio*、*Aeromonas*および*Plesiomonas*では魚介類や汚染水など、*L. monocytogenes*では乳・乳製品および食肉加工品などである。また経口感染症起因菌では、患者の糞便により汚染された水や食品などが検体となる。

分離は分離培地に直接検体を塗抹する直接分離培養法と液体培地で増菌を行う増菌培養法が併用される。

ナグビブリオおよびコレラ菌

増菌培養は、アルカリ性ペプトン水で37℃、18時間培養(一次増菌)後、培養液の表層部0.5〜1 mLを10 mLのアルカリ性ペプトン水あるいはモンスールペプトン水に接種し、37℃、6〜18時間培養(二次増菌)する。分離培地としては、TCBS寒天培地、ビブリオ寒天培地およびPMT寒天培地などを用いる。

同定は、表2-11に示した生化学性状試験を行う。また、コレラ菌とナグビブリオでは行政上の対応が異なるため、コレラ菌が疑われる集落については、コレラ菌免疫血清(混合血清および抗O139血清)を用いてスライドガラス上で凝集反応を行う。凝集反応でコレラ菌が疑われた場合コレラ毒素の産生性を逆受け身ラテックス凝集反応(RPLA)法あるいはビーズELISA法を用いて検査する。

表2-11　その他の食中毒起因菌の生化学性状

	Vibrio cholerae non-O1	*Vibrio mimicus*	*Vibrio fluvialis*	*Aeromonas hydrophila*	*Aeromonas sobria*	*Aeromonas veronii* 生物型 *sobria*	*Plesiomonas shigelloides*
オキシダーゼ	+	+	+	+	+	+	+
アルギニンジヒドロラーゼ	−	−	+	+	d	+	+
オルニチンデカルボキシラーゼ	+	+	−	−	−	−	+
リジンデカルボキシラーゼ	+	+	−	d	−	d	+
ブドウ糖からのガス産生	−	−	−	+	+	+	−
VP	d	−	−	−	d	d	−
O/129＊感受性(150 μg)	+	+	d	−	−	−	d
無塩ペプトン水での発育	+	+	−	+	+	+	+
6%ペプトン水での発育	d	d	+	d	d	d	d
8%ペプトン水での発育	−	−	d	−	−	−	−
炭水化物からの産産生							
アラビノース	−	−	+	d	d	d	−
イノシット	−	−	−	−	−	−	+
白糖	+	−	+	+	+	+	−
マンニット	+	+	+	+	+	+	−
サリシン	−	−	−	d	−	−	d
エスクリン加水分解	−	−	d	+	−	−	−

＋：90%以上が陽性
−：90%以上が陰性
d：菌株によって異なる。
O/129：2,4-diamino-6,7-diisopropyl pteridine

赤痢菌

分離培地として、1)選択性の強いSS寒天培地あるいはデソキシコレート・クエン酸塩(DCLS)寒天培地、2)選択性の弱いマッコンキー寒天培地、DHL寒天培地、XLD寒天培地を併用する。必要に応じてノボビオシン加Shigella brothによる増菌培養を加える。分離培地から赤痢菌と思われるコロニーを分離後、TSI寒天培地およびSIM培地によりスクリーニングを行い、赤痢菌が疑われた場合は、群別多価抗血清を用いてスライドガラス上で凝集反応を行う。

赤痢菌の中にはK抗原をもつ株があるため、性状が赤痢菌と一致しているのに、群別多価血清に凝集しない場合は、100℃、30分の加熱後に再度凝集反応を行う。大腸菌の中には赤痢菌と近似している株もあり、誤同定することも多い。大腸菌と赤痢菌では行政の対応が異なるために鑑別には注意を要する。

チフス菌およびパラチフスA菌

増菌培地としてセレナイト培地、分離培地としてDHL寒天培地、SS寒天培地、亜硫酸ビスマス培地などがある。増菌培地で37℃、12〜16時間培養後、分離培地に接種する。37℃。24〜48時間培養後各選択培地に発育したチフス菌あるいはパラチフスA菌と思われるコロニーを分離後、TSI寒天培地およびSIM培地でスクリーニングを行う。性状がチフス菌あるいはパラチフスA菌に一致した場合、サルモネラO群多価血清、O血清、Vi血清(デンカ生研)を用いてスライドガラス上で凝集反応を行う。

V. fluvialis

増菌培地にアルカリ性ペプトン水、分離培地にTCBS寒天培地を用いる。増菌培養、分離培養法は腸炎ビブリオに準拠し、同定は表2-11に示した生化学性状試験により行う。

A. hydrophila、*A. sobria*および*P. shigelloides*

増菌培地にアルカリ性ペプトン水、分離培地に

DHL寒天培地、マッコンキー寒天培地などを用いる。*Aeromonas*の分離にはDHL寒天培地に含まれる乳糖、白糖の代わりにキシロースを加えたDHX寒天培地も用いられている。同定は、表2-11に示した生化学性状試験を行う。

L. monocytogenes

増菌培地はEB培地、UVM培地、half Fraser培地、Fraser培地、分離培地としてOxford寒天培地、PALCAM寒天培地、ALOA培地、CHROMagar Listeria、BCM Listeria monocytogenes Plating mediumなどがある。同定は、グラム染色、カタラーゼ反応、VP反応、運動性試験、糖(ラムノース、キシロース、マンニット)分解試験、溶血性試験、CAMP試験により行う。*L. monocytogenes*の性状は表2-12に示した。

表2-12　*L. monocytogenes*の性状

グラム染色性	陽性(短桿菌)
カタラーゼ	陽性
VP	陽性
運動性	陽性
糖分解	
ラムノース	陽性
キシロース	陰性
マンニット	陰性
β溶血性	陽性
CAMP試験 *S. aureus*	陽性

ノロウイルスによる食中毒

病原体とその性状

ノロウイルスによる食中毒は、11月から3月の冬期に集中し、原因の多くはカキなど二枚貝の生食とされてきた。しかし最近では、二枚貝を原因とする食中毒は減少し、ノロウイルスに感染した調理従事者を介して汚染した食品が原因となる事例が増加している。本食中毒は、1事件あたりの患者数が多く、年間の総患者数は増加傾向にある。平成20年(2008年)における原因別事件数はカンピロバクター(509件)に次いで多く2位(303件、総事件数1,369件の22.1%)、原因別患者数は11,618人で1位である(総患者数24,303人の47.8%、2位はカンピロバクター3,071人)。症状は、突然、嘔吐と下痢が起きる急性胃腸炎である。食中毒の場合は、食後12時間から48時間に症状が現れる。

原因ウイルスは、エンベロープをもたないプラス1本鎖RNAウイルスのカリシウイルス科ノロウイルス属のノロウイルスである。1968年アメリカのオハイオ州ノーウォークという町の小学校で急性胃腸炎が集団発生し、その糞便からはじめて検出された。ノーウォークウイルスと名づけられ、電子顕微鏡観察での形態的特徴から小型球形ウイルス(Small Round Structured Virus；SRSV)の一種として分類されていたが、後にノロウイルスと命名された。日本を含め世界中の各地域で発生している。日本では平成9年5月(1997年)から、食中毒の原因物質の対象として小型球形ウイルスが追加され集計されてきたが、平成15年8月(2003年)食品衛生法施行規則の改正後はノロウイルスとして集計されている。ノロウイルスは、GⅠとGⅡの遺伝子群(Genogroup)に分類され、GⅠはさらに15、GⅡはさらに18の遺伝子型(Genotype)、あるいはそれ以上に分けられている。国内の食中毒原因ウイルスとして型別された株は、GⅡ/4が多くを占め、近年GII/4変異株による大流行が日本を含め世界的に起きている。

ノロウイルスの感染経路としては主に以下の四つが考えられる。

1) ノロウイルスに汚染された食品や水の摂取による感染(経口感染)
2) ノロウイルス感染者の便や吐物を取り扱った者の手から直接、あるいはその手が触れた手すり、ドアノブ等を介して汚染した手指から経口的にウイルスを取り込むことによる感染(接触－経口感染)
3) 便や吐物の処理時、あるいは嘔吐時に舞い上がる飛沫を直接吸い込むことによる感染(飛沫感染)

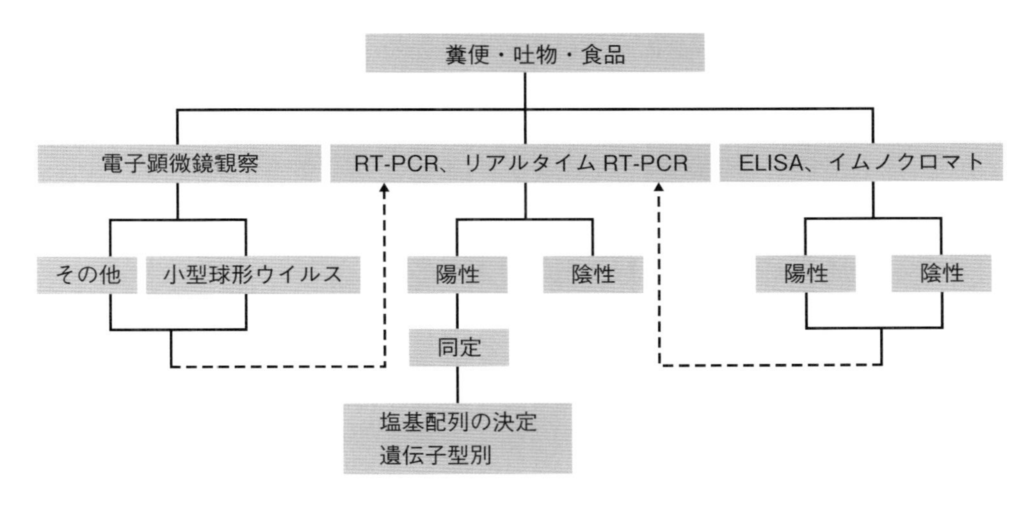

図2-15　ノロウイルスの検査法

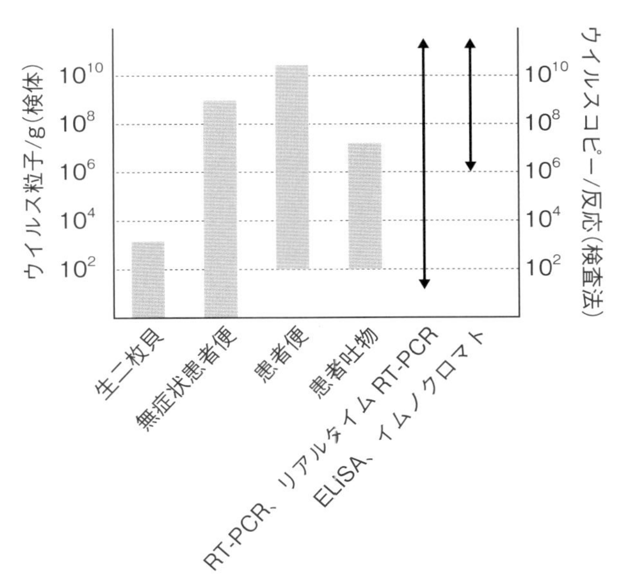

図2-16　検体中のウイルス量と検査法の感度

4)　ウイルスを含む塵埃が空気中に舞い上がり、それを吸い込むことによる感染(空気感染の一種である塵埃感染)

ノロウイルスは感染力が強く、環境中で感染力を保持したまま長期間安定である。そのため、ホテルや飲食店、幼稚園、福祉施設などでノロウイルスを含む下利便や吐物がカーペット等に飛散した場合、消毒が不完全だと数日経過していても塵埃感染により感染が拡大することがある。また、処理した者の靴や衣服、手袋等に付着し、他の場所を汚染する可能性があるので注意を要する。

分離・同定法

現在培養細胞によるウイルス分離はできない。また、ノロウイルスに感染し発症するのはヒトだけであり、感染モデル動物が存在しない。細菌のように食品中で増殖することはなく、二枚貝中でも増殖しない。

そのため、電子顕微鏡により糞便中のウイルス粒子を観察することにより同定されてきたが、検出感度は低い。現在では遺伝子検出と免疫学的抗原検出と組み合わせて同定されている(図2-15)。患者糞便や血清の使用、ウイルスを増やすことが不可能であることから、電子顕微鏡によるウイルス粒子の検出や、ウェスタンブロット法による血清中抗体の検出は、実習項目として扱うには現実的でないため省略する。ノロウイルス検査として現在使用されているそれ以外の方法について、それぞれの概略を示す(図2-16)。

RT-PCR(Reverse-transcription PCR)法、リアルタイムRT-PCR法

厚生労働省通知(平成15年11月5日付食安監発第1105001号)、最終改正(平成19年5月14日付食安監発第0514004号)によるノロウイルスRNAを検出するRT-PCR法が公定法として最も普及している。

RT-PCR法は、患者糞便、原因食品からRNAを抽出し、cDNAを合成後、PCRを行い、特異的な遺伝子増幅の確認と、塩基配列の決定により、ウイルスの同定とウイルスの遺伝子型別を決定する。

食品をサンプルとする場合、ウイルス量が少ないため、RT-PCRで陰性の時にはRT-PCR反応液の一部を用いて、Nested-PCRを行う。ただし、Nested-PCRは、遺伝子のコンタミネーションの危険性が極めて高く、細心の注意が必要である。

リアルタイムRT-PCR法は、RT-PCR法よりも検出感度が高く、ウイルスRNAの定量が可能で、短時間で結果が得られる反面、専用の機器が必要で、試薬も高価である。RNA抽出、cDNA合成はRT-PCR法と同様に行い、GⅠ、GⅡそれぞれのPCRプライマーとプローブを用いて特異的遺伝子増幅を確認する。リアルタイムPCR用ノロウイルスGⅠ、GⅡコントロールDNAの分与を希望する機関は、国立感染症研究所感染症情報センターに依頼する。

いずれの方法も、ウイルス粒子ではなく、ウイルスRNAの検出である。ノロウイルスRNAを検出する市販キットとして、島津製作所から「ノロウイルスG1(G2)検出キット」、RT-PCR法以外の方法を用いたノロウイルスRNA検出キットとして、カイノスから[スイフトジーンノロウイルスGⅠ/GⅡ「カイノス」]、栄研化学から「LoopampノロウイルスGⅠ(GⅡ)検出試薬キット」、東ソーから「TR-CRtest NV-W」が販売されている。

ELISA法

ノロウイルス抗原を検出するELISA法が開発されている。ノロウイルスに対するモノクローナル抗体をマイクロプレートに固相化し、糞便中のノロウイルス抗原を捕捉する。酵素標識抗ノロウイルス抗体を反応させ、最後に発色基質を加えてELISAプレートリーダーで吸光度を測定する。多検体処理に適しているが、RT-PCR法と比べて感度が低い。

デンカ生研からELISA法を利用した抗原検出用キット「NV-AD(Ⅱ)「生研」」が販売されている。

イムノクロマト法

ノロウイルス抗原を検出する方法である。専用のろ紙に検査材料を浸し、毛細管現象で検査材料がろ紙を移動する間に、ノロウイルス抗原が色素標識抗ノロウイルス抗体と捕捉用抗ノロウイルス抗体と複合体を形成し、発色する。RT-PCR法やELISA法と比べ簡便で、特殊な機械や設備を必要とせず、短時間で判定できるが、検出感度は劣る。また、擬陽性反応や非特異反応が生じる検査不適材料(浣腸便、嘔吐物など)や、遺伝子型による検出感度の差があるため、イムノクロマト法のみに診断を頼ってはいけない。感染の診断には、RT-PCR法などの検査結果、臨床症状、疫学情報などに基づいた総合的な判断が必要である。

イムノクロマト法を利用したノロウイルス抗原検出用キットとして、デンカ生研から「クイックEx-ノロウイルス「生研」」、「クイックナビ-ノロ」、森永乳業から「イムノサーチNV」が販売されている。

その他

ノロウイルスによる食中毒は、感染症法の五類感染症の「感染性胃腸炎」の一部として、全国約3,000カ所の定点医療機関から報告されている。食中毒が疑われる場合には、食品衛生法により、24時間以内に最寄りの保健所に届け出る。

大量調理施設衛生管理マニュアルの改訂(平成20年6月18日付食安発第0618005号)に伴い、調理従事者等は臨時職員も含め、必要に応じ10月から3月にノロウイルス検査(検便検査)を実施することになった。また、下痢または嘔吐等の症状があり、医療機関によりノロウイルスを原因とする感染性疾患による症状と診断された調理従事者等は、リアルタイムRT-PCR法等の高感度の検便においてノロウイルスを保有していないことが確認されるまで、食品に直接触れる調理作業を控えることが望ましい。ノロウイルスの感染性をなくすには「85℃以上、1分以上の加熱」が厚生労働省により推奨されている。

ノロウイルスの検出法(平成15年11月5日付食安監発第1105001号)が改正(平成19年5月14日付食安監発第0514004号)され、試料調整法、検査法、使用器具等の詳細が記載されている。

参考文献

病原性大腸菌

1) 下痢原性大腸菌. 坂崎利一編. 食水系感染症と細菌性食中毒. 中央法規出版. 2000.
2) 栄研マニュアル. 栄研化学株式会社
3) 腸管出血性大腸菌O157およびO26の検査法について. 厚生労働省医薬食品局通達(食安監発第1102004号). 厚生労働省法令等データベースサービス(http://wwwhourei.mhlw.go.jp/hourei/doc/tsuchi/181121-c00.pdf)
4) 新・カラーアトラス微生物検査. 月刊Medical Technology別冊. 医歯薬出版株式会社. 2009.
5) 腸管病原性大腸菌. 病原体検出マニュアル(http://www.nih.go.jp/niid/reference/index.html)
6) Muller, D. *et al*. Identification of unconventional intestinal pathogenic *Escherichia coli* isolates expressing intermediate virulence factor profiles by using a novel single-step multiplex PCR. Appl. Environ. Microbiol. 73: 3380-3390, 2007.
7) 三輪谷俊夫ら. コレラ菌と毒素原性大腸菌の検査法. 日本細菌学会教育委員会編. 菜根出版. 1981.

8) 微生物学実習提要．東京大学医科学研究所学友会編．丸善株式会社．1998.
9) 伊豫田淳ら．腸管出血性大腸菌．臨床と微生物 34：273-278，2007.
10) 本田武司ら．細菌性病原因子研究の基礎的手技と臨床検査への応用．菜根出版．1993.

ボツリヌス菌

11) 武士甲一：ボツリヌス中毒，坂崎利一編集 食水系感染症と細菌性食中毒，492(2000) 中央法規出版㈱，東京
12) H.M. Solomon *et al.*: *Clostridium botulinum*, Bacteriological Analytical Manual, 8thed., Chapter 17 (1995) U.S. Food and Drug Administration, Washington D.C., U.S.A.
13) Sakaguchi G, Kozaki S., Ohishi I. 1984.: Structure and function of botulinum toxins, p.435-443. In Alouf (eds) Bacterial Protein Toxins, Academic Press, London.
14) Takeshi K. *et al.* 1996.: Simple method for detection of *Clostridium botulinum* type A to Fneurotoxin genes by polymerase chain reaction. Microbiol. Immunol. 40. 5-11.
15) 容器包装詰軽酸性食品に関するボツリヌス食中毒対策について：平成15年6月30日 食基発第0630002号，食監発第0630004号
16) 武士甲一：ボツリヌス菌，厚生労働省監修 食品衛生検査指針 微生物編，283(2004)(社)日本食品衛生協会
17) Pickett J. *et al.* 1976.: Syndrome of botulism in infancy; clinical and electrophysiologic study. N. Engl. J. Med. 295. 770-772.
18) Mills DC, Arnon SS. 1987.: The large intestine as the site of *Clostridium botulinum* colonization in human infant botulism. J. Infect. Dis. 156. 997-998.
19) 乾燥ボツリヌス抗毒素"化血研"医薬品情報・検索イーファーマ：www.e-pharma.jp/dirbook/contents/data/prt/6331411X1030.html

ウェルシュ菌

20) 植村 興：*Clostridium perfringens*，坂崎利一編集 食水系感染症と細菌性食中毒，396(2000)中央法規出版㈱，東京
21) Duncan CL, and Strong DH. 1971: Clostridium perfringens Type A food poisoning, I. Response of the rabbit ileum as an indication of enteropathogenicity of strains of Clostridium perfringens in monkeys, Infect. Immune., 3, 167.
22) Hobbs BC, et al.. 1953.: Clostridium welchii food poisoning, J. Hyg., 51, 75.
23) 安川 章ら，1975.：エンテロトキシン産生性ウェルシュ菌のヒト，食品，および土壌における分布．食衛誌，16，313-317.
24) MacClane BA, 1984.: Osmotic stabilizers differential inhibit permeability alterations induced in Vero cells by *Clostridium perfringens* enterotoxin. Biochem. Biophys. Acta. 777, 99.
25) 植村 興：ウェルシュ菌，厚生労働省監修 食品衛生検査指針 微生物編，297(2004)(社)日本食品衛生協会
26) Saito S, Matsumoto M, and Funabashi M. 1992.: Detection of Clostridium perfringens enterotoxin gene bythe polymerase chain reaction amplification procedure. Int. J. Food. Microbiol., 17, 47.

カンピロバクター

27) 三澤尚明：*Campylobacter jejuni* と *Campylobacter coli* の分離法と鑑別，渡辺治雄編，食中毒検査・診療のコツと落とし穴，中山書店(東京)pp.64-65(2006)
28) Scherer, K., Bartelt, E., Sommerfeld, C., and Hildebrandt, G., Comparison of different sampling techniques and enumeration methods for the isolation and quantification of *Campylobacter* spp. in raw retail chicken legs. Int. J. Food Microbiol., 108 (1): 115-119 (2006)

第3章

乳肉衛生

乳の成分と性状

乳および乳製品ならびにこれらを主原料とする食品については、食品衛生法に基づいて「乳及び乳製品の成分規格等に関する省令(乳等省令)」が定められており、それぞれの品目について定義され、また成分規格、製造または保存の方法に関する基準、表示および試験方法が定められている。

乳等省令でいう「乳」とは、牛乳、山羊乳、めん羊乳を指す。また、同省令でいう「生乳」は搾乳したままの牛の乳を、「牛乳」は直接飲用に供する目的で販売する牛の乳を指す。本実習書では最も普遍的に飲用に供される牛乳(生乳を含む)について解説する。

比　重

比重とは物質の質量と、その物質と等体積の標準物質との比であり、試料と水のそれぞれの温度(t℃)における等体積の重量比を示す。通常は4℃の水を基準に取り、それが単位1の密度を有するものとして計算されたものである。測定には比重瓶による方法と比重計による方法とがある。

乳等省令では生乳の比重は15℃において、1.028以上、生山羊乳では1.030～1.034となっている。

図3-1～3-4に、比重計(浮秤計；乳稠計)を用いた測定法を示す。

器　具

1）　牛乳用比重計(図3-1)。浮秤式で比重1.015～1.040を測定できるもの。
2）　温度計
3）　200～250 mL容メスシリンダー(あまり径の細いものは使用できない)。

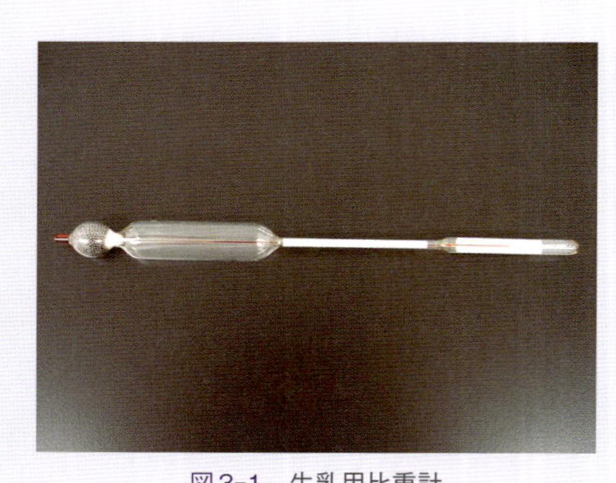

図3-1　牛乳用比重計

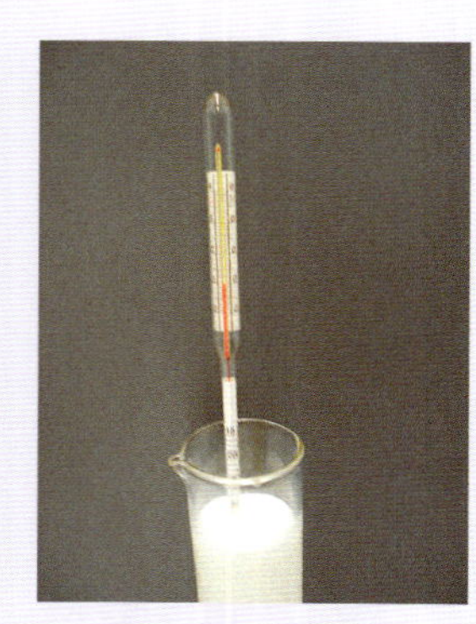

図3-2　比重測定

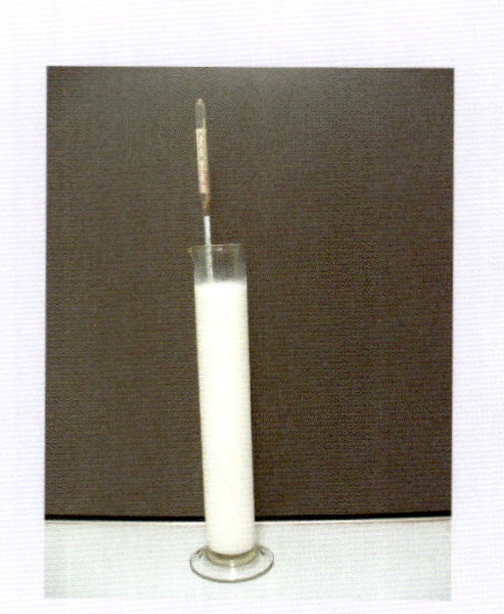

図3-3　比重測定

方　法

①—試乳全体を良く混合した後、約200 mLをあらかじめ洗浄して脂肪分などを十分に取り除いて乾燥させたシリンダーの壁に沿って、泡を生じないように移す。

②—比重計(乳稠計)は、泡が付着しないように静かにシリンダーの中央に差し込む。

③—比重計が静止した時、メニスカスの上端の示度を読む(示度は1.0が省略されていることから比重として読む場合、示度の前に1.0をつける)。

④—乳の温度を測定する。

⑤—15℃以外の温度で測定した場合には、生乳、生山羊乳、牛乳、特別牛乳、殺菌山羊乳および加工乳では「全乳比重補正表」(巻末の付表参照)、脱脂乳では「脱脂乳補正表」を用いて15℃の比重値に換算する。換算について、例えば20.0℃で31.0と読み取った時、15° においては比例部分計算により32.3となる。したがって比重は1.0323となるが有効数字は小数点以下3位となるため1.032となる。

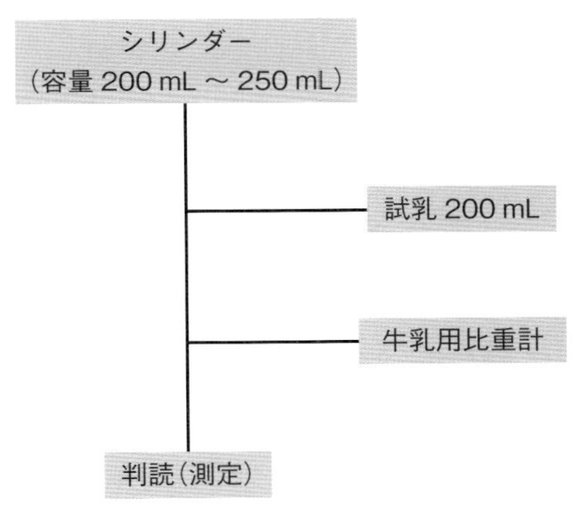

図3-4　比重測定

乳脂率

食品中の脂質は一般にエーテル、石油エーテルなどの有機溶媒で抽出することにより、その量を求めることができる。しかしこの場合には、脂肪のほか、色素や有機酸を含む脂溶性物質がすべて溶出するので、純脂肪ではなく粗脂肪またはエーテルエキスと呼ばれる。一般的な食品では、ソックスレー(Soxhlet)法が用いられ、比較的脂質の含量の多い液状・乳状の食品あるいは水には不溶性であるが酸による加水分解で液状になる食品では、レーゼゴットリーブ(Rose-Gottlieb)法が用いられる。

牛乳中の脂肪は微細な粒子で、蛋白質を主成分とした薄い皮膜に覆われている。脂肪球の大きさは乳牛の品種、泌乳量、飼料などによって異なるが、ホルスタイン種は一般に小さく、ジャージ種とガンジー種はそれより大きい。したがって、乳の脂肪を定量する場合には、この脂肪粒子の蛋白皮膜を溶解し脂肪を溶出させ、その量を求める。レーゼゴットリーブ法は、強アンモニアでこの蛋白皮膜を溶解する方法で、クリーム・乳脂肪乳・脱脂乳・加工乳などにも適用できる正確な分析法とされている。しかし、乳等省令ではH_2SO_4で蛋白皮膜を溶解するゲルベル法が公定法となっている。同様な方法にバブコック法がある。厳密な定量を行う場合は前述の重量法(レーゼ・ゴットリーブ法)を用いなければならない。

ゲルベル法およびバブコック法で用いる乳脂計(ゲルベル乳脂計とバブコック乳脂計)では、分離した脂肪層の容積がそのまま百分率になるように目盛が刻まれている。以下にゲルベル法による定量法を以下に示す。

原　理

脂肪は牛乳成分中で最も軽く、硫酸に侵されにくい性質を有することから、硫酸により脂肪以外の成分を破壊して分離した脂肪分を遠心により集めて測定するものである。

試薬および器具

1)　ゲルベル乳脂計(図3-5)
2)　ゴム栓*
3)　硫酸用ピペット(10 mL)
4)　牛乳用ピペット(11 mL)
5)　アミルアルコール用ピペット(1 mL)
6)　ゲルベル脂肪遠心分離器
7)　濃H_2SO_4(比重1.820～1.825)
8)　アミルアルコール**〔比重0.810～0.816(25℃)、沸点128～130℃〕

*樽型をした標準的なゴム栓は操作が難しいので、簡便な中村式ゴム栓が市販されている。
**本品2 mLおよび蒸留水11 mLを用いて牛乳を測定する場合と同様にして盲検を行い1夜静置して油状物の分離を認めないものを使用する。

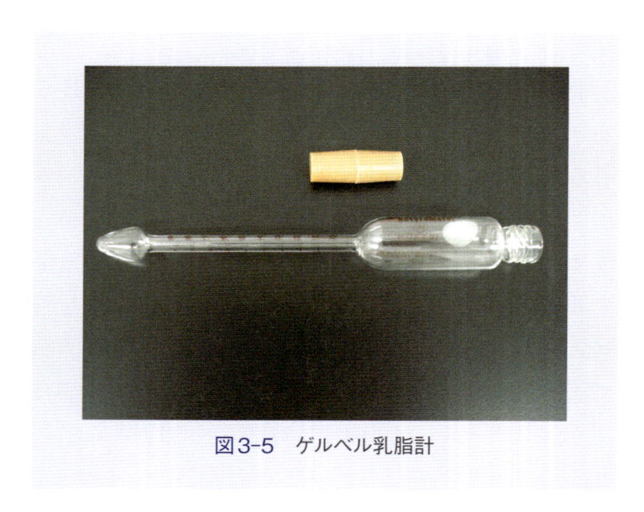

図3-5　ゲルベル乳脂計

9）　恒温槽

方　法

①—H_2SO_4 10 mLを乳脂計に入れる。
②—試乳11 mLを乳脂計内壁に沿って静かに注加し、H_2SO_4に重層する。
③—アミルアルコール1 mLを加え、乳脂計の口についた硫酸、乳、アミルアルコールをキムワイプなどで完全に拭き取った後に、しっかりとゴム栓をする。
④—乳とH_2SO_4が反応して高熱を発するので、軍手などを用いて、乳脂計をもち、ゴム栓を押さえて上下に数回反転させ内容を良く混和する。乳脂肪の分離を十分に行うためには、内容物を素早く混和する必要がある。
⑤—60～65℃に調節した恒温槽に乳脂計を移し、ゴム栓部分を下にして(これ以降は度数計測まで上下転倒しない)15分間加熱後、700～1,000 rpmで3～5分間遠心分離して、脂肪を完全に分離させる。
⑥—再び、上記の恒温槽に乳脂計を移し、5分間加熱した後に析出した脂肪層の度数を乳100分中の乳脂肪量(%)とする。H_2SO_4、乳ともに15～20℃のものを用いる。両者とも検査直前に良く混和し、均一化する。

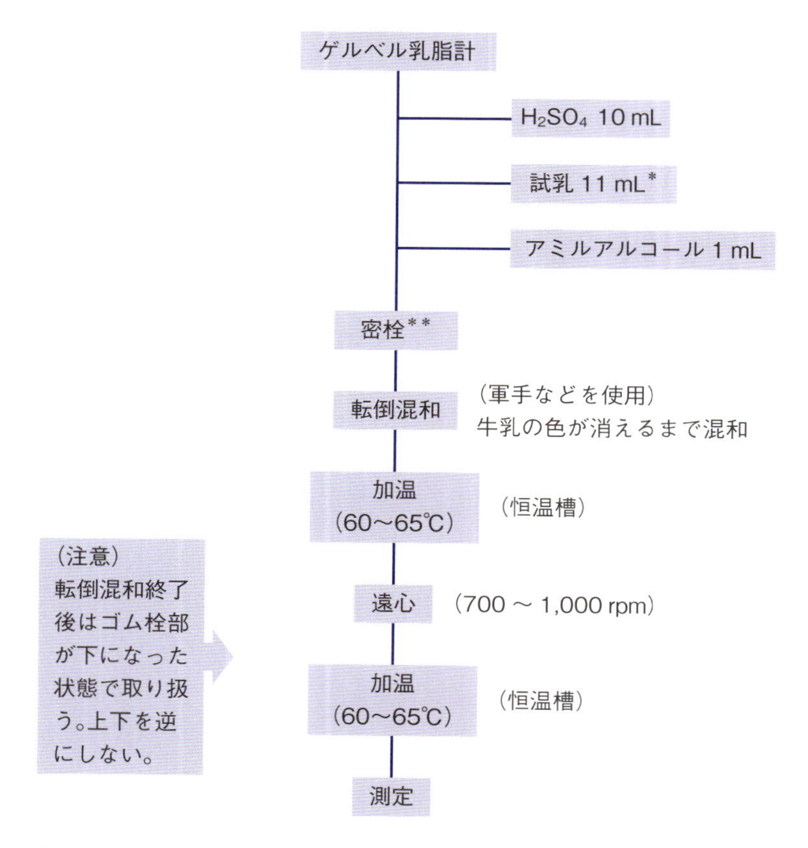

*　乳脂計内壁に沿って静かに注加
**　乳脂計の口についた液をキムワイプなどで完全にふき取る。

図3-6　乳脂率の測定法

無脂乳固形分

試料を一定の温度と時間のもので加熱乾燥し、減少した重量部分を水分とみなすが、ここには水分以外の揮発性成分も含まれる。また、食品中の水は自由水(遊離水)と結合水(蛋白質、糖質、塩類などと結合しており、単なる加熱では遊離しない)とがある。牛乳・乳製品の水分測定は、自由水を対象としたもので、通常の105℃の乾燥では、結合水がある程度残ることになる。他方、熱に安定な食品の場合には、これより高温の130〜135℃で加熱乾燥行っても良い(穀類、穀粉、デンプンなど)。この場合には褐変を生じることがあるが、熱による重量変化は乾燥重量の0.1%以内で精度は高い。基本的な方法は秤量皿内での加熱乾燥法であるが、その他に混砂乾燥法や常圧乾燥法がある。水分を蒸発させた残渣すなわち全固形分のうちのガス体を含む揮発性部分を除いたものが乾燥物重量となる(図3-7)。

正常な乳の水分含量は88%であり、残りの約12%が乾燥物重量である。乳の場合には乾燥物重量の百分率を求め、これからゲルベル法で求めた乳脂肪率の百分率を差し引いた部分が、無脂乳固形分と呼ばれる。また、加工乳の場合には乳固形分が示される。無糖練乳・全粉乳・脱脂粉乳では、乾燥物重量の百分率をもって乳固形分の百分率とするが、加糖練乳・加糖脱脂練乳・加糖粉乳では、求められた乾燥物重量から乳製品の糖分の定量の項に定められている方法により定量されたショ糖の百分率を差し引いたものが乳固形分の百分率とされる。

試薬および器具

1) 15〜20℃の試乳
2) アルミニウム製平底秤量皿(底径5 cm以上)(図3-8)
3) 乾燥器(次の条件を満たすものを用いる。①器内温度が99℃ ± 1℃に調節できるものであること、②試乳が器壁棚板からの伝導熱、熱板からの輻射熱等によって指定温度以上に過熱されることのない構造のもの)
4) 天秤(最小表示が0.01 mgのもの)
5) デシケーター
6) ピペット(5 mL)

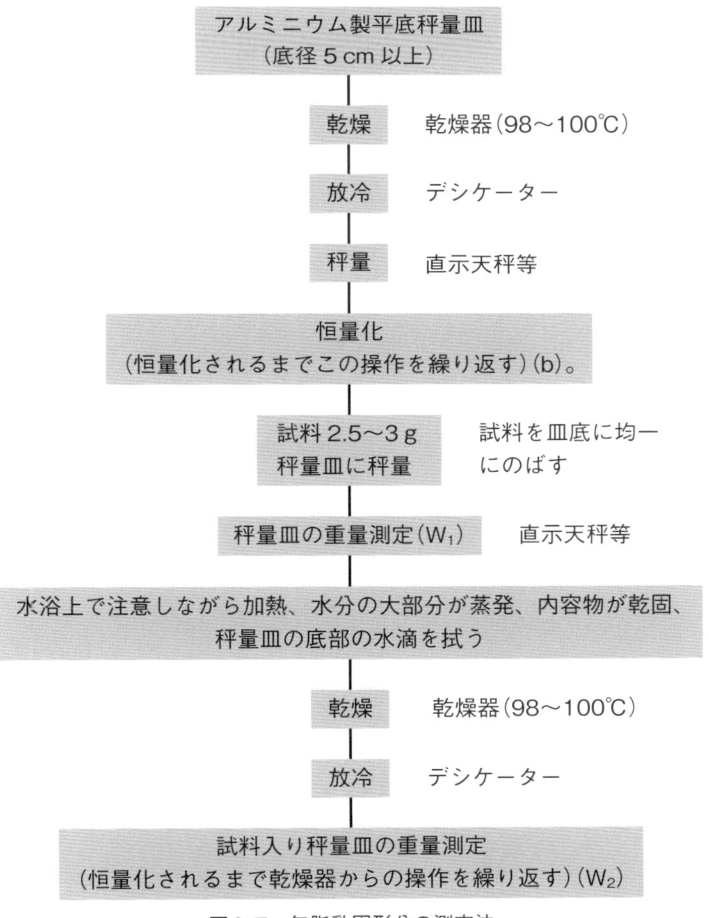

図3-7　無脂乳固形分の測定法

図3-8 アルミ製秤皿

方 法

①—底径5 cm以上のアルミニウム製平底秤量皿を、98〜100℃の乾燥器中で乾燥させた後デシケーター内で放冷し、天秤にて秤量し恒量を求める(恒量化されるまでこの操作を繰り返す)(b)。

②—試料2.5〜3 gを上記の秤量皿に秤量し、皿底に試料が均一になるようにする。次に試料を入れた秤量皿の重量を測定する(W_1)。

③—水浴上で注意しながら加熱する。水分の大部分が蒸発して、内容物が乾固したら、秤量皿の底部の水滴を拭い、上記の乾燥器に移す。恒量になるまで乾燥し、デシケーター内で放冷し試料を入れた秤量皿の乾燥重量を求める(恒量化されるまで乾燥器からの操作を繰り返す)(W_2)。

④—計算

$$水分(\%) = \frac{W_1 - W_2}{W_1 - b} \times 100$$

$$乾燥物重量(\%) = \frac{W_2 - b}{W_1 - b} \times 100$$

無脂乳固形分(%)=乾燥物重量(%)−乳脂肪率(%)

乾燥中の秤量皿は乾燥器内でだけ蓋を開け、取り出す際には乾燥器内で蓋をしてから取り出すようにする。測定は1試料につき2サンプル以上で行い、その平均値を計算する。秤量は1時間間隔で行い、前後2回の重量差が0.3 mg以下となった時に恒量とみなす。測定値に0.10%以上の差がある場合には測定を繰り返す。

酸 度

酸度には牛乳本来がもっている固有酸度または自然酸度(牛乳は主成分の一つである蛋白質の約80%を占めるカゼインと酸性リン酸塩がフェノールフタレインに対して酸性の反応を示すため、新鮮で正常な牛乳の場合でも、ある程度のアルカリを消費する)と搾乳後に起きた乳酸発酵などによる後天的な発生酸度があり、合わせて全酸度とする。乳酸発酵などにより乳酸が生成されると固有の酸度を超えた酸度を示す。「乳等省令」による規格では酸度(乳酸として)はジャージー種以外の牛から搾乳されたもので0.18%以下、ジャージー種の牛から搾乳されたもので0.20%以下となっている。酸度測定の目的として乳酸発酵がどの程度起こっているかを知り、牛乳の鮮度判定の一つの目安とするために行う。

原 理

牛乳の一定量を中和するのに必要なアルカリ量を測定し、このアルカリと結合した酸性物質の全量を乳酸に換算して重量%で示したもの(乳酸表示法)で、乳酸表示法は乳および乳製品を対象としている。

方 法

1.試 薬

フェノールフタレイン溶液

指示薬は、フエノールフタレイン1 gを50%エタノールに溶かして100 mLとする。

無炭酸蒸留水[炭酸ガス(CO_2)を含まない蒸留水]

蒸留水をフラスコに入れ、約5分間沸騰させて溶存する気体および炭酸ガスを除去した後、水酸化カリウム溶液(250 g/L)の入ったガス洗浄瓶に接続して空気中の炭酸ガスの混入を遮断して保存しておく。蒸留水は通常空気中の二酸化炭素を溶解させるのでpH5〜6位であり、これを煮沸すると無炭酸の蒸留水となりpH7となる。

0.1N NaOH

酸度を測定する前に、使用する0.1N NaOHの補正係数(F)を求める。

補正係数の測定方法

①—0.1Nシュウ酸標準液を20 mLのホールピペットで正確にビーカーにとる。

②—これに、1%フェノールフタレインアルコール溶液0.1 mLを加え、作製した0.1N NaOH

で滴定する。

③—この操作を3回繰り返し、滴定に要した0.1N NaOHの平均値を算出する。

2. 器 具

ソーダライム管を備えた自動ビュレット

メスピペット10 mLまたは牛乳用ホールピペット8.8 mL

メスピペット1 mL

ガラス棒

ガラス容器(内容量50〜100 mL)

試験操作(図3-9)

試料10 mLに同量の炭酸ガスを含まない水(無炭酸蒸留水)を加えて希釈し、フエノールフタレイン液0.5 mLを指示薬として加えた後、0.1Nの水酸化ナトリウム溶液で適定し30秒間微紅色の消失しない点を限度(終点)として、その滴定量から試料100 gあたりの乳酸のパーセント量を求め酸度とする。0.1N水酸化ナトリウム溶液1 mLは、乳酸9 mgに相当する。

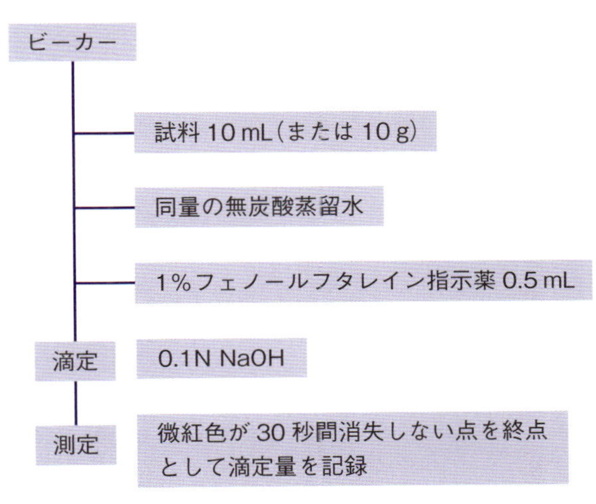

図3-9 酸度測定法

計 算

$$乳酸(\%) = \frac{0.1\text{N NaOH適定量(mL)} \times F \times 0.009}{\text{試料の重量(比重×容量)}} \times 100$$

8.8 mLピペットを用いて9 gの試料をとって同様に行えば0.1N NaOH滴定量(mL)の10分の1が乳酸(%)となる。

注：いわゆる低酸度二等乳では酸度は著しく低下する。また逆に無脂乳固形分の高い牛乳では酸度は高くなる。この場合にはアルコールテストは陰性である。比重、乳脂肪率が低く、酸度が低い乳は加水を疑う。

セジメントテスト

この試験は生乳を対象に行う。

生乳中に含まれる目に見える不溶性の異物量を測定することにより、搾乳時やその後の衛生的な取り扱いの指標とするとともに、汚染度や汚染経路をある程度把握する。異物の種類としては動物性の異物(糞便、体毛、昆虫、寄生虫など)、植物性の異物(飼料、わら屑、種子、木炭など)、鉱物性の異物(砂、ガラス、泥、釘など)がある。

原 理

生乳中に混入している異物をフィルター(セジメントディスク)でろ過して集めることにより、ろ過面上に残留した異物の量や種類を観察する。

器 具

セジメントテスター(図3-10)

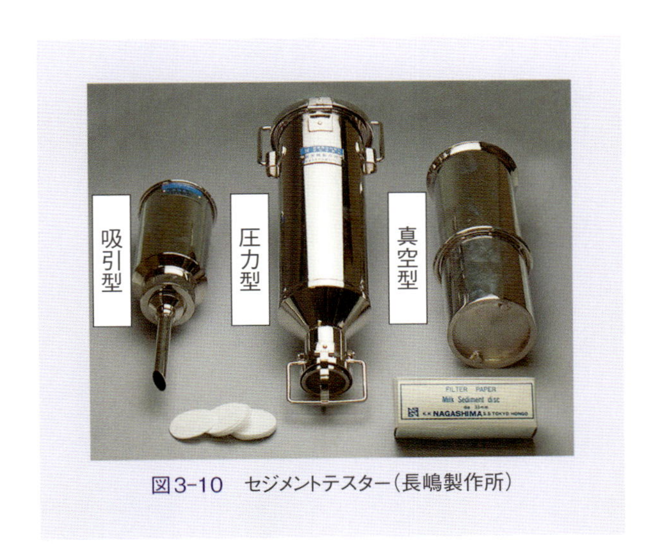

図3-10 セジメントテスター(長嶋製作所)

圧力型、吸引型、真空型の3種類があり、ろ過面の直径29 mmのものを用いる。

セジメントディスク

アドバンティック株式会社製No.1026, SEDI-

MENT TESTING SUPPLY CO. Milk test Discs などが用いられている。ディスクは直径33 mmの圧搾脱脂綿製のもので格子状の網目のある硬化面をろ過面とする。

生乳用塵埃標準板

日本乳業技術協会の検定済みのもの。

方　法

輸送缶あるいは受乳タンク中の生乳を攪拌器で機械的に十分に混合し、その500 mLを清浄な容器にとって試料とする。生乳表面に浮遊している大型の異物はあらかじめすくい取っておき、内容を別に記録しておく。次に試料全部を圧力型あるいは真空型のいずれかのセジメントテスターを用いてろ過する。ろ過後、使用した容器およびセジメントテスター内部をろ過水で洗い、それらの洗液も同セジメントテスターでろ過して測定の際の異物の測定もれを防ぐ。次にセジメントディスクを外し、必要に応じて拡大鏡を、さらに顕微鏡などを用いて観察し生乳用標準板と比較照合してそのセジメント量に応じた番号を決める。

測定後、試料と接する器具類は洗浄して乾燥する際、塵埃や鉄さびなどが付着しないように注意する。

判　定

測定したディスクについて6段階の標準セジメント量と比較し最も近いものを選ぶ。

セジメントディスクの保存が必要な場合はディスク表面に40％ホルムアルデヒドを吹きつけておく。

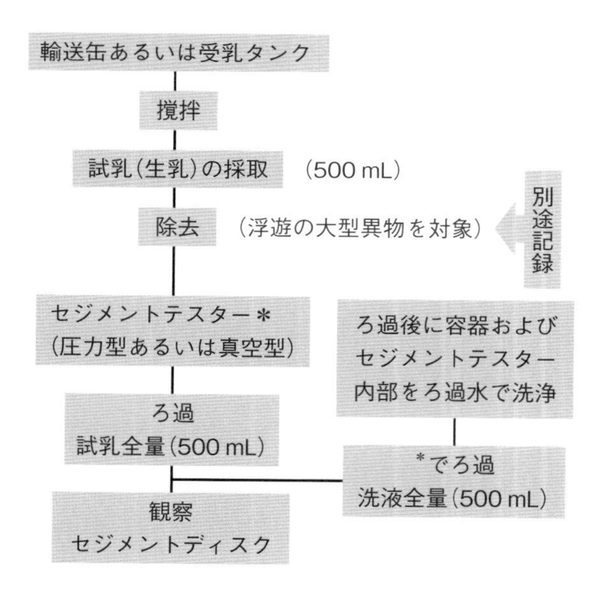

図3-11　セジメントテスト法

ディスクの活用法

異物の種類を明確に把握し、それらの異物が「いつ」「どこで」「どうして」混入したかを明らかにし、その対策を講ずる資料とする。

ホスファターゼテスト

乳中のホスファターゼの有無または強弱を測定することにより、必要な加熱殺菌処理が行われたかどうかをみるものである。結果が陰性であれば殺菌に問題がないことや配管の接続ミスなどにより加熱済殺菌乳への生乳の再混入がないことを意味する。

原　理

ホスファターゼはリン酸エステルを加水分解する酵素で、至適pHにより酵素作用は酸性およびアルカリ性に大別される。一般に生乳中に存在するものの多くはアルカリ性ホスファターゼである。このアルカリ性ホスファターゼは主に生乳中の脂肪球に吸着された形で存在し、その活性の至適pHは9.6～9.8である。一方、この活性は62℃、30分間、または71～75℃、15～30秒間で加熱すると失活する。

本法は加熱殺菌の適切性や生乳混入の疑いをアルカリ性ホスファターゼの有無を指標に調べることで判定している。試験はフェニルリン酸二ナトリウムを基質として使用することで酵素作用により生ずる加水分解物フェノールを比色定量することで判定している。ただし、乳には本来のホスファターゼのほか細菌に由来するホスファターゼが存在することがあり、この影響を受けることもあるので判定には注意を要する。特に温度や時間管理は重要であり、採取後の冷蔵保存や48時間以内の測定を行うこととする。

材　料

$Ba(OH)_2 \cdot H_3BO_3$緩衝液（25℃）

新品の$Ba(OH)_2 \cdot 8H_2O$　25 gを蒸留水で溶かして全量を500 mLとする。また、H_3BO_3 11 gを蒸留水に溶かして全量を500 mLとする。この両液を50℃に加温して混合後、20℃まで冷却する。冷却後、ろ過してから密栓して保存する。使用時には同量の蒸留水を加えて2倍に希釈してから用いる。

蛋白質沈殿液

$ZnSO_4 \cdot 7H_2O$ 3.0 g、$CuSO_4 \cdot 5H_2O$ 0.6 g を蒸留水に溶解して 100 mL とする。

発色用緩衝液

$NaBO_2$ 6.0 g および NaCl 20 g を蒸留水に溶解して 1,000 mL とする。

標準色希釈用緩衝液

作製した発色用緩衝液に蒸留水を添加して10倍に希釈して用いる。

基質緩衝液

遊離フェノールを含まない結晶フェニルリン酸二ナトリウム 0.10 g を $Ba(OH)_2 \cdot H_3BO_2$ 緩衝液 100 mL に溶解する。

BQC試液

2,6-dibromoquinonechlorimide(BQC) 40 mg を無水エタノールまたはメタノール 10 mL に溶解して滴瓶に入れて冷蔵保存する(約1ヵ月は使用可)。BQC は製造ロットによってフェノールの呈色度が異なる場合があるので、新しいロットを使用する場合は前もって標準フェノール液を用いて感度を試験しておく必要がある。

標準用$CuSO_4$液

$CuSO_4 \cdot 5H_2O$ 50 mg を蒸留水で溶解し 100 mL とする。

ブタノール

ブタノール(沸点 116〜118°) 1000 mL に、発色用緩衝液 50 mL を加えた後に pH を調整してから共栓瓶に保存する。

フェノール標準溶液

フェノール(特級) 1 g を蒸留水で溶解し 1,000 mL とする。これを保存原液として使用するが、冷蔵保存することにより数ヵ月は使用可能である。標準溶液として使用する場合は、保存原液から 10 mL を量りとり、蒸留水を加えて 1,000 mL とする(この標準液のフェノール濃度は 10 μg/mL である。)。

この標準溶液 5、10、20、30 および 50 mL をそれぞれ 100 mL のメスフラスコに正確に量りとり、これらにそれぞれ蒸留水を加えて 100 mL とする。これによりそれぞれの 1 mL 中には 0.5、1.0、2.0、3.0 および 5.0 μg のフェノールを含む液となる。ただし、この場合は冷蔵保存でも1週間以内に使用する。

器　具

共栓中試験管、ビーカー、ピペット(試験に使用するガラス器具類は熱湯洗浄後に使用することによりフェノールの汚染を防止する。また、栓はゴム製やプラスチック製を使用しない。)、吸光光度計

方　法(図3-12)

2〜3本の共栓試験管に試料1 mL をとる。そのうち1本は沸とうビーカー中に入れ、ビーカーに蓋をして1分間加熱した後、室温に冷却して空試験用とする。

それぞれの試験管に基質緩衝液 10 mL ずつを加え、栓をして静かに混ぜ合わせて 37〜38℃の水浴中で1分間加熱する。加熱後、冷水で室温にまで冷却してから蛋白沈殿液を 1 mL ずつ加え、激しく混和して蛋白質を沈殿させ、ろ紙を用いてろ過する。

得られたろ液を 5 mL ずつ試験管にとり、発色用緩衝液を 5 mL ずつ加えて良く混ぜる。これに BQC 液を4滴ずつ加えて混合し、30分間室温で放置した後、測定波長 610 nm で吸光度を測定する。

検量線の作成

フェノールの希釈標準溶液の系列 1.0 mL ずつを 5 mL、10 mL の目盛をつけた5本の試験管にとり、それぞれについて標準用$CuSO_4$溶液 1 mL および標準色希釈用緩衝液 5 mL ずつを加えた後、さらに水を加えて全量を 10 mL とする。これに BQC 液4滴を加えて混合し室温で30分間放置した後、測定波長 610 nm でそれぞれの吸光度を測定する。空試験には試薬と水だけを用いたものを使用する。

判　定

ホスファターゼ単位の計算：フェノール 1 μg の呈色度を1単位とする。試料の吸光度から検量線によって求めたフェノール相当量を 2.4 倍して、試料 1 mL あたりの単位数とする。

牛乳 1 mL あたり4単位以上となった場合、生乳が混入した疑いがある。

アルコールテスト

牛乳に等量の70%アルコールを混和してカゼインの凝固が生じたものは二等乳として扱われる。すなわち、鮮度が低下して酸度のある程度上昇した乳、カルシウムやマグネシウムに対するリン酸やクエン酸の比が正常でない乳、末期乳などの生理的異常乳

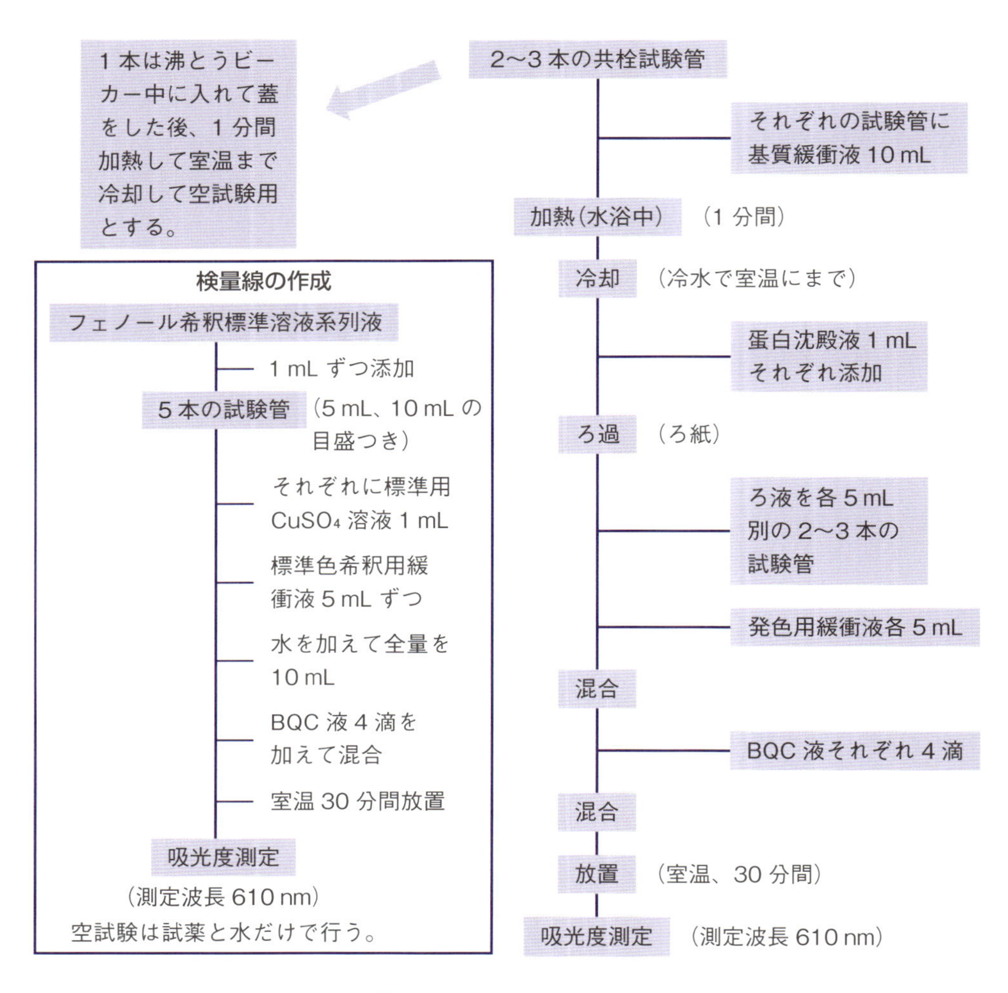

図3-12　ホスファターゼテスト

および乳房炎乳などで陽性となる。これらの乳は成分的にも不安定ないし不均衡であり、加熱に対して凝固を生じやすい。このため加熱に対する抵抗性の有無により飲用乳や乳製品の製造に不適な生乳が検索できる。

原　理

乳汁中の酸度が増加すると乳蛋白質からカルシウムを奪うことになり、乳酸カルシウムが作られ安定性が維持される。そのため、乳蛋白質は不安定となり、70%エタノールの添加により脱水し、容易に凝固する。

材　料

1)　試　薬

70%エタノール(10～20℃のもの)。

2)　器　具

アルコールテスター(図3-13)。補足：6～8個の小型シャーレが一組となったものもある。

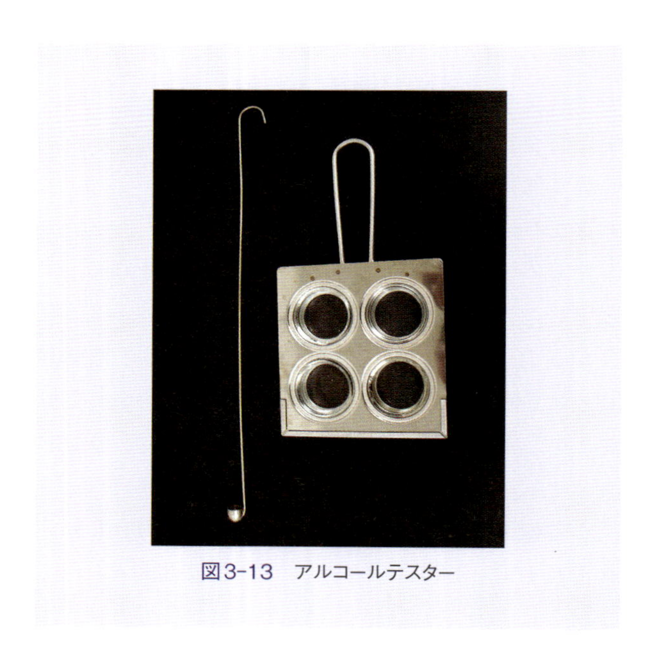

図3-13　アルコールテスター

柄杓(ディッパー)またはメスピペット。小型シャーレ(内径40～50 mm、深さ約10 mmで大きさ、厚さのそろった透明なもの。

方　法（図3-14）

牛乳1～2 mLと同量の70%エタノールを小型シャーレに入れ、5秒以内に混和する。

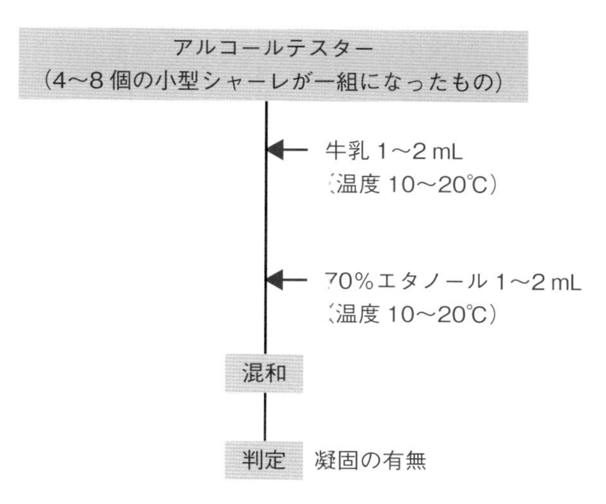

図3-14　アルコールテスト

判　定

凝固の有無で判定

PLテスト

PLテストは乳汁中の白血球数および水素イオン濃度（pH）を同時に検査することにより異常乳の早期発見、乳房炎乳の診断に用いるものである。

原　理

陰イオン界面活性剤と乳汁が反応すると、乳汁中に含まれる体細胞数に比例して凝集が起こることを利用して判定する方法である。すなわち、乳汁中の白血球は界面活性剤によって凝集されるため、被検乳は粘稠性や凝固を示す。また、この診断液中にはpH指示薬（BTB）が添加されておりpHも同時に判定できることに特徴がある。

方　法

試　薬

PL診断液（ブロムチモールブルーおよびドデシルベンゼンスルホン酸ナトリウム）

器　具

PLテスター、メスピペット

牛乳1～2 mLをシャーレにとり、等量のPL診断液を加えてそのまま前後左右に揺り動かす操作を約1分間行った後、凝集程度と色調表を比べて判定する。

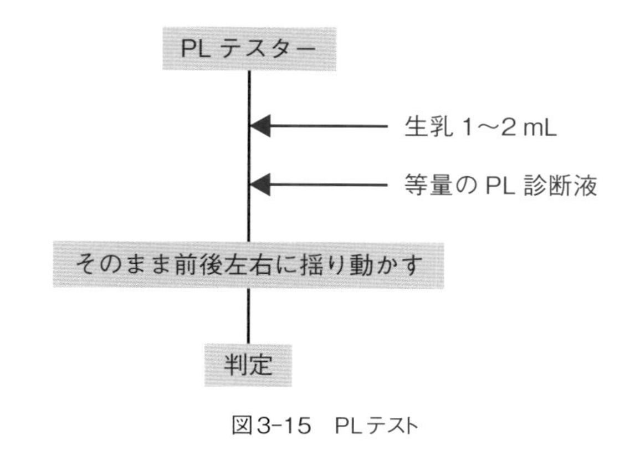

図3-15　PLテスト

判　定

1）　凝　集

シャーレを傾けながら表3-1に従って判定する。

表3-1　PLテスト判定基準（凝集）

判定	平均白血球数（万/mL）	所　見	乳房炎
−	8.8	凝集片を認めず、シャーレを傾けると牛乳はシャーレの表面に平滑に流れる。	陰性
±	35.0	わずかに凝集が認められるが、牛乳はシャーレの表面に平滑に流れる。	陰性
＋	92.1	はっきりと凝集が認められ、シャーレを傾けても凝集片が表面に残る。	疑陽性
＋＋	207.3	凝集片多量、粘稠性やや強し	陽性
+++	376.1	凝集片多量、粘稠性強く半疑塊状	陽性
++++	多数のため計算不能	完全に疑（ゼリー状）となる。	陽性

2）　色　調

シャーレを傾け、牛乳を集めて表3-2に従って判定する。

表3-2　PLテスト判定基準（色調）

判定	所　見	乳房炎
−	黄金色または黄色	陰性
±	極めてわずかに緑色をおびたもの	疑陽性
＋	わずかに緑色をおびたもの	陽性
＋＋	緑色をおびたもの	陽性

3) 総合判定

表3-3の基準に従い、総合判定を行う。

表3-3 PLテストにおける総合判定

凝集	色 調	判 定
－	－～±	乳房炎陰性
－	＋以上	7～10日後に再検査して、同じ結果の時は乳房炎陰性
±	－～±	〃
±	＋以上	乳房炎の疑い。
＋	－～±	〃
＋	＋以上	乳房炎
＋以上	－～＋＋	〃

乳の細菌学的検査

総菌数(ブリード法)

総菌数は、死菌と生菌の総和である。一定量の試料を一定の面積になるようにスライドガラス上に塗抹し、固定、染色後に顕微鏡下で菌数を計測することによって得られる。ブリード法は総菌数測定のための代表的な検査法であり、乳等省令で定められている生乳および生山羊乳における細菌数の成分規格は、本法による計測で1 mLあたり400万以下となっている。また、本法で総菌数を測定することにより、加熱殺菌を行った検体の、加熱処理前の細菌汚染の程度や、その取り扱いの適否を評価することができる。

ブリード法には、観察する視野に認められる細菌を、連鎖や菌塊を形成している場合でもそれぞれ1個ずつ区別して数える個体法(Individual Microscopic Count；IMC)と、細菌の菌塊ごとに1群を1個として数える菌塊法(Clump Microscopic Count；CMC)がある。現在では菌塊法による測定はほとんど行われていない。

個体法では、法的には16以上の代表的視野の細菌数を数えて、1視野あたりの平均細菌数を求める。1視野あたりの平均細菌数に顕微鏡係数を乗じて得られた数値の上位3桁目を四捨五入し、試料1 mL中の総菌数(IMC/mL)とする。

材 料

被検材料、牛乳用マイクロピペット、塗抹針、スライドガラス、誘導盤、水準器、乾燥板、コルネット鉗子・アルコールランプ、温度計、ろ紙、ニューマン染色液、染色用バット、水洗容器(3個あると良い。ビーカーなどでも代用可)、対物マイクロメーター、immersion oil、顕微鏡、カウンター

方 法(図3-16)

①―材料を良く振って混合する(サンプル瓶ならば、それを上下30 cmの振り幅で7秒以内に25回以上振ること)。

②―牛乳用マイクロピペットで検体を0.01 mLの標線以上まで吸い取り、ティッシュペーパーなどでピペット外壁についた検体を拭き取る。次にティッシュペーパーをピペット先端にあて、検体を先端から吸収し、0.01 mLの標線に合わせる。

③―誘導盤でスライドガラスに1 cm^2の正方形を確保する。スライドガラス上の1 cm^2の正方形に検体を数個所に分けて静かに吹き出す。吹き出した検体を、塗抹針を用いて1 cm^2の正方形に塗り広げる。

④―水準器を使って乾燥板を水平にし、アルコールランプで40～45℃に暖めておく。この乾燥板上でスライドガラスを乾燥させる(約5分間)。

⑤―ニューマン染色液で2分間染色する。Löffler液

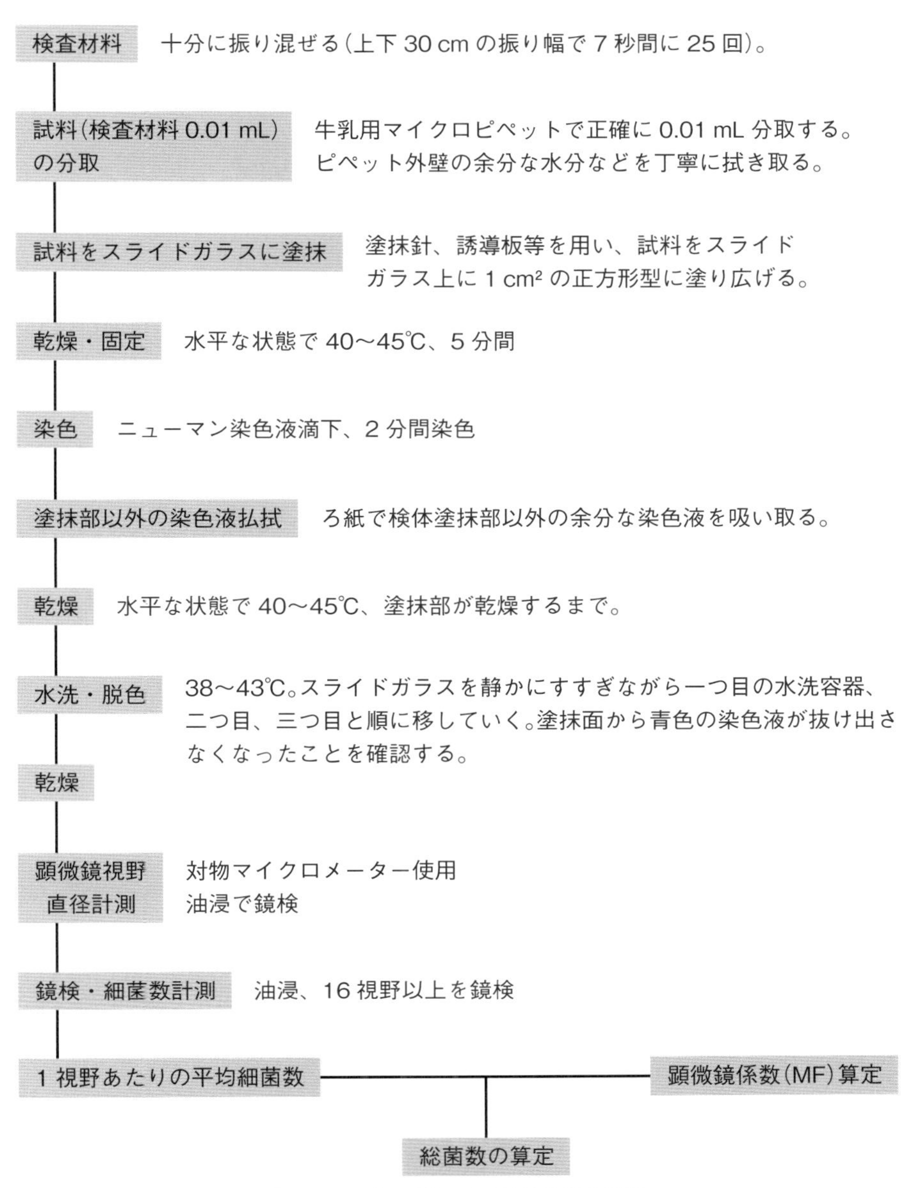

図3-16　ブリード法による総菌数算定手順

を用いても良い。

⑥—ろ紙で検体塗抹部以外の余分な染色液を吸い取る。

⑦—再び、暖めておいた乾燥板の上でスライドガラスを乾燥させる。

⑧—38～43℃の水を入れた三つの水洗容器でスライドガラスを静かにすすぐ。すすぎながら一つ目の容器、二つ目、三つ目と順にスライドガラスを移していく。最後のすすぎの時に材料塗抹面から青色の染色液が抜け出さなくなったことを確認する。

⑨—乾燥後、immersion oilを用いて1,000倍で鏡検する。

⑩—鏡検方法および総菌数の求め方

1)　対物マイクロメーターで顕微鏡視野の直径を計測する。乳等省令では、生乳や生山羊乳の総菌数算定に際しては視野の直径を0.206 mmに調整することになっている。直径0.206 mmの顕微鏡視野を得る場合、接眼レンズ5倍、対物レンズ100倍(または90倍)の組み合わせが適当である。

2)　試料1 mL当たりの総菌数算定のために顕微鏡係数(Microscopic Factor；MF)を求める。視野の直径が0.206 mm、0.178 mm、0.160 mmおよび0.146 mmの場合、MFはそれぞれ300,000、400,000、500,000および600,000となる。

3)　1 cm^2の正方形に塗り広げた検体のうち、代表的な16視野以上を選び、細菌数を計測する。

4)　2)で計測した細菌数の合計から1視野あたりの平均細菌数を求める。
5)　以下の式から総菌数を求める。

検体1 mL中の総菌数
　= 1視野あたりの平均細菌数 × MF

例)
20視野数えて、全部で124個の細菌があった。その時使用顕微鏡のMFが30万だった。

検体1 mL中の細菌数 = 124 ÷ 20 × 300,000
　　　　　　　　　= 1,860,000

この数値の上位3桁目を四捨五入して、1,900,000/mL

これが、求める検体1 mLあたりの総菌数となる。

参　考

[顕微鏡係数(Microscopic Factor；MF)の求め方]

以下の式により、顕微鏡係数(MF)を求めることができる。

$$MF = \frac{XY}{\pi r^2}$$

X：標本の塗抹面積
Y：100(乳1 mL中の細菌数を算出する場合)
π：3.14
r：顕微鏡視野の半径(mm)

[ニューマン染色液の組成と作製法(100 mL)]

メチレンブルー	0.6 g
95%エタノール	52.0 mL
テトラクロロエタン	44.0 mL

メチレンブルー0.6 g、95%エタノール52.0 mLおよびテトラクロロエタン44.0 mLを加え攪拌溶解後4〜8℃に12〜24時間放置し、氷酢酸4.0 mLを加えた後にろ過した液を使用する。

[Löffler液の組成と作製法(100 mL)]

メチレンブルー	5 g
99%エタノール	100 mL
0.01% KOH	100 mL

メチレンブルー5 gを99%エタノールに溶解させ、これをメチレンブルー原液として遮光冷蔵保存する。メチレンブルー原液30 mLと0.01% KOH100 mLを攪拌混合し、ろ過した液を使用する。

[菌塊法における視野直径と観察視野数の関係(表3-4)]

菌塊法による総菌数算定の場合は、視野直径と、仮に5視野を観察した際の平均細菌数から、実際に観察すべき視野数を決定する。

例)
使用する顕微鏡の視野直径が0.178 mm、仮に5視野を観察した際の平均細菌数が5.2個であった場合：表3-4から、総菌数を求めるために観察すべき視野数は86視野、となる。以下、総菌数算定の手順は個体法と同じ。

表3-4　ブリード法における観察視野数(菌塊法の場合)

1視野の平均細菌数	視野の直径(mm)			
	0.206	0.178	0.160	0.148
0〜3	128	170	214	256
4〜6	64	86	106	128
7〜12	32	42	54	64
13〜25	16	22	26	32
26〜50	8	10	14	16
51〜100	4	6	6	8
100を超える	2	2	4	4

大腸菌群

大腸菌群(coliforms)とは、グラム陰性通性嫌気性の無芽胞桿菌のうち、乳糖を分解して酸とガスを産生する菌の総称である。乳等省令により、乳および乳製品は大腸菌群陰性であることが規定されている。そのため、乳および乳製品については定性的な検査が行われる。

材　料

被検材料、滅菌希釈水、BGLB培地、滅菌メスピペット、EMB培地または遠藤培地、白金耳、白金線、乳糖ブイヨン培地、普通寒天斜面培地、グラム染色用具一式、顕微鏡、ふ卵器、恒温水槽(以下は必要に応じて)、秤量計、ストマッカーおよび滅菌ストマッカー用バッグあるいはブレンダーカップなど、材料の乳剤作製に必要な器具類

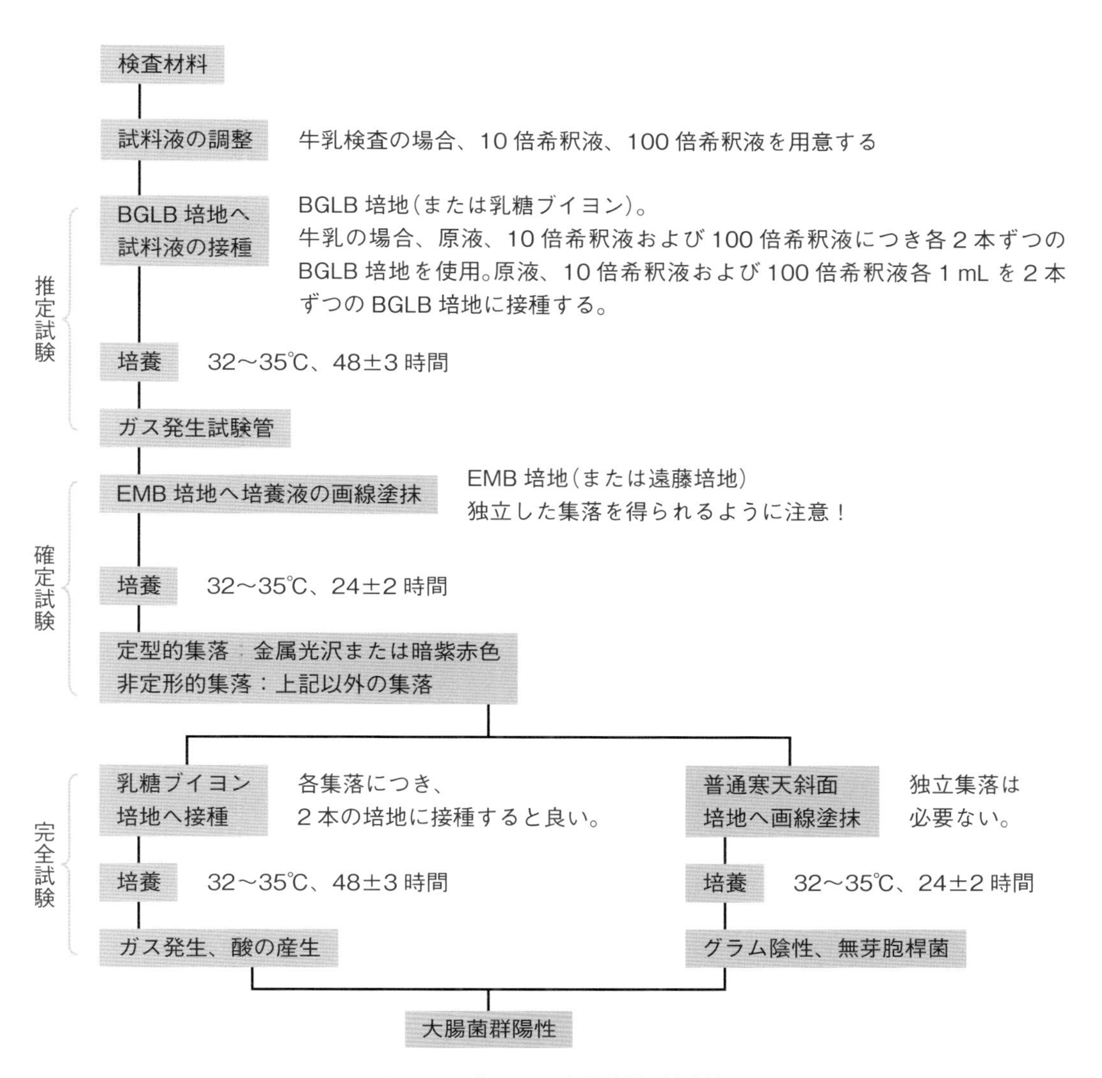

図3-17　乳における大腸菌群の検査法

方　法(図3-17)

①—被検材料を良く振り混ぜる。被検材料は必要に応じて滅菌済み広口瓶に入れ、瓶を良く振る(25回以上)。あるいはパック入り牛乳はパックのまま良く振り混ぜる。これら、25回以上良く振り混ぜたものを試料原液とする。

パック入り牛乳は開封時に注ぎ口を汚染しないように十分に気をつける。酒精綿で注ぎ口付近を拭ってから開封すると良い。

②—滅菌希釈水を用いて、被検材料の10倍希釈水と100倍希釈水を作る。

③—被検材料を1 mLずつ2本のBGLB培地に接種する。同様に被検材料の10倍希釈液と100倍希釈液を1 mLずつ、それぞれ2本のBGLB培地に接種する。

④—32℃から35℃までの温度で48±3時間培養してガス発生の有無を観察する。ガス発生が認められなければ大腸菌群陰性とする。

⑤—ガス発生を認めた場合は、そのBGLB培地から培養液を1白金耳量とり、EMB培地または遠藤培地に画線塗抹し32℃から35℃までの温度で24±2時間培養する。

⑥—培養後のEMB培地または遠藤培地から定型的大腸菌群集落または2個以上の非定型的集落を白金線で釣菌し、乳糖ブイヨン培地および普通寒天斜面培地の斜面部に移植する。

⑦—乳糖ブイヨン培地は32℃から35℃までの温度で48時間(前後3時間の余裕を認める)培養し、普通寒天斜面培地は32℃から35℃までの温度で24時間培養する。

⑧—乳糖ブイヨン培地でガス発生を確認した場合は、これと相対する普通寒天斜面培地上の菌塊をとり、グラム染色後に鏡検し、グラム陰性無芽胞桿菌を認めた場合を大腸菌群陽性とする。

レサズリン環元試験

レサズリンは青紫色を呈する色素である。試料中に微生物の産生した脱水素酵素が存在すると37℃でバラ色のレゾルフィン、さらに無色のハイドロレゾルフィンへと変化する。一般的には、この変色発現時間と総菌数との間には負の相関が認められるので、これによって試料の大まかな細菌汚染、鮮度が推定できる。

材 料

被検材料、滅菌試験管(ネジ蓋つきなど、密栓できるもの)、恒温水槽(蓋つきが良い。遮光できる培養器であれば使用可)、滅菌メスピペット(10 mLおよび1 mL)、レサズリン液、標準色調表

方 法(図3-18)

①—レサズリン液の作製;純末を用いて調整しても良いが、滅菌蒸留水50 mLにつきラクテスターA錠(和光純薬)1錠を溶かして作製すると便利である。レサズリン液は用時調整が望ましい。前日に溶解・調整した場合は冷暗所に保存しておく。

②—滅菌試験管に試料10 mLをとる。レサズリン液1 mLを滅菌メスピペットで加え、直ちに栓(ねじ蓋など)をし、数回転倒混和する。

③—蓋つき恒温水槽(37℃)の中で30分静置した後、液層の下部(4/5)*の色調を標準色調表と比較して読む。その後再び数回転倒混和する。

*液層の下部(4/5)の部位を観察する理由：レサズリン色素が空気中の酸素の影響を受けることがあり、それを避けるため。

④—再び蓋つき恒温水槽(37℃)の中で30分培養後、液層の下部(4/5)の色調を標準色調表と比較して読む。

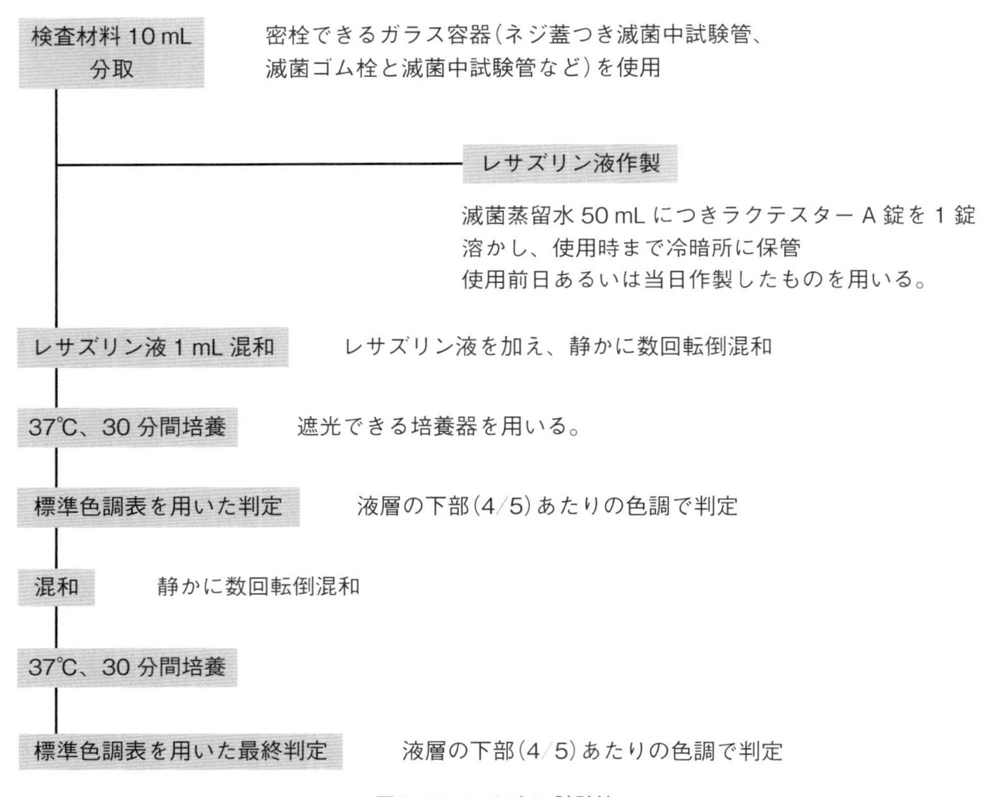

図3-18 レサズリン試験法

残留抗菌性物質

牛の乳房炎をはじめとした動物の各種疾病の治療や予防には様々な抗生物質が用いられている。これらの薬剤を乳牛に投与すると、乳中に移行することが知られている。抗生物質を含んだ牛乳を持続的に摂取すると、1)耐性菌の増加、2)過敏症の発現、3)腸内細菌叢の変化による菌交代現象など様々の問題を引き起こす。また、そのような乳を原料とした乳製品などでは発酵阻害などの問題が生じる。

これらを予防するために「乳及び乳製品の成分規格等に関する省令」では、「乳等は、抗菌性物質(抗生物質及びその他の化学的合成品たる抗菌性物質に限る)を含有してはならない。」と規定している。

牛乳中の各種抗生物質を含めた細菌発育阻止物質の検出には、TTC法、ペーパーディスク法など様々な方法が考案されている。

TTCテスト

原 理

TTC法は、TTC(2,3,5-triphenyltetrazolium chloride)が細菌の発育によって生じた酵素で還元されると無色から赤色になる性質を利用したもので、牛乳中の抗生物質を直接検出する方法ではない。検体の牛乳に試験菌(*Streptococcus thermophilus*)およびTTCを混ぜて培養し、本菌の発育の有無によって抗生物質の存否を判定するものである。すなわち、牛乳中に抗生物質が存在すれば、試験菌の発育が阻止されTTCは還元されず無色のままで、牛乳中に抗生物質が含まれていなければ、試験菌が発育し、試験菌の産生するコハク酸脱水素酵素によりTTCが還元され赤色を呈する。

材 料

TTC試薬：TTCを滅菌精製水で25倍希釈したものを用いる。試薬は7℃以下の冷暗所に保存する。発色したもの、日時が過ぎたものは使用しない。

使用試験菌：*Streptococcus thermophilus*を用いる。菌株は、前もって本試験に用いることができるかどうか確認をしておく。

培地：*S. thermophilus*の培養用に10％脱脂粉乳培地を用いる。

方 法

①—10％脱脂粉乳培地で継代している試験菌の*S. thermophilus*を、同培地で37℃、12～16時間培養する。培養後、培養液を10％脱脂粉乳培地で2倍希釈する。

②—検体の牛乳9 mLを共栓試験管にとり、80℃、5分間温浴中で殺菌後、直ちに37℃に冷却する。

③—培養希釈液1 mLを接種し、37℃、2時間温水中で培養する。

④—培養後、TTC試薬を0.3 mL加え混和し、さらに37℃、30分間温水中で培養する。

⑤—判定：検体に抗生物質が存在しない場合は、赤色を呈する。抗生物質が存在すると、白色のままあるいは淡紅色となる。

対照として、細菌発育阻止物質の入っていない牛乳を入れた試験管2本を用い、1本には試験菌培養液を入れ、他の1本には試験菌培養液を入れずに同じ操作を行い結果と比較する。

ペーパーディスク法

原 理

検体の牛乳を含んだペーパーディスクを試験菌*Geobacillus stearothermophilus*(*Bacillus stearothermophilus* var. *calidolactis*)C953株を接種した寒天培地上にのせ培養する。牛乳中にペニシリンなどの抗生物質が含まれていると、ディスク周囲の試験菌の発育が阻害され阻止円が形成されることにより判定できる。感度はTTC法より高く、ペニシリン0.0025 IU/mL以上で検出が可能とされている。

材 料

使用試験菌株：*Geobacillus stearothermophilus*(*Bacillus stearothermophilus* var. *calidolactis*)C953株

ペーパーディスク：直径8 mmの抗生物質用ろ紙製ディスクを用いる。あらかじめ細菌発育阻止物質を含まないことを確認しておく。

培　地

試験菌保存培地

酵母エキス	2 g
肉エキス	1 g
ペプトン	5 g
NaCl	5 g
寒天	15 g
蒸留水	1,000 mL
(pH7.4 ± 0.1)	

斜面培地として使用する。

試験菌増殖培地

酵母エキス	1 g
トリプトン	2 g
ブドウ糖	0.05 g
蒸留水	100 mL
(pH8.0 ± 0.1)	

平板用寒天培地

酵母エキス	2.5 g
トリプトン	5 g
ブドウ糖	1 g
寒天	15 g
蒸留水	1,000 mL
(pH7.0 ± 0.1)	

方　法

①—試験菌株を試験菌保存培地から試験菌増殖培地に接種し、55 ± 1℃で16〜18時間培養する。

②—平板用寒天培地を高圧蒸気滅菌し、55℃の恒温槽で保持し、この培地50 mLに対して上記試験菌培養菌液を10 mL加え混和する。この菌液の入った培地を、直径9 cmの滅菌シャーレに8 mLずつ分注し平板とする。

③—ピンセットを用いペーパーディスクを検体の牛乳に浸け、過剰に含まれた検体を除き、平板の上に置き、ピンセットでディスクを軽く圧し固着させ、55 ± 1℃で5時間培養する。

④—ディスクの周りに阻止円が形成されることにより検体中の抗生物質などの存在を判定する。

伝達性海綿状脳症(Transmissible spongiform encephalopathy, TSE)検査法

病原体とその性状

牛海綿状脳症(Bovine spongiform encephalopathy, BSE)、羊と山羊のスクレイピー、鹿科動物の慢性消耗病(Chronic wasting disease, CWD)は、伝達性海綿状脳症あるいはプリオン病と呼ばれる致死性の神経変性性疾患である。病原体はプリオンと呼ばれる、ゲノムとしての核酸をもたない、蛋白質性の感染粒子と考えられている。

検査対象

牛、羊と山羊、鹿の伝達性海綿状脳症(TSE)は、家畜伝染病予防法のいわゆる法定伝染病に指定されている。2009年9月現在、法律上(牛海綿状脳症対策特別措置法、と畜場法)、我が国では食用に供される20ヵ月齢以上の牛、農場等での死亡牛(24ヵ月齢以上)、BSEを疑う神経症状を呈する牛が検査の対象となっている。また、食用に供される12ヵ月齢以上の羊と山羊、スクレイピーを疑う神経症状を呈する羊もTSEサーベイランスの対象となっている。

検査法

確定診断

TSEに罹患した動物では、病原体に対する免疫応答が起きないので血清診断は使えない。また、病原体特異的な核酸がないことから、PCRによる病

原体遺伝子断片の増幅も応用できない。TSEに罹患した動物の中枢神経系組織には異常型プリオン蛋白質(PrP^Sc^)が蓄積する。PrP^Sc^は宿主遺伝子PrPの産物である正常型プリオン蛋白質(PrP^C^)の構造異性体である。そこで、PrP^Sc^の検出がTSEの検査法の基本となる。PrP^Sc^の検出に基づくTSEの実験室内検査法としては、①免疫組織化学(IHC)、②ELISA、③ウエスタンブロット法(WB)、がある。これ以外に、病理組織学的検査による空胞変性およびアストロサイトーシスの確認もTSE検査法の一つである。我が国では、一次検査としてELISAが用いられ、一次検査で陽性あるいは擬陽性の検体は、確認検査としてWBおよびIHCにより精査して最終的に判断を下している。TSEに罹患している動物を臨床症状のみから診断を下すことは難しく、PrP^Sc^の検出により確定診断する必要がある。

採材部位

TSEの検査では、採材部位が検査の感度を左右するので、延髄閂(カンヌキ)部を確実に採材する。ELISAやWBなどの免疫生化学的手法では、閂部のうち迷走神経背側核や孤束核を含む領域を採材するよう注意する。IHCでもこれらの神経核が含まれるように組織を切り出す必要がある。

ELISA

市販の診断キットが用いられる。基本的な原理は以下の通りである。非イオン系の界面活性剤を含む緩衝液で組織をホモゲナイズする。PrP^C^は蛋白分解酵素に感受性であり消化されるが、PrP^Sc^は部分的に蛋白分解酵素に抵抗性であるので、この差を利用して、蛋白分解酵素処理によりPrP^C^を除去する。その後、アルコール沈殿によりPrP^Sc^を回収し、尿素などの変性剤で処理する。尿素などのカオトロピック試薬による処理でプリオンの感染性は減弱する。変性したPrP^Sc^を抗PrP抗体を用いたcaptured ELISAにより検出する反応系が一般的である。診断に使用している抗体は変性したPrP^C^にも反応するので、PrP^C^の不完全な除去は擬陽性の原因となる。国内では主にBio-rad社、富士レビオ社、ニッピ株式会社の診断キットが使用されている。IDEXX社、Prionics社からも精度の高い診断キットが販売されている。

ウエスタンブロッティング(WB)

WBは精度・検出感度の両面でELISAより優れており確認検査として使用される。試料調整の原理はELISAと同じであり、PrP^Sc^とPrP^C^の蛋白分解酵素抵抗性の差を利用してPrP^C^を除去し、PrP^Sc^をアルコール沈殿により濃縮する。濃縮したPrP^Sc^をSDS-PAGE用の試料緩衝液に溶解する。この時試料をSDSを含む溶液で100℃で処理する。この操作でプリオンの感染性は著しく減弱する。この試料をSDS-PAGE後、蛋白質をPVDF膜に転写し、PVDF膜上で抗PrP抗体を用いて免疫染色を行う。PrP^Sc^は分子量30-19 kDa付近に特徴的な3本のバンドとして検出される。

免疫組織化学(IHC)

ホルマリン固定した延髄から閂部を切り出し、ギ酸で1時間以上処理する。この操作でプリオンの感染性は著しく低下する。定法に従い薄切りした後、切片をオートクレーブ処理する。この処理によりPrP^Sc^の凝集体がほぐれ、抗PrP抗体のエピトープが露出するため、その後の免疫染色によりPrP^Sc^が検出可能となる。

WBとIHCの詳細は以下を参照されたい。

都道府県等における伝達性海綿状脳症(TSE)確認検査実施要領　厚生労働省

第4章

水産食品の衛生

鮮度試験

わが国は周囲を海に囲まれた環境にあることから多様な魚食文化が発達し、水産物は日本人の生活と密着した関係にある。その一方で、生鮮魚介類および魚類加工品による健康危害も発生しており、食品衛生上重要な課題と位置づけられる。水産食品の重要な検査として、鮮度試験がある。鮮度試験は、1)主に視覚と嗅覚による官能検査、2)生菌数、汚染指標菌による細菌学的検査、3)揮発性塩基窒素、K値などを測定する理化学的検査があげられる。細菌学的検査、理化学的検査はそれぞれ1章で記述されているので、重複して記載することを避けた。各自で関係の項目を参照し、整理していただきたい。

魚介毒の試験

動物性自然毒による食中毒は、ほとんどすべての場合、魚介類を原因とするものである。わが国ではフグ中毒によるものが大部分を占めるが、時として貝類およびフグ以外の毒魚による中毒も発生する。フグによる食中毒は、発生率は低いが致命率は高い。

フグ毒

従来、本毒素はフグ自身が産生するものとされていた。しかし、最近の知見では本毒素は食物連鎖によって外因性にフグに蓄積するものであることが判明している。また、フグ以外の生物、例えば、タコ(ヒョウモンダコ)、イモリ(カリフォルニアイモリ)、カニ(スベスベマンジュウガニ)、貝(ボウシュウボラ)などにも本毒素は分布していることが判明している。表4-1にわが国で食用となる主なフグと部位を記載した。

フグ中毒の原因は、テトロドトキシン(tetrodotoxin、TTX)で、化学構造も明らかにされている(図4-1)。TTXは分子量319.28で、酢酸溶液では比較的安定であるが、アルカリや強酸溶液では不安定である。有機溶媒にはほとんど溶けない。また、通常の調理温度では無毒化されない(300℃でも分解されない)。現在、TTXの定量法はマウス接種試験が用いられている。

実習　フグ毒の試験法

〈毒素の抽出〉

毒素の抽出法には次の2種類ある。

①―酢酸抽出法：この方法は簡易ではあるが、抽出比からみて、肉・皮など毒性の弱い部分の検査には適さない。

表4-1　処理等により健康を損なうおそれがないと認められたフグの種類および部位

科　名	種　類	部位		
		筋肉	皮	精巣
フグ科	クサフグ	○	―	―
	コモンフグ	○	―	―
	ヒガンフグ	○	―	―
	ショウサイフグ	○	―	―
	マフグ	○	―	○
	メフグ	○	―	○
	アカメフグ	○	―	○
	トラフグ	○	○	○
	カラス	○	○	○
	シマフグ	○	○	○
	ゴマフグ	○	―	○
	カナフグ	○	○	○
	シロサバフグ	○	○	○
	クロサバフグ	○	○	○
	ヨリトフグ	○	○	○
	サンサイフグ	○	―	―
ハリセンボン科	イシガキフグ	○	○	○
	ハリセンボン	○	○	○
	ヒトズラハリセンボン	○	○	○
	ネズミフグ	○	○	○
ハコフグ科	ハコフグ	○	―	○

注1）本表には掲載されていないフグであっても、今後、鑑別法および毒性が明らかになれば追加されることもある。
2）本表は日本沿岸域、日本海、渤海、黄海および東シナ海で漁獲されるフグに適用する。
ただし、岩手県越喜来湾および釜石湾並びに宮城県雄勝湾で漁獲されるコモンフグおよびヒガンフグについては適用しない。
3）○は可食部
4）まれにいわゆる両性フグといわれる雌雄同体のフグが見られることがあり、この場合の生殖巣はすべて有毒部位とする。
5）筋肉には骨を、皮にはヒレを含む。
6）フグは、トラフグとカラスの中間種のような個体が出現することがあるので、これらのフグについては、両種とも○の部位のみを可食部とする。

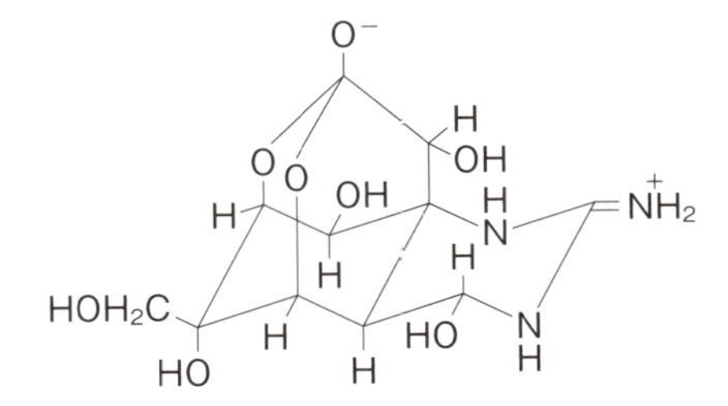

図4-1　TTXの化学構造

②―酢酸メタノール抽出法：やや煩雑であり、ロータリーエバポレーターなど特殊な器具を必要とする。

〈試料の調整：酢酸抽出法〉

①―まず、食用可能のフグの種の同定を行う。

②―試験に供する試料は検体のフグ（図4-2参照）から臓器、組織を解剖用のハサミやメスを用いて採取する。凍結された試料の場合、ビニール袋などで包んで水に直接触れないようにし、流水中で急速解凍してから採取する。

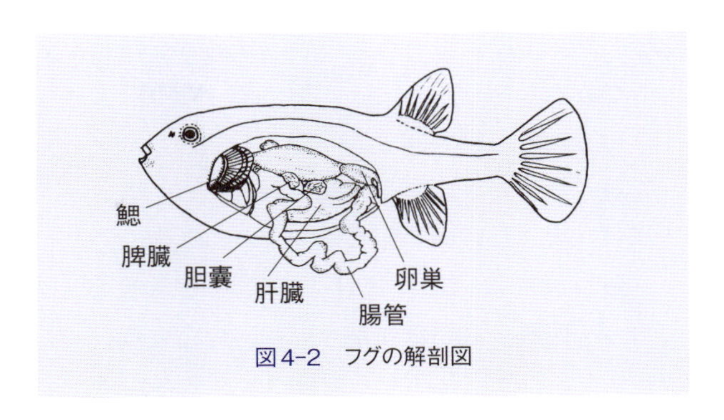

図4-2　フグの解剖図

③―細切した試料は、乳鉢で良くすりつぶし、その10 gをビーカーに入れ、0.1％酢酸溶液25 mLを加え、沸騰水浴中で時々攪拌しながら10分間加熱する。

④―冷却後、減圧ろ過し、ろ紙上の残渣を0.1％酢酸溶液で反復ろ過し、50 mLとする。

⑤―この抽出液は1 mLは原臓器、組織の0.2 gに相当する。この粗毒原液は速やかに動物実験に供することが望ましいが、密閉容器で－20℃以下で凍結保存することができる。

〈予備試験〉

①―適宜に希釈した粗毒原液（×10、×100、×1,000、10,000）の1 mLを生後4週、体重19～21 gの健康なマウス（ddY系）の雄の腹腔内に注射する。通常、1希釈に2頭以上のマウスを使用し、フグ毒特有の症状で死亡するかどうかを判定する。

②―致死時間の平均値を秒単位で測定し、換算表を用いて粗毒原液1 mL中の毒量を換算する。

③―この値に基づいて、マウスが10分前後で死亡するような濃度に希釈液を調整し、本試験に用いる。

〈本試験〉

①―本試験では、まず、希釈試験液各1 mLをマウス2匹の腹腔内に注射し、致死時間を測定する。

②―マウスが10分程度で死亡した場合は、さらに1～3匹のマウスを追加し致死時間の測定を行う。

③―希釈液での致死時間が7～13分の間にない場合は、粗毒原液または第1回希釈液を用いて希釈をやり直す。

④―フグ毒を注射されたマウスの症状を観察する。

フグ毒によるマウスの症状は、以下のとおりである。

1) 忙しく動き回る。
2) 歩行がぎこちなくなる。
3) 大きな呼吸をしながらよろめき歩く。
4) 最後は、急に飛び上がりながら反転し、四肢をもがきながら倒れ、死亡する。

⑤—マウスの死亡時間から毒素のマウスユニットを算出する。

〈マウス単位(MU)の算出〉

本試験で得られた3〜5匹のマウスの致死時間を生存したマウスも含めて、短い方から順に並べ中央致死時間(median death time)を求める。得られた中央致死時間から表4-2によってMUを算出する。やむをえず19 g以下または21 g以上(23 g以上は使用しない)のマウスを使用した場合は、それぞれのマウスの致死時間から表4-2よってMUを求め、さらに表4-3のマウス体重－マウス単位補正表を用いてMUの補正を行う。この補正したMUの中央値をもってその希釈液の毒量を示す。

〈テトロドトキシン量の算出〉

MUと毒素(μg)を関係づける変換係数(CF value)は、0.22 μg/MUである。

上記の方法で求めたMUに0.22を乗じてテトロドトキシン量(μg)で示す。

—例—

10 gの臓器から得た50 mLの粗毒原液について

表4-2　フグ毒の致死時間、マウス単位(MU)換算表

致死時間 分：秒	MU
4：00	5.62
4：05	5.40
4：10	5.19
4：15	5.00
4：20	4.82
4：25	4.66
4：30	4.56
4：35	4.36
4：40	4.23
4：45	4.10
4：50	3.99
4：55	3.88
5：00	3.77
5：05	3.68
5：10	3.58
5：15	3.50
5：20	3.42
5：25	3.34
5：30	3.26
5：35	3.19
5：40	3.13
5：45	3.07
5：50	3.01
5：55	2.95
6：00	2.89
6：10	2.79
6：20	2.70

致死時間 分：秒	MU
6：30	2.61
6：40	2.53
6：50	2.46
7：00	2.39
7：10	2.33
7：20	2.27
7：30	2.22
7：40	2.17
7：50	2.12
8：00	2.08
8：15	2.01
8：30	1.96
8：45	1.91
9：00	1.85
9：15	1.81
9：30	1.77
9：45	1.74
10：00	1.70
10：15	1.67
10：30	1.64
10：45	1.61
11：00	1.58
11：15	1.56
11：30	1.53
11：45	1.51
12：00	1.49
12：15	1.47

致死時間 分：秒	MU
12：30	1.45
12：45	1.43
13：00	1.42
13：15	1.40
13：30	1.38
13：45	1.36
14：00	1.33
14：30	1.31
15：00	1.30
15：30	1.28
16：00	1.26
17：00	1.24
17：30	1.23
18：00	1.21
18：30	1.19
19：00	1.18
19：30	1.17
20：00	1.15
20：30	1.14
21：30	1.13
22：00	1.12
22：30	1.11
23：00	1.09
23：30	1.08
24：00	1.07
24：30	1.06
25：00	1.05

表4-3　マウス体重毒力補正表

マウス体重(g)	MU	マウス体重(g)	MU	マウス体重(g)	MU
12.0	0.60	15.5	0.78	19.0	0.95
12.5	0.63	16.0	0.80	19.5	0.98
13.0	0.65	16.5	0.83	20.0	1.00
13.5	0.68	17.0	0.85	20.5	1.03
14.0	0.70	17.5	0.88	21.0	1.05
14.5	0.73	18.0	0.90	21.5	1.08
15.0	0.75	18.5	0.93	22.0	1.10

2匹のマウスで予備試験を行い、致死時間の平均値が5分15秒であったとすると、表4-2より粗毒原液の毒力は約3.50 MU/mLである。

表4-2から約2倍に希釈すれば、10分前後で死亡することが予測される。そこで2倍希釈液を調整し、本試験を行って中央致死時間10分15秒を得たとすれば、希釈液の毒力は1.67 MU/mLである。希釈倍数が2、抽出比が5であるので以下のように計算される。

原検体1 gの毒力 = 1.67 × 5 × 2 = 16.7 MU

テトロドトキシン量 = 16.7 × 0.22 = 3.67 μg/g

麻痺性貝毒

ホタテ貝、イガイなどの二枚貝が有毒プランクトン(*Alexandrium* 属、*Gymnodinium* 属、*Py-rodinium* 属)によって毒化し、サキシトキシン saxitoxin を中腸腺に蓄積する。この毒は麻痺性貝毒 Paralytic Shellfish Poison(PSP)といわれ、薬理作用はテトロドトキシンと同様に、ナトリウムチャンネルをブロックして、細胞外からのナトリウムイオンの流入を阻害することで症状が現れる。サキシトキシンは、分子量299.29、水溶性で中性や弱酸性で加熱に対して安定であるがアルカリ性では不安定である。エーテルやクロロホルムなどの有機溶媒にはほとんど溶けない。化学構造を図4-3に示した。

毒量はマウスユニット(MU)で示され、1 MUは体重20 gのマウスを15分で殺す毒量である。ホタテ貝等の可食部に含まれる麻痺性貝毒の量が1 gあたり4 MUを超えると出荷が停止される。本中毒は5～9月の夏季に多発する。

ヒトの中毒症状は食後30分から3時間で発現し、

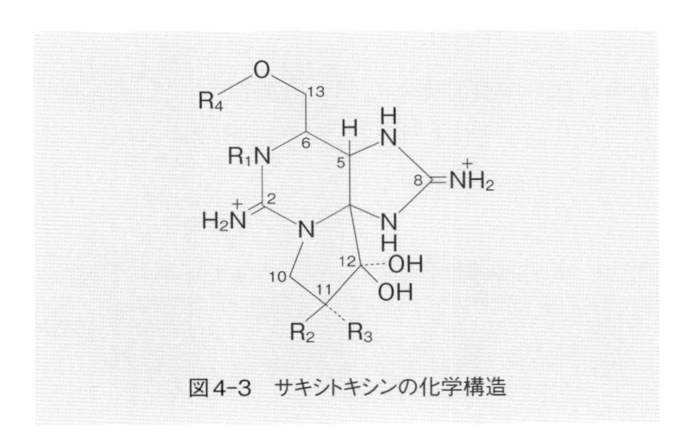

図4-3　サキシトキシンの化学構造

50 MU/gの毒素を100 g程度摂取すると中毒症状を呈する。末梢神経および中枢神経に作用し、はじめ口唇、舌、顔面のしびれから始まり、次いで運動神経の麻痺を起こす。重症例では運動失調、言語障害、流涎、頭痛、口渇、悪心、嘔吐などの他に呼吸麻痺を起こして死亡する。

麻痺性貝毒の試験法

試　料

①—殻つきの二枚貝はナイフなどでむき身をとり、貝汁を除き重量を計る(図4-4参照)。

②—むき身を細切、混和しホモジェナイズする。調査の目的で中腸線を用いる場合、あらかじめ中腸線とむき身の重量を測定しておき、その比率からむき身全体の毒量をある程度推定することができる。

抽　出

①—試料100 g(中腸線のみの場合は25 g)をビーカー中に採取し、これに同量の0.1N HClを加え、良く攪拌してからpH3～4に修正する。

③—煮沸湯浴中5分間静かに加温し、室温になるまで放冷する。再びpH2～4にする。

④—メスシリンダーに移し蒸留水を加えて200 mL

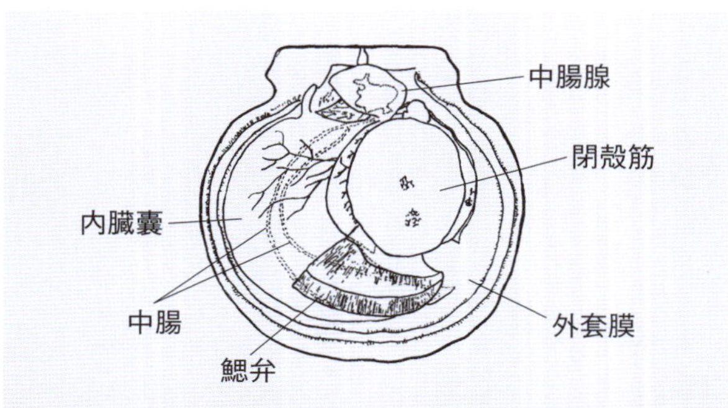

図4-4　ホタテ貝の体左側（貝殻、外套膜、えらの大部分をのぞく）

とする（中腸線のみの試料の場合50 mL）。

⑤—これらを良く攪拌してから静置し、上澄み液をとり試料原液とする（この試料原液1 mLは試料0.5 gに相当する）。

⑥—さらに、3,000 rpm、10分間遠心するか、ろ紙でろ過してその上澄液あるいはろ液を試料原液とする。

マウス接種試験

①—体重19～20 gの健康なddy系の雄マウスを総数5匹以上使用し、これを試験群とする。

②—はじめに2～3匹のマウス腹腔内に、試料原液の1 mLを注射する。マウスが典型的な麻痺性貝毒の症状を示して死亡するまでの時間（致死時間）を秒単位で記録し、予備的に中央致死時間を求める。

③—原液投与の致死時間が5分未満の場合は、0.01塩酸で致死時間が5～7分の間になるように希

表4-4　麻痺性貝毒の致死時間、マウス単位（MU）換算表

致死時間 分：秒	MU
1：00	100
1：10	66.2
1：15	38.3
1：20	26.4
1：25	20.7
1：30	16.5
1：35	13.5
1：40	11.9
1：45	10.4
1：50	9.33
1：55	8.42
2：00	7.67
2：05	7.04
2：10	6.52
2：15	6.06
2：20	5.66
2：25	5.32
2：30	5.00
2：35	4.73
2：40	4.48
2：45	4.26
2：50	4.06
2：55	3.88
3：00	3.70
3：05	3.57
3：10	3.43
3：15	3.31
3：20	3.19

致死時間 分：秒	MU
3：25	3.08
3：30	2.98
3：35	2.88
3：40	2.79
3：45	2.71
3：50	2.63
3：55	2.56
4：00	2.50
4：00	2.44
4：10	2.38
4：15	2.32
4：20	2.26
4：25	2.21
4：30	2.16
4：35	2.12
4：40	2.08
4：45	2.04
4：50	2.00
4：55	1.96
5：00	1.92
5：05	1.89
5：10	1.86
5：15	1.83
5：20	1.80
5：30	1.74
5：40	1.69
5：50	1.64
6：00	1.60

致死時間 分：秒	MU
6：15	1.54
6：30	1.48
6：45	1.43
7：00	1.39
7：15	1.35
7：30	1.31
7：45	1.28
8：00	1.25
8：15	1.22
8：30	1.20
8：45	1.18
9：00	1.16
9：30	1.13
10：00	1.11
10：30	1.09
11：00	1.075
11：30	1.06
12：00	1.05
13：00	1.03
14：00	1.015
15：00	1.000
16：00	0.99
17：00	0.98
18：00	0.972
19：00	0.965
20：00	0.96
21：00	0.954

表4-5　マウス体重毒力補正表

マウス体重(g)	MU	マウス体重(g)	MU	マウス体重(g)	MU
10.0	0.50	14.5	0.76	19.0	0.97
10.5	0.53	15.0	0.785	19.5	0.98
11.0	0.56	15.5	0.81	20.0	1.00
11.5	0.59	16.0	0.84	20.5	1.01
12.0	0.62	16.5	0.86	21.0	1.03
12.5	0.65	17.0	0.88	21.5	1.04
13.0	0.675	17.5	0.905	22.0	1.05
13.5	0.70	18.0	0.93	22.5	1.06
14.0	0.73	18.5	0.95	23.0	1.07

釈し、再度予備試験を行い中央致死時間が5〜7分の試料を作製する。

④—この中央致死時間が5〜7分の場合、さらにマウスの総数が5匹以上になるにマウスを追加し、それぞれの致死時間を測定して、この試験について行った試験群の結果から中央致死時間を求める。なお、マウスの体重が19〜20 gの間にないときは、すべてのマウスについて致死時間

—マウス単位換算表(表4-4)およびマウス体重—毒量補正表(表4-5)よりマウス単位(MU)を求める。補正後のマウス単位から中央値を求め、試験原液または試験液1 mL中のマウス単位を求める。

第5章

食卵の衛生

卵の微生物汚染防止機構

鶏卵は、構造上三つ(卵殻、卵白および卵黄)に大別され、それぞれに微生物汚染防止機構が備わっている。産卵直後は卵殻の最外側のクチクラが気孔を覆っており、気孔を通じた微生物の侵入を防御する。その下層に位置する二つの卵殻膜は密度の高い構造を有し、同様に微生物の侵入を抑える。卵白の蛋白質には、内部へ侵入してくる微生物から守るオボトランスフェリンやリゾチームなどが含まれている。卵黄には卵自体を微生物から守る機構はないが、親からの移行抗体が含まれ、感受性の高い孵化直後のひなを微生物感染から守る。

卵の品質と鮮度検査

外観検査、透視検卵および割卵検査により、特級、1級、2級あるいは規格外に区別される。また、卵重によっても区別される。以前はすべて熟練者によって行われていたが、現在は卵重による選別と検卵の一部が機械化されつつある。また、卵の鮮度については以下のような項目に基づいて検査する。

比重＝卵の重量/卵の体積

新鮮卵では1.08程度(11%食塩水で沈む)、古くなると卵重とともに低下

卵黄係数＝卵黄の高さ/卵黄の直径

新鮮卵では0.442～0.361、古くなると低下

ハウユニット＝100 log([濃厚卵白の高さ]
－1.7[卵の重量]$^{0.37}$＋7.6

新鮮卵では86～90、古くなると低下

卵白係数＝2×[濃厚卵白の高さ]/
([卵白の最長径]＋[卵白の最短径]

新鮮卵では0.14～0.17、古くなると低下

異常卵

規格外卵や異常卵は、体内での鶏卵形成が飼養状況や感染に起因する様々なストレスによる影響を受けることで発生する。また、産卵後にもひび割れや汚染などによっても鶏卵がダメージを受ける可能性がある。以下に典型的な異常卵を列挙する。

鶏卵外部の異常：歪曲卵、卵殻肥厚、粗剛な卵殻、軟殻卵、ひび割れ卵、卵殻汚染
鶏卵内部の異常：二黄卵、血斑卵、肉斑卵、水溶性卵白、移動性気室、細菌/真菌汚染卵(腐敗卵)

卵の採卵から加工・流通経路と保存法

採卵養鶏場において採卵された卵は、インライン(養鶏場と併設)あるいはオフライン(養鶏場と独立)方式のGP(Grading and Packaging)センター(鶏卵選別・包装施設)へと送られる。到着した卵は、洗卵、すすぎ・殺菌、乾燥、検卵、卵重による選別、包装を経て、最長3日程度保管された後、小売店や飲食店へ出荷される。

GPセンター内での保管、輸送中、そして小売店での陳列や家庭での保存の際、卵は10℃以下あるいは8℃以下に置かれる必要がある。なお、平成11年11月1日の食品衛生法施行規則改定により、鶏卵の賞味期限表示が義務づけられた。賞味期限は、採卵後の保管温度によって以下のように設定されている。

夏期(7〜9月、基準気温27.5℃)：採卵16日以内
春秋期(4〜6月および10〜11月、基準気温22.5℃)：採卵後25日以内
冬期(12〜3月、基準気温10℃)：採卵後57日以内
＊いずれも購入後に家庭で冷蔵庫(10℃以下)に保存される7日間を含む。

また、検卵の段階で規格外と選別された卵や余った卵は、鶏卵加工場や卵製品製造工場において液卵やマヨネーズなどの卵製品として加工されるが、その際にも8℃以下で保存されなければならない。

ヒトへの健康障害

鶏卵に起因する重要なヒトの疾病は、卵白蛋白質によるアレルギー性疾患、コレステロールの過剰摂取による生活習慣病、採卵鶏から鶏卵内に移行・残留した有害物質による中毒性疾患、そして鶏卵を介した微生物感染があげられる。最も記憶に新しいのは、1980年代後半からの汚染鶏卵によるサルモネラ食中毒件数の世界的増加であろう。サルモネラによる鶏卵汚染は、*Salmonella enterica* subspecies *enterica* serovar Enteritidisによる卵内容(in egg)汚染が主な原因である。鶏卵のサルモネラ汚染率が0.03%と非常に低いにもかかわらず、食中毒件数が増加した背景として、主に(1)汚染種鶏ひなの輸入によるコマーシャル採卵鶏群の汚染拡大と、(2)鶏卵生産から消費に至る各段階における鶏卵の不適切な取り扱い(特に温度管理)が挙げられる。したがって、検疫の強化、種鶏群および採卵鶏群の衛生管理

の徹底、そして生産から販売にかかわる業者や消費者への啓発が重要である。前述の賞味期限設定に加え、主に種鶏場、孵卵場および採卵養鶏場における衛生管理対策が徹底された結果、わが国ではサルモネラ食中毒件数が825件(1999年)から99件(2008年)へと激減した。このような事例は英国や米国でも認められている。しかしながら、わが国ではサルモネラ食中毒による死亡例が他の細菌性食中毒よりも比較的多いため、依然問題となっている。また、ヨーロッパのように地域内の各国間で食用鶏卵そのものが流通している状況においては、特定の国から輸出された汚染率の高い鶏卵が輸入国における新たな食中毒発生につながるリスクとして懸念されている。

参考文献

「Egg Quality Guide」
http://www.defra.gov.uk/foodrin/poultry/pdfs/eggqual.pdf
「食品衛生法」
http://law.e-gov.go.jp/htmldata/S23/S23F03601000023.html
「鶏卵の日付等表示マニュアル」(鶏卵日付表示等検討委員会)
http://www.jz-tamago.co.jp/hourei/01.pdf
Hogue A, White P, Guard-Petter J, Schlosser W, Gast R, Ebel E, et al. Epidemiology and control of egg-associated *Salmonella enteritidis* in the United States of America. Rev Sci Technol 1997; 16(2): 542-53.
Rodrigue DC, Tauxe RV, Rowe B. International increase in *Salmonella enteritidis*: a new pandemic? Epidemiol Infect 1990; 105(1): 21-7.
Schlosser WD, Henzler DJ, Mason J, Kradel D, Shipman L, Trock S, et al. The *Salmonella enterica* Serovar Enteritidis Pilot Project. In: Saeed AM, editor. *Salmonella enterica* serovar Enteritidis in humans and animals. Ames, Iowa: Iowa State University Press; 1999. p. 353-65.
St. Louis ME, Morse DL, Potter ME, DeMelfi TM, Guzewich JJ, Tauxe RV, et al. The emergence of grade A eggs as a major source of *Salmonella enteritidis* infections. New implications for the control of salmonellosis. J Am Med Assoc 1988; 259(14): 2103-7.
「鶏卵のサルモネラ総合対策指針」(平成17年1月26日付け第8441号農林水産省消費・安全局衛生管理課長通知)
http://www.maff.go.jp/syoku_anzen/keiran_s/keiran-sogo.pdf
厚生労働省　食中毒統計資料
http://www.mhlw.go.jp/topics/syokuchu/04.html#4-2
米国食中毒関係資料
United States Animal Health Association Committee on Salmonella
http://www.usaha.org/committees/sal/sal.shtml
Centers for Disease Control and Prevention, PHLIS Surveillance Data
http://www.cdc.gov/ncidod/dbmd/phlisdata/salmonella.htm
英国食中毒関係資料
Health Protection Agency Centre for Infections
http://www.hpa.org.uk/webw/HPAweb&HPAwebStandard/HPAweb_C/1195733760280?p=1191942172078
スペインの鶏卵汚染とイギリスへの影響
http://www.food.gov.uk/multimedia/pdfs/nonukeggsreport.pdf

第2部
人獣共通感染症

第6章

人獣共通感染症の診断およびその注意点

人獣共通感染症の診断の意義

はじめに

近年世界各地でヒトにおいて新型の感染症(新興感染症)や、かつて存在が知られていたが、再び多発し問題となってきた感染症(再興感染症)が続々と発生している。これらの新興・再興感染症の多くは人獣共通感染症であり、病原体の多くは家畜や愛玩動物のみならず、野生鳥獣や吸血性節足動物に保有されていることが明らかになってきた。人獣共通感染症が多発するようになったのは、人間活動が森林などの自然環境の奥深くにまで及んだことによって、ヒトと野生動物との接触機会が増えたことが最も重要な要因と考えられている。また、野生動物の国際的な流通によって、先進国の一般家庭内で人獣共通感染症の発生が起こった例もある。このように、航空機によるヒトの移動や物流の活発化によって、人獣共通感染症は国境を越えて容易に感染が拡大することが可能となったため、国際的な予防対策の強化が急務となっている。人獣共通感染症の診断にあたっては、ヒトや動物の感染症の診断と異なる点が多い。本項では、人獣共通感染症の特色を確認して、その診断法の意義について理解を深めることを目的とする。

人獣共通感染症の特色(表6-1)

ヒトや動物の感染症は、通常一種類かごく限られた種内でしか感染が起こらないため、感染環が単純な場合が多い。これに対して、人獣共通感染症はヒトとヒト以外の脊椎動物の間で自然に伝播する疾病あるいは感染であるため、複雑な感染環を形成する場合が多い。また、ヒトや動物の感染症では、流行地が知られている場合が多いが、人獣共通感染症では、流行地のみならず、宿主や、媒介動物が不明な場合が多い。

ヒトや動物の感染症は臨床症状が診断上重要な情報となることが多いのに対し、人獣共通感染症では、宿主が感染していても無症状である場合が多く、そのような場合には症状は診断上有効な情報とはなり得ない。無症状の宿主において、感染の有無を診断する場合は、動物から検体を採取して検査に供し、検査結果から感染状況を判断する。ヒトの人獣共通感染症の感染例ではほとんど無症状の場合から、重篤な症状を示す場合まで様々である。人獣共通感染症の患者の診断は医師が行うが、その診断は容易ではない。なぜなら通常の人獣共通感染症のヒトにおける発生頻度はヒトの感染症の頻度に比べて極端に低く、医師が人獣共通感染症の患者に遭遇する機会は非常に少ないからである。したがって、患者の臨床症状が激烈であったり、特徴的であった場合を除いて、一般の感染症として見逃される可能性は高いと考えられる。獣医師が患者の動物との接触歴や、考えられる人獣共通感染症などについて情報を保有している場合は、医師に情報提供することも重要になる。人獣共通感染症の診断が困難なのは、診断法が確立されていない場合や診断用キットが市販されていない場合が多いことも重要な点であろう。

表6-1　人獣共通感染症の特色

項　目	人獣共通感染症		通常の感染症
感　染　環	ヒトとヒト以外の脊椎動物に自然に伝播(複雑な感染環)		一種類か、ごく限られた種内でしか伝播しない(単純な感染環)。
流　行　地	不明な場合も多い。		ほぼ知られている。
症　　状	ヒト	無症状から重篤な症状を示す場合まで	無症状から重篤な症状まで(発症率に差はあっても症状を示すことがほとんど)
	宿主	無症状な場合が多い。	
診　断　法	確立されていない場合が多い。		確立されていることが多い。
ワクチンや治　療　法	存在しない場合がほとんど		存在する場合が多い。
診断の意義	疫学的な情報を得て、ヒトと感染動物との接触を避けることによって発生を予防する。ただし、狂犬病犬の診断ではヒトの命にかかわる。		感染症の治療や予防に役立てる。

人獣共通感染症の診断の意義

人獣共通感染症は通常の感染症に比べて、診断が困難である場合が多い。また、診断の意義も通常の感染症と人獣共通感染症では異なると考えられる。すなわち、通常の感染症の診断が、個体や群の感染の有無を明らかにして、感染症の治療や予防に役立てるのに対し、人獣共通感染症の診断では、個体や群の感染の有無を明らかにするよりも、むしろ疫学的な情報を得ることを目的とする。人獣共通感染症はワクチンや治療法が存在しない場合が多い。したがって、ヒトにおける人獣共通感染症の発生を予防するには、流行地、病原巣動物、媒介動物などの疫学的情報を得ることにより、ヒトと感染動物との接触機会をできるだけ減らすことが最も重要な対策である。ただし、狂犬病を疑う犬の診断に際して、ヒトが当該犬に咬傷を受けていた場合には、診断の信頼性がヒトの命にかかわることがある。

獣医師は人獣共通感染症に関する多くの知識を保有していることから、診断するだけではなく、診断法の未整備な人獣共通感染症については、簡便で信頼度の高い診断法の開発に関与することも社会的に期待されている。

実習においては、各種の人獣共通感染症の診断法の手技について習熟するとともに、それらの診断法の特色や利用法、また関連する法令などの知識についても十分に習得しておくことが望まれる。

診断の手法

動物からヒトへ感染する人獣共通感染症は「動物由来感染症」といわれ、ヒトに重篤な症状を引き起こす感染症も含まれる。そこで人獣共通感染症が疑われる検査においては、検査試料中にヒトへ感染する病原体が存在する危険性があることを常に念頭におき、バイオセーフティ対策に心がけながら作業することが必要である。人獣共通感染症として取り扱う病原体には、ウイルスや細菌、真菌、寄生虫等、多種に及び、その検査・診断法も多種多様である。しかし基本的には病原体を検出する方法と、感染に伴う病原体に特異的な宿主免疫応答を検出する方法とに大別される(図6-1)。いずれにしても各種感染症についての病原学的および病理学的特徴を十分に理解しておくことが必要である。また、人獣共通感染症の診断においては、ヒトの生活環境や自然環境中におけるヒトを含む各種動物での感染疫学情報が有用である。これらの情報については国内外の感染症研究所のウェブサイト[1~6]より得ることができる。

病原体検出

感染後、比較的早期の病原体増殖期に有効である。

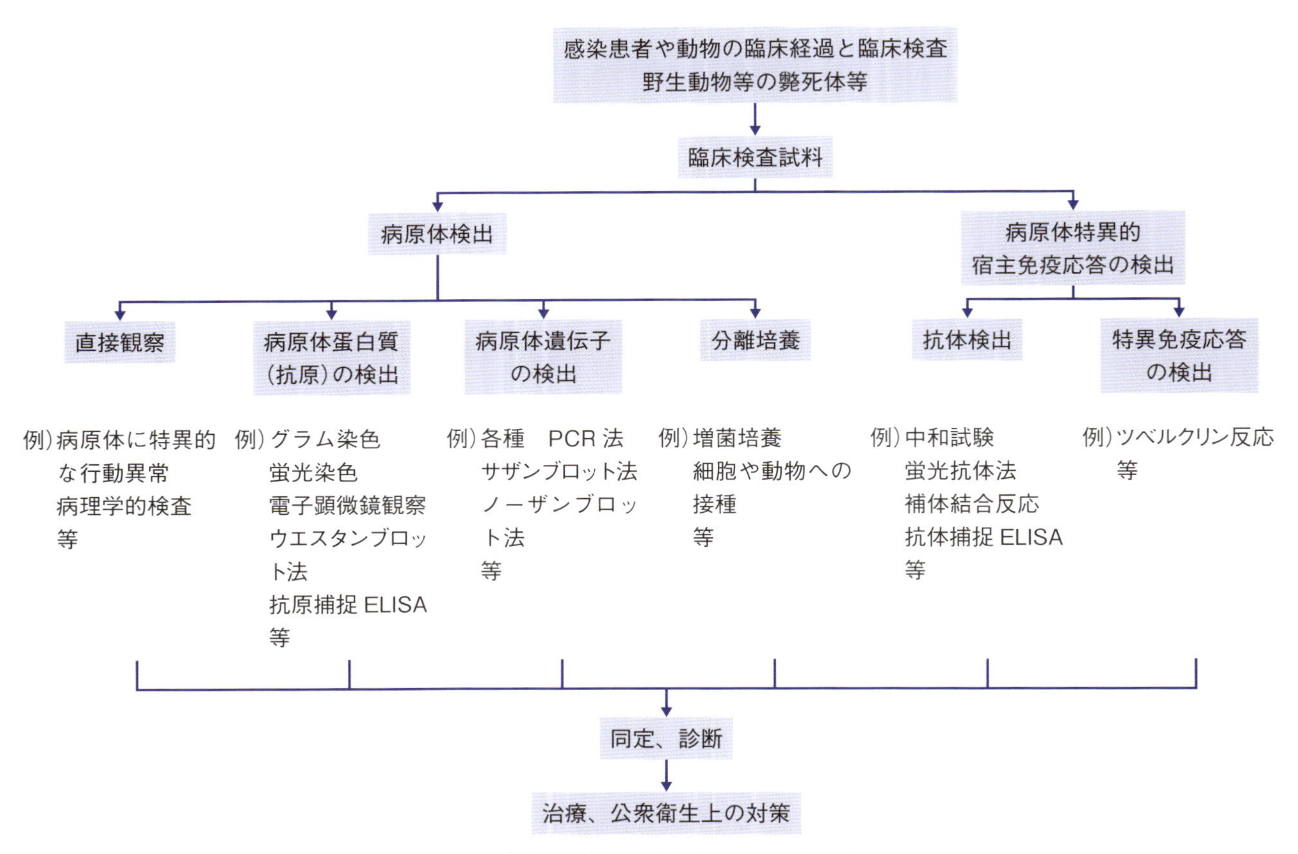

図6-1　一般的な人獣共通感染症の同定・診断の流れ

病原体に感染した宿主の行動観察や、感染後まもなく斃死した個体の病理学的検査、病原体構成蛋白質やその遺伝子の検出等を行う。

直接観察

狂犬病のように、感染患者や動物において特徴的な行動異常が認められる場合がある。しかし、多くの感染症では感染に伴う行動変化や臨床症状のみで確定診断することは難しいため、生化学的検査および免疫学的試験等を行う。また他の類似感染症との鑑別も重要である。斃死動物においては病理学的検査を行う。また検査材料中に存在する病原体を光学顕微鏡や電子顕微鏡を用いて観察するとともに、組織病理学的観察を行う。

病原体蛋白質抗原の検出

病原体の構成成分である蛋白質抗原を検出する。検査の精度を上げるために、病原体数（抗原量）を増やす必要がある場合、ウイルスやリケッチアは感受性のある培養細胞や動物へ接種する。細菌は主に増菌培養により抗原量を増やす。また、寄生虫では各種感受性動物へ接種する。検出方法として、免疫組織染色法や抗原捕捉酵素結合免疫吸着法（ELISA）、ウエスタンブロット法等が一般的に行われる。

病原体遺伝子の検出

近年、迅速で高精度な各種病原体遺伝子の検出方法が開発されている。古典的な Polymerase Chain Reaction（PCR）法に加えて nested-PCR 法、リアルタイム PCR 法等が種々の病原体検査の標準となっている。また PCR-Southern 法や PCR-Restriction Fragment Length Polymorphism（PCR-RFLP）法などの改良法が開発されている。最終的に、増幅した遺伝子の配列を決定し病原体のタイピングと分子系統解析を行う。

病原体の分離培養

病原体の直接検出においては、絶対量が少なく検出できない場合が多い。また当該感染症を引き起こす病原体を詳細に解析するためにも、他の検査と平行して病原体の分離培養を行う。分離に用いる培養液や感受性細胞、動物等は病原体により異なるため、目的に応じてそれらを選択する。

病原体に特異的な免疫応答の検出

感染期間を通じての診断や、ヒトを含む各種動物における病原体の感染歴を調べる時に有効である。ここでは一般的な抗体検出法と病原体に特異的な宿主免疫応答を指標とするツベルクリン反応について記す。

抗体検出

感染患者や動物の病期と回復期の血清中に存在する病原体特異抗体を検出する。一般的に感染早期の血清中にはIgM抗体が、また後期ではIgG抗体がより多く存在する。病原体特異抗体の検出方法として、IgMおよびIgG捕捉ELISA法や感染細胞を用いた免疫蛍光染色法(IFA)、中和試験法、Hemagglutinin Inhibition(HI)抗体価を測定するHI試験法等、現在までに様々な方法が開発されている。

ツベルクリン反応

結核菌(*Mycobacterium tuberculosis*)の感染歴があり、既に本菌の抗原に対する免疫が成立しているヒトの皮下に菌体抗原(精製ツベルクリン)を接種すると、Ⅳ型アレルギー反応である遅延型過敏症(皮内反応)による発赤が生じる。この発赤の大きさにより、ツベルクリン反応を判定する[7)]。

剖検・採材とその注意点

剖検・採材の前に留意・実施すべきこと

作業者の安全確保

被検動物の剖検・採材が人獣共通感染症に感染するリスクの高い作業であることを認識する。狂犬病ワクチンや破傷風トキソイドなどの予防接種を事前に受けておく必要がある。被検動物が感染源になることを常に想定し、作業時には白衣だけではなく、手袋、マスク、ゴーグル等を着用する必要がある。また、被検動物のサイズにもよるが、可能であれば安全キャビネット内での作業が望ましい。特に危険な人獣共通感染症が予想される場合には、それに対応した設備(バイオセーフティレベルの頁を参照)を用意する。作業者の安全が十分に確保されない場合には、剖検の中止を検討する。

病原体による環境汚染の防止

剖検に用いる施設は消毒が容易な構造をしていることが望ましい。剖検終了後、床等を適切に消毒する。また不要な動物体、使用した着衣、手袋、長靴等を施設外に持ち出す前に、オートクレーブなどによる滅菌あるいは消毒を行う。

事故時の対応

不測の事態に備え、必要な消毒液を準備しておく必要がある。また解剖器具の火炎滅菌を実施する場合には、消火器の場所を事前に把握しておく。事故を想定した対応マニュアルや連絡体制をあらかじめ確立しておくことが望ましい。

採材する臓器・組織の選択

被検動物の臨床症状や疫学的情報に基づき、疑われる疾病をある程度絞り込む。各々の予想される感染症について、その検査に必要な臓器・組織をあらかじめ把握しておく。例えば、炭疽の診断は血液材料さえあれば可能である。炭疽が否定される前に、不用意に本病の疑似患畜を剖検することは、作業者への感染や環境汚染のリスクを増加させる。一方、想定外の疾病が原因である場合にそなえ、主要な臓器・組織および血液を幅広く採材することも重要である。以上の点を総合的に検討し、効率的かつ安全な検査計画を確立する。

採材・病原体分離の準備

無菌的な採材のために必要な解剖器具やシャーレをあらかじめ滅菌しておく。また剖検・採材終了後に速やかに検査を始められるように、必要な培地・

培養細胞を準備する。

採材の手順とその注意点

動物の死後に速やかに剖検・採材する。

死後変化、死後増殖菌の影響を避けるため、できるだけ早く採材を実施する。

無菌採材

剖検時、各臓器の肉眼的観察よりも優先して無菌採材を実施する。例えば、腹腔を開いたら直ちに肝臓、脾臓、腎臓などの主要臓器を採取する。ただし、常在菌が存在する腸管や気道などの切開は、周りの臓器を汚染するので採材の最後に実施する。

どの臓器からどのような微生物が分離されたかという情報は、診断を行う上で極めて重要となる。クロス・コンタミネーションを防止するため、使用したハサミ、ピンセット等を臓器ごとに交換または火炎滅菌する。

落下細菌の影響を考慮し、採材は手際よく、かつ丁寧に行う。もし臓器表面の汚染が著しいと判断される場合は、表面を焼ごて等で焼いた後に深部から採材する。

肉眼的観察および病理検査のための採材

主要臓器の無菌採材を終えたら、肉眼的観察と病理検査のための採材を実施する。肉眼的に病変が確認される場合、その部位も採取し微生物検査の材料とする。その際、その材料が無菌的に採取できなかった旨を記録しておく。

材料の保存法

採取された直後の材料を氷中に仮保存する。ウイルス分離に用いる材料については、−80℃で長期保存が可能である。抗体の検出に用いる血清は、−20℃以下で保存可能である。一方、細菌分離に使用する材料は、一般的に保存が難しく、採材後に直ちに検査に供することが望ましい。

診断と届出義務

感染症法

近年の生活環境の改善、抗生物質やワクチンの開発などの医学の進歩により、日本において感染症の発生は著しく減少した。しかし、その一方で、1970年代以降エボラ出血熱、エイズなど少なくとも30種類の新たな感染症(新興感染症)が出現し、1996年には日本でも腸管出血性大腸菌O157による全国的な集団感染例が発生した。

このように未知の感染症や制圧されるであろうと考えられていた感染症が再び流行するなど、いわゆる新興・再興感染症に対して従来の伝染病予防法を抜本的に見直す必要性が生じてきた。また新興感染症の病原体が野生動物を起源とする場合の多いことを考慮して、動物における感染症対策がヒトの感染予防対策として重要であることが認識された。

そこで1998年10月に「感染症の予防及び感染症の患者に対する医療に関する法律(感染症法)」が従来の「伝染病予防法」、「性病予防法」、「エイズ予防法」の三つを統合して制定され、1999年4月1日に施行された。その後、2007年に「結核予防法」が統合されるなど、大小の改正が行われ現在に至っている。

感染症の類型分類

感染症法の特徴は、様々なヒトの感染症を、感染力や、罹患した場合の重篤性、感染様式などに基づき、様々な類型に分類した点である。これらの疾患の類型別に、行政の対応や医師の届出義務が異なる。

以下、それぞれの感染症の類型(平成20年5月12日現在)について述べる。

1)　一類感染症

エボラ出血熱、クリミア・コンゴ出血熱、痘瘡(天然痘)、南米出血熱、ペスト、マールブルグ熱、ラッサ熱の7疾患である。

擬似症患者および無症状病原体保有者についても患者として、法で定める強制措置の対象となる。

2) 二類感染症

急性灰白髄炎、結核、ジフテリア、重症急性呼吸器症候群(SARS)、鳥インフルエンザ(H5N1)の5疾患である。

政令で定められた結核、重症急性呼吸器症候群(SARS)、鳥インフルエンザ(H5N1)については擬似症患者についても患者として、法で定める強制措置の対象となる。

3) 三類感染症

コレラ、細菌性赤痢、腸管出血性大腸菌感染症(O157等)、腸チフス、パラチフスの5疾患である。

4) 四類感染症

E型肝炎、A型肝炎、黄熱、Q熱、狂犬病、炭疽、鳥インフルエンザ(H5N1型以外)、ボツリヌス症、マラリア、野兎病、ウエストナイル熱、エキノコックス症、オウム病、オムスク出血熱、回帰熱、キャサヌル森林病、コクシジオイデス症、サル痘、腎症候性出血熱、西部ウマ脳炎、ダニ媒介脳炎、つつが虫病、デング熱、東部ウマ脳炎、ニパウイルス感染症、日本紅斑熱、日本脳炎、ハンタウイルス肺症候群、Bウイルス病、鼻疽、ブルセラ症、ベネズエラウマ脳炎、ヘンドラウイルス感染症、発しんチフス、ライム病、リッサウイルス感染症、リフトバレー熱、類鼻疽、レジオネラ症、レプトスピラ症、ロッキー山紅斑熱の計41疾患である(施行令で指定されている31疾患を含む)。

一類から四類感染症に多くの人獣共通感染症が含まれることに注目すべきである。

5) 五類感染症

全数報告の16疾患と定点医療機関報告の25例の合計42疾患であるが、そのほとんどはヒトの感染症であり、人獣共通感染症は少ない。

一類から五類感染症という分類様式のほかに、再興感染症や未知の感染症の発生に備え、指定感染症と新感染症という分類項目も設けられている。

6) 指定感染症

既に知られている感染性の疾病(一類感染症、二類感染症、三類感染症および新型インフルエンザ等感染症を除く)であって、法で定める強制措置によらなければ当該疾病の蔓延により国民の生命および健康に重大な影響を与えるおそれがあるものとして政令で定めるものをいう。

7) 新感染症

ヒトからヒトに伝染すると認められる疾病であって、既に知られている感染性の疾病とその病状または治療の結果が明らかに異なるもので、当該疾病にかかった場合の病状の程度が重篤であり、かつ、当該疾病の蔓延により国民の生命および健康に重大な影響を与えるおそれがあると認められるものをいう。

以上が感染症の類型分類であるが、ヒトにおける重篤な人獣共通感染症の発生を未然に防ぐために、以下の9疾患について罹患動物を診断した獣医師は保健所に届出を提出する必要がある(表6-2)。

(1)サルのエボラ出血熱
(2)サルのマールブルグ病
(3)イタチアナグマ、タヌキおよびハクビシンの重症急性呼吸器症候群(SARS)

表6-2 感染症法に基づいて獣医師が届出を行う感染症と対象動物(平成20年5月12日改定)

感　染　症	対象動物
エボラ出血熱	サル
重症急性呼吸器症候群(SARS)	イタチアナグマ、タヌキ、ハクビシン
ペスト	プレーリードッグ
マールブルグ病	サル
細菌性赤痢	サル
ウエストナイル熱	鳥類
エキノコックス症	犬
結核	サル
鳥インフルエンザ(H5N1)	鳥類

(4)プレーリードッグのペスト
(5)サルの細菌性赤痢
(6)鳥類に属する動物のウエストナイル熱
(7)犬のエキノコックス症
(8)サルの結核
(9)鳥類の鳥インフルエンザ(H5N1)

病原体等の分類

わが国においては、国民の生命および健康に影響を与えるおそれがある感染症の病原体等の管理が、研究者、施設管理者等の自主性に委ねられており、その管理体制が法律上で規定されていない状況にあった。そこで、事故による疫病発生や生物兵器としての利用を防止する目的で感染症法が改正され、平成19年6月から病原体の管理や運搬に関する規制が強化された。この改正では、感染症の病原体及び毒素が一種病原体等から四種病原体等までの特定病原体等と、特定病原体等に該当しない病原体等に分類された。この分類に基づいて、病原体の所持、輸入、譲渡し及び譲受け、および運搬が制限され、帳簿管理が義務づけられた(図6-2)。

1) 一種病原体等

病原性を有し、国民の生命および健康に「極めて重大な」影響を与えるおそれがある以下六つの病原体等が含まれる。

エボラウイルス、クリミア・コンゴ出血熱ウイルス、痘そうウイルス、南米出血熱ウイルス、マールブルグウイルス、ラッサウイルス

これらの病原体の所持、輸入、譲渡しおよび譲受けは一部の例外を除いて禁じられる。運搬には都道府県公安委員会への届出が必要である。所持者には帳簿を備える記帳義務が課せられる。

2) 二種病原体等

病原性を有し、国民の生命および健康に「重大な」影響を与えるおそれがある以下六つの病原体等。

SARSコロナウイルス、炭疽菌、野兎病菌、ペスト菌、ボツリヌス菌、ボツリヌス毒素

これらの病原体の所持、輸入、譲渡しおよび譲受けには厚生労働大臣の許可が必要である。運搬には都道府県公安委員会への届出が必要である。所持者には帳簿を備える記帳義務が課せられる。

3) 三種病原体等

病原性を有し、国民の生命および健康に影響を与えるおそれがある以下23の病原体等(施行令で規定するものを含む)。

Q熱コクシエラ、狂犬病ウイルス、多剤耐性結核菌、コクシジオイデス真菌、サル痘ウイルス、腎症候性出血熱ウイルス、西部ウマ脳炎ウイルス、ダニ媒介脳炎ウイルス、オムスク出血熱ウイルス、キャサヌル森林病ウイルス、東部ウマ脳炎ウイルス、ニパウイルス、日本紅斑熱リケッチア、発しんチフスリケッチア、ハンタウイルス肺症候群ウイルス、Bウイルス、鼻疽菌、ブルセラ属菌、ベネズエラウマ脳炎ウイルス、ヘンドラウイルス、リフトバレーウイルス、類鼻疽菌、ロッキー山紅斑熱リケッチア

これらの病原体の所持、輸入には厚生労働大臣への届出が必要である。譲渡しおよび譲受けに関する規定はない。運搬には都道府県公安委員会への届出が必要である。所持者には帳簿を備える記帳義務が課せられる。

4) 四種病原体等

病原性を有し、国民の健康に影響を与えるおそれがある以下17の病原体等(施行令で定めるものを含む)。

インフルエンザウイルス(H2N2で新型インフルエンザ等感染症の病原体を除く)、インフルエンザウイルス(H5N1、H7N7で新型インフルエンザ等感染症の病原体を除く)、新型インフルエンザ等感染症の病原体、黄熱ウイルス、クリプトスポリジウム、結核菌(多剤耐性結核菌を除く)、コレラ菌、志賀毒素、赤痢菌属、チフス菌、腸管出血性大腸菌、パラチフスA菌、ポリオウイルス、ウエストナイルウイルス、オウム病クラミジア、デングウイルス、日本脳炎ウイルス

これらの病原体の所持、輸入、譲渡しおよび譲受け、運搬、帳簿管理に関する規定はない。

5) 特定病原体等に該当しない病原体等

本法において特定病原体等に掲げられていない病原体等全般。つまり病原性を有し、国民の健康に影響を与えるおそれがあるとはいえない病原体等。所持、輸入、譲渡しおよび譲受け、運搬、帳簿管理に関する規定はない。

感染症法の体系の中で分類される病原体等と、疾

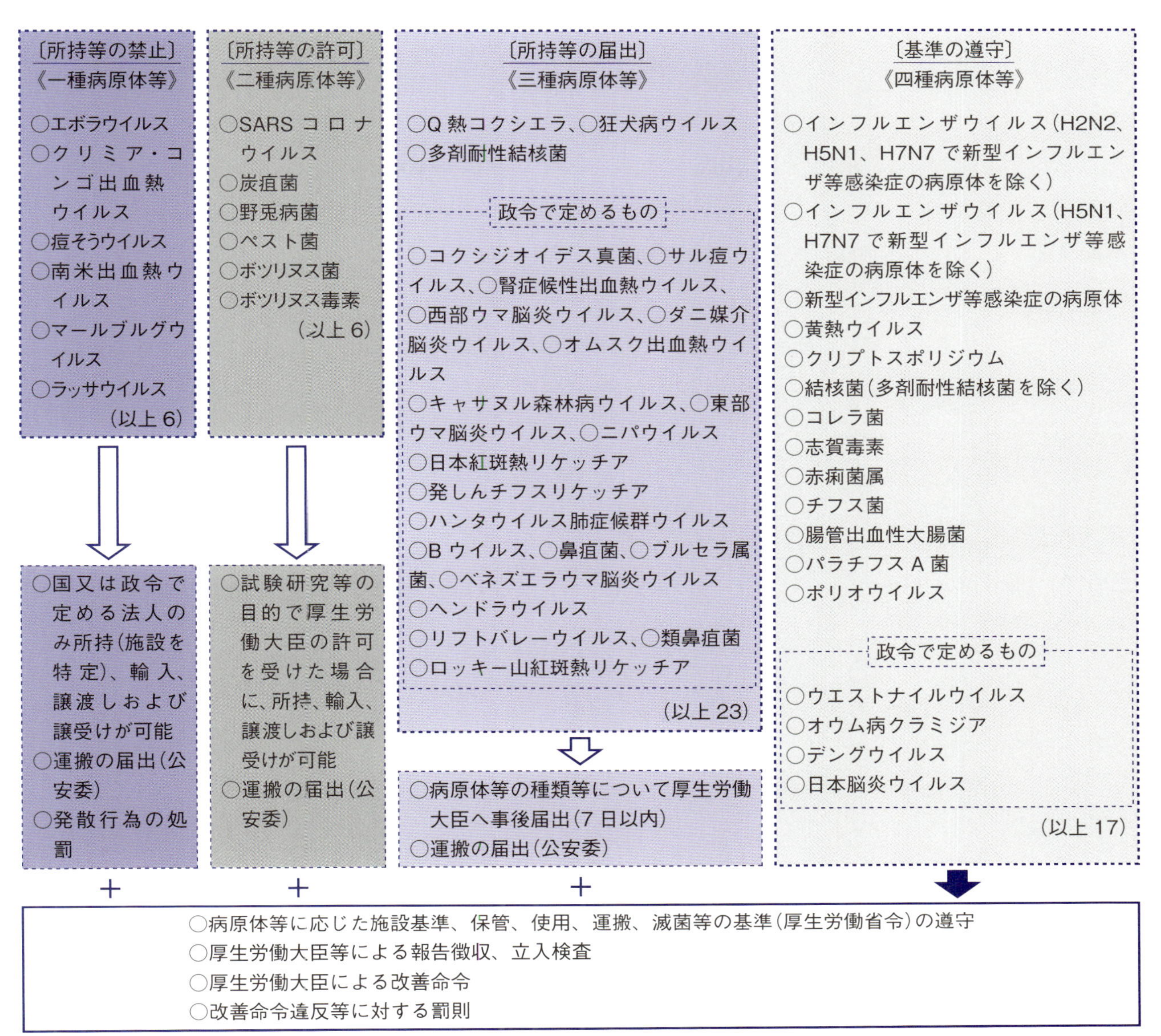

厚生労働省のウェブページより引用

図6-2 病原体等の適正な管理を含めた総合的な感染症対策の概要

患名、疾患の類型分類などの組み合わせを対照表として掲載した(表6-3)。

感染症法はヒトの感染症の発生や蔓延を予防する目的で制定された法律であるが、獣医師もその内容について十分に理解しておく必要がある。すなわち、獣医師が人獣共通感染症に罹患した動物を診断した場合には届出義務が生じるのは当然のことだが、それ以外にも特定病原体の使用、保管および運搬などに際して法的な規制が存在することに留意しなければならない。

狂犬病予防法

対象動物

狂犬病予防法の対象となる動物種は、犬だけではなく、「猫その他の動物であって、狂犬病を人に感染させるおそれが高いものとして政令で定めるもの(同法第2条)」が含まれる。現在、後者の動物種として、「猫、あらいぐま、きつね及びスカンク(狂犬病予防法施行令・第1条)」が指定されている。本法では以上の動物を「犬等」と総称している。

家畜伝染病予防法で対応が可能な牛、馬、めん羊、山羊および豚は、原則として狂犬病予防法の対象外である。しかし、狂犬病が発生して公衆衛生に重大な影響があると認められる場合には、上記の家畜を含むすべての動物が狂犬病予防法の対象となり得る。この場合、政令により動物の種類、期間(最長1年)、地域が指定される(狂犬病予防法第2条第2項)。

表6-3　病原体等の名称と疾患名称の対照表（つづく）

病原体の分類		病原体等の名称	疾患の名称	疾病分類	BSL**
一種病原体等	アレナウイルス属	ガナリトウイルス サビアウイルス フニンウイルス マチュポウイルス	南米出血熱	1	4
	アレナウイルス属	ラッサウイルス	ラッサ熱	1	4
	エボラウイルス属	アイボリーコーストエボラウイルス ザイールウイルス スーダンエボラウイルス レストンエボラウイルス	エボラ出血熱	1	4
	オルソポックスウイルス属	バリオラウイルス（別名痘そうウイルス）	痘そう	1	4
	ナイロウイルス属	クリミア・コンゴヘモラジックフィーバーウイルス（別名クリミア・コンゴ出血熱ウイルス）	クリミア・コンゴ出血熱	1	4
	マールブルグウイルス	レイクビクトリアマールブルグウイルス	マールブルグ病	1	4
二種病原体等	エルシニア属	ペスティス（別名ペスト菌）	ペスト	1	3
	クロストリジウム属	ボツリヌム（別名ボツリヌス菌）	ボツリヌス症	4	2
	コロナウイルス属	SARSコロナウイルス	重症急性呼吸器症候群（病原体がSARSコロナウイルス）	2	3
	バシラス属	アントラシス（別名炭疽菌）	炭疽	4	3
	フランシセラ属	ツラレンシス（別名野兎病菌）（亜種ツラレンシスおよびホルアークティカ）	野兎病	4	3
	ボツリヌス毒素		ボツリヌス症	4	2
三種病原体等	アルファウイルス属	イースタンエクインエンセファリティスウイルス（別名東部ウマ脳炎ウイルス）	東部ウマ脳炎	4	3
	アルファウイルス属	ウエスタンエクインエンセファリティスウイルス（別名西部ウマ脳炎ウイルス）	西部ウマ脳炎	4	3
	アルファウイルス属	ベネズエラエクインエンセファリティスウイルス（別名ベネズエラウマ脳炎ウイルス）	ベネズエラウマ脳炎	4	3
	オルソポックスウイルス属	モンキーポックスウイルス（別名サル痘ウイルス）	サル痘	4	2
	コクシエラ属	バーネッティ	Q熱	4	3
	コクシディオイデス属	イミチス	コクシジオイデス症	4	3
	シンプレックスウイルス属	Bウイルス	Bウイルス病	4	3
	バークホルデリア属	シュードマレイ（別名類鼻疽菌）	類鼻疽	4	3
	バークホルデリア属	マレイ（別名鼻疽菌）	鼻疽	4	3
	ハンタウイルス属	アンデスウイルス シンノンブレウイルス ニューヨークウイルス バヨウウイルス ブラッククリークカナルウイルス ラグナネグラウイルス	ハンタウイルス肺症候群	4	3
	ハンタウイルス属	ソウルウイルス ドブラバーベルグレドウイルス ハンタンウイルス プーマラウイルス	腎症候性出血熱	4	3
	フレボウイルス属	リフトバレーフィーバーウイルス（別名リフトバレー熱ウイルス）	リフトバレー熱	4	3
	フラビウイルス属	オムスクヘモラジックフィーバーウイルス（別名オムスク出血熱ウイルス）	オムスク出血熱	4	3
	フラビウイルス属	キャサヌルフォレストディジーズウイルス（別名キャサヌル森林病ウイルス）	キャサヌル森林病	4	3
	フラビウイルス属	ティックボーンエンセファリティスウイルス（別名ダニ媒介脳炎ウイルス）	ダニ媒介脳炎	4	3
	ブルセラ属	アボルタス（別名ウシ流産菌） カニス（別名イヌ流産菌） スイス（別名ブタ流産菌） メリテンシス（別名マルタ熱菌）	ブルセラ症	4	3
	ヘニパウイルス属	ニパウイルス	ニパウイルス感染症	4	3
	ヘニパウイルス属	ヘンドラウイルス	ヘンドラウイルス感染症	4	3
	マイコバクテリウム属	ツベルクローシス（別名結核菌）（イソニコチン酸ヒドラジドおよびリファンピシンに対し耐性を有するもの（多剤耐性結核菌）に限る）	結核	2	3
	リケッチア属	ジャポニカ（別名日本紅斑熱リケッチア）	日本紅斑熱	4	3
	リケッチア属	プロワゼキイ（別名発しんチフスリケッチア）	発しんチフス	4	3
	リケッチア属	リケッチイ（別名ロッキー山紅斑熱リケッチア）	ロッキー山紅斑熱	4	3
	リッサウイルス属	レイビーズウイルス（別名狂犬病ウイルス）	狂犬病	4	3
	リッサウイルス属	レイビーズウイルス（別名狂犬病ウイルス）のうち固定毒株（弱毒株）	狂犬病	4	2

表6-3 (つづき)病原体等の名称と疾患名称の対照表

病原体の分類	病原体等の名称		疾患の名称	疾病分類	BSL**
四種病原体等	インフルエンザウイルスA属	インフルエンザAウイルス(血清亜型がH2N2のもので新型インフルエンザ等感染症および鳥インフルエンザの病原体を除く)	インフルエンザ	5	2
	インフルエンザウイルスA属	インフルエンザAウイルス(血清亜型がH5N1またはH7N7のもので新型インフルエンザ等感染症の病原体を除く)	鳥インフルエンザ	4*	3
		インフルエンザAウイルス(血清亜型がH5N1またはH7N7のもので新型インフルエンザ等感染症の病原体を除く)のうち弱毒株		4*	2
	インフルエンザウイルスA属	インフルエンザAウイルス(新型インフルエンザ等感染症の病原体で血清亜型がH1N1を除く)	新型インフルエンザ等感染症		3
		インフルエンザAウイルス(血清亜型がH1N1のもので新型インフルエンザ等感染症の病原体)	新型インフルエンザ等感染症		2
	エシェリヒア属	コリー(別名大腸菌)(腸管出血性大腸菌に限る)	腸管出血性大腸菌感染症	3	2
	エンテロウイルス属	ポリオウイルス	急性灰白髄炎	2	2
	クラミドフィラ属	シッタシ(別名オウム病クラミジア)	オウム病	4	2
	クリプトスポリジウム属	パルバム(遺伝子型がⅠ型、Ⅱ型のもの)	クリプトスポリジウム症	5	2
	サルモネラ属	エンテリカ(血清亜型がタイフィのもの)	腸チフス	3	3
	サルモネラ属	エンテリカ(血清亜型がパラタイフィAのもの)	パラチフス	3	3
	シゲラ属(別名赤痢菌)	ソンネイ	細菌性赤痢	3	2
		デイゼンテリエ			
		フレキシネリー			
		ボイディ			
	ビブリオ属	コレラ(別名コレラ菌)(血清型がO1、O139のもの)	コレラ	3	2
	フラビウイルス属	イエローフィーバーウイルス(別名黄熱ウイルス)	黄熱	4	3
	フラビウイルス属	ウエストナイルウイルス	ウエストナイル熱	4	3
	フラビウイルス属	デングウイルス	デング熱	4	2
	フラビウイルス属	ジャパニーズエンセファリティスウイルス(別名日本脳炎ウイルス)	日本脳炎	4	2
	マイコバクテリウム属	ツベルクローシス(別名結核菌)(多剤耐性結核菌を除く)	結核	2	3
	志賀毒素	細菌性赤痢	腸管出血性大腸菌感染症等	3	2

※別名等については「微生物学用語集英和・和英」(南山堂)(日本細菌学会選定、日本細菌学会用語委員会編)を参考とした。
* 鳥インフルエンザ(H5N1)に限り二類感染症
**感染症研究所のバイオセーフティレベルを参考とした。
厚生労働省のウェブページの表を改変

狂犬病予防員

都道府県知事は、当該都道府県の職員で獣医師であるもののうちから狂犬病予防員を任命しなければならない(狂犬病予防法第3条第1項)。狂犬病予防員は、未登録犬や予防注射未接種犬の抑留(同法第6条)などの様々な権限をもち、狂犬病の予防・診断・蔓延防止の中心的な役割を担う。

通常措置と狂犬病発生時の措置

狂犬病予防法は、主に「通常措置(同法第2章)」と「狂犬病発生時の措置(同法第3章)」について規定している。通常措置は、狂犬病の発生予防を目的としている。具体的には、犬の登録、予防注射および抑留と、犬等の輸入検疫について定められている。一方、発生時の措置として、届出義務、隔離義務、犬等の移動制限などが規定されている。発生時の措置の中に、狂犬病予防員以外の獣医師の義務も含まれている(下記参照)。

届出義務

狂犬病予防法第8条第1項は、下記の動物を診断あるいは死体を検案した獣医師に、その動物の所在地を所轄する保健所長への届出を義務づけている。

・狂犬病に罹患した犬等
・狂犬病の疑いのある犬等
・上記の犬等に咬まれた犬等

獣医師による診断・検案を受けない場合、上記の犬等の所有者が届出を行う義務がある。

隔離義務

届出義務の対象となる犬等を診断した獣医師(または所有者)は、直ちにその犬等を隔離しなければならない(同法第9条第1項)。この措置は、狂犬病を診断するために必要な経過観察を目的とする(狂犬病の診断の頁参照)。ただし、人命に危険が及ぶような緊急な場合、当該の犬等を殺しても構わない(同法第9条第1項)。

その他の義務

公衆衛生および治安維持の職務にたずさわる公務員および獣医師は、狂犬病予防のため、狂犬病予防員から協力を求められた場合、協力する義務がある（同法第20条）。

罰 則

上記の届出（狂犬病予防法第８条第１項）及び隔離（同法第９条第１項）を行わなかった者は、30万円以下の罰金となる（同法第26条）。

家畜伝染病予防法

家畜伝染病予防法（以下、家伝法）、同施行令および同施行規則には、『監視伝染病』が定められている。監視伝染病を発見・診断した場合には、獣医師は、都道府県知事（実際には、最寄の家畜保健衛生所）に届けなければならない。また、これまで知られていなかった疾病にかかった家畜を発見した獣医師は、同様に、都道府県知事に届けなければならない。

以下に述べるとおり、家伝法の中の監視伝染病は、「法定伝染病」と「届出伝染病」をあわせたものである。法定伝染病とは、畜産業界への被害が非常に大きいため、蔓延を防止し、早期に清浄化できるよう、行政が強制力をもって措置をとることができる疾病である（殺処分命令や畜産物の移動制限など）。現在、牛疫、牛肺疫、口蹄疫、流行性脳炎など、26の疾病が法定伝染病として家伝法に定められている。

家伝法をより具体的に、実行するために定めた、家畜伝染病予防法施行令（農林水産省令）には、「届出伝染病」が定義されており、現在、71の疾病が指定されている。「届出伝染病」は、「法定伝染病」ほど被害は大きくないので、対応は、生産者の自主性に委ねるところが大きいが、正しく制御できないと、生産性に大きく影響する。「法定伝染病」は家伝法で定められた家畜伝染病を指し、「届出伝染病」は家伝法施行令で規定されている伝染病を指す。

具体的には、家伝法第４条に、『家畜が家畜伝染病以外の伝染性疾病（農林水産省令で定めるものに限る。以下「届出伝染病」という）にかかり、又はかかつている疑いがあることを発見したときは、当該家畜を診断し、又はその死体を検案した獣医師は、農林水産省令で定める手続に従い、遅滞なく、当該家畜又はその死体の所在地を管轄する都道府県知事にその旨を届け出なければならない』と書かれている。また、第４条の２には、『家畜が既に知られている家畜の伝染性疾病とその病状又は治療の結果が明らかに異なる疾病（以下「新疾病」という）にかかり、又はかかつている疑いがあることを発見したときは、当該家畜を診断し、又はその死体を検案した獣医師は、農林水産省令で定める手続に従い、遅滞なく、当該家畜又はその死体の所在地を管轄する都道府県知事にその旨を届け出なければならない』と記載されている。家伝法第13条には、『家畜が患畜又は疑似患畜（患畜となるおそれがある家畜）となったことを発見したときは、当該家畜を診断し、又はその死体を検案した獣医師は、農林水産省令で定める手続に従い、遅滞なく、当該家畜又はその死体の所在地を管轄する都道府県知事にその旨を届け出なければならない』と書かれている。家伝法の第２章には、伝染性疾病についての届出義務という項目があるが、これらは「届出伝染病」及び「新疾病」についてである。「法定伝染病」である家畜伝染病の届出義務については、上記のように第3章第13条にある。

監視伝染病の中で、ヒト以外の脊椎動物とヒトの間を伝播する、いわゆる「人獣共通感染症」に該当するものは、「法定伝染病」の中では、流行性脳炎、狂犬病、水胞性口炎、リフトバレー熱、炭疽、ブルセラ病、結核病、伝達性海綿状脳症、家禽コレラ、高病原性鳥インフルエンザ、ニューカッスル病、「届出伝染病」の中では、破傷風、レプトスピラ症、サルモネラ症、トリパノソーマ病、ニパウイルス感染症、野兎病、トキソプラズマ病、豚丹毒、豚赤痢、鳥インフルエンザ、などがある。

監視伝染病以外の疾病に対するこの法律の準用という項目が家伝法第62条の見出しに書かれている。すなわち、家畜その他の動物について監視伝染病以外の伝染性疾病の発生又は蔓延の徴があり、家畜の生産又は健康の維持に重大な影響を及ぼすおそれがあるときは、政令で、動物及び疾病の種類並びに地域を指定し、1年以内の期間を限り、準用することができると書かれている（家伝法第62条）。

家伝法第63条では、第13条（第62条の準用を含む）の届出等に対して違反した獣医師に対して、3年以下の懲役又は100万円以下の罰金に処すると記されている。

参考文献

1） http://idsc.nih.go.jp/idwr/index.html
2） http://www.niah.affrc.go.jp/disease/diseaseindex.html
3） http://www.cdc.gov/
4） http://www.nih.gov/
5） http://www.nwhc.usgs.gov/
6） http://www.promedmail.org/
7） Chase, M. W., Proc. Soc. Exp. Biol. and Med., 59, 134-135（1945）

第7章

ウイルス性人獣共通感染症

狂犬病

狂犬病の診断

狂犬病の特徴

本病の病原体である狂犬病ウイルスは、ヒトを含むすべての哺乳類に感染し、長く不定な潜伏期(6~150日、平均1カ月)の後に、致死的な非化膿性脳脊髄炎を引き起こす。狂犬病の治療法は確立されておらず、発症後の致死率は100%と考えて良い。一方、狂犬病ワクチンの接種は、本病の発症を予防するための有効な手段となっている。

狂犬病を発症した動物の多くは狂躁状態となり(図7-1)、他の動物個体に咬傷を加える。この時、発症動物の唾液中に含まれるウイルスが創傷感染することにより、ウイルス伝播が成立する。狂犬病は、日本やオーストラリアなどの一部の清浄国を除き、世界中に分布している。一方、清浄国のオーストラリアや一部の欧州諸国にも、コウモリを宿主とする狂犬病関連ウイルス(オーストラリアおよびヨーロッパ・コウモリ・リッサウイルスなど)が存在し、まれではあるが狂犬病類似の感染症の原因となる。

発展途上国では、犬が主要な病原巣・媒介動物となっているのに対し、先進国では、キツネ、スカンクなどの食肉目動物やコウモリがウイルスの感染環を維持している。

狂犬病ウイルスの構造・特徴

狂犬病ウイルスは、ラブドウイルス科リッサウイルス属に分類される。そのゲノムは約1.2万塩基のマイナス鎖1本鎖RNAであり、5種類の構造蛋白質(N、P、M、GおよびL蛋白質)をコードしている(図7-2)。ヌクレオカプシドを構成するN蛋白質は、その抗原および遺伝子性状がウイルス株間でよく保存されており、免疫学的および遺伝学的な診断の標的としてよく利用されている。狂犬病ウイルス

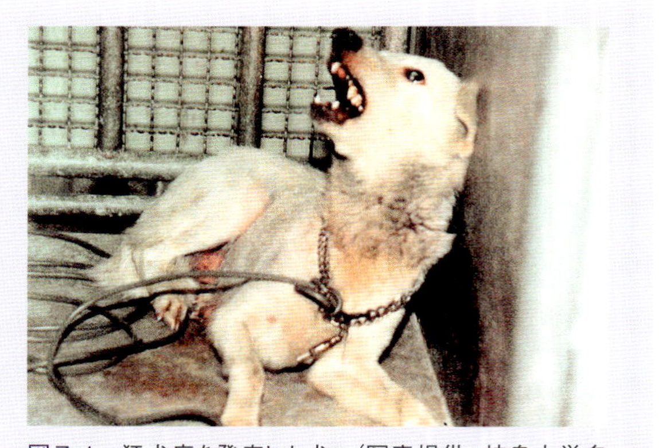

図7-1　狂犬病を発症した犬。(写真提供:岐阜大学名誉教授・源宣之先生)

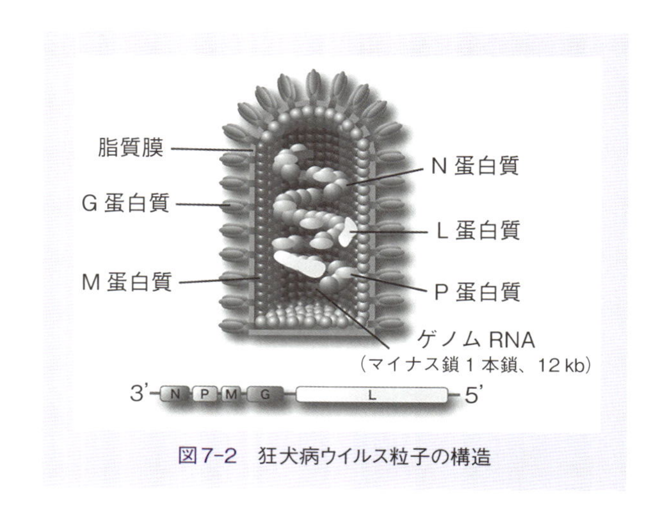

図7-2　狂犬病ウイルス粒子の構造

は脂質膜のエンベロープを保有するため、アルコール等の有機溶剤系の消毒薬によって容易に失活する。

診断適期

通常、潜伏期において、狂犬病ウイルスに対する抗体価の上昇は認められない。そのため、発症前の生前診断法は現在も確立されていない。したがって、狂犬病の診断は、被検動物を2週間観察し、発症を確認してから実施される。

ヒトが被検動物に咬まれている場合の対応

被検動物の予防接種歴や周辺地域における本病の発生状況によって対応が異なる。本病の発生地域で被疑動物に咬まれたヒトは、速やかに暴露後免疫を受ける必要がある。すなわち、咬傷暴露の当日、暴露後3、7、14および28日目に最低5回のワクチン接種を行う。もし2週間観察しても被検動物が発症しない場合、途中で暴露後免疫を中止する。感染動物のウイルス排泄は発症3〜5日前から始まるので、それ以前の咬傷暴露ではウイルスの伝播は起こらないと考えて良い。

診断材料

一般的に、被検動物の脳を用いる。通常、狂犬病ウイルス感染細胞は発症動物の脳全体に分布するが、特に海馬のアンモン角はウイルスに対する感受性が高く、診断材料に適している。その他、唾液材料中のウイルスを検出する場合もある。

診断の手順

狂犬病の診断の流れを図7-3に示す。最初に、被検動物の観察を行い、狂犬病を示唆するような症状（興奮、麻痺、脱水、流涎など）の有無を確認する。異常が認められた個体について剖検を実施し、脳材料（海馬のアンモン角）を採取する。得られた材料を用いて、下記の試験を実施する。

1） 蛍光抗体法を用いたウイルス抗原の検出

脳材料をスタンプしたスライド（脳スタンプ標本）を作製し、蛍光抗体染色用の標本とする。通常、N蛋白質に対する抗体を用いて染色する。実際の現場では、その迅速性から蛍光標識抗狂犬病ウイルス抗体（市販）を用いた直接法が実施されることが多いが、間接法によっても診断が可能である。間接法を用いた診断法の詳細を図7-4に示す。また、結果の一例を図7-5に示す。本法によりウイルス抗原が検出された場合、狂犬病と診断する。抗原非検出の場合、あるいは確認が必要な場合には、以下の2）ウイル

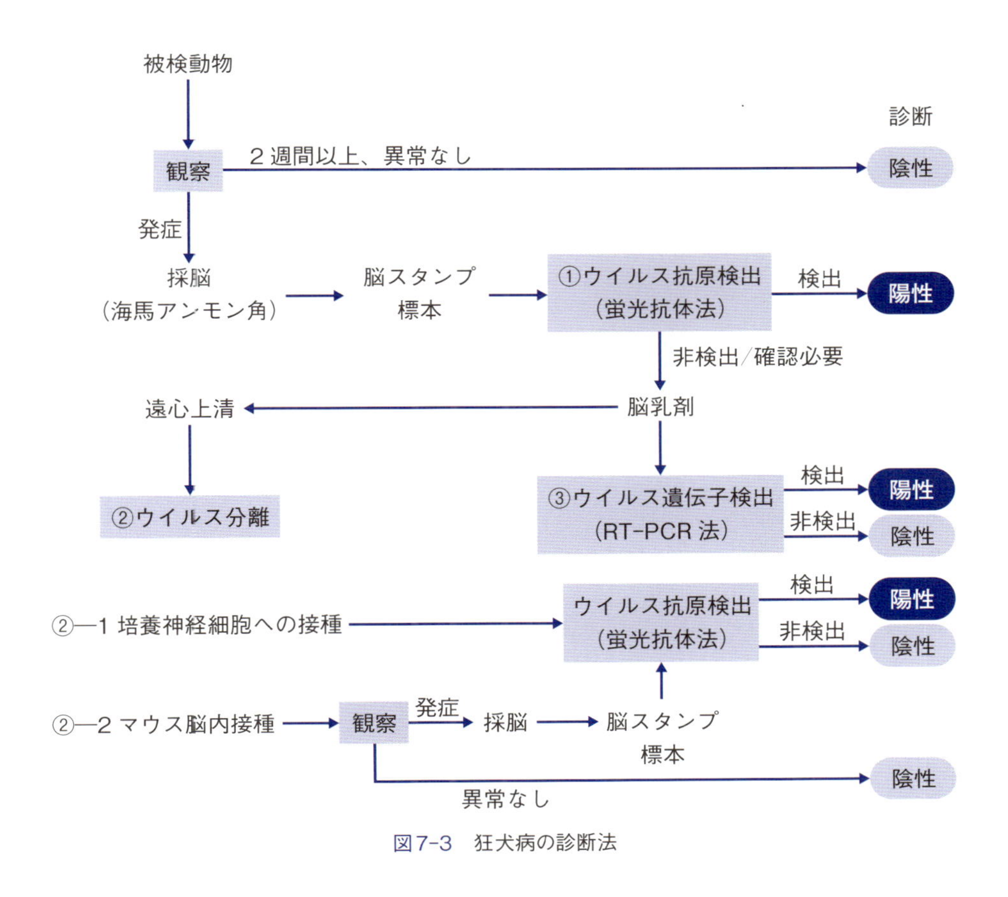

図7-3　狂犬病の診断法

【材　料】

検検動物、実験室株（CVS株）感染マウス脳【陽性対照】、非感染マウス脳【陰性対照】、コーティング、スライド（10-12穴が望ましい）、アセトン（－20℃で冷却）、リン酸緩衝液（PBS）、湿潤箱

・1次抗体：抗狂犬病ウイルスN蛋白質単クローン抗体（マウスIgG）、染色瓶（スライド・ホルダーつき）

・2次抗体：FITC標識抗マウスIgG抗体、封入剤（蛍光色素退色防止剤入り）、カバーガラス

【方　法】

①—被検動物から脳を採取する。→脳（海馬）の割面をコーティング・スライドの各穴にスタンプする。

②—陽性対照、陰性対照の脳も同様にスタンプする（各1穴）。

③—安全キャビネット内で風乾（室温、30分）

④—固定：冷アセトンの入った染色瓶にスライドを入れる。

⑤—室温、15分間（ただし、野外材料の場合60分）→風乾（室温、5分）（→－20℃にて保存可能）

⑥—1次抗体をPBSで希釈する。→湿潤箱内にスライドを移す。→1次抗体の感作：30 μL/穴

＊注意：以降、標本を乾燥させてはいけない。乾燥は非特異反応の原因となる。

⑦—湿潤箱を密閉→37℃、60分→スライド上の抗体液を捨てる。

⑧—洗浄：PBSの入った染色瓶にスライドを入れる。→室温、5分→PBSを交換

⑨—上記⑧の洗浄を計3回繰り返す。

⑩—2次抗体をPBSで希釈する。→湿潤箱内にスライドを移す。→2次抗体の感作：30 μL/穴

⑪—湿潤箱を密閉→37℃、45〜60分→スライド上の抗体液を捨てる。

⑫—洗浄：⑧、⑨と同様にPBSで洗浄する。

⑬—封入剤とカバーガラスを用いて、気泡が入らないようにスライドを封入する。

⑭—蛍光顕微鏡を用いて、観察・判定する。

図7-4　狂犬病の診断を目的とした蛍光抗体法（間接法）の実験手順

図7-5　蛍光抗体法（間接法）を用いた診断結果の一例。陽性像（CVS株感染マウス脳）

ス分離および3）RT-PCRの診断法も実施する。

2)　ウイルス分離

(1)　培養神経細胞への接種

狂犬病ウイルスは神経細胞に対して強い親和性を示すため、培養神経細胞（例：マウス神経芽腫由来NA細胞）を用いたウイルス分離が可能である。脳乳剤の遠心上清を同細胞に接種し、2〜3日後に細胞をアセトン固定する。蛍光抗体法によってウイルス抗原が検出された場合、狂犬病と診断する。

(2)　マウス脳内接種試験

脳乳剤の遠心上清をマウスに脳内接種し、その症状を観察する。症状がなくても最低21日間は観察を継続する。発症が確認された場合、採脳を実施する。1）と同様の方法でウイルス抗原が検出された場合、狂犬病と診断する。なお、乳飲みマウスへの接種試験は、成熟マウスを用いた場合よりもウイルス検出感度が高い。

3)　RT-PCR法を用いたウイルス遺伝子の検出

RT-PCR法は、検出感度の高い有用な診断法である。被検動物の脳材料から抽出された総RNAを鋳型として用いる。逆転写反応（RT）には、ランダム・ヘキサマーあるいは狂犬病ウイルス特異的プライマーを使用する。次に、RTによって合成されたcDNAを鋳型として、狂犬病ウイルス特異的プライマーを

用いたPCRを実施する。通常、N遺伝子を標的としたプライマー・セットを使用する。電気泳動により特異的なDNAバンドが検出された場合を狂犬病と診断する。得られた増幅産物は狂犬病ウイルスの遺伝子解析にも応用可能である。

＊補足
古典的な狂犬病の診断法として、海馬アンモン角の神経細胞や小脳プルキンエ細胞に形成されるネグリ小体(細胞質内封入体)を染色し、検出する方法が用いられてきた。しかし、本法は検出感度が低く(～60%)、特異的な検査法ではないので現在は補助的な診断法として用いられるのみである。

日本脳炎

病原体とその性状

日本脳炎は、フラビウイルス科フラビウイルス属の日本脳炎ウイルスによる人獣共通感染症である。ウイルス粒子はエンベロープ膜をもつ直径40～50 nmの球状の粒子で、1本のプラス鎖RNAをウイルスゲノムとしてもつ(図7-6)。フラビウイルス属の中でも日本脳炎ウイルス、ウエストナイルウイルス、セントルイス脳炎ウイルス、マレー渓谷脳炎ウイルスは遺伝子相同性が非常に高く、これらのウイルスは日本脳炎血清型群として分類される。

1960年代までは日本脳炎の流行は東アジアが主であったが、現在は東南アジアから南アジアまで広く分布している。またパプアニューギニア、オーストラリアなどのオセアニア地域においても日本脳炎の患者が確認されている。わが国ではワクチンの定期接種により1960年代をピークに患者数は激減している。

日本脳炎ウイルスの主要な感染環は豚－蚊－豚である(図7-7)。増幅動物である豚の体内で増殖しウイルス血症を起こす。ウイルスは豚を吸血した蚊の中腸で増殖し、さらに唾液腺においても増殖し蓄積され、吸血時に新たな感受性豚にウイルスを伝播する。ヒトは自然界においては終末宿主であり、血中に検出されるウイルス量は少なく、また一過性である。日本脳炎ウイルスの主要な媒介蚊はコガタアカイエカであるが、その他にも数種類の蚊が媒介することが知られている。

ヒトはウイルスに感染しても大部分が不顕性感染に終わり、発症するのは1～3人/1,000人程度である。しかし、いったん発症した場合、致死率は高く重度の後遺症を残す場合も多い。感染後1～2週間程度の潜伏期を経た後、突然の高熱で発症し、強い頭痛、悪心、嘔吐、眩暈等の髄膜刺激症状を呈する。続いて急激に意識障害や不随意運動や痙攣、麻痺等の中枢神経症状が現れる。重症例では極期において

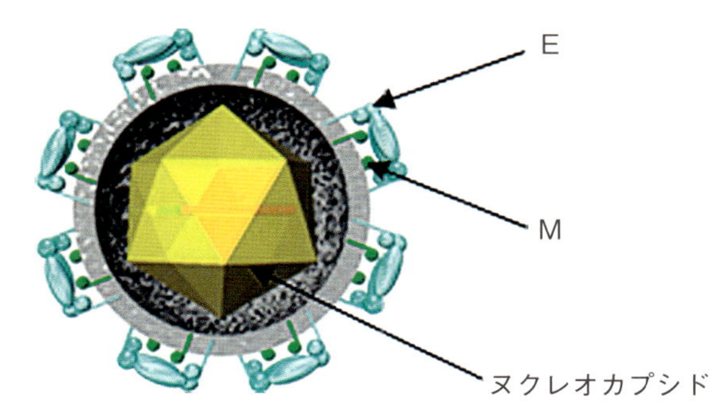

図7-6　フラビウイルスのウイルス粒子の模式図。エンベロープ膜をもっており、粒子の表面にはM蛋白およびE蛋白が存在している。エンベロープ膜の内腔には正20面体のヌクレオカプシドがありウイルスゲノムRNAを内包している。

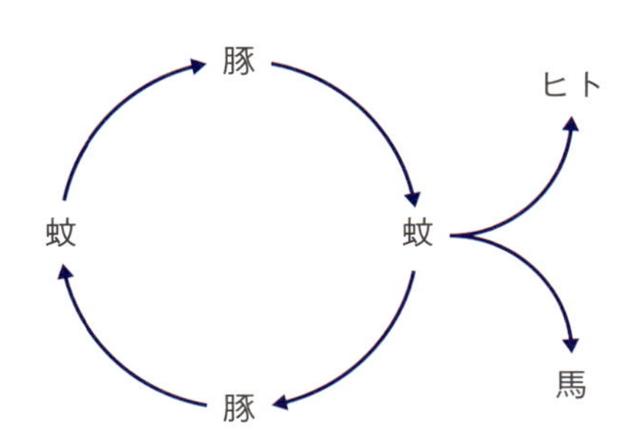

図7-7　日本脳炎ウイルスの感染環

高熱の持続とともに昏睡に陥り、死亡することが多い。

成豚は日本脳炎ウイルスに感染してもほとんど症状を示さない。しかし、免疫のない初産豚が妊娠中に感染した場合、胎盤を経て胎児が感染し死亡することで異常産が発生する。また新生子豚においても痙攣、旋回、麻痺などの神経症状を示す。馬も感受性が比較的高く、多くは発熱や動作の緩慢化などの軽症型であるが、重症例では麻痺、起立不能、興奮、沈衰などの神経症状を呈する。近年わが国における馬での発病例は極めて少ない。

日本脳炎の治療は対症療法のみであるため、予防対策が重要となる。わが国ではマウス脳由来の不活化ワクチンが使用されて、流行の予防に大きな役割を果たした。しかしワクチンにマウス脳組織成分が混入する可能性があり、この成分による副作用として急性散在性脳脊髄炎が起こる可能性が否定できないとして、厚生労働省は2005年より日本脳炎ワクチン接種の積極的な勧奨を差し控えていた。その後、2009年に培養細胞由来の新型ワクチンが承認されている。

分離・同定法

ウイルス分離

ウイルス分離には、死亡例からの脳乳剤、感染患者や豚の血清や髄液および蚊の乳剤を用いて行われるのが一般的であるが、患者の血液および髄液からウイルスの検出されることはまれである。

日本脳炎ウイルスの分離には1)乳のみマウス、および2)培養細胞を用いる方法が取られる。

1) 乳のみマウス脳内接種によるウイルス分離

①—接種乳剤を10,000 rpm、10分間遠心することで不純物を沈殿させ取り除く。

②—1～4日齢のマウスの脳内に上清25 μLを接種する。

③—10～14日間、経過を観察し、死亡したマウスから脳組織を採取し、−80℃で保存する。

＊この時、母マウスが死亡したマウスを食べてしまうため、1日に数回観察する必要がある。

2) 培養細胞を用いたウイルス分離

日本脳炎ウイルスの分離培養には、アフリカミドリザル腎継代細胞であるVero細胞が広く用いられている。

①—接種乳剤を10,000 rpm、10分間遠心することで不純物を沈殿させ取り除く。

②—24穴プレートに単層培養したVero細胞を滅菌PBSで洗浄し、細胞培養液(2%牛胎児血清加Eagle's MEM)を1穴あたり0.9 mLずつ添加する。

③—1穴あたり接種溶液0.1 mLを接種し、37℃で7日間炭酸ガス培養器内で培養する。

④—7日間観察を行い細胞変性効果(CPE)が観察された細胞の培養液を回収し、10,000 rpmで10分間遠心し、上清を採取して−80℃で保存する。

日本脳炎ウイルスの同定

以前は分離されたウイルスを日本脳炎ウイルスと同定するにはウイルス特異的抗体を使ったウイルス抗原の検出や、赤血球凝集阻止試験が用いられていたが、現在はRT-PCRによるウイルスRNAの検出が一般的である。

分離したウイルスおよびウイルス感染細胞や臓器からのRNA抽出にはフェノールによる抽出を行う。また、多数の製薬会社よりRNA抽出用試薬が市販されているので、それらを利用しても良い。日本脳炎ウイルスのウイルスゲノムRNAはpoly Aをもたないため、逆転写酵素によるcDNA合成時にはオリゴ(dT)プライマーではなくランダムオリゴマーをプライマーとして使用する。

血清学的診断法

日本脳炎患者の診断

日本脳炎の血清学的診断法を表7-1に示した。日本脳炎ウイルスに感染の疑いのある患者の血清学的診断法として、現在、ELISA、中和試験、補体結合試験(CF試験)、赤血球凝集阻止試験(HI試験)等が用いられている。しかし、フラビウイルス属のウイルスには交差反応性抗原が存在しているため、IgG-ELISA、CF試験、HI試験では日本脳炎血清型群以外のフラビウイルスとも広く交差反応を示してしまう。

IgM-ELISAはウイルス特異性が高く、また中和

表7-1　日本脳炎の血清学的診断法と診断上の注意点

血清学的診断法	診断上の注意
IgG-ELISA 補体結合試験(CF試験) 赤血球凝集阻止試験(HI試験)	他のフラビウイルスと交差反応性あり。 確定診断には不適当
中和試験	ウイルス特異性は高いが日本脳炎血清型群のウイルスと若干交差反応あり。 海外渡航歴に応じて他のウイルスに対する抗体価と比較する。 日本脳炎ワクチン接種歴がある場合、組血清を用い抗体価の上昇を確認する。
IgM-ELISA	ウイルス特異性は高いが日本脳炎血清型群のウイルスと若干交差反応あり。 海外渡航歴に応じて他のウイルスに対する抗体価と比較する。 診断病日によっては検出できない場合がある。

試験は最も特異性が高いため、血清診断において非常に有用である。ただし、日本脳炎ワクチンの接種歴のある場合、ワクチンによる抗体が残存している可能性も考慮しなければならない。IgM抗体は感染後、一過性に上昇するためIgM-ELISAにより陽性であれば、ウイルスに感染したものと考えられるが、中和試験においては組血清を検査し4倍以上の抗体価の上昇をもって、ウイルスの感染を診断するのが適当である。

しかし、IgM-ELISAおよび中和試験においても日本脳炎血清型群のウイルスとは若干の交差反応性を示す。そのため、海外渡航歴のない患者であればIgM-ELISAおよび中和試験による診断は確定的であるが、ウエストナイル熱などの他の日本脳炎血清型群のウイルスの流行地域への渡航歴がある場合は、抗体検査における結果が他のウイルスに対するよりも日本脳炎ウイルスに対する値が高値であることを確認する必要がある。

日本脳炎流行予測事業

感染症流行予測調査事業は、病原体の潜伏状況および病原体に対する抗体の保有状況を知ることで、長期的で総合的な疾病の流行を予測することを目的に実施されており、その一環として昭和41年度より日本脳炎の流行予測事業が行われている。

前述のように豚は日本脳炎ウイルスの増幅動物として重要であり、血液中でウイルスは増殖しウイルスに対する抗体が産生される。またIgM抗体はウイルス感染後、一過性に産生されるため、2-メルカプトエタノール(2-ME)感受性抗体(IgM抗体)を検出することで、日本脳炎ウイルスの感染が最近のものかどうかを判定できる。したがって感染源調査として豚における赤血球凝集阻止(HI)試験により日本脳炎ウイルスに対する抗体保有調査を行うことで、日本脳炎の流行を推計することが可能である。

全国各地の前年の秋以降に生まれた豚を対象として抗体検査が実施されているが、それによると毎夏日本脳炎ウイルスをもった蚊は発生しており、国内でも感染の機会は存在している。したがって、前述のようにワクチンの積極的勧奨が差し控えられている状況では、ワクチン接種率が低下するとともに、経年変化による抗体価の低下とも相まって感染リスクの上昇が懸念されている。

インフルエンザ

インフルエンザはインフルエンザウイルスの感染により起こる急性感染症で、ヒトでは流行性感冒として古くから知られている。インフルエンザウイルスはヒト以外の哺乳類や鳥類にも感染・流行し、その一部はヒトに伝播することもあることから、インフルエンザは人獣共通感染症と見なされる。1997年以降のH5N1亜型高病原性鳥インフルエンザウイルスによるヒトの感染・死亡例や、2009年の豚インフルエンザウイルスに由来するヒトの新型インフルエンザの出現等が報告されている。

病原体とその性状

インフルエンザウイルスはオルソミクソウイルス科に属するウイルスで、核蛋白(NP)とマトリクス蛋白(M1)の抗原性の違いからA、B、Cの三つの型に分類される。このうちインフルエンザAウイルスは表面糖蛋白質の赤血球凝集素(HA)とノイラミニダーゼ(NA)の抗原性により、それぞれH1～H16、N1～N9の亜型に細分される。

インフルエンザAウイルスはヒト以外に馬、豚、ミンク、アザラシ、クジラ等の哺乳類や鶏、カモ等の鳥類に感染し、広い宿主域を示す。一方、インフルエンザBウイルスはヒトのみ(ただしアザラシからの分離例がある)、インフルエンザCウイルスはヒトと豚に感染するのみである。

インフルエンザAウイルスの感染性粒子は宿主細胞膜に由来するエンベロープを有し、アルコール等の消毒薬で容易に失活する。ウイルスゲノムは8本の分節状のマイナス1本鎖RNAで、それぞれ一ないし二つの蛋白質をコードしている。このため2種類のインフルエンザウイルスが同一細胞に感染すると、ウイルス間で遺伝子を交換して元のウイルスとは異なった分節構造をもつ遺伝子再集合体(リアソータント)ウイルスが出現することがある。

症　状

ヒトでは発熱・頭痛・全身の倦怠感・筋関節痛等にはじまり、その後咳や鼻汁等の上気道炎症状が続く。また肺炎・気管支炎、小児では中耳炎を併発しやすい。高齢者や基礎疾患を有する患者では重症化して死に至る場合もある。鳥での症状は鳥種やウイルス株により多様である。鶏では元気消失、食欲および飲水量の減少、産卵率の低下・停止、呼吸器症状、顔面・肉冠・肉垂の浮腫およびチアノーゼ、神経症状を呈する。高病原性鳥インフルエンザでは症状を示さず突然死亡することもある。馬や豚では食欲不振、発熱、咳や鼻漏等が認められる。

診　断

ウイルス分離・同定がインフルエンザの最も確実な診断方法である(図7-8)。

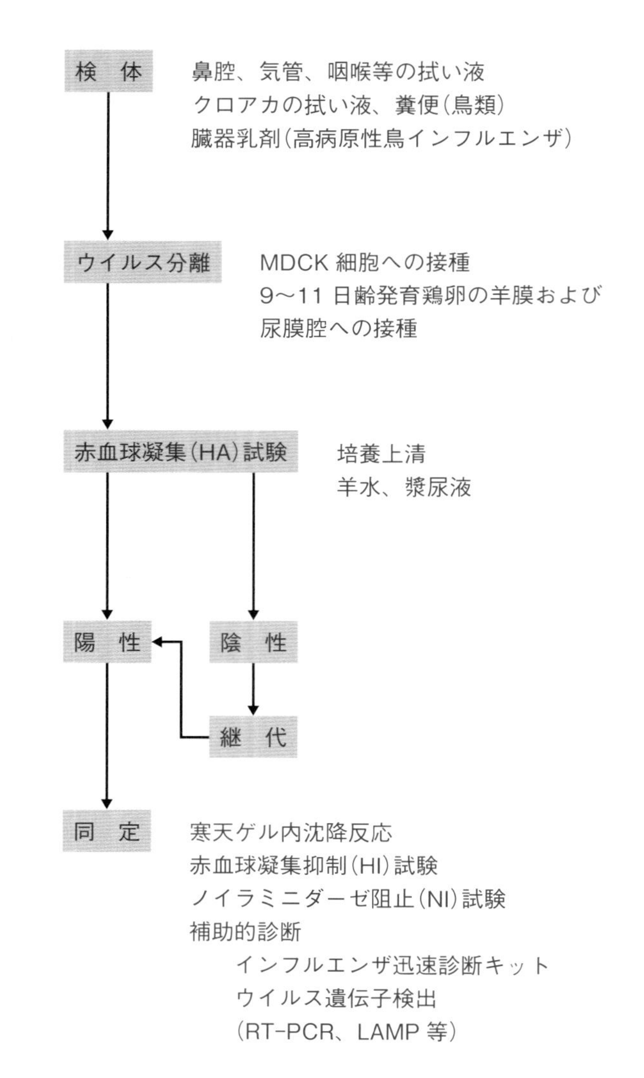

図7-8　インフルエンザの検査法

材　料

鼻腔、気管、咽喉等の拭い液を材料とする。鳥類からのウイルス分離にはクロアカの拭い液や糞便も材料となる。また、高病原性鳥インフルエンザウイルスに感染した鶏等においては、ウイルスが全身の臓器で増殖するため、脳、心臓、膵臓、肝臓、腎臓等もウイルス分離材料と成り得る。拭い液は抗生物質を添加したPBS、ブイヨン、細胞培養用培地等に懸濁する。臓器や糞便は10～20%の乳剤とし、その遠心上清を接種材料とする。

ウイルス分離

ウイルス分離には9～11日齢の発育鶏卵あるいはMDCK細胞を用いる。発育鶏卵接種においては材料を尿・羊膜腔内に接種し2～3日間培養する。MDCK細胞の場合、材料接種後にトリプシン添加(2 μg/mL程度)した維持培地(血清非添加)を用い細胞変性効果(CPE)が出現するまで培養する(CPE

が出現しなかった場合は6～7日間）。培養終了後、漿尿液・羊水あるいは培養上清について赤血球凝集（HA）能を検査する。陰性の場合は採取した漿尿液等を材料として数代の継代を実施する。

同　定

1）　赤血球凝集阻止試験（HI試験）

HI試験によりHA亜型を判定することにより、インフルエンザウイルスを同定する。また、鳥類からウイルス分離を行った場合、HA活性を有する鳥パラミクソウイルスが分離されることもあるため、HI試験により鑑別を行う。

⑴　HA活性の測定法と抗原液の作製

①—96ウェルマイクロタイタープレートの各ウェルに50 µLのPBSを分注する。

②—第1ウェルに50 µLのウイルス液を加え、第12ウェルに向かって2倍階段希釈を行う。

③—各ウェルに50 µLの赤血球浮遊液*を加えて撹拌した後、室温で30分～1時間静置する。赤血球がウェルの底全体に張りついたように見えるものをHA活性＋（完全凝集）、赤血球がウェルの底の中心に溜まって日の丸のように見え、かつプレートを傾けて赤血球が流れ出すものをHA活性－、流れ出さないものをHA＋/－（不完全凝集）と判定し、完全凝集を示したウェルのウイルス希釈倍率をHA価とする（図7-9）。

④—PBSでウイルス液を希釈し、4 HA/25 µLの抗原液を作製する。希釈倍率は③で得られたHA価を8で割ることにより求められる。

⑤—作製した抗原液（4 HA/25 µL）について、①～③に従いHA試験を行い、4 HA/25 µL（8HA/50 µL）であることを確認する。

⑵　HI試験

①—96ウェルマイクロタイタープレートのB列～H列ウェルに25 µLのPBSを分注する。

②—A列に各HA亜型（H1～H16）に対する標準抗血清**を50 µL入れ、H列に向かって2倍階段希釈を行う。

③—各ウェルに25 µLの抗原液を加えて撹拌した後、室温で1時間反応する。

④—各ウェルに50 µLの赤血球浮遊液を加えて撹拌、室温で30分～1時間静置した後、③に従い赤血球の凝集の有無を確認する。分離ウイルスは、赤血球凝集を完全に阻止した抗血清の最高希釈倍率が最も高い抗血清のHA亜型のインフルエンザAウイルスと同定される（図7-10）。

2）　寒天ゲル内沈降反応

インフルエンザAウイルスの共通抗原であるNPおよびM1蛋白を検出することにより、分離ウイルスの同定を行う方法である。

超遠心により濃縮した分離ウイルスまたは感染発育鶏卵の漿尿膜乳剤から作製した検査用抗原とインフルエンザウイルスに対する既知陽性血清とで寒天ゲル内沈降反応を行う。沈降線が形成された場合、抗原にNPおよびM1蛋白が含まれていたことを示し、分離ウイルスはインフルエンザAウイルスであると同定される（図7-11）。

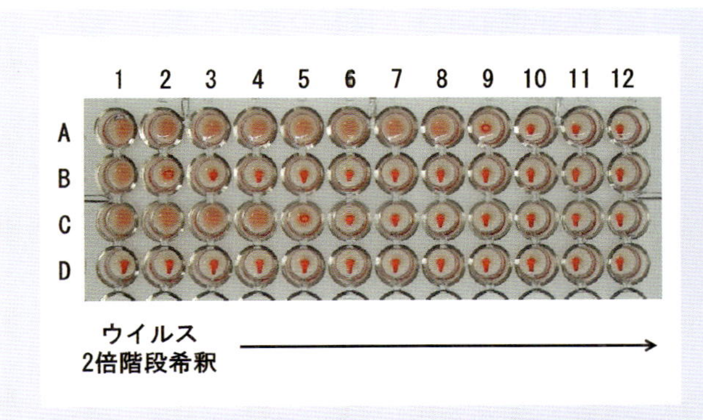

図7-9　赤血球凝集（HA）試験。各ウイルスのHA価はA：1024HA、B：8HA、C：64HA。Dはウイルスなし（血球対照）。

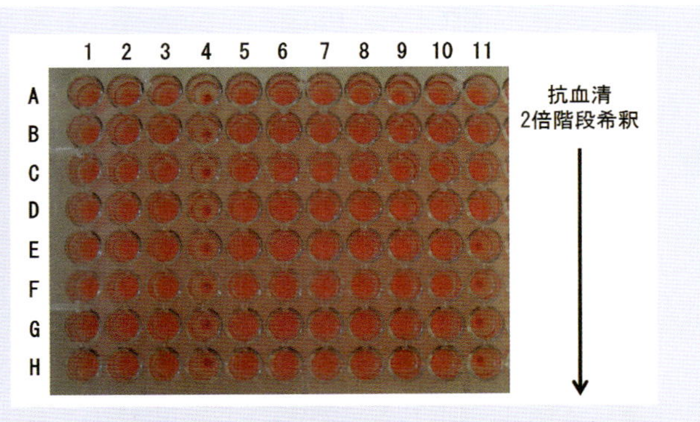

図7-10　赤血球凝集抑制（HI）試験によるHA亜型の同定
第1～10列：抗H1～H10亜型血清、第11列A～D：抗血清なし（PBS）、第11列E～G：ウイルスなし（血球対照）。抗H4亜型血清（第4列）により赤血球の凝集が抑制されたことから、このウイルスのHA亜型はH4と同定される。

図7-11　寒天ゲル内沈降反応によるインフルエンザAウイルスの同定。Ag：抗原、PS：抗インフルエンザAウイルス免疫血清、NS：正常血清。AgとPSのウェル間に白い沈降線が観察されることから、抗原にはインフルエンザAウイルスの共通抗原（NPおよびM1蛋白）が含まれることを示す。

*鶏、七面鳥、モルモット、ヒトO型赤血球が用いられるが、分離ウイルスにより感受性が異なることを念頭において選択する必要がある。

**あらかじめRDE（デンカ生研）を用いて血清中の非特異的血球凝集阻止因子を除去しておく。

その他

分離ウイルスのNA亜型はノイラミニダーゼ阻止（NI）試験により決定するが、その詳細な方法の説明は成書に譲る。

ヒトの臨床現場ではウイルスの検出にインフルエンザ迅速診断キットが使用されているが、ヒト以外（鳥、豚、馬等）のインフルエンザAウイルスの検出も可能なキットもあり、その詳細はメーカーのホームページや学術雑誌に報告されている。また、インフルエンザAウイルスを幅広く、あるいは特定の亜型ウイルスを検出するRT-PCRやLAMP法が開発されており、診断においてこれらの方法を補助的に応用することもできる。

その他のウイルス性人獣共通感染症の診断

Bウイルス感染症

病原体：ヘルペスウイルス科、アルファヘルペスウイルス亜科、オナガザルヘルペスウイルス1（Bウイルス）

概　略：ヒトに致死率の高い（約50%）脳脊髄炎を引き起こすウイルス感染症で、ウイルスは旧世界ザルのマカク属の間で維持される。感染症法では四類感染症に類型される。感染症法では四類感染症に類型される。これらのサルでは、ほとんどが不顕性感染となる一方、ストレス等により潜伏ウイルスが再活性化されると、唾液、尿等の体液中にウイルスが排出される。これらが感染源となり、感染サルによる咬傷などを介してヒトにウイルスが伝播する。なお、新世界ザルではヒトと同様の症状を示す。

診　断：ウイルス分離を行うには、BSL3以上の施設が必要となる。皮膚病変（創傷部の水泡等）や脊髄液中のウイルス遺伝子をPCRによって検出する。また、血清材料中の特異抗体を種々の免疫学的手法を用いて検出する。ヒト血清を検体とする場合、Bウイルスとヒト単純ヘルペス1および2型との共通抗原性を考慮に入れる必要がある。

フラビウイルス感染症（日本脳炎については107頁を参照）

黄　熱

病原体：フラビウイルス科フラビウイルス属黄熱ウイルス

概　略：ネッタイシマカによって媒介される重篤な急性熱性疾患である。感染症法では四類感染症に類型されている。主にアフリカや中南米の熱帯雨林で散発的に発生する。主な病原巣はヒトであるが、ジャングルではネッタイシマカとサルの間でウイルスが維持されている。不顕性感染や軽症例が多いが、重症例では黄疸と出血熱を特徴とする症状が認められる。重症例の患者のうち、20〜40％が死亡する。流行地に渡航する際、ワクチン接種が国際的に義務づけられている。

診　断：感染初期の血液／剖検材料を用いたウイルス分離（哺乳マウス接種・培養細胞接種）により診断する。間接蛍光抗体法やELISAを用いて組織中のウイルス抗原の検出を行う。検査材料中のウイルス遺伝子をRT-PCRによって検出する。

ウエストナイル熱／ウエストナイル脳炎

病原体：フラビウイルス科フラビウイルス属ウエストナイル熱ウイルス

概　略：イエカ類により媒介される熱性疾患である。感染症法では四類感染症に類型されており、本症に罹患した鳥類を診断した獣医師の保健所への届出が義務づけられている。ヒトや動物の大部分が不顕性感染となる。重症例では脳炎を発症する（特に高齢者に多い）。アフリカ、中近東、西アジア、ヨーロッパ、北アメリカに広く分布する。ウイルスは主にイエカ類と鳥類の間で維持される。鳥類は増幅動物となる。

診　断：血液あるいは脳脊髄液からのウイルス分離を行う。また、RT-PCRによるウイルス遺伝子の検出、IgM-ELISAを用いたウイルス特異的IgMの検出、ペア血清を用いた中和試験によるウイルス特異的IgGの検出（4倍以上の抗体価上昇の確認）も重要な診断基準となる。なお、本ウイルスに感染した（あるいはその疑いのある）鳥類を診断した獣医師は、感染症法第13条に基づき、所轄の保健所長を経由して都道府県知事へ届け出なければならない。

ダニ媒介性脳炎

病原体：フラビウイルス科フラビウイルス属ダニ媒介性脳炎ウイルス群（ロシア春夏脳炎ウイルス、中央ヨーロッパダニ媒介性脳炎ウイルス、跳躍病ウイルスなどを含む）

概　略：マダニ類によって媒介されるウイルス性脳炎で、2峰性の発熱を特徴とする。感染症法では四類感染症に類型されている。ユーラシア大陸から北米にかけて広く分布し、地方病的に流行している。わが国では北海道での発生例が報告されている。様々な野生小動物とマダニの間でウイルスは維持される。感染マダニは生涯ウイルスを保有する。

診　断：各種血清反応（酵素抗体法、赤血球凝集抑制反応、補体結合反応、中和反応など）を用いて、患者血清中のウイルス特異的抗体を検出する。特に、急性期におけるウイルス特異的IgM抗体の検出、または回復期血清中のウイルス特異的IgG抗体の検出（抗体価が3〜4倍に増加することを確認）は、血清診断の重要な基準となる。剖検例の場合、脳材料を用いたウイルス抗原の検出とウイルス分離によって確定診断となる。ただし、ウイルス分離を行うには、BSL3の施設が必要となる。

リフトバレー熱

病原体：ブニヤウイルス科フレボウイルス属リフトバレー熱ウイルス

概　略：2峰性の発熱を特徴とする急性熱性疾患である。感染症法では四類感染症に類型されている。一般的に予後は良好だが、一部の感染者は脳炎、網膜炎、出血熱に移行する。発生は主にアフリカ東部〜南部に見られ、西アフリカにおいても発生報告がある。ウイルスは、偶蹄類と蚊の間で維持され、蚊の吸血によって媒介される。一方、感染動物の体液、臓器などに接触することによっても感染するため、獣医師や畜産業者、食肉処理員に職業病的に発生する場合がある。

診　断：ウイルス分離を行うには、BSL3の施設が必要となる。Vero細胞を用いて血液材料からのウイルス分離を行う。また、血液材料中のウイルス遺伝子をRT-PCR法を用いて検出する。また、血清中の中和抗体の検出、ならびにウイルス特異的IgMあるいはIgGの検出(ELISA・間接蛍光抗体法)を指標に血清診断を行う。

クリミア・コンゴ出血熱

病原体：ブニヤウイルス科ナイロウイルス属クリミア・コンゴ出血熱ウイルス

概　略：ウイルス性の出血熱に分類される、致死率の高い(15〜40%)急性熱性疾患である。重症化した場合、皮膚に様々な程度の出血(点状出血〜紫斑)が観察される。感染症法では一類感染症に類型される。東欧、中央アジア、中近東、中国、モンゴル、アフリカなど非常に広い範囲に分布する。ウイルスは、マダニ類と家畜・野生動物の間で維持されている。ウイルスの伝播は、感染マダニの吸血による他、感染家畜や患者などの血液に接触することによっても起こる。院内感染もしばしば報告されている。

診　断：発症直後(1週間以内)の血液・血清材料からウイルス分離を行う(BSL4の施設が必要)。また、血液・血清材料からRT-PCR法によりウイルス遺伝子を検出する。ELISAを用いてウイルス抗原を検出する場合もある。各種血清反応(間接蛍光抗体法、補体結合反応、ELISAなど)を用いて、ウイルス特異抗体を検出する。

ハンタウイルス感染症

病原体：ブニヤウイルス科ハンタウイルス属ハンターンウイルス他、シンノンブレウイルス他

概　略：ハンタウイルスの感染により起こる急性熱性疾患である。原因ウイルスの種類により、腎機能障害と出血傾向を特徴とする腎症候性出血熱(HFRS)と、急性肺水腫、ショック、高い致死率(40%以上)を特徴とするハンタウイルス肺症候群(HPS)に区別される。感染症法ではいずれも四類感染症に類型されている。ウイルスはげっ歯類に不顕性持続感染を起こし、これらの動物間で維持されている。感染げっ歯類の糞尿・唾液中にウイルスが排出されるため、これらに汚染された材料との接触、飛沫を介した呼吸器感染、または感染動物の咬傷により伝播される。ウイルス遺伝子型とげっ歯類の種類に強い関連性が認められるため、特定の遺伝子型のウイルスの分布は、その宿主となるげっ歯類の種の分布と一致する。例えば、HFRS原因ウイルスは旧世界に、HPS原因ウイルスは新世界に分布する。ただし、ドブネズミを宿主とするHFRS原因ウイルスSeoul型は、世界中に広く分布する。

診　断：ウイルス分離を行うには、BSL3の施設が必要となる。また、サンプリングする場合は、エアロゾル対策を立てた上で実施する必要がある。診断は、急性期血液・尿を用いて、ウイルス分離やRT-PCR法によるウイルス遺伝子検出を行う。また、血清中のIgM/IgGを検出する(間接蛍光抗体法、ELISAなど)。診断にあたっては、ネズミとの接触があったかどうかを必ず聞く必要がある。

アレナウイルス感染症(ラッサ熱・南米型出血熱)

病原体：アレナウイルス科アレナウイルス属ラッサウイルス(ラッサ熱)、フニンウイルス他(南米型出血熱)

概　略：アレナウイルスが原因となる死亡率の高い急性出血熱である。感染症法では一類感染症に類型される。ウイルスは自然宿主である野生げっ歯類に不顕性に持続感染しており、感染げっ歯類の糞尿・唾液中に排出されたウイルスとの接触、または感染動物の咬傷を介して伝播される。それぞれのウイ

ルスに対して、特定のげっ歯類種が自然宿主の役割を果たす。例えば、ラッサ熱の原因であるラッサウイルスは、サハラ以南のアフリカに広く分布するマストミスの間で維持されている。

診　断：ウイルス分離を行うには、BSL4の施設が必要となる。培養細胞(Vero E6細胞等)を用いて咽頭ぬぐい液、血液、尿などからウイルスを分離する。また、これらの材料を用いて、RT-PCR法によりウイルス遺伝子を検出する。急性期には抗原検出も可能であるが、診断感度は低いと考えられている。また、血清中のウイルス特異的抗体を検出することにより血清学的に診断する(ELISA、間接蛍光抗体法)。それぞれの流行地への渡航歴が診断の重要なポイントとなる。

マールブルグ病

病原体：フィロウイルス科マールブルグウイルス属マールブルグウイルス

概　略：マールブルグウイルスの感染により起こる、死亡率の高い急性出血熱。感染症法では一類感染症に類型される。アフリカ中・東・南部に分布する。1967年、ドイツ・マールブルグなどにおいて、ウガンダから輸入された実験用アフリカミドリザルの血液を介した実験室感染が発生した。その後、中央アフリカを中心に散発的な流行が続いていたが、2005年にアンゴラで大規模な流行が発生し、約300名の死者が確認された。患者の血液、体液と接触することによりヒトからヒトへ感染が成立する。

診　断：ウイルス分離を行うには、BSL4の施設が必要となる。感染初期の血液、血清、尿、咽頭スワブ等を検査材料とし、ELISAによるウイルス抗原の検出、RT-PCR法によるウイルス遺伝子の検出を行う。感染が長期にわたる場合、血清中のウイルス特異抗体(IgM、IgG)を間接蛍光抗体法やELISAなどを用いて検出できる。本ウイルスに感染した(あるいはその疑いのある)サル類を診断した獣医師は、感染症法第13条に基づき、所轄の保健所長を経由して都道府県知事へ届け出なければならない。

エボラ出血熱

病原体：フィロウイルス科エボラウイルス属エボラウイルス

概　略：ウイルス性出血熱に分類される、致死率の高い急性熱性疾患で、主にアフリカ中央部に分布する。感染症法では一類感染症に類型される。感染者の血液や体液との接触によりヒトからヒトへ感染が拡大し、流行を起こす。流行発生にサル類が関与した例があるが、サルが病原巣であるかは不明である。

診　断：ウイルス分離を行うには、BSL4の施設が必要となる。血液、血清、剖検材料および生剖検皮膚(ホルマリン固定)などを検査材料とし、ウイルス抗原の検出(ELISA等)およびウイルス遺伝子の検出(RT-PCR法)を行う。血清中のウイルス特異抗体(IgM、IgG)を間接蛍光抗体法やELISAなどにより検出する。本ウイルスに感染した(あるいはその疑いのある)サル類を診断した獣医師は、感染症法第13条に基づき、所轄の保健所長を経由して都道府県知事へ届け出なければならない。

ヘニパウイルス感染症

病原体：パラミクソウイルス科ヘニパウイルス属ニパウイルスおよびヘンドラウイルス

概　略：ニパウイルスあるいはヘンドラウイルスが原因となる、神経症状や呼吸器症状を特徴とする急性熱性疾病。ヘニパウイルスの自然宿主であるオオコウモリが病原巣となっている。ニパウイルス感染症は、1998年にマレーシアで初めて確認され、2004年にはバングラデシュでも発生が認められた。その後も、インド・バングラデシュを中心に発生が継続している。マレーシアでの流行では、オオコオウモリの間で維持されているウイルスが豚に伝播しヒトへの感染源となったが、バングラデシュにおける流行では、豚を含む他の哺乳類における感染は確認されていない。本症は感染症法で四類感染症に類型されている。

ヘンドラウイルス感染症は、1994年にオーストラリアで初めて発生した。この際、ウイルスに感染した馬がヒトへの感染源となった。その後、2008年と2009年に各1名の感染者が死亡している。ニパウイルス感染症では、神経症状を示すことが多いのに対し、ヘンドラウイルス感染症では出血性肺炎を特徴とする呼吸器症状が多い。

診　断：ウイルス分離を行うには、BSL3の施設が必要となる。急性期の尿・咽頭ぬぐい液などを材料に用いてウイルス分離、あるいはRT-PCRを用いたウイルス遺伝子の検出を行う。血清中のウイルス特異抗体をELISAや中和試験などにより検出する。

サル痘

病原体：ポックスウイルス科オルソポックス属サル痘ウイルス

概　略：サル痘ウイルスの感染によって起こる天然痘様の疾患で、感染症法では四類感染症に類型されている。中央および西アフリカの熱帯雨林を中心に散発的な流行が見られる。熱帯雨林の野生小動物(ネズミ、リス)やサルなどの間でウイルスが維持されている。2003年、米国テキサス州において、アフリカから愛玩用に輸入されたげっ歯類に起因する流行が報告されている。

診　断：病変部位からのウイルス分離や、PCRによるサル痘ウイルスの遺伝子検出が行われる。一方、他のオルソポックスウイルス属ウイルス間の抗原交差性により、血清中のサル痘ウイルス特異抗体を検出することは困難である。また、種痘歴のある場合もウイルス特異的IgGによる血清学的診断は難しい。しかし、種痘歴のある患者でも発症5日目からIgM抗体の上昇が見られることが知られており、診断の一助となる。

重症急性呼吸器症候群(SARS)

病原体：コロナウイルス科コロナウイルス属SARSコロナウイルス

概　略：SARSコロナウイルスを原因とする重症呼吸器感染症で、感染症法では二類感染症に類型されている。2002年11月に中国広東省で初めて発生が確認された。その後、ヒトからヒトへの感染を繰り返しながら、2003年春までに全世界約30カ国に流行が拡大した。この時、感染者は8,000人以上となり、そのうちの約10%が死亡した。オオコウモリがSARSコロナウイルスの自然宿主であることが報告されている。その他、多数の野生動物からもウイルスが検出されている。野生動物からヒトへの感染経路は不明だが、ヒトからヒトへの伝播は、飛沫による呼吸器感染によると考えられている。

診　断：ウイルス分離を行うには、BSL3の施設が必要となる。Vero E6細胞を用いて喀痰、鼻咽頭スワブ、尿、便などから、ウイルス分離を行うとともに、RT-PCR法によるウイルス遺伝子の検出を行う。また、血清中のウイルス特異抗体を間接蛍光抗体法、ELISA、中和試験などを用いて検出する。本ウイルスに感染した(あるいはその疑いのある)イタチ、アナグマ、タヌキおよびハクビシンを診断した獣医師は、感染症法第13条に基づき、所轄の保健所長を経由して都道府県知事へ届け出なければならない。

第8章

細菌性人獣共通感染症

炭　疽

病原体とその性状

炭疽はグラム陽性、通性嫌気性、芽胞形成の大型桿菌である*Bacillus anthracis*の感染による人獣共通感染症である。炭疽菌の芽胞は、乾燥や熱、紫外線、消毒薬に対して極めて高い耐性をもつため、土壌や水中で長期間生残することができる。炭疽菌の生活環を図8-1に示す。自然宿主は牛、馬、山羊、羊などの草食動物で、放牧時などに汚染土壌中の芽胞が体内に侵入し、発症する場合が多い。日本での発生はまれだが、中近東〜中央アジアにかけてAnthrax beltと呼ばれる濃厚汚染地帯では、家畜だけでなくヒトでの集団発生が毎年報告されている。ヒトでの発生は先進国では極めてまれだが、生物兵器としての使用が危惧されており、2001年には米国で郵便物への混入事件が発生し、死者を出した。

炭疽の主要な感染経路は、経皮、経口および経気道の三つが知られている。皮膚の創傷部位や吸入あるいは摂取により宿主体内に侵入した炭疽菌芽胞は、マクロファージに取り込まれるが、細胞内で速やかに発芽して栄養型となる。その後、組織や血中で急速に増殖した菌により毒素が産生され発病に至る。炭疽の病原因子として、D-グルタミン酸ポリペプチドからなる莢膜と、防御抗原(protective antigen；PA)、致死因子(lethal factor；LF)、浮腫因子(edema factor；EF)と呼ばれる3種類の外毒素が知られている。外毒素および莢膜産生に関連する遺伝子は炭疽菌の病原プラスミドであるpX01およびpX02上にそれぞれコードされている。炭疽の毒素はいわゆるA-B型毒素である。結合サブユニットのPAが標的細胞上の炭疽毒素受容体(anthrax toxin receptor；ATR)に結合すると、細胞膜表面にあるfurinと呼ばれるプロテアーゼによって切断され、これらが7量体を形成する。続いて毒素本体であるLFあるいはEFが7量体PAを介して細胞内へと輸送され、毒素作用を発現する。LFはメタロプロテアーゼ活性をもち、細胞内シグナル伝達分子であるMAPキナーゼを切断して、その機能を阻害する。EFは細胞内のcAMP濃度を上昇させ、浮腫を引き起こす。莢膜は菌体の周囲を厚く覆い、マクロファージの貪食作用に対し抵抗性をもつ。

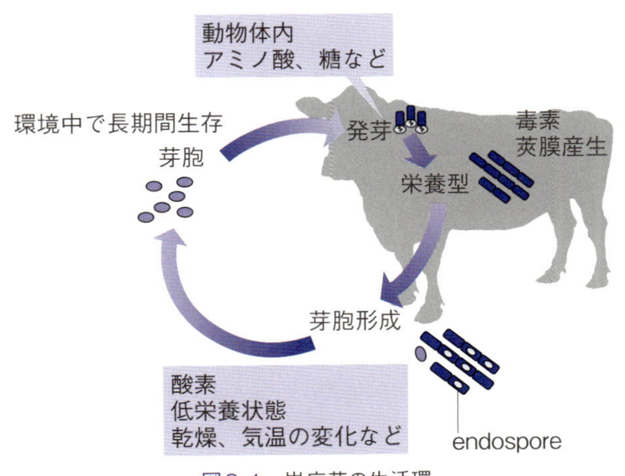

図8-1　炭疽菌の生活環

*Bacillus*属には30種以上の菌種が知られているが、遺伝学的に炭疽菌と最も近縁種であるのが食中毒菌のセレウス菌*B. cereus*である。炭疽菌の染色体に含まれる遺伝子の大部分がセレウス菌と相同性があり、塩基配列が極めて良く類似している。両者を生化学

表8-1　炭疽菌とセレウス菌の性状比較

鑑別テスト		
性　状	*B. anthracis*	*B. cereus*
芽胞	＋	＋
莢膜	＋	−
運動性	−	＋
β-溶血	−	＋
ファージテスト	＋	−
パールテスト	＋	−
アスコリーテスト	＋	−

生化学的性状			
性　状		*B. anthracis*	*B. cereus*
アルギニン分解		−	V
ゼラチン分解		V	＋
カゼイン分解		＋	＋
デンプン分解		＋	＋
インドール反応		−	−
カタラーゼ		＋	＋
糖分解*	アラビノース	−	−
	グリセロール	−	＋
	マンニトール	−	−
	イヌリン	−	−
	サリシン	−	＋
	トレハロース	＋	＋
	グリコーゲン	＋	＋
β-ラクタマーゼ産生		−	＋

Koneman's Color Atlas and Textbook of Diagnostic Microbiologyより抜粋
*API 50CHBによる判定
−：陰性、＋：陽性、V：ほとんどの株で陽性

性状から鑑別する場合、莢膜形成や運動性、溶血性の違いにより容易に鑑別できる(表8-1)。

臨床症状

家畜の症状

草食動物は炭疽に対する感受性が高く、急性敗血症により発症から24時間以内に急死する。そのため、生前診断されることはまれで、獣医師は家畜の突然死として診療を依頼されることが多い。生前の症状としては、高熱、食欲不振、皮下や粘膜の浮腫、粘膜チアノーゼ、リンパ節の腫脹、呼吸困難、振せん、運動失調などである。炭疽を疑う重要な所見としては、口腔、鼻腔、肛門などの天然孔からの出血(図8-2)と、黒ずんだ血液、タール様血便、死後硬直不全などがあげられる。また、炭疽の外毒素により血小板の活性化が抑制されるため、血液は凝固不全を呈する。感染動物の血液には炭疽菌が多く存在し、これが土壌などに流れ込むことによって、環境を汚染し、後の感染源となる。

図8-2　炭疽で死亡した家畜の天然孔(鼻)からの出血。
(写真提供：モンゴル農業大学獣医学研究所)

炭疽菌に対し、比較的抵抗性のある豚では、慢性の経過をとり、腸壁が肥厚する腸炎型、咽頭リンパ節の腫大や咽頭浮腫を呈するアンギナ型が知られている。

ヒトの症状

ヒトでの自然感染はまれであるが、家畜との接触機会の多い獣毛加工業者やと畜作業従事者、獣医師における罹患率は高く、職業病として発生する。潜伏期は約2〜7日である。ヒトの炭疽は感染経路により、皮膚炭疽、腸炭疽、肺炭疽の三つの病型をとる。このうち肺炭疽が最も致死率が高く、早期の治療が施されない場合、80〜90%に達する。皮膚炭疽は、皮膚の創傷部位から感染し、発赤、水疱、浮腫が見られる。続いて中心部が壊死し、無痛性の黒色痂皮を形成する。ヒトの自然感染ではこの型が最も多い。腸炭疽は汚染された乳や肉の経口摂取により、腹痛、吐血、血便などの消化器症状を引き起こす。肺炭疽は、大量の芽胞を吸入した場合に発症する。肺胞に達した芽胞はマクロファージに取り込まれ、縦隔リンパ節や気管支リンパ節にて発芽、増殖

する。症状はインフルエンザに似て、発熱、悪寒、倦怠感、胸部痛、咳、呼吸困難、チアノーゼなどである。いずれの病型においても、炭疽菌芽胞による暴露が疑われる場合、できるだけ早く抗生物質による治療を開始することが極めて重要である。なお、ヒトからヒトへの感染はない。

死体の検査と採材

炭疽は家畜伝染病予防法では法定伝染病に、感染症法では四類感染症に指定されている。炭疽が発生した場合、畜主あるいは獣医師は直ちに管轄の家畜衛生保健所に届け出、その指示に従う。

炭疽の診断・検査・同定法を図8-3に示す。家畜が突然死した場合、炭疽を疑い、感染の予防と蔓延の防止に留意して取り扱うことが肝要である。炭疽の予防接種の有無や、急死例の有無などについて調査を行う。死体検査では肛門や鼻孔など天然孔からの出血および血液の凝固不全の有無を確認する。この時、気腫疽との鑑別のため、皮下気腫の有無も検査する。血液凝固が見られない場合は、炭疽を強く疑い、感染の拡大や汚染防止に細心の注意を払う。病原体の散逸を防止するため、死体は防水シート上に置き、炭疽と診断された場合は、シートで包んだまま焼埋却する。耳介静脈や頸静脈などから血液を数mL採取する。また、炭疽では高度の脾腫(通常の2～5倍)が見られ、暗赤色を呈する。脾臓を採取する場合は、周囲への菌の散逸を抑えるため、腹部切開を最小限にとどめる。腐敗が進んでいる場合は、なるべく腐敗の軽度な部分を採材する。通常、炭疽が疑われる場合は、汚染を考慮して剖検は必要最小限とする。また、同居家畜についても発熱、血便、粘膜チアノーゼの有無を検査し、疑わしい場合は採材する。

分離培養に使用される培地

炭疽菌はBHIやTSAなど一般的な培地で増殖可能であるが、臨床材料からの分離培養には血液寒天培地が最適である。無菌的に採取した脱繊維素羊(あるいは馬)血液を5～7%になるよう基礎培地に添加して作製する。また、土壌や環境サンプルなど混在菌が多く存在する検体からの分離培養にはPLET(ポリミキシン－リゾチーム-EDTA-タリウム)選択培

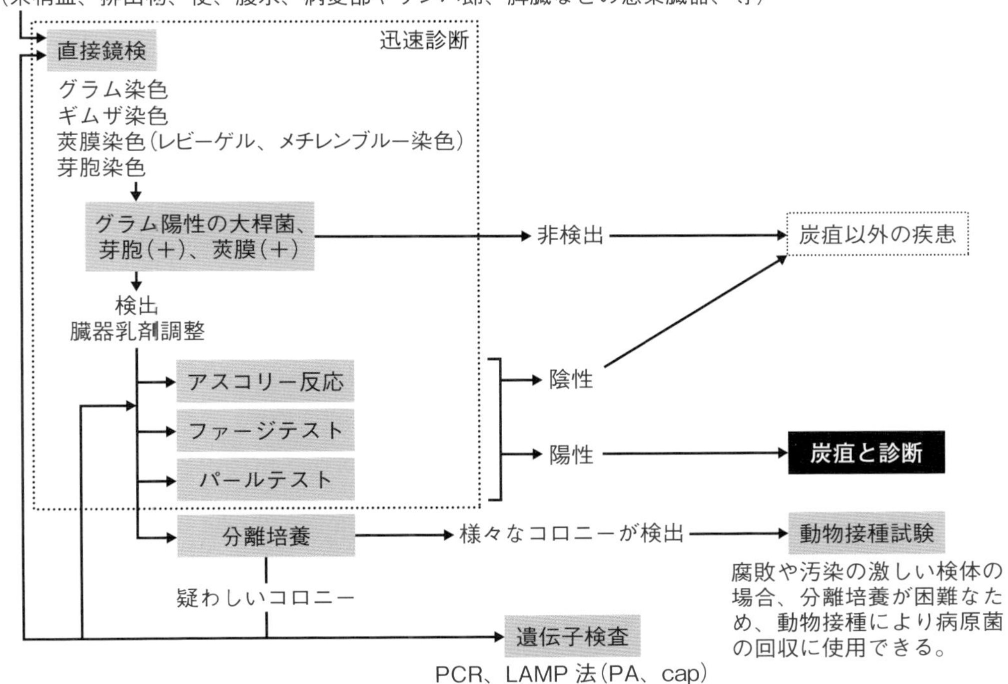

図8-3 炭疽の診断・検査・同定法

地を用いる。

血液寒天培地

組成(培地　1Lあたり)、pH7.4付近

基礎培地

プロテオースペプトン	15.0 g
肝消化物末	2.5 g
酵母エキス	5.0 g
塩化ナトリウム	5.0 g
寒天	12.0 g
脱繊維羊血液	5～7%

基礎培地を1Lの滅菌水に懸濁し、121℃、15分間オートクレーブして滅菌する。50℃程度にまで冷却した後、脱繊維羊血液を5～7%になるよう添加し、十分に攪拌後、滅菌シャーレに分注し、固化するまで静置する。血液寒天培地は4℃で2～3週間程度まで保存可能である。

PLET寒天培地

組成(培地　1Lあたり)、pH7.4付近

基礎培地(ハートインフュージョン寒天培地)

牛心臓抽出液乾燥粉末	10.0 g
ペプトン	10.0 g
塩化ナトリウム	5.0 g
寒天	15.0 g
ポリミキシン	30U/mL
リゾチーム	40 μg/mL
EDTA	300 μg/mL
酢酸タリウム*	40 μg/mL

基礎培地を1Lの滅菌水に懸濁し、121℃、15分間オートクレーブして滅菌する。50℃にくらいまで冷ました後、ポリミキシン、リゾチーム、EDTA、酢酸タリウムを上記の最終濃度になるよう添加し、十分に攪拌後、滅菌シャーレに分注し、固化するまで静置する。

*酢酸タリウムは劇物であるため、使用の際は十分注意すること。

診断法

外部所見により炭疽が疑われる場合、図8-3に示すフローチャートに従い、炭疽の検査、診断を行う。下記には各手順の方法を記す。炭疽は臨床所見から類縁菌であるセレウス菌と容易に鑑別できるが、環

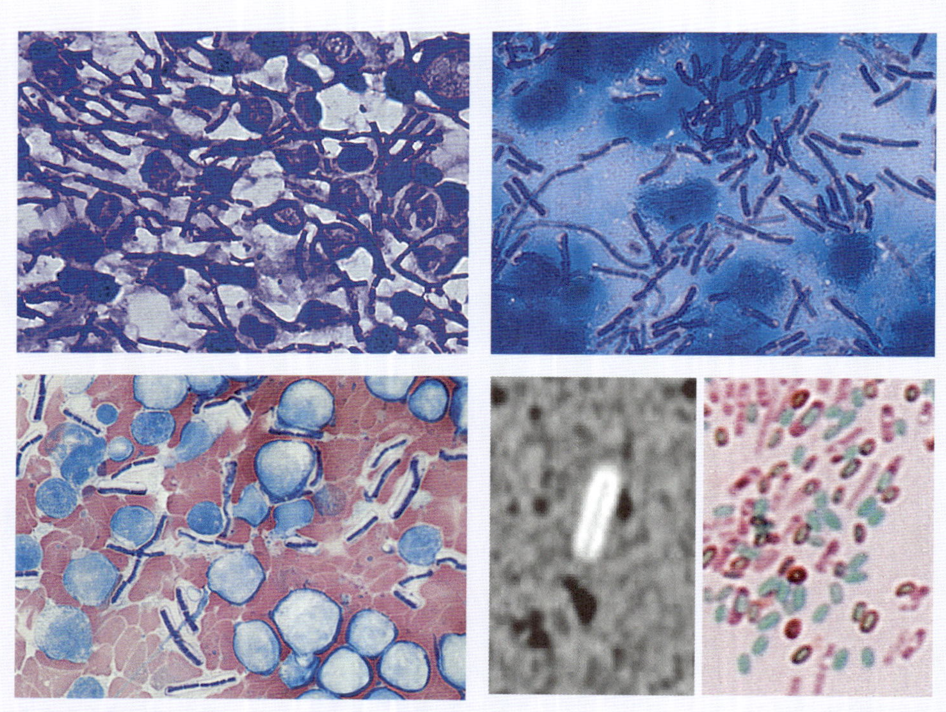

図8-4　直接鏡検像。上段左：レビーゲル染色、上段右：メチレンブルー染色、下段左：ギムザ染色、下段中央：墨汁染色、下段右：Wirtzの芽胞染色

境からの検体では、両者の混在が予想される。表8-1に示す性状の違いを考慮し、複数の検査により、診断を進めて行く。

直接鏡検(図8-4)

1) グラム染色

グラム染色法(Hucker)を下記に述べる。

①—クリスタルバイオレット水溶液にて1分間染色後、水洗
②—ヨウ素ヨウ化カリウム溶液で1分間反応後、水洗
③—アルコールにて脱色30秒間、その後、水洗
④—サフラニン水溶液にて30秒間染色
⑤—水洗し、乾燥後、鏡検

上記の手法は染色結果に個人差があり、習熟を要する。「グラム染色液B&Mワコー」キット(和光純薬)、「フェイバーGニッスイ」(日水製薬)などの市販の染色液が便利である。それぞれの試薬の添付説明書に従い、染色を行う。

2) ギムザ染色

スタンプ標本を風乾後、火炎固定し、定法に従いギムザ染色し、鏡検する。組織間に紺色から濃紫色に染まる竹節状の連鎖した大型桿菌が観察できる。菌体周囲に認められる透明な膜は莢膜である。

3) 莢膜染色

炭疽の莢膜を染色するにはいくつかの方法がある。推奨されているのはレビーゲル法やメチレンブルー法であるが、その他に抗莢膜抗体を用いた免疫染色や墨汁(India ink)によるネガティブ染色などが用いられる。炭疽菌は炭酸ガス存在下で莢膜を形成する。そのため、死後時間の経過した臨床検体では莢膜が明瞭に観察できない。その場合には、血液培養あるいは5〜10%の炭酸ガス存在下で培養した菌を用いる。

(1) レビーゲル染色

ゲンチアナバイオレット10gをホルマリン100mLに溶かし、ろ過したものを染色液として使用する。スタンプ標本を風乾後、火炎固定し、染色液を載せ、15〜20秒間染色する。水洗して、乾燥後、油浸レンズにて鏡検する。菌体は濃い紫色に、莢膜は薄紫〜ピンク色に染色される。

(2) メチレンブルー染色

メチレンブルー5gをメタノール100mLに溶解後、ろ過する。これを30mL別の容器に移し、0.01%のKOH溶液を100mL加えて良く混和し、これを染色液とする。スタンプ標本を風乾後、火炎固定し、染色液を載せ、10秒間染色する。水洗して、乾燥後、油浸レンズにて鏡検する。菌体は青色に、莢膜は薄い紫色に染色される。

(3) 墨汁染色

スライドガラスに検体を滴下し、カバーガラスを載せる。カバーガラスの縁から1滴(5-10 μL)ほどのIndia ink(BD社)を加え、インクがカバーガラス全体に拡散したら、カバーガラスの周囲をマニキュア等で封入し、鏡検する。

4) 芽胞染色

臓器スタンプあるいは塗抹標本を風乾後、火炎固定する。5%マラカイトグリーン液で5分間加温染色した後、水洗する。その後、0.5%サフラニン液で30秒間染色し、水洗、乾燥後、鏡検する。栄養

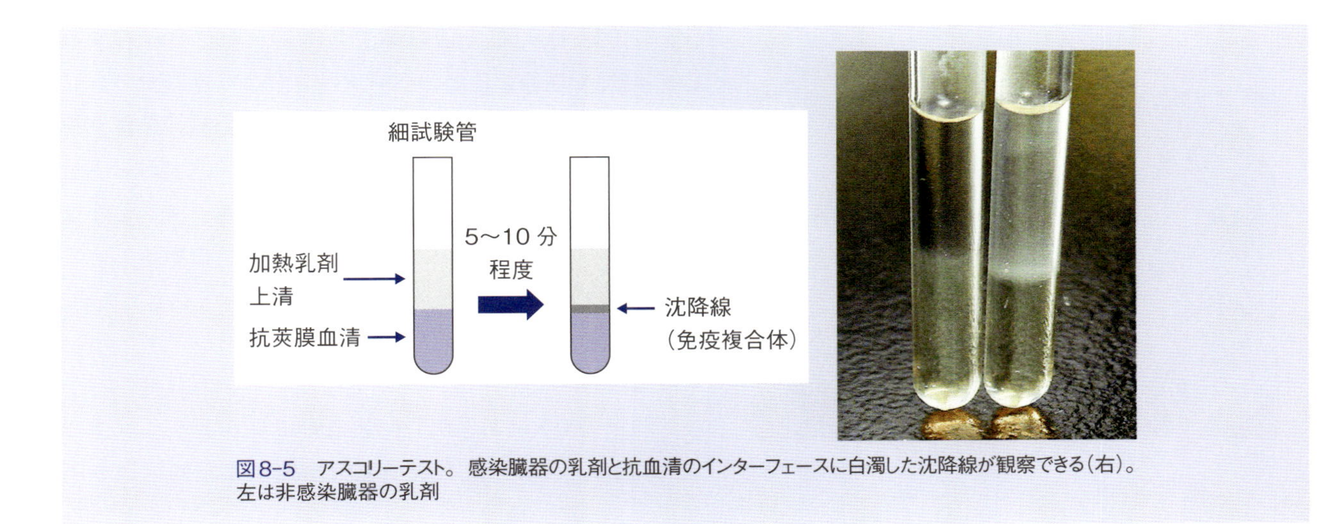

図8-5 アスコリーテスト。感染臓器の乳剤と抗血清のインターフェースに白濁した沈降線が観察できる(右)。左は非感染臓器の乳剤

型は赤橙色に、芽胞は青緑色に染め分けられる。未熟な芽胞では周囲が赤橙色に染まる。

アスコリー反応(図8-5)

1) 原 理

炭疽菌の莢膜成分であるポリグルタミン酸と抗血清による免疫沈降反応で、炭疽の迅速診断法の一つである。簡便であるが、同じ莢膜成分を持つ菌では交差反応が起こりやすい。

2) 方 法

①—アスコリー反応用抗原液の調整：末梢血や脾臓などの臨床検体の約3～5倍量の生理食塩水を加え、ホモジェナイザーやペッスルなどで破砕した後、沸騰水中で20～30分間加熱する。5,000 rpmで10分間遠心後、上清を回収し、0.45 µmのフィルターでろ過したものを用いる。

②—細試験管や毛細管に抗血清を加え、次いで作製した抗原液を静かに重層添加する。境界面に白濁した沈降線が生ずれば陽性と判定する。陽性の場合、沈降線は、5分以内に観察できる。本法は炭疽菌特有の莢膜成分の検出であるが、土壌検体(芽胞)や死後長時間経過した検体など、莢膜形成が不十分と思われる検査材料や菌数の少ない場合は炭疽菌が含まれていても陰性になる場合がある。

簡便な方法であるが、交差反応も起こりやすいため、補助的な診断法として用いる。

ファージテスト(図8-6)

1) 原 理

バクテリオファージ(以下ファージ)には様々な種類があり、宿主となる細菌に感染すると菌体内で増殖し、菌を溶解させる(溶菌)。Brownらが見い出した炭疽菌特異的に感染するγ-ファージによる溶菌反応を利用した鑑別法である。

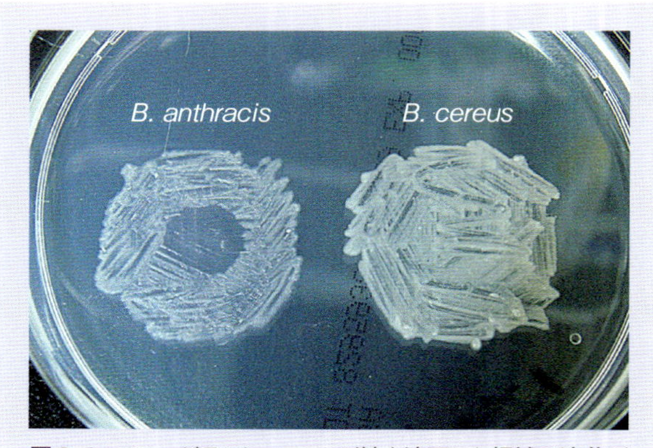

図8-6 ファージテスト。ファージ液を滴下した領域で溶菌が起こり、透明に見える。

2) 方 法

普通寒天培地に脾臓スタンプあるいは分離培養後の被検菌を塗布し、表面が乾燥した後、γ-ファージ液*を1滴落とし、37℃で数時間から一晩培養する。ファージ液を滴下した部分が溶菌により透明に抜けた場合を陽性とする。対照として、セレウス菌や枯草菌などを用い、溶菌がないことを確認する。

*ファージ液の調製と保存：適当な液体培地(TSB、BHI、NB等)に10 mLにSternあるいはDavis株を接種し、37℃で4時間程度培養する。続いてファージ液を2～3滴加え、一晩培養する。培養液を遠心し、上清を回収し、0.45 µmのフィルターでろ過する。ファージ力価(plaque forming unit；PFU)を測定し、108 PFU/mL以上であることを確認後、1 mLずつO-リングつきのチューブに分注し、−80℃にて凍結保存する。なお、炭疽菌特異的γ-ファージ液は独立行政法人農業・食品産業技術総合研究機構動物衛生研究所(http://www.niah.affrc.go.jp/index-j.html)より入手可能である。

パールテスト(図8-7)

1) 原 理

ほとんどの炭疽菌はペニシリンに感受性である。0.05～0.5 IU/mLの微量のペニシリンを含有する培地で培養すると、ペニシリンにより細胞壁の合成が阻害されてプロトプラスト化し、桿状の菌体が膨潤して円形となる。個々の菌体が連なって真珠のネックレス様の形態を呈するため、パールテストと呼ばれる。しかし、ペニシリン耐性炭疽菌の報告もあるため、本試験のみで判定することは避けるべきである。

2) 方 法

①—0.05および0.5単位/mLになるようペニシリンを添加した普通寒天培地と非添加培地を用意する。

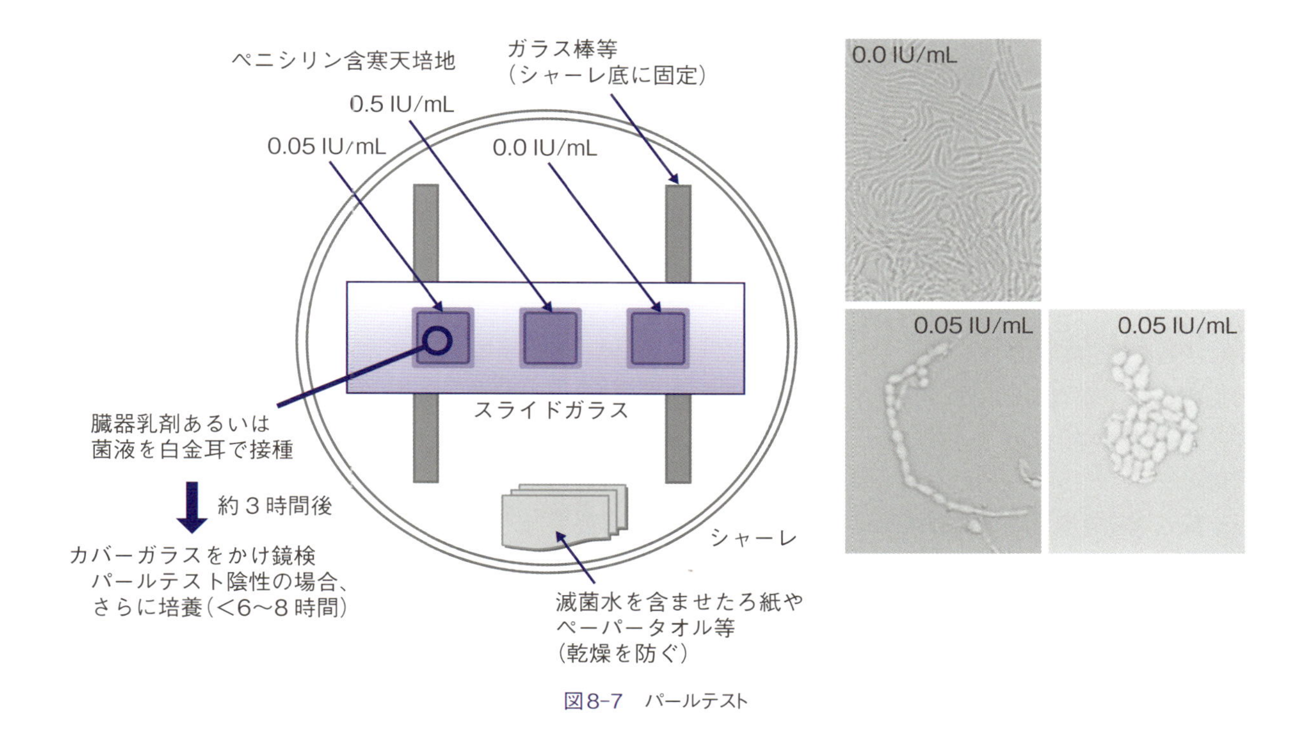

図8-7　パールテスト

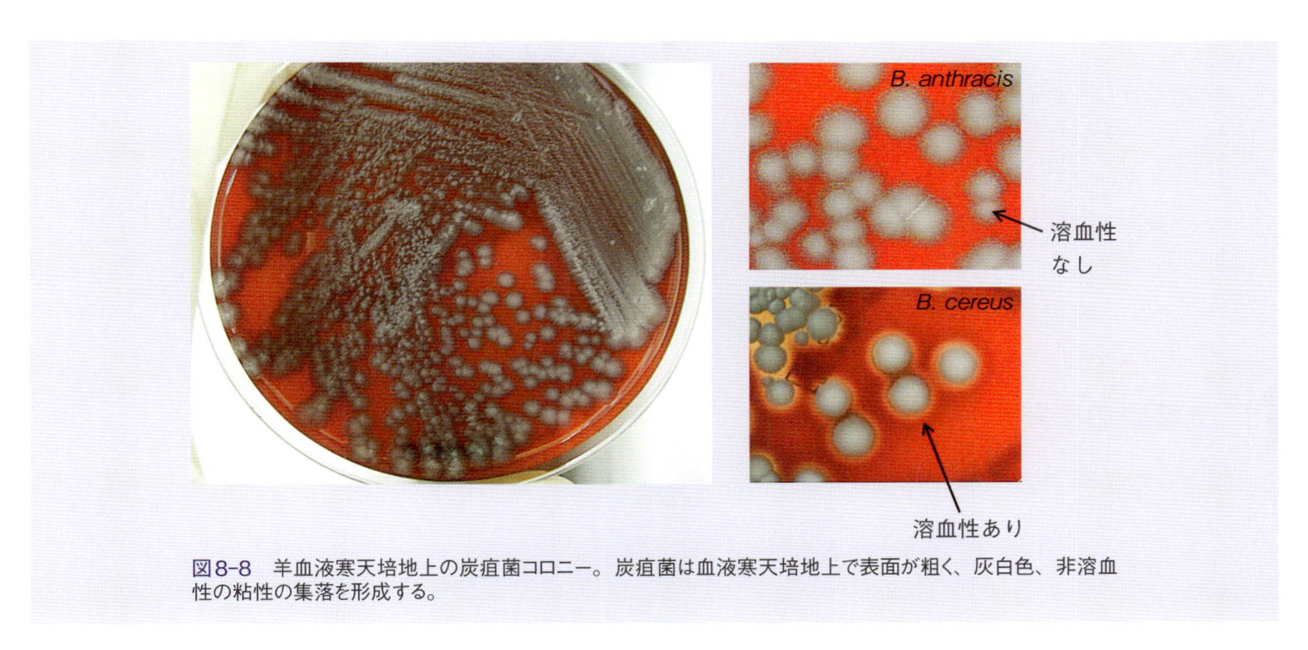

図8-8　羊血液寒天培地上の炭疽菌コロニー。炭疽菌は血液寒天培地上で表面が粗く、灰白色、非溶血性の粘性の集落を形成する。

②—上記の培地を1〜1.5 cm四方程度の小片にくりぬき、深型の滅菌シャーレに図8-6のように設置したスライドガラス上に載せる。

③—培地に被検菌を接種し、4〜6時間後の菌の形態を位相差顕微鏡下で観察する。観察時にはカバーガラスをかけ、機材の汚染がないよう十分注意する。菌体が膨潤して、真珠状あるいはブドウの房状の形態を示す場合を陽性とする。

分離培養および血液寒天培地上でのコロニーの観察（図8-8）

臨床材料あるいは培養菌液を血液寒天培地に接種し、37℃で一晩培養する。あるいは感染臓器を培地上にスタンプして、白金耳で広げる。炭疽菌は増殖が活発なため、10時間以上の培養で直径が3〜5 mmの大きな集落を形成する。集落は光沢のない灰白色で粘性があり、その表面は粗く、辺縁は縮毛様で、不規則な円形を示す。溶血性はない。*B. cereus*ではβ-溶血が観察されるため、近縁種との重要な鑑別点である。5〜20%の二酸化炭素存在下で培養すると、莢膜形成が促され、表面が滑らかなムコイド状の集落となる。一方、高濃度の二酸化炭素条件下では芽胞形成は抑制される。

表8-2　炭疽菌同定PCRプライマー

標的分子	Primer名	配列(5'-3')	増幅産物のサイズ
PA	PA7	ATC-ACC-AGA-GGC-AAG-ACA-CCC	211 bp
	PA6	ACC-AAT-ATC-AAA-GAA-CGA-CGC	
莢膜	MO11	GAC-GGA-TTA-TGG-TGC-TAA-G	591 bp
	MO12	GCA-CTG-GCA-ACT-GGT-TTT-G	

PCRによる炭疽菌の同定

炭疽菌に特有の病原因子であるPAと莢膜をコードする遺伝子を標的としたPCR法が迅速診断として利用できる。プライマーの配列を表8-2に示す。

白金耳で寒天培地上の炭疽菌コロニーを1個採り、100 μLの滅菌蒸留水に懸濁し、95℃、20分間ボイルした後、15,000回転で5分遠心分離し、上清1 μLを鋳型として用いる。PCRの反応条件は以下の通りとする。反応後、アガロースゲル電気移動で増幅産物を確認する。

PCR条件(35サイクル)

	温度	条件
	95℃	2分間、熱変性
35サイクル	95℃	15秒間、熱変性
	60℃	15秒間、アニーリング
	72℃	30秒間、伸長反応
	72℃	5分間、伸長反応

二次感染の予防

炭疽と診断された場合、同居家畜の発症予防のためのワクチンの接種、抗生物質投与、汚染土壌や厩舎などの消毒などを行い、二次感染の予防に努める。

消　毒

下記の消毒剤が有効である。しかし、1)、4)、5)の消毒薬は血液など有機物が存在する場合は、殺菌能力が激減するので注意する。消毒対象や消毒薬の特性に応じて使い分ける。

1)　次亜塩素酸(10,000 ppmあるいは5,000 ppm)
2)　10%ホルマリン液
3)　4%グルタールアルデヒド溶液
4)　3%過酸化水素水
5)　1%過酢酸

補　足

1)　炭疽菌はBio safety level(BSL)3の病原体である。危険度に応じた施設で取り扱うこと。
2)　使用したすべての器具・機材は滅菌缶等に納め、121℃、30分間滅菌してから、廃棄する。

パスツレラ症

病原体とその性状

多くの哺乳類の常在菌として存在しているパスツレラ属菌はグラム陰性、非運動性、無芽胞の球桿状または短桿状菌で、大きさは0.2～0.4×0.4～2.0 μmで鞭毛はなく両極染色性を示す。パスツレラ属菌はヒトや各種動物に様々な病原性を発揮する。

パスツレラ症の原因菌として*Pasteurella multocida*、*P. canis*、*P. dagmatis*および*P. stomatis*が知られているが、本症のほとんどは*P. multocida*感染によるものである。*P. multocida*は莢膜多糖体の抗原性により、多くの血清型に分類される。このうち、ヒトの感染は牛の出血性敗血症や家禽コレラの起因菌以外の血清型、非出血性敗血症型菌により起こる。本稿ではヒトのパスツレラ症の原因菌として重要な、*P. multocida*の非出血性敗血症型菌(以下、*P. multocida*)について記載した。

病原体の分布

P. multocida 保菌率は、犬では75％、猫では97％で、その菌量も多い。本菌はこれらの動物では口腔内正常細菌叢であると考えられる。猫では爪にも約20％の割合で *P. nmultocida* が保菌されていることが知られている。

P. multocida は犬、猫以外の動物にも広く分布している。豚、牛では一定の割合で上部気道に常在しており、特定の血清型菌はワサギを自然感染宿主としている。これらの動物が保有している菌のヒトに対する感染性ならびに病原性については不明である。

ヒトへの感染経路・症状

ヒトでは多くは犬、猫の咬傷、掻傷などによる限局性の創傷感染であるとされる。局所の発赤、腫脹、疼痛、リンパ節腫脹で傷が深部に達した時は骨髄炎に進行することがある。一般には軽症であるが、発症した場合は、上部気道炎、気管支炎、肺炎を起こすこともある。

犬、猫では *P. multocida* に感染しても症状はほとんど認められない。発症した場合の主な症状は、敗血症、上部気道炎および肺炎である。ウサギが本菌に感染すると、俗にスナッフルと呼ばれる呼吸器症状(鼻炎、気管支炎、肺炎)を呈し脳炎症状に進行することがある。

疾病対策・治療

わが国ではパスツレラ症を伴侶動物(犬、猫)由来の人獣共通感染症として厚労省や日本医師会が注意を呼びかけている。現在、パスツレラ症に関する感染症法上の規定はない。

口腔内正常細菌叢として *P. multocida* を保菌する犬や猫から本菌を完全に排除することはできない。犬、猫から感染するヒトのパスツレラ症の多くが創傷局所の炎症であるとされていることから、本症の予防対策は犬、猫からの咬傷や掻傷を受けないようにすることが基本である。さらに気道感染にも注意が必要である。獣医師やアニマルテクニシャンなど、動物を常時扱う者は事故の未然防止に留意し、状況に応じて手袋やマスクなどの保護用具を着用して動物に接することが必要である。飼育者は動物の習性を十分に把握し、過度の接触を避けるなどの飼育管理の適正化を常に心がけることが重要である。

治療においては早期に適切な薬剤を選択し、初期治療を確実に実施することが重要である。ペニシリン系、テトラサイクリン系、クロラムフェニコールおよびセファロスポリン系の抗生物質に対して高い感受性を示し、通常はペニシリン単独で好成績が得られる。バンコマイシンとクリンダマイシンに対しては高い耐性が認められる。

分離・同定法

生化学性状

パスツレラ属菌は非運動性、硝酸塩還元性およびインドール反応陽性で、37℃培養でVP反応ならびにMR反応はともに陰性である。ブドウ糖を発酵させるがガスは産生しない。本属菌の多くはオキシダーゼ、カタラーゼおよびアルカリフォスファターゼ反応陽性である。

P. multocida は通性菌で、非溶血性、パスツレラ属菌に共通する上記の生物学的および生化学的性状のほか、尿素分解能陰性、オルニチン脱炭酸酵素陽性およびマンニトール分解能陽性、マルトース分解能およびデキストリン分解能陰性といった性状について比較することで他のパスツレラ症原因菌種と区別される。

検　体

ヒトの場合、皮膚の化膿部位、喀痰、血液など、症状に応じて採取する。検体は採取後直ちに検査に供するのが望ましいが、検査までに時間がかかる場合や輸送を必要とする場合は、Cary-Blairの輸送培地に入れて保存し輸送する。室温で2日以内であれば検査成績にはほとんど影響しない。

犬および猫では採材用の滅菌綿棒を用いて歯肉の粘膜面、趾指からスワブを採取する。爪を用いる場合もある。

分離・同定

通常は検体を馬血液寒天培地に塗抹し、37℃で2～3日間培養する。汚染材料や菌量の少ない場合は、カナマイシンとバシトラシンを加えたBYP培地(村田・浪岡の培地)や、バンコマイシンとクリンダマイシンを加えた5％馬血液加TSA培地(VC-2培地)、CGT培地、あるいは臨床材料を接種したマウスの心血を血液寒天平板で37℃、3日間培養する。

P. multocida は直径1～4 mmの正円、凸状から扁

平状、半透明で辺縁部が平滑な集落を形成する。株によってはやや大きなムコイド状集落を形成する。集落性状をより詳しく調べるためにはデキストローススターチ培地(DSA培地)を用い、DSA培地上の発育集落を実体顕微鏡を用いた透過斜光法により観察する。蛍光色の強い(iridescent type)集落、あるいは粘稠度の高い(mucoid type)集落を形成する菌は莢膜を有し、病原性が強い。一方、青色から無色で透明度の高い(blue～gray type)小型の集落を形成する菌には莢膜がなく、病原性は低い。

生物学的および生化学的検査として運動性陰性、カタラーゼおよび硝酸塩還元陽性、VP、MR、ゼラチン液化、リシン脱炭酸酵素およびアルギニンジヒドロラーゼ陰性、ブドウ糖発酵陽性、ガス陰性などを確認し、パスツレラ属菌であることを同定する。血液寒天培地で溶血性の有無を調べるとともにマッコンキー培地で発育しないこと確認する。さらに、尿素分解能、オルニチン脱炭酸酵素およびマンニトール分解能、マルトース分解能およびデキストリン分解能について調べると他のパスツレラ症原因菌種と区別できる。

顕微鏡を用いた形態学的観察では、グラム陰性の球桿状または短桿菌で、単在性あるいは2個から数個の短い連鎖が認められる。感染宿主の血液または臓器の塗抹標本では明瞭な両端染色性を示すが、この性質は人工培地で継代を重ねると失われる。莢膜染色にはメチレンブルー染色あるいはギムザ染色が良い。

培地の組成

①CGT培地の組成

ハートインフュージョン寒天	40 g
クリンダマイシン	5 mg
ゲンタマイシン	0.75 mg
亜テルル酸カリウム	2.5 mg
アンホテリシンB	5 mg
馬脱繊維素血液	50 mL
蒸留水	1,000 mL

②VC-2培地の組成

トリプチケースソイ寒天	40 g
クリンダマイシン	25 mg
バンコマイシン	1 mg
馬脱繊維素血液	50 mL
蒸留水	1,000 mL

③BYP培地の組成

酵母エキス	5 g
Proteose peptone No.3	15 g
ブドウ糖	2 g
白糖	2.5 g
Na_2SO_4(pH7.2)	0.2 g
Flidesの消化血液	50 mL
L-シスチン	0.5 g
K_2HPO_4	4 g
寒天	15 g
蒸留水	1,000 mL

④村田・浪岡の培地の組成

BYP培地	1,000 mL
カナマイシン	3 mg
バシトラシン(pH7.6)	2.5 mg

その他(それぞれに特徴的な試験)

マウス通過法による菌の検出

他菌種が多く混入する鼻腔粘液や口腔拭い液などを検体とした場合に有効な方法である。

綿棒に採取した材料(検体)を1 mLの滅菌生理食塩水に溶出、懸濁させる。その懸濁液0.2 mLをマウス腹腔内に接種する。接種48時間後にマウスを安楽死させ、その心血を血液寒天平板で37℃、3日間培養する。培養後、前項の記載に従い集落を観察し、パスツレラを検出する。

血清型別

*P. multocida*は莢膜抗原(K)と菌体抗原(O)を有し、これらの抗原の組み合わせにより多数の血清型に分類される。

K抗原にはA、B、D、E、Fの5種類があり、型別は間接赤血球凝集(IHA)反応によって行う。抗血清は本菌のホルマリン死菌を用いてウサギを免疫して作製する。抗原にはDSA培地で培養した菌をリン酸緩衝食塩水に懸濁し、100℃で1時間加熱した後の上清を使用する。この上清に等量の10%羊赤血球を加え、37℃、1時間反応後、牛血清アルブミン加PBS(BSA-PBS)で0.5%濃度に調整したものを感作血球とする。IHAはUプレートを用いてマイクロタイター法で行う。抗血清をBSA-PBSで2倍段階希釈し、感作血球を加え、室温で1〜2時間反応後に判定する。

A型とD型の型別には、非血清学的簡便法であるヒアルロニダーゼとアクリフラビン試験を用いることができる。前者はDSA培地に本菌を画線培養し、その付近でヒアルロニダーゼ産生黄色ブドウ球菌を37℃、24時間培養し、本菌の発育抑制を観察する方法である。A型菌のみが発育抑制を示す。後者は本菌が発育したブレインハートインフュージョンブイヨンに0.1%アクリフラビン溶液を加え、綿状沈降物の形成をみる方法である。D型菌のみが陽性となる。

O抗原については簡便な免疫拡散法(ID)によって型別を行う。必要であれば凝集反応を併用する。IDによる型別法を以下に記載する。抗血清は本菌のホルマリン死菌とFreund不完全アジュバントの乳剤を抗原として鶏に免疫して作製する。抗原にはDSA培地での培養菌を0.3%ホルマリン加生理食塩水に懸濁し、100℃で1時間加熱した後の上清を使用する。IDはスライドガラスを用いたOuchterlony法で行う。生理食塩水で調整した0.9%寒天溶液を加温溶解し、その6 mLをスライドガラスに注ぎ固めた後、直径4 mm、各管の距離が6 mmのパンチャーで孔を設ける。抗原を中央の孔に、抗血清をその周囲の孔に滴下し、シャーレに収め37℃、24時間反応後に沈降線の見られたものを陽性とする。

猫ひっかき病

病原体

猫ひっかき病(cat-scratch disease；CSD)の病原体は*Bartonella henselae*で、猫の赤血球内に寄生している。顕微鏡下では、*B. henselae*は小型(2×0.5〜0.6 μm)の微小なグラム陰性、多形性単桿菌の特徴を示す。

臨床症状

定型的なCSDでは、猫から受傷後、3〜10日目に受傷部に虫さされに似た病変が形成され、丘疹から水疱に、また、一部では化膿や潰瘍に発展する。皮膚病変の形成から1〜2週間後に一側性、有痛性のリンパ節炎が現れる。リンパ節炎は鼠径部、腋窩あるいは頸部リンパ節に多く現れる(図8-9)。リンパ節の腫脹は、数週から数カ月間持続する。多くの症例で、発熱、悪寒、倦怠、食欲不振、頭痛等を示すが、一般に良性で自然に治癒する。

非定型的な症状は5〜10%の割合で発生する。パリノー症候群、眼瞼性結膜炎、脳炎、骨溶解性の病変、心内膜炎、肉芽腫性肝炎等が報告されている。免疫不全状態のヒトが*B. henselae*に感染した場合、細菌性血管腫を起こすことがある。臨床的にカポジ肉腫に類似した小胞あるいは嚢胞性皮膚病変で、実質臓器に嚢腫が波及する場合もある。

*B. henselae*に感染している猫は、ほとんど臨床症状を示さず、長期間(数カ月から数年)の菌血症を起こす。

検査材料

①—血清診断用の試料：血清は感染初期と後期のペアで採取することが望ましい。単一血清のみで診断する場合は、発病から10〜14日以上経過

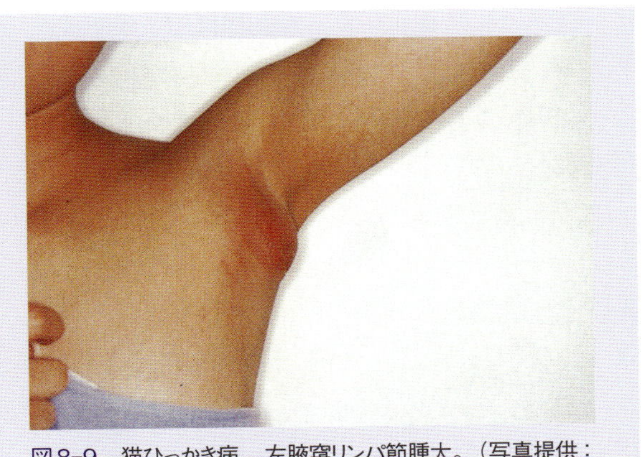

図8-9　猫ひっかき病。左腋窩リンパ節腫大。(写真提供：公立八女総合病院内科、吉田　博博士)

した患者の血清を用いる。血清は直ちに検査できない場合は－20℃以下で保存する。

②—分離培養用の試料：患者を抗生物質で治療する前のリンパ節や血液を用いる。試料を無菌的に採材した後は、できるだけ早急にドライアイス凍結下で検査機関に送付する。血液は、約2 mLを抗凝固剤（ヘパリンあるいはEDTA）入り採血管に無菌的に採取し、短期保存では－20℃以下、長期保存の場合は－70℃以下に保持する。血液は溶血しても菌の分離に支障はない。

③—遺伝子診断の試料：感染初期の血液あるいは発病時のリンパ節を用いる。検体の保存条件は、分離培養の試料に準ずる。

診断法

血清診断法

培養した各種株化細胞に*B. henselae*を感染させた抗原を用いる。

1） 抗原スライドの作製法

①—抗原用の*B. henselae*は、5～7％ウサギ血液加ハートインフュージョン寒天培地に塗沫し、35～37℃、5％COの気相で5～7日間培養する。

②—培養菌の浮遊液を単層に培養したVero、Hep2、FCWF等の株化細胞に接種し、24～48時間培養する。

③—感染細胞をトリプシンで剥離し、MEMを8～11 mL加えて浮遊液を作製する。

④—この細胞浮遊液を12穴アッセイスライドガラスの各穴に30 µLずつスポットし、CO_2インキュベーター内で12～16時間培養する。

⑤—アッセイスライドガラス上のMEMをアスピレーターで吸引し、滅菌PBSで2回洗浄した後、純アセトンで20分間固定、乾燥させる。

⑥—作製した抗原スライドは、乾燥と霜の付着を防ぐためビニール袋に入れ－70℃で保存する。

2） 間接蛍光抗体法の手技

①—作製した抗原プレートを冷PBSで5分間洗浄する。

②—被検血清は10％スキムミルクで、適宜2倍階段希釈する。

③—希釈した血清を抗原にスポットした後、モイスチャーボックス内で37℃、40分間反応させる。

④—反応後、血清をアスピレーターで吸引し、PBSで5分間洗浄する。

⑤—PBSを吸引し、あらかじめ準備しておいたFITC標識二次抗体で、37℃、40分間反応させる。

⑥—反応後、二次抗体を吸引し、PBSで5分間、さらに精製水で軽く洗浄する。

⑦—スライドガラス上の抗原をグリセリンで封入し、蛍光顕微鏡で鏡検する。

IgM抗体では1：16希釈以上、IgG抗体では1：128希釈以上で細胞の核周囲に特異的な蛍光が見られたものを陽性とする。ペア血清でIgM抗体が検出されなかった場合、IgG抗体価に4倍以上の差が見られたものを陽性とする。数カ月以内に*B. henselae*の感染があった場合、通常IgG抗体価は1：256以上を示す。

細菌学的検査法

1） *Bartonella*の分離方法

①—分離には、患者リンパ節や血液を用いる。

②—摘出したリンパ節は、ハサミで無菌的に細切し、9倍量のMedium199（表8-3）を主成分とする分離用液体培地を加え、グラスホモジェナイザーを用い、氷冷下で充分磨細する。

③—血液から本菌を分離する場合、EDTAチューブ等に採取した血液は、一度、凍結（－70～80℃）・融解により溶血させる。

④—融解した血液は、3,800 rpm、75分間遠心分離する。

⑤—上清を除去し、沈渣にMedium 199を120 µL添加し、充分混和する。この際、綿栓つきのチップを用いると良い。

⑥—試料全量を7％ウサギ血液加ハートインフュー

表8-3　Medium 199の組成　100 mL

成分	量
10倍　Medium 199（GIBCO）	10 mL
100×L-グルタミン（GIBCO）	1 mL
100×ピルビン酸（GIBCO）	1 mL
牛胎児血清（GIBCO）	20 mL
7.5％炭酸水素ナトリウム（GIBCO）	3 mL
H_2O	65 mL

7.5％炭酸水素ナトリウムでpHを7.0に合わせる。ろ過滅菌後に冷蔵保存する。

表8-4　7%ウサギ血液加ハートインフュージョン寒天培地の組成(500 mL)

基礎培地	ハートインフュージョンアガー(DIFCO)	20 g
血液	ウサギ脱繊維血液	35 mL
精製水		465 mL

図8-10　ウサギ血液寒天培地に発育した*Bartonella henselae*のコロニー

ジョン寒天培地(表8-4)2枚に塗抹する。

⑦—シャーレの周囲を紙テープでシールする。これは、培地の乾燥と汚染防止の意味がある。

⑧—35℃、5% CO_2の気相で2〜4週間培養する。

⑨—4週間目まで培養し、菌の発育の見られなかった培地は廃棄する。

*B. henselae*は灰白色、S型あるいは表面が隆起したカリフラワー状、非溶血性、直径約0.5〜1 mm程度の微小なコロニーを形成する(図8-10)。

2)　*B. henselae*の同定法

*Bartonella*属菌の同定には、PCR法が用いられる。多くのPCR法が開発されているが、Jensenらの方法に準じて16 S-23 S rRNAスペーサー領域に特異的なプライマーを用いた種特異的PCR法が簡便な方法である。

表8-5　*Bartonella*属菌種の同定に使用するプライマー

プライマー	5'　塩基配列　3'
BS5'	CTTCGTTTCTCTTTCTTCA
BS3'	AACCAACTGAGCTACAAGCC

200 µL PCRチューブにPlatinum PCR Super Mixを17 µL、10 µMの5'および3'プライマーを各1 µLずつ(表8-5)、菌抽出DNA溶液(20 ng/µL)を1 µL加え、合計20 µLになるよう調整する。PCR条件は、95℃で15分間処理をした後、熱変性(95℃で1分間)、アニーリング(60℃で1分間)、伸長反応(72℃で30秒間)のサイクルを40回行う。

PCR産物を電気泳動後、*B. henselae*は172 bpに、類縁菌の*B. clarridgeiae*は154 bpにバンドが検出される。

遺伝子診断法

患者リンパ節あるいは感染初期の血液からDNAを抽出する。市販のDNA抽出キットが便利である。抽出したDNAをテンプレートとして、前述したPCR法で*B. henselae*のDNAを検出する。

その際、臨床症状、実験室診断の成績、ならびに患者の疫学情報(猫を飼育しているか、猫と接触はあったか、猫から受傷したか)などを総合して診断する。

結　核

病原体

Mycobacterium tuberculosis(ヒト型菌)と*M. bovis*(牛型菌)が原因となる。本菌はグラム陽性、抗酸性の桿菌(大きさ0.3〜0.6×1〜4 µm)で、芽胞、鞭毛、莢膜を欠く。固形培地状ではヒト型菌、牛型菌ともに典型的なラフ型の白色集落を形成する。また、鳥形菌は黄白色〜黄色の粘稠なS型集落を形成する(図8-11)。

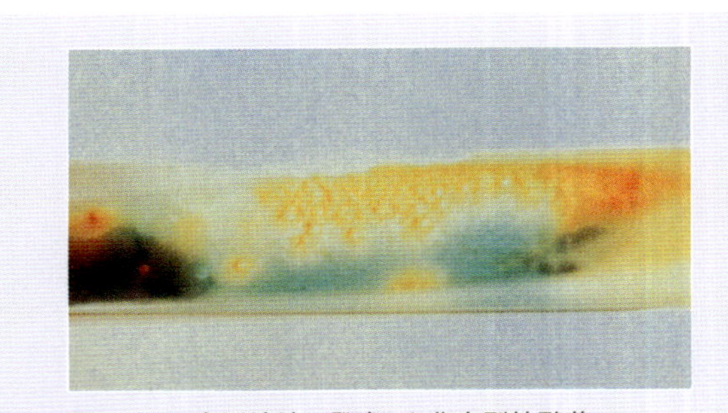

図8-11　小川培地に発育した非定型抗酸菌。*Mycobacterium avium-intracellulare* complex。（写真提供：日本大学生物資源科学部、獣医公衆衛生学研究室）

病原体の検査法

検査材料

喀痰、咽頭粘液、気管支粘液、胃内容、胸水、腹水、髄液、尿、糞便、病変のある臓器および付属リンパ節などが検査材料となる。

染色標本検査法

検査材料の塗抹標本を作製し、抗酸染色を行って鏡検することは、結核菌を含む抗酸菌検出するための最も手軽で迅速な方法である。検出感度は分離培養法に比べると劣るが、患者発見の重要な手段である。

1）　塗抹標本の作り方

喀痰や膿を白金耳あるいは綿棒で、スライドガラスに約15×30 mm程度の範囲に均等に塗抹する。髄液、胸水、腹水などは、採取後3,000 rpmで20分間遠心分離し、その沈渣をスライドガラスに塗抹する。臓器の結核病変を疑う部分は、その部分をスライドガラスに塗抹する。

分離培養（集菌法）

①—検体を乳鉢で磨砕し、4〜5倍量の1〜4% NaOHを加え、乳剤とする。NaOHの濃度、量は検体の種類、雑菌による汚染状況により、適宜調整する。

②—室温で30分間放置する。

③—金網（60メッシュ）でろ過後、ろ液を3,500回転、30分間遠心する。

④—沈渣に2 mLの滅菌生理食塩水を加え、浮遊液を作製する。

⑤—試料を1％または3％小川培地に接種する。*M. bovis*の場合にはグリセリン不含の培地を用いる（グリセリンの代わりにTween 80を用いる）。

⑥—培地の斜面部が水平になるように倒し、37℃で2〜3日培養

⑦—その後、試験管を立て約2カ月間培養

⑧—結核菌の典型的な集落は3週頃から可視化することが多い。帯黄白色で辺縁不正な硬く乾いて表面粗造の集落である。

⑨—培養2カ月を経過しても集落の形成が認められない場合は、培養陰性とする。

⑩—結核菌群を疑う株は、発酵試験、ナイアシン試験を行う。PCR法による同定も可能である。

1%小川培地の組成

①原　液	
L-グルタミン酸ナトリウム	1 g
ン酸二水素カリウム	1 g
精製水	100 mL
②全卵液	200 mL
グリセリン	6 mL
2%マラカイトグリーン	6 mL

①の原液を加熱溶解し、冷却後、②液およびグリセリンと2%マラカイトグリーン溶液を良く混和した後、中試験管に7mLずつ分注し、90℃で60分間滅菌する。

動物接種試験

①—モルモットの筋肉、皮下に被検材料を接種する。

②—約3週間後にツベルクリン反応（＋）となり、接種部付近のリンパ節が腫脹する。

ツベルクリン反応

①—牛では尾根部皺壁皮内にツベルクリン診断液0.1 mLを接種する。

②—72時間後に注射部の厚さを測定する。

③—接種前あるいは反対側の皮膚の厚さが5 mm以上で硬結を伴うものを陽性とする。

（付）牛以外の動物では以下のような部位の皮内にツベルクリン診断液を接種する。

豚：耳、山羊：尾根、猿：眼瞼、鶏：肉髯

ブルセラ症

病原体とその性状

グラム陰性の小桿菌(0.5〜0.7×0.6〜1.5 μm)、非運動性、好気性または微好気性、無芽胞、無莢膜、カタラーゼ陽性、通常オキシダーゼ陽性、ブドウ糖酸化(ペプトン培地では糖から酸を産生しない)、DNAのGC含量は57.9〜59モル%である(表8-6、8-7)。*Brucella*(ブルセラ)属菌は、従来*B. melitensis*(マルタ熱菌)、*B. abortus*(牛流産菌)、*B. suis*(豚流産菌)、*B. ovis*(羊流産菌)、*B. canis*(犬流産菌)および*B. neotomae*(サバクキネズミ流産菌)の6菌種に分類されてきた。しかし、これらは遺伝学的類似性が高いことから、1985年に1菌種、*B. melitensis*にまとめられ、従来の種はすべて生物型(biovar)として扱われることになり、*B. melitensis* biovar *abortus*のように記載される。しかし、医学あるいは獣医学領域における混乱を避けるため、便宜上従来のまま種として扱うことが世界的に認められている。

血清学的には*B. abortus*と*B.melitensis*に共通抗原AおよびMが存在し、前者にはAがMより多く、後者にはMがAより多い性状をもつ。*B. suis*は*B. abortus*にほぼ一致している。

表8-6 *Brucella*属菌の主要な性状

性状	
グラム染色性	陰性
カタラーゼ	陽性
溶血性	陰性
運動性	陰性
VP	陰性
インドール産生	陰性
硝酸塩還元	陽性
ゼラチン液化	陰性

表8-7 *Brucella*属菌種の性状比較

菌種名	糖分解能		
	リボース	キシロース	グルコース
B. melitensis	−	−	+
B. abortus	+	−	+
B. suis	+	+	+

分離・同定法

検　体

流産の際には子宮滲出物、胎児の胃および盲腸内容および乳汁、殺処分牛ではリンパ節、臓器、生殖器、乳房などを採取する。雄では精液、ヒトの生体材料としては血液、骨髄液を採取する。

分離培養

菌分離用の培地はブルセラブロス(Brucella broth)に1.5%寒天を加えて作製する。乳汁、悪露などのように他の細菌が混在する材料の培養には、選択培地の併用が必要であり、Farrellの変法血清デキストロース寒天培地を用いる。

培地の表面を使用前に良く乾燥しておき、リンパ節、臓器などの10%乳剤または割面を入れた材料を十分に塗抹する。乳汁は無菌的に採取し、20 mLを1,000 rpmで10分間遠心沈殿し、脂肪と沈殿物を混合し培地に塗抹培養する。*B. melitensis*および*B. suis*は大気中で発育するが、*B. abortus*は3〜10%のCO_2存在下でのみ発育する株がある。

37℃で培養し、ブルセラ集落の有無の観察は3日目から行う。陰性の場合はさらに5日、7日および2週間目まで行う(図8-12)。

検　体

分離培養
- ブルセラ培地
- Farrellの変法血清デキストロース寒天培地
- 大気中および10%CO_2分圧下、37℃、3〜14日間

疑わしい集落
- 抗血清によるスライド凝集反応
- グラム染色

同　定
- PCRによる特異DNAの検出
- 表8-6、8-7の性状検査など。

図8-12 ブルセラの検査法

同定法

1）初代集落

集落は培養後3～5日で、帯青色透明、光沢のある小正円形集落として出現する。集落が小さいか少ない場合は、継代培養して増殖させてから、次の試験に移る。

2）スライド凝集反応

上述の集落につき、抗血清を使用したスライド凝集反応によって、凝集性の有無を確認する。

3）鏡　検

スライド凝集反応で凝集が認められたものは、グラム染色を実施する。

4）CO_2の要求性

CO_2の要求性は*B. abortus*の新鮮分離株に見られる性状の一つで、検査は大気中と10% CO_2分圧下の両方に培養して発育を比較する。継代を重ねている研究室保存株ではCO_2の要求性を失っている場合が多い。

培地の組成

Farrellの変法血清デキストロース寒天培地

ブルセラブロス1 Lに寒天を1.5%になるように加え、加温、溶解し、121℃、15分間オートクレーブで滅菌する。50℃程度に冷却した後、不活化馬血清(56℃、30分間加熱したもの)50 mL、25%(w/v)デキストロース40 mLを無菌的に加える。さらに、以下の抗生物質を添加し、ペトリ皿に分注する。

ポリミキシンB	5,000 U
バシトラシン	25,000 U
ナリジキシン酸	5 mg
バンコマイシン	20 mg
ナイスタチン	100,000 U
シクロヘキサミド	100 mg

その他

補体結合反応

補体結合反応は、凝集反応が疑陽性以上の場合、本病に罹患しているおそれのある牛の検査の場合、疑似患畜の再検査、患畜あるいは疑似患畜と同居牛の検査の場合に行う。抗原は「ブルセラ病診断用補体結合反応抗原」を用いる。

①―抗原液を0.01%(w/v)硫酸マグネシウム加生理食塩水(希釈液)で100倍希釈する。

②―血清を5倍に希釈した後、非働化し、2倍段階希釈する。

③―各段階の希釈した血清と抗原のそれぞれ0.25 mLを混合する。

④―2単位の補体0.5 mLを加え、混合した後、4℃で一夜静置する。

⑤―37℃で5分間加温した後、感作赤血球0.5 mLを加え、37℃で30分間反応させる。

⑥―溶血阻止度によって判定する。反応が血清希釈5倍以上のものを陽性、5倍未満のものを陰性とする。

オウム病

病原体とその性状

オウム病は、オウム病クラミジア(*Chlamydophila psittaci*)を原因とする。*Chlamydia*目は従来、1科1属4菌種に分類されていたが、2001年、16 Sおよび23 S rRNA遺伝子解析や染色体DNAの相同性に基づき再分類された。これまでの*Chlamydia*属に加え、新たに*Chlamydophila*属を置き、*Chlamydophila*は*C. psittaci*、*C. pneumoniae*、*C. pecorum*が再分類され、さらに、旧分類では*C. psittaci*とされていた*C. abortus*、*C. caviae*、*C. felis*が*Chlamydophila*属の新種として登録された(表8-8)。

クラミジアはDNAとRNAを保有し、人口培地では増殖しない偏性細胞内寄生性微生物である。ク

表8-8 クラミジアの分類

科	属	種	生物型	宿主域	旧分類
Chlamydiaceae	*Chlamydia*	*trachomatis*	Trachoma Lymphogranuloma venereum (LGV)	ヒト	*Chlamydia trachomatis*
		muridarum		マウスおよびハムスター	*Chlamydia trachomatis* biovar Mouse
		suis		豚	*Chlamydia trachomatis*
	Chlamydophila	*pneumoniae*	Twar	ヒト	*Chlamydia pneumoniae*
			Koala	コアラ	
			Equine	馬	
		psittaci		鳥類および哺乳類	*Chlamydia psittaci*
		pecorum		哺乳類およびコアラ	*Chlamydia pecorum*
		abortus		鳥類および哺乳類	なし
		caviae		モルモット	なし
		felis		猫	なし

*2004年8月号、微生物検出情報より引用

ラミジアの伝播は基本小体(elementary body；EB；直径約0.3 μm)によって起こる。EBは細胞へ吸着、侵入し、封入体を形成する。EBの細胞内取り込み後、およそ6～8時間後には網様体(reticulate body；RB；直径約0.5 μm)となり、分裂増殖する。以後RBは急速に増殖し封入体を拡大する。約24時間後にはRBに混じってEBとRBの中間体(intermediate form；IF)、および子孫(progeny)EBが出現する。さらに2分裂を繰り返した後、およそ48時間後には一部の巨大化した封入体保有細胞は破壊され、EB、RB、IFの各クラミジア粒子が排出される。このうちEBは新しい細胞に再び感染し、増殖を繰り返す。

分離・同定法

*Chlamydophila psittaci*は感染症法において四種病原体に定められている。*C. psittaci*の分離培養には、培養細胞や孵化鶏卵を用いて長期間培養する必要がある。また、長期間を要すると同時に取扱者の安全確保と病原体拡散防止のため特別なバイオハザード防止施設(BSL2)を必要とする。

材料の採取と保存

ヒトからの材料採取はできるだけ治療開始前に行う。肺炎患者では喀痰、咽頭粘膜スワブ材料、および血液などを用いる。剖検例では肺、脾臓、肝臓のほか病変の認められた部位を採取する。鳥類では糞便、あるいは肺炎や結膜炎を示すものでは鼻腔スワブ、および結膜スワブをそれぞれ材料とする。牛、羊、山羊、豚などの流産例では胎盤、胎児の諸臓器、糞便、羊膜を採取する。斃死した動物では、肺、肝臓、脾臓、脳などの主要臓器のほか、鳥類では心嚢滲出液、気嚢内滲出液などを採取する。

採取した材料は直ちに分離培養に供する。直ちに分離できない場合は－70℃以下で保存する。スワブは輸送用保存液[*1]に入れて、また滲出液は試験管に採取し、それぞれ－70℃以下で保存する。

[*1]輸送用保存液(SPG：Sucrose Phosphate Glitamate)

Sucrose	75.0 g
KH_2PO_4	0.52 g
KH_2PO_4	1.22 g
Glutamic acid	0.72 g

上記を蒸留水に溶解して、1,000 mLとする。pH7.4～7.6に調整した後、ろ過滅菌する。

分離材料の調整

臓器：抗生物質(ストレプトマイシン：0.5〜1 mg/mL、カナマイシン：0.5〜0.8 mg/mL、ファンギゾン：5〜20 µg/mL)加PBSで10〜20%乳剤とし、1,300×gで10分間遠心した後、上清を接種材料とする。細菌汚染が無いと考えられるものはそのまま接種材料とする。

スワブ：輸送用保存液に混和したものを接種材料とする。

糞便、喀痰など細菌汚染が考えられる材料：上記抗生物質の5倍量を加えたPBSにより10〜20%乳剤とし、臓器と同様に処理する。

分離培養

*C. psittaci*の分離は、孵化鶏卵卵黄内接種法、マウス、モルモット、および培養細胞への接種法により行う。

1) 孵化鶏卵卵黄内接種法

①—有精卵を38〜39℃に設定した孵卵器内で5〜7日間孵卵する。

②—検卵して胎仔が死亡しているものや発育不全のものを除き、接種用とする。鶏卵は1検体につき3〜4個使用する。

③—各卵の気室部の卵殻をヨードチンキ、消毒用エタノールの順で消毒し、中央部に無菌的に錐で穴を開ける。さらに消毒用エタノールで拭いた後、22 G 1 1/2針を用いて、0.2〜0.5 mLの接種材料を卵黄嚢内に接種する。

④—穴を消毒用エタノールで拭いた後、パラフィン、テープ、木工ボンドなどで封じ、湿度が十分に保たれている36〜37℃の孵卵器で培養する。

⑤—検卵は毎日行い、胎仔の生死を観察する。接種後3日以内に死亡したものは細菌汚染によるものと見なし、廃棄する。4日目以降に死亡した卵から下記⑥により卵黄嚢を採取する。生存している卵は10〜13日間観察後、4℃に一夜放置してから卵黄嚢を採取する。

⑥—気室部の卵殻をヨードチンキ、消毒用エタノールの順で消毒し、気室部の卵殻を取り除き、注射器を用いて漿尿液を吸引除去する。滅菌ピンセットを用いて卵殻膜、漿尿膜を除き、滅菌シャーレに卵黄嚢を取り出す。クラミジア感染が見られる卵の卵黄嚢は薄く、血管のうっ血が認められる。

⑦—余分な卵黄を滅菌したろ紙で吸い取った後、一部をスライドガラスに薄く塗抹し、火炎固定をした後、Gimenez染色を行う。

⑧—陰性の場合は卵黄嚢を20〜50%乳剤とし、1,300×gで10分間遠心した後、同様に孵化鶏卵に接種する。盲継代は3代まで行う。

2) 培養細胞接種法

使用する細胞株はHeLa229やMcCoyが用いられる。本稿ではHeLa229を用いた場合について説明する。

①—10%牛胎子血清(FBS)加Eagle-MEMで5×10^4 cells/mLに調整したHela細胞浮遊液を、非蛍光タイプのスライドガラスを入れた24穴平底プレートに1mLずつ播種し、37℃、5% CO_2下で一晩培養する。

②—調整した接種材料をさらに培養液で10倍に希釈し、その200 µLを、24穴平底プレートに静かに接種する。

③—2,700×gで1時間遠心して吸着させた後、37℃で1時間静置する。未吸着の上清を取り除いた後、2% FBS、1 µg/mL cycloheximide加Eagle-MEMを1 mL加え、3〜4日培養する。

④—スライドガラスについては、Gimenez染色および蛍光抗体法により封入体を確認する。盲継代は2代まで行う。

同定法

1) Gimenez染色

〈試薬〉

①—第一液：10%塩基性フクシンエタノール溶液100 mL＋4%フェノール水溶液250 mL＋蒸留水650 mL(使用前に37℃で48時間おく)

②—第二液：0.1 M PBS(pH7.5)(0.2 M NaH_2PO_4 3.5 mL＋0.2 M Na_2HPO_4 15.5 mL＋蒸留水19 mL)

③—第三液：0.8%シュウ酸マラカイトグリーン水溶液

〈染色〉

①—火炎固定

②—フクシン液(第一液：第二液＝1：1.5を混和し、ろ過した後(用事調整)、1〜2分間染色し、水洗する。

③—第三液で9秒間染色し、水洗する。この作業を2回繰り返す。
④—ろ紙で水分を吸収した後、乾燥、風乾、封入、鏡検。
＊EBは赤色、RBは青色、細胞は淡緑色に染まる。

2) Macchiavello染色
〈試薬〉
①—第一液：0.5〜1.0%塩基性フクシン水溶液
②—第二液：1/15 Sørensenリン酸緩衝液(pH7.6)(KH_2PO_4：Na_2HPO_4＝1：9)
③—第三液：0.1%クエン酸水溶液
④—第四液：0.5〜1.0%メチレンブルー水溶液
〈染色〉
①—火炎固定
②—第一液と第二液を等量混和し、ろ過した後(用事調整)、7〜10分間染色する
③—第三液で脱色し、素早く水洗する。
④—第四液で1分間対比染色し、水洗、乾燥後、風乾、封入、鏡検
＊EBは赤色、RBは濃青色に、細胞は青く染まる。

3) Giemsa染色
①—メタノールで10分間固定した後、希釈Giemsa染色液(5 mLの蒸留水に、Giemsa染色原液を1滴加えたもの)で30〜60分間染色する。
②—染色後、水洗、乾燥後、風乾、封入、鏡検
＊EBは赤紫色に、RBは青色に染まる。細菌も同様に染色されるので鑑別の必要がある。

4) 直接蛍光抗体法
培養後のスライドガラスを冷アセトンで5〜10分間固定し、自然乾燥させる。パラフィルム上にFITC標識モノクローナル抗体液(クラミジアFA試薬(デンカ生研))25 μLのせ、スライドガラス上の細胞面と接触させ、湿潤箱に入れ、室温で15分間反応させる。反応後、滅菌再精製水で5分間洗浄し、風乾後、封入液で封入して蛍光顕微鏡を用いて観察する。細胞が赤く、クラミジア粒子は黄緑色に光る。

5) PCR法
現在分離培養法に代わる迅速診断法として、PCR法が広く用いられている。厚生労働省国立感染症研究所の「小鳥のオウム病の検査法等ガイドライン」ではmajor outer membrane protein(MOMP領域)に特異的なプライマー(CM1、CM2[*2])を用いた*Chlamydiaceae*特異的PCR-RFLP法が推奨されている。DNA抽出については、抽出キットが市販されているので利用すると良い。PCR産物について、制限酵素*Alu*および*Pvu*による消化を行い、切断パターンを確認する(表8-9)。PCRおよび制限酵素は複数のメーカーから市販されているので、それぞれその方法に準じて行う。

[*2]*Chlamydiaceae*属特異的PCRに用いたプライマーの塩基配列
CM1：5' CAGGACATCTTGTCTGGCTT 3'
CM2：5' CAAGGATCGCAAGGATCTAA 3'

抗体検出法

オウム病の血清診断には従来、補体結合反応(CF)、micro-immunofluorescence(micro-IF)法、Enzyme-immunoassay(EIA)法などが用いられる。現在最も一般的に用いられる方法はCF法で、検査に必要なCF用抗原や感作羊赤血球、モルモット補体などキットとして市販(デンカ生研)されている。ただし、CF抗原は主にLPS様物質で属特異抗原であるため、他のクラミジア種の感染でもCF抗体陽性となることを考慮しなければならない。

表8-9　CM1/2にて増幅されたクラミジア3種の制限酵素切断サイズ

Chlamydia spp.	PCR産物(bp)	RFLP	
		Alu・(bp)	*Pvu*・(bp)
C. trachomatis L2	245	90、89、66	245
C. psittaci 6BC	259	190、69	189、70
C. pneumoniae TW-183	258	199、59	258

感染症法における扱い

オウム病は感染症法により四類感染症に定められており、診断した医師は直ちに最寄りの保健所に届け出る必要がある。報告のための基準は以下の通りとなっている。

○診断した医師の判断により、症状や所見から当該疾患が疑われ、かつ、以下のいずれかの方法によって病原体診断や血清学的診断がなされたもの。

・**病原体の検出**

例：痰、血液、剖検例では諸臓器などからの病原体を分離することなど。

・**病原体の遺伝子の検出**

例：PCR法、PCR-RFLP法など。

・**病原体に対する抗体の検出**

例：間接蛍光抗体(IF)法で抗体価が4倍以上(精製クラミジア粒子あるいは感染細胞を用いた場合は種の同定ができる方法)など。

その他の細菌性人獣共通感染症の診断

非定型抗酸菌症

結核菌に類縁の *Mycobacterium avium-intracellulare* complex(MAIC)、*M. kansasii*、*M. marinum* などが原因となる。結核菌の検査に準じて行う。ツベルクリン反応を行う場合、鳥型ツベルクリン(PPD)を用いる。本ツベルクリンは市販されている。

豚丹毒

Erysipelothrix rhusiopathiae および *E. tonsillarum* が原因となる。急性型では血液や剖検時の実質臓器、その他では病変部を検査材料とする。

分離培養

①—増菌培地は、アザイドブイヨン、ゲンタマイシンブイヨンあるいは0.1% Tween80加トリプトソイブロース(ゲンタマイシン50 μg/mL、カナマイシン400 μg/mLを添加)を用い、37℃、24時間増菌培養を行う。

②—分離培地は、アザイド血液寒天培地、ゲンタマイシン寒天培地あるいは0.1% Tween80加トリプトソイ寒天培地(ゲンタマイシン50 μg/mL、カナマイシン400 μg/mLを添加)などを用い、37℃、48時間培養後、直径0.5〜1 mmの正円形の透明〜半透明の集落を釣菌し、純培養する。

抗体検査

抗体検査は、慢性型豚丹毒の診断、豚丹毒の浸潤状況あるいはワクチン注射後の抗体応答の調査などに応用され、生菌発育凝集反応あるいはラテックス凝集反応キット(日生研)などを用いて測定する。

野兎病

Francisella tularensis が原因となる。局所病変、リンパ節、喀痰などから、培養またはマウス接種により菌を検出する。

分離培養

①—罹患リンパ節から直接菌を分離する場合、リンパ節の生検材料を血液加ユーゴン培地などに直接塗抹する。

②—3〜5日間培養する。

③—初期集落は血液加ユーゴン培地上では透明な露滴状の盛り上がった円形集落であるが、後に乳白帯青色となる。この培地上では粘稠性が強く、掻き取る時に糸を引くことがある。染色所見はグラム陰性で、0.2〜0.3 μmの小球菌様のものから1 μm以上の大桿菌状のものまで、多形性を示す。

分離培養(マウス接種法)

①—分離培養用に調整した材料をマウス腹腔内に接種する。

②—菌が増殖したマウスは3～10日で死亡する。死亡したマウスは胸腔を開き、心採血し血液加ユーゴン培地などに塗抹する。1～2日で集落を形成する。

血清診断法(凝集反応)

30～50 μLのスライド凝集反応用抗原(Difco)と等量の試験血清をスライドガラス上で混和し、数分後に凝集塊を確認する。単一サンプルの場合、40倍以上ペア血清では4倍以上の上昇をもって野兎病と判定する。なお、本菌はブルセラと共通抗原を有するが、交差反応は実際上ほとんど問題にならない。

レプトスピラ病

*Leptospira*属の菌が原因となる。血液、尿、剖検時の肝臓、腎臓を材料とする。

分離培養

①—レプトスピラの分離にはEMJH培地、コルトフ培地、フレッチャー培地などの液体あるいは半流動培地を用いる。検査材料を分離培地に加え、30℃、1～2カ月培養する。培養期間中、1週間ごとに暗視野顕微鏡下でレプトスピラの有無を確認する。レプトスピラの存在が確認されたら、継代する。顕微鏡凝集反応(MAT)と交差凝集試験による血清学的検査法により本菌を同定する。

動物接種法

有熱期の患者血液をハムスターあるいはモルモットの皮下、腹腔内に接種し、発熱時に心血を培養する。

抗体検査

抗体検出法としては顕微鏡凝集反応、マイクロカプセル凝集反応、ELISA法、スライド凝集反応、ラテックス凝集反応、赤血球凝集反応、溶血反応などがある。

ライム病

ライム病の病原体として従来から知られている*Borrelia burgdorferi*の他に、*B. garinii*、*B. afzelii*、*B. japonica*などが追加されており、菌種間で病原性に若干の差が見られる。媒介マダニ(わが国ではシュルツェマダニ、*Ixodes persulcatus*)の中腸、患者の皮膚病変部、患者、患畜(犬、牛、馬)および保菌宿主(ネズミ、鹿など)の関節液、髄液、血液を検体とする。

分離培養

①—上記検体あるいは遠心濃縮した検体材料を、Barbour-Stoenner-Kelly II(BSK-II)またはBSK-H培地に接種し、32℃で培養する。接種後、1週間ごとに暗視野顕微鏡を用いてライム病ボレリアの有無を観察する。

抗体検査

ライム病の血清診断には多くの方法が開発されており、主に酵素抗体法と蛍光抗体法が使用される。梅毒、レプトスピラ症スピロヘータをはじめ、様々な感染症の病原体と交差反応を示す。血清診断の感度および特異性は方法によって異なり、各々の手法の特性を踏まえて成績を分析する必要がある。最近ではヒトおよび動物の*B. burgdorferi*抗体検出用キットが各社から市販されているので、それらを利用するのも良い。

リステリア症

*Listeria monocytogenes*が原因となる。患者、患畜材料(骨髄液、血液、脳など)および食品を検体とする。保菌および汚染調査の場合は、糞便、膣粘液スワブ、食品、環境材料などを用いる。

分離培養

①—増菌は、食肉ではUVM1培地とFraser培地による2段階増菌(両培地とも30℃、24時間培養)、乳・乳製品ではLovett増菌培地のIDF変法組成(30℃、48時間、できれば7日間培養も加える)を用いる。また、リン酸緩衝液による4℃、3週間の低温増菌も用いられている。

②—分離には、PALCAM寒天培地、Oxford寒天培地などを用いる(図8-13)。

③—PALCAM寒天培地、Oxford寒天培地上に発育した、エスクリン分解性の集落を釣菌し、0.6%酵母エキス加トリプトソイ寒天培地で純培養して菌の同定を行う。

細菌性赤痢

*Shigella*属が原因となる。糞便、その他に汚染の疑いのある水、食品を検査材料とする。赤痢菌はサルモネラなどと比べ糞便中での生存期間が短く、抗生物質投与後では検出されないことがあるので、抗生物質治療前の、排便直後の新鮮な糞便(1～3 g)を検査に用いるべきである。

分離培養

患者便およびそれ以外の材料を分離用平板培地に塗抹して37℃、18～24時間培養する。分離用平板培地としては、①SS寒天培地、②マッコンキー寒天培地またはDHL寒天培地、③BTB乳糖寒天培地が用いられる。

SS寒天培地は長年にわたって赤痢菌の分離培養に用いられているが、D群赤痢菌の発育を抑制すること、A群赤痢菌血清型1の菌の発育を阻害するなど選択性が強い。SS寒天培地を用いる場合は、選択性の低い②あるいは選択性のない③の培地のいずれかを併用する必要がある。BTB乳糖寒天培地は腸管病原細菌に対して選択性がないので検体の接種量を少なめにする。

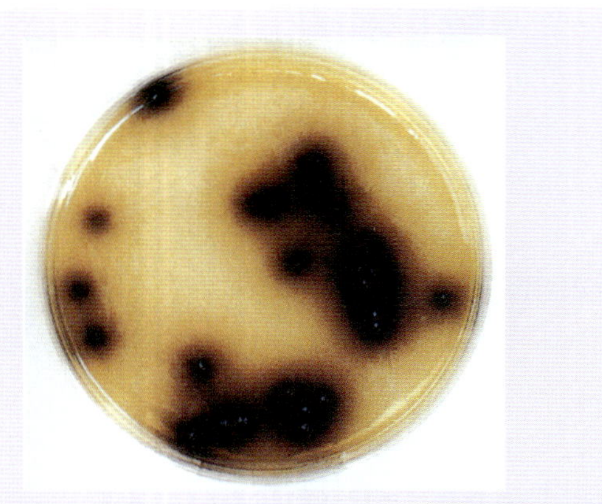

図8-13　オックスフォード培地に発育した*Listeria monocytogenes*。(写真提供：日本獣医生命科学大学、獣医公衆衛生学教室)

通常、分離用平板培地上の赤痢菌の集落は小円形・湿潤・無色・半透明で、やや扁平である。SS寒天培地では主にサルモネラおよび赤痢菌が発育し、その他の菌は強く発育を阻止される。D群赤痢菌では集落中心部がピンク色を帯びることもある。一方、BTB乳糖寒天培地では赤痢菌は青色・半透明な集落を作る。

薬剤耐性菌とその同定

近年、動物で使用された抗菌性物質により選択された薬剤耐性菌が、ヒトに感染し、健康に危害を与えているとして、人獣共通感染症の原因細菌の薬剤耐性が公衆衛生上、問題になっている。

例えば、鶏をはじめとする家畜は、腸管内に*Campylobacter*を保菌し、それらが畜産食品を汚染しカンピロバクター食中毒の原因となる。フルオロキノロン系抗菌剤の治療を受けた家畜において、*Campylobacter*が同剤に対する耐性を獲得する可能性がある。その耐性*Campylobacter*にヒトが感染した場合、その患者をフルオロキノロン剤で治療をしても効果が認められず、治癒までの日数が延長することがある。

抗菌性物質

抗菌性物質により、発育を阻止する菌の種類(抗菌スペクトラム)は異なる。検査を行う抗菌性物質は被検菌に対し、一般に抗菌作用を示す抗菌性物質の中から選択する。

感受性

細菌の抗菌性物質に対する感受性の程度は、希釈法により測定される最小発育阻止濃度(minimal inhibitory concentration；MIC)やディスク拡散法により測定される阻止円の大きさにより示される。被検菌がある抗菌性物質に対して耐性を示す場合、その抗菌性物質のMICは高く、阻止円は小さくなる。

薬剤感受性試験

薬剤感受性試験は主に希釈法とディスク拡散法に分けられる。希釈法には寒天平板希釈法と液体希釈法があり、液体希釈法は主に96well plateを使用した微量液体希釈法が用いられる。ディスク拡散法には一定濃度の薬剤を含んだ円形のろ紙を用いる。

寒天平板希釈法

1) 被検薬剤

薬剤感受性試験には常用標準品や参考品として市販されている抗菌性物質を使用する。これらは各薬剤に推奨される保存方法か−20℃で保存する。結露を防ぐため、室温に戻してから試薬瓶をあけ、秤量する。

寒天培地と薬剤希釈液を9：1で混合して薬剤含有培地を作製するため、培地に含有させる最終濃度の10倍濃い濃度の薬剤を調整する。また、購入した抗菌性物質はそれぞれ純度が異なることから、以下の計算式を用いて、正確な濃度の薬剤液を調整する。

$$\text{溶媒量(mL)} = \frac{\text{薬剤の力価(mg/mg)} \times \text{重量(mg)}}{\text{必要な薬剤原液の濃度(mg/L)}}$$

薬剤の溶媒として、一般には滅菌蒸留水を用いるが、クロラムフェニコールやエリスロマイシンは95%エタノール、アンピシリンはリン酸緩衝液(0.1 mol/L、pH8.0)、アモキシシリン、クラブラン酸、セファロシンはリン酸緩衝液(0.1 mol/L、pH6.0)で溶解する[8)]。

2) 薬剤液の希釈

MICは2^nの値で示されるため、この10倍濃度の薬剤液を調整する。希釈には前述の溶媒を用いる。

希釈の誤差を最小限にするため、連続した段階希釈ではなく、以下のように希釈回数を少なくして各薬剤希釈液を作製することをCLSIは規定している[8)]。

MICを512 mg/Lから0.125 mg/Lまで測定する場合、まず、5,120 mg/Lの薬剤液を作製する。これを2倍、4倍、8倍希釈してそれぞれ2,560 mg/L、1,280 mg/L、640 mg/Lを作製する。次に、希釈して作製した640 mg/Lを2倍、4倍、8倍希釈してそれぞれ320 mg/L、160 mg/L、80 mg/Lを作製し、これを繰り返す(表8-10)。

3) 培　地

寒天平板希釈法には一般にMueller-Hinton寒天培地を用いる。ただし、栄養要求性が高い*Campylobacter* spp.や*Streptococcus* spp.については、Mueller-Hinton寒天培地に綿羊血液を添加する。また、ブドウ球菌のオキサシリンやメチシリンに対する感受性試験を行う場合、2%(w/v)NaClを添加する。

表8-10　希釈薬剤液の作成方法

	A	B	C	D
段階	希釈に用いる薬剤液の濃度(mg/L)	薬剤液：希釈液	希釈薬剤液の濃度(mg/L)	培地中の最終薬剤濃度(mg/L)
	5,120	−	5,120	512
1	5,120	1 ： 1	2,560	256
2		1 ： 3	1,280	128
3		1 ： 7	640*	64
4	640*	1 ： 1	320	32
5		1 ： 3	160	16
6		1 ： 7	80**	8
7	80**	1 ： 1	40	4
8		1 ： 3	20	2
9		1 ： 7	10***	1
10	10***	1 ： 1	5	0.5
11		1 ： 3	2.5	0.25
12		1 ： 7	1.25	0.125

Aの濃度に調整した薬剤液をBに示した比率で希釈し、Cの濃度の希釈薬剤液を作製する。Cの濃度の希釈薬剤液と寒天培地を1：9の割合で混合し、培地中の最終薬剤濃度がDとなる。
*、**、***希釈に用いる薬剤液(A)は、それぞれ1段階濃い濃度の希釈薬剤(C)を用いる。

希釈薬剤液と寒天培地(高圧滅菌後、50℃程度に冷ます)を1：9の割合で混合し、厚さが4 mmになるように使用するシャーレのサイズにあわせ、分注量を決める。培地の厚みは、菌の発育とMICに影響するため、必ず4 mmとする。

薬剤寒天培地は原則、作製した当日に使用し、当日に使用しない場合は4℃で保存し1週間以内に使用する。冷蔵しておいた薬剤寒天培地を使用する場合、培地中抗菌性物質の抗菌活性が低下していないか、対照株で確認することが重要である。

4) 接種菌液の調整・接種

薬剤寒天培地は、接種前に培地表面を乾燥させる。被検菌は、1〜2×10^{4}CFU/spotとなるように接種する。被検菌は液体培地(トリプティック・ソイ・ブロスなど)に接種し、35℃で培養後、希釈するなどして0.5 McFarland(1〜2×10^8 CFU/mL)に濁度を合わせる。この菌液を10倍希釈し(1×10^7 CFU/mL)、その希釈菌液2 μL(2×10^4 CFU)を薬剤寒天培地に接種する。液体培地で増殖しにくい菌種などでは、寒天平板で増殖させ、それを滅菌食塩水等に浮遊させ上記と同様に調整して使用する。

1枚の薬剤寒天培地に多くの菌株を接種するため、図8-14のような接種器を使用すると良い。接種器のピンの太さにより、接種できる液量が異なるので、器具に合わせて菌液を希釈する。接種器はアルコールに浸し、バーナーで燃やし、ピンが冷えた後、菌液に浸して接種する。薬剤を含まない対照の寒天培地に接種した後、低濃度から高濃度の培地へ順に接種し、最後に再び対照の培地に接種する。接種するごとに菌液に接種器を浸す。

5) 培養条件

接種した菌液が薬剤寒天培地に吸収されるまで、培地を室温に置いた後、シャーレを裏返しにして35℃で16〜20時間培養する。ブドウ球菌のオキサシリン耐性については、24時間培養し判定する。被検菌の発育が阻止された薬剤の最小濃度がMICとなる。薬剤濃度の希釈列に不連続な発育が認められた場合は(スキップ現象)、再検査する。この原因の一つとして、菌液への雑菌の汚染等が考えられる。

ディスク拡散法

一定濃度の薬剤を円形ろ紙(ディスク)に含ませ、培地上に置くことにより、ディスク中の薬剤が寒天培地に拡散し、ディスクを中心に薬剤の濃度勾配ができる(図8-15)。被検菌は、薬剤の発育阻止濃度より高濃度の薬剤を含む培地上では発育が阻止され、低濃度を含む培地上では発育するため、ディスクの周辺に阻止円が形成される。耐性菌は高濃度の薬剤存在下でも発育するため、阻止円が小さくなる。

1) 薬剤ディスク

国内でも各社が販売しているが、主に体外診断薬として販売されているため、動物専用の抗菌剤成分などは市販されていないことが多い。薬剤ディスクは市販の円形ろ紙を購入し、薬剤を含有させ作製することもできる。CLSIなどはディスク拡散法で使用するのに適したディスク中の薬剤量(mg)を示しているので、それらに従い作製する。

2) 培地・接種菌の調整・接種

培地の種類や厚み、接種菌液の調整は寒天平板希釈法と同様に行う。

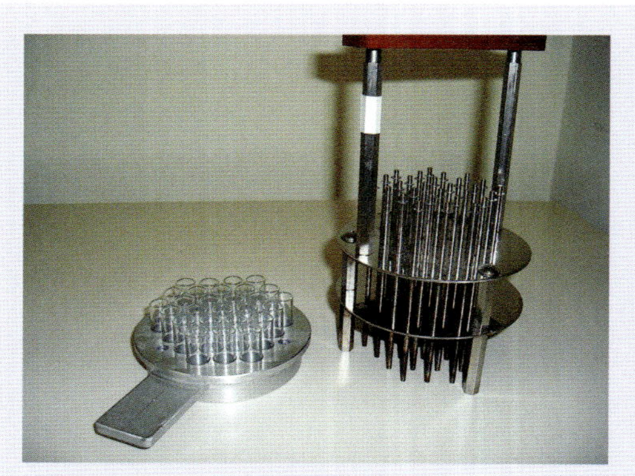

図8-14　左が専用の試験管とスタンド、右が接種器(multi-inoculator)

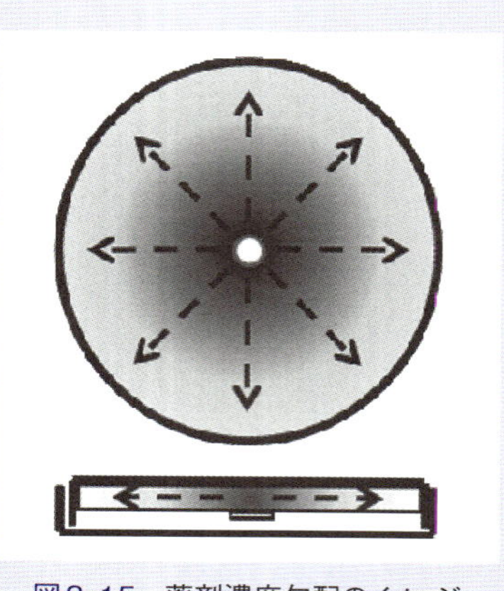

図8-15　薬剤濃度勾配のイメージ

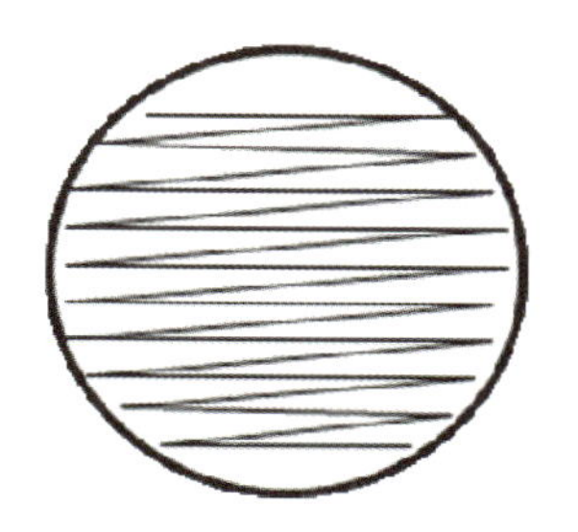
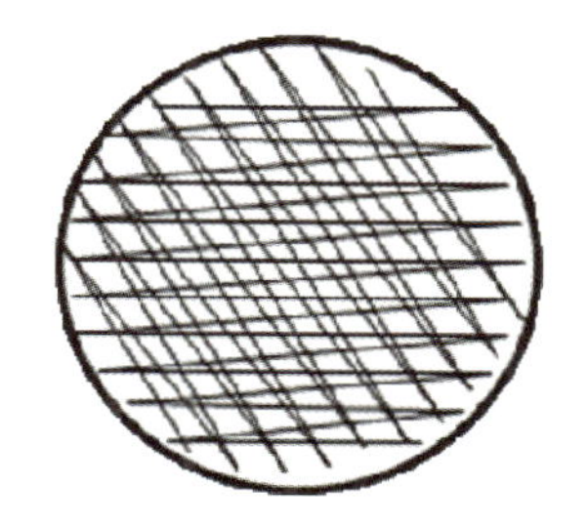
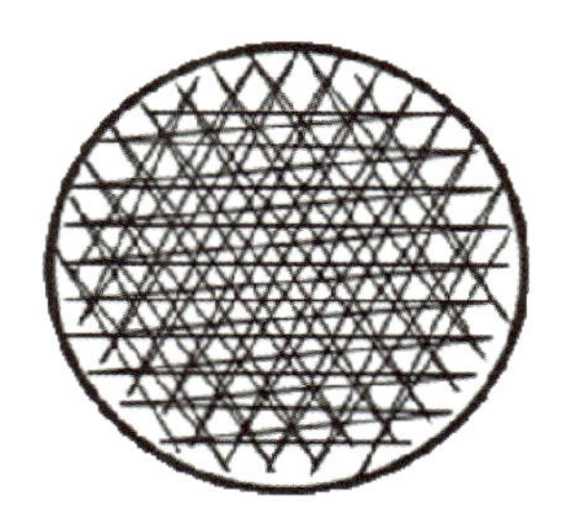

図8-16　菌液の塗抹方法(培地全面に角度を変えて3回塗抹する)

1～2×10^8 CFU/mLの菌液に滅菌綿棒を浸し、綿球を試験管壁に押しつけ、余分な菌液を除いた後、その綿棒で培地全面に菌液を塗抹する。その後、シャーレを60°回転させて再度塗抹することを2回繰り返す(図8-16)。

3)　ディスクの配置

菌液を塗布し数分間静置した後、15分以内にディスクを配置する。ディスクは培地に密着させるようにする。菌液塗布直後にディスクを配置してしまうと培地表面上の水分に薬剤が拡散し、正確な結果が出ない。また、複数の薬剤について検査する場合、ディスク間の距離が近いと阻止円が重なり、直径が計測できなかったり、薬剤の相互作用により阻止円がゆがんだりするため、ディスクの間が24 mm以上になるように配置する。

4)　培養条件

培養は35℃で16～18時間行う。ブドウ球菌のオキサシリン耐性や腸球菌のバンコマイシン耐性を検査する場合は24時間培養する。判定はノギス等で阻止円の直径を測定する。CLSIは薬剤と菌種により、感受性、中間、耐性と判断するための阻止円直径を示している。

試験の精度管理

薬剤感受性試験の結果に影響を与える要因として、薬剤の調整、培地の種類、pH、厚み、接種菌の菌数、培地表面の水分などがある。試験の信頼性を得るため、MICや阻止円直径のわかって判明している株を対照としておき、その値を確認する。CLSIは *Escherichia coli* ATCC 25922、*Staphylococcus aureus* ATCC 29213、*Pseudomonas aeruginosa* ATCC 27853および *Enterococcus faecalis* ATCC 29212の各種薬剤に対するMICや阻止円直径の範囲を示している[7]。

特定の薬剤耐性菌の同定

バンコマイシン耐性腸球菌(VRE)

バンコマイシン耐性腸球菌には高度耐性の*vanA*や*vanB*保有腸球菌のほか、低度耐性の*vanC*遺伝子保有の腸球菌も知られており、これらを区別するために保有している耐性遺伝子を検査するPCR法などが行われる[9]。

メチシリン耐性黄色ブドウ球菌(MRSA)

分離された黄色ブドウ球菌がMRSAであるかどうかを検査するためには、オキサシリンの薬剤感受性試験や耐性遺伝子である*mecA*をPCR法[10]などにより検査するほか、ラテックス凝集反応によりPBP2'を検査する方法がある。しかし、MRSA以外にもメチシリン耐性を示すブドウ球菌が知られているため、菌種同定を行うことも重要である。

β-ラクタマーゼ産生菌

β-ラクタム系抗生物質は医療において重要であり、これを加水分解するβ-ラクタマーゼの検査も様々開発されている。被検菌を試験ろ紙に塗抹し、色の変化でβ-ラクタマーゼの産生を判定する検査薬も市販されている。ペニシリナーゼとセファロスポリナーゼを区別することができる検査薬もある。

参考文献

炭　疽

1）WHO Anthrax in humans and animals. 4th ed.
2）牧野壮一，川本恵子．日本臨床．2007，65：163-167.
3）The genome sequence of Bacillus anthracis Ames and comparison to closely related bacteria. Read TD, Peterson SN, Tourasse N, et al. Nature. 2003, 423: 81-86.
4）動物衛生研究所病性鑑定マニュアル　第3版 http://www.niah.affrc.go.jp/disease/byosei-kantei/cow-diseases/anthrax.html
5）OIE Manual of Diagnostic Tests and vaccines for terrestrial animals (mammals, birds and bees). 6th ed. 2008.
6）Brown ER, Cherry WB. Specific identification of *Bacillus anthracis* by means of a variant bacteriophage. J Infect Dis. 1955, 96(1): 34-39.

猫ひっかき病

7）Jensen, W. A., M. Z. Fall, J. Rooney, D. L. Kordick, and E. B. Breitschwerdt. 2000. Rapid identification and differentiation of *Bartonella* species using a single-step PCR assay. J Clin Microbiol 38: 1717-22.

薬剤耐性菌とその同定

8）Clinical and Laboratory Standards Institute (2008) Performance standard for antimicrobial disk and dilution susceptibility tests for bacteria isolated from animals; approved standard -third edition M31-A3 vol. 28 No. 8
9）Kariyama, R. et al. (2000) Simple and reliable multiplex PCR assay for surveillance isolates of vancomycin-resistant enterococci J. Clin. Microbiol. 38, 3092-3095
10）Murakami, K. et al. (1991) Identification of methicillin-resistant strains of staphylococci by polymerase chain reaction J. Clin. Microbiol. 29, 2240-2244

第9章
寄生虫性人獣共通感染症

トキソプラズマ症

病原体とその性状

病原体

*Toxoplasma gondii*は肉胞子虫科に属し、ネコ科の動物を除く哺乳類や鳥類では無性生殖で発育し、急性期にタキゾイト(大きさ2〜3 µm×5〜7 µm、三日月状)および慢性期にシスト(大きさが直径約20〜50 µmの球形、100〜1,000個以上のブラディゾイト含む)が認められる。猫が感染した場合、上記の無性世代の虫体のほかに腸管上皮内で有性生殖が行われ、糞便中に未熟オーシスト(大きさ10×12 µm)が排出される。これが外界に排出されて2〜3日すると、感染力をもつ成熟オーシスト(2個のスポロシストとその中に4個のスポロゾイトが形成)となる。

発生状況

わが国のトキソプラズマ症は1954年の脳水腫患者が最初である。成人ではほとんど不顕性感染で、健常者の約10%が抗体陽性といわれる。また、加齢、ペットなどの動物との接触頻度、生肉の摂取、食肉を扱うことが多い人ほど陽性率が高くなる傾向にある。

臨床症状(ヒト、動物を含む)

ヒトでは通常不顕性感染で、発症にいたらぬ場合が多い。妊娠中の母体が初感染すると、流早産あるいは新生児の先天性感染(眼病変、精神運動障害、水頭症、脳内石灰化)の原因となる。後天性感染の場合もまれにリンパ腺炎、眼病変、肺炎、全身感染などを起こすことがある。

ほとんどの動物は、不顕性感染の経過をとるが、発症した動物では、肺水腫、肺の小壊死巣、肺炎、胸膜炎、出血および壊死を伴うリンパ節炎、肝臓の巣状壊死、心筋炎、脳障害などを起こす。また、生後3〜4カ月の子豚の豚コレラ様の症状を示す急性感染や羊の先天性感染の場合は、重篤な症状を示す。猫は、哺乳中の子猫を除き感染しても発症することはまれである。

感染源と伝播様式

猫では、タキゾイト(リンパ節、内臓)、ブラディゾイト(脳、筋肉)が寄生するばかりでなく、腸粘膜上皮内で有性生殖を行いオーシストを形成する。糞便に排出されたオーシストは自然環境や薬剤などに対して強い抵抗力を示す。このオーシストを哺乳類や鳥類が経口的に取り込むと感染が成立する。急性期にはタキゾイト(栄養型)が宿主細胞内で分裂、増殖、遊出を繰り返し、組織に障害を与える。慢性期にはシストが認められ、時々シストから虫体が遊出して寄生虫血症を起こしながら長期間にわたり体内に存在する。

主な病原巣は猫およびネコ科の野生動物である。オーシストで汚染された土壌、食品ならびに感染した動物(羊、豚、鳥)由来の食肉、内臓ならびに発症した家畜や野生動物、ペットなどが重要な感染源となる。

診断法

抗体検査

Sabin-Feldmannの色素試験、血球凝集反応、補体結合反応、ラテックス凝集反応、酵素抗体法、蛍光抗体法などがある。最も信頼度の高い方法は色素試験であるが、生虫体と補体様の働きをするアクセサリーファクター(特殊な血漿など)を必要とするため一般検査室で行うことは難しい。ここでは、色素試験とほぼ同等の成績が得られるラテックス凝集反応について説明する。

1) ラテックス凝集反応「トキソテスト-MT(栄研)」

(1) 検体の調整方法

被検血清(非動化は不要)0.05 mLを小試験管に取り、緩衝液0.35 mLを加えて8倍希釈液とする。

測定方法

①—U字型のマイクロタイター用トレイの1～9の穴に緩衝液をドロッパーを用いて0.025 mLずつ分注する(第9穴は対照とする)

②—被検血清をダイリューター(0.025 mL用)に取り、2倍希釈系列で1：2,048(1～8穴)まで希釈する。

③—ラテックス乳液を良く振盪し、均一な懸濁液とした後、ドロッパーを用いて1～9穴に1滴(0.025 mL)ずつ滴下する。

④—トレイを良く振盪し、混合する。

⑤—ラップをして、室温に一夜静置後、判読する。

＊使用後のダイリューターは、蒸留水で洗浄後、エタノールに浸し、バーナーで焼く。

判 定

下記の凝集像判定基準に基づいて、凝集像を読みとる。抗体価は判定基準の1以上を示した最終希釈倍数値をもって表す。

3：沈降したラテックス凝集像の周囲がめくれあがり、周囲は不規則

2：沈降したラテックスが大きく全体に広がっている像

1：沈降したラテックスが中程度に広がっている像

0.5：陰性対照に示す像よりやや大きめな像

0：小さく「くっきり」とした円形の沈降像

その他

原虫検査、分離

原虫検査は急性発症期にはリンパ節、肝臓、肺などの臓器のスタンプ標本のギムザ染色、蛍光抗体法などによりタキゾイトの検出を行う。慢性例では脳の未染色圧平標本あるいは脳や筋肉の標本のギムザ染色でシストの検出に努める。ただし、自然感染例の標本からシストを顕微鏡検査で発見することは難しい。最近は免疫組織染色をパラフィン標本に応用する方法もある。分離には臓器の乳剤や分泌液をマウスに接種する。病原性の強い株の場合にはマウスは通常1～2週間で死亡し、腹水、臓器のスタンプ標本中にタキゾイトが検出される。この期間中に死亡しない場合は、約2カ月後に脳の圧平標本を検査してシストの検出に努める。初代で検出できない時は、長期間盲継代を行い、観察する必要がある。接種マウスの脳標本では比較的容易にシストを検出することができる。

1) 直接塗抹標本のギムザ染色

1. 臓器を切り出しスライドガラスにスタンプし、乾燥する。
2. 純メタノールで数分間固定する。
3. ギムザ液で約1時間染色する。
4. 水洗、乾燥後鏡検する。

2) 圧平標本

米粒大の大脳皮質標本をスライドガラスにとり、その上に大きめのカバーガラスをのせ、指の腹で静かに加圧し圧平標本とする。視野をやや暗くして、通常の光学顕微鏡で観察する。

トキソプラズマ・オーシストの検査

浮遊法で検査する。飽和$ZnSO_4$液(約33%)あるいはショ糖液が用いられる。ここでは、ショ糖液(ショ糖、128 g、蒸留水100 mL、比重1.266)による方法を示す。

①—猫の糞便約1 gを試験管にとる。

②—0.5%中性洗剤1.5 mLを加え、良く混和後、30～60分間放置する。

③—②を撹拌しながら加え、最終的に試験管上部に盛り上がるまで加える。

④—約30～60分間静置後、盛り上がった部分の液

をカバーガラスに付着させ、付着面を下にしてスライドガラスにのせる。

⑤—400倍の倍率で視野をやや暗くして鏡検する。

アニサキス症

病原体

本来は海産哺乳類(イルカ、オットセイ、アザラシ、クジラなど)の胃内に寄生する*Anisakidae*科*Anisakis*属あるいは*Terranova*属の幼線虫が原因となる。

本線虫は、終宿主(海産哺乳類)では胃壁に寄生し、大きさは6〜8.5 cm(成虫)である。幼虫は2〜3 cmで、第二中間宿主である魚およびイカの筋肉、内臓に寄生し、嚢に包まれたリング状を呈する被鞘幼虫となる。

発生状況

アニサキスは世界各国に分布する。本症は魚類を生、酢の物、軽い塩漬け、燻煙の状態で喫食する習慣のある国で発生を見る。特に、生鮮魚介類を好んで喫食する日本人に多く見られる。わが国では1987年から1991年までの5年間に1,461件、40,226人の患者が報告されている。アニサキスI型による症例が最も多い。

臨床症状

幼虫の寄生部位によって胃アニサキス症、腸アニサキス症に分けられる。多くは消化管を貫通できないが、まれに貫通した場合、腸管外アニサキス症を起こし、穿孔性腹膜炎などを起こすことがある。

1) 胃アニサキス症

生のイカや海水魚を食べた後、数時間で上腹部の不快感に続き、急激に腹痛、特に心窩部痛を訴える。内視鏡検査では、幼虫の穿入部位には発赤、浮腫が認められる。しばしば、食中毒、急性胃炎、胃潰瘍または胆石症などと間違えられる。

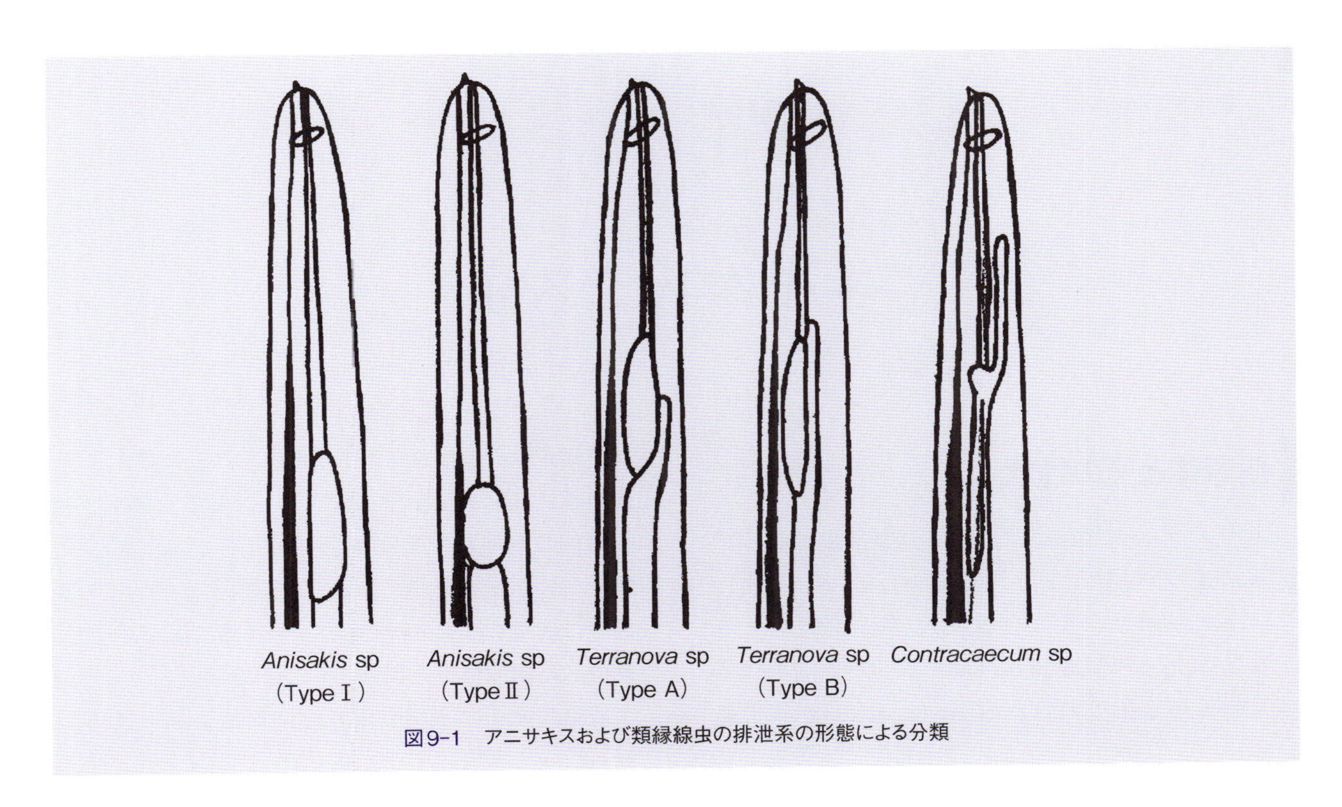

図9-1　アニサキスおよび類縁線虫の排泄系の形態による分類

2) 腸アニサキス症

嘔吐を伴う下腹部痛を示す。しばしば腸閉塞、腸穿孔、虫垂炎などと誤診される。

魚類に寄生するアニサキス幼虫の検査法

①—検体の魚は、購入後ただちに全長、体重を計測する。
②—解剖後、雌雄を鑑別する。
③—腹腔、内臓(肝臓、幽門垂、消化管：胃と腸管、腸管膜)表面に付着、遊走している幼虫を採取する。
④—臓器、筋肉内のアニサキス亜科幼線虫はガラス板を用いた圧平法により検索する。臓器、筋肉を少量取り、10 cm×10 cm程度のガラス板に挟み、静かに押しつぶす。内部に寄生している幼虫は白く浮き出て見える。
⑤—採取した虫体は生理食塩水で数回洗浄し、被嚢しているものは、虫体を嚢より取り出した後、5%ホルマリン、あるいは80℃に加熱した70%エタノールで固定する。
⑥—固定した幼線虫は、グリセリン、アルコール混合液に入れ、室温で10～15日間透化処理を行い、図9-1に従い亜種の同定を行う。

実習 アニサキス症

海産魚の各臓器に寄生しているアニサキス亜科線虫を検索する。

方 法

①—サバの体長、体重を測定する。
②—サバの雌雄を鑑別する。
③—腹腔内に遊走している幼虫を検索する。
④—臓器の表面に付着し、被嚢している幼虫を検索する。
⑤—臓器、筋肉内に寄生している幼虫をガラス板による圧平法で検索する。筋肉、臓器を小量とり2枚のガラス板ではさみ、静かに押しつぶす。内部に寄生している幼虫が検出できる。

例)マサバ(スズキ目サバ科サバ属)

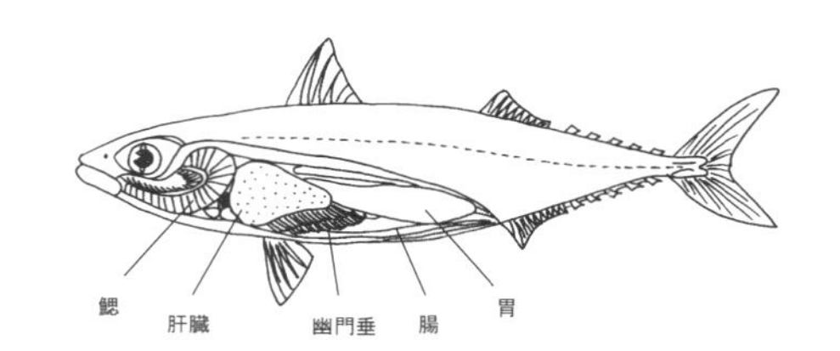

魚種		雌雄	
体長	cm	体重	g
調査部位	アニサキス幼虫寄生数		
鰓			
腹腔			
肝臓			
幽門垂			
生殖腺(卵巣、精巣)			
鰾(うき袋)			
腸管膜			
胃			
腸管			

エキノコックス症

病原体とその性状

エキノコックス属(*Echinococcus*)の条虫には、*E. granulosus*(単包条虫)、*E. multilocularis*(多包条虫)、*E. oligarthrus*(ヤマネコ包条虫)、*E. vogrli*(フォーゲル包条虫)の4種が知られている。わが国では単包条虫と多包条虫の包虫症(hydatidosis)が報告されおり、近年では単包条虫の国内発生はオーストラリアなどからの輸入生体牛で検出されるに留まるが、多包条虫は北海道を中心に流行している。終宿主は一般的に無症状であるが、中間宿主では肝臓や肺、脳などに包虫嚢を形成する。中間宿主は終宿主の糞便中に排泄される虫卵を経口摂取することで感染し、感染した中間宿主を捕食することで終宿主への感染が成立する。ヒトでは潜伏期間が長く(5～10年)、無処置のまま放置すると高率で死亡するため、深刻な公衆衛生上の問題である。

単包条虫

成虫は2.0〜7.0 mmで2〜5片節からなり、虫卵は30〜44 μm×27〜43 μmの楕円形である。終宿主は犬、キツネ、オオカミ、ジャッカル、コヨーテなどで、小腸に寄生する。中間宿主は有蹄類(羊、牛、馬、ラクダなど)、げっ歯類、有袋類、ヒトなど広範囲である。主な分布は南北アメリカ、ヨーロッパ、オセアニア、アフリカ、アジアで、日本では牛の輸入症例が継続して見つかっているが、終宿主への伝播はなく本虫の生活環は完結していないと考えられている。

多包条虫

単包条虫よりやや小型で、成虫は1.2〜4.5 mmで4〜5片節からなり(図9-2)、虫卵は30〜40 μm×28〜39 μmである(図9-3)。終宿主は犬、キツネ、オオカミ、コヨーテなどのイヌ科動物で、小腸に寄生する。主要な中間宿主はげっ歯類で、その他、家畜(羊、豚、牛、馬)、食虫類、ヒトなども感染する(図9-4)。主な分布は北緯40°以北のユーラシア大陸、北米や日本(北海道)である。北海道では、主な中間宿主はエゾヤチネズミなどの野ネズミで終宿主はキタキツネ(感染率およそ40%)であるが、飼い犬でも0.4〜0.7%が感染しておりヒトへの感染源として注意すべきである。北海道では毎年20人ほどの感染者が確認されている。

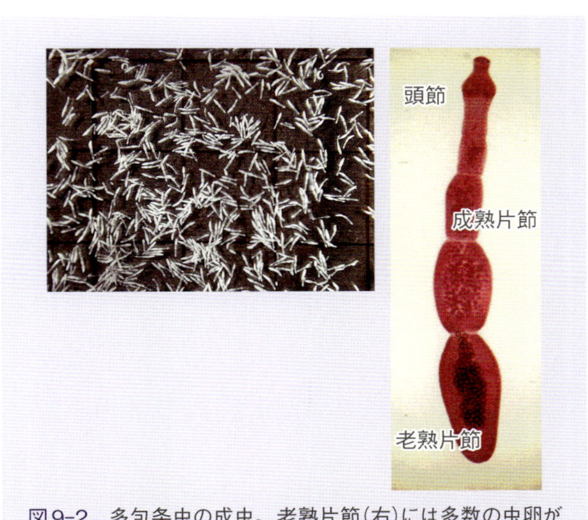

図9-2　多包条虫の成虫。老熟片節(右)には多数の虫卵が見られる。(写真提供：宮崎大学農学部獣医学科野中成晃准教授)

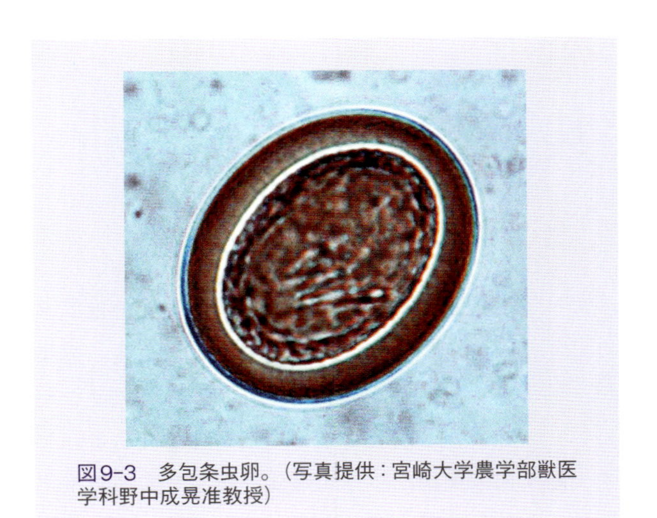

図9-3　多包条虫卵。(写真提供：宮崎大学農学部獣医学科野中成晃准教授)

診断法

終宿主では、小腸や糞便中の虫体または片節の確認、虫卵検査や糞便内抗原検査により診断が行われる。中間宿主の包虫寄生の診断は困難で、家畜では生前に発見されることはまれである。ヒトでは画像検査や免疫血清学的検査により診断される。なお、「感染症の予防及び感染症の患者に対する医療に関する法律」(感染症法)の改正により、2004年10月から獣医師によるエキノコックスに感染した犬の保健所への届け出が義務づけられている。

虫卵検査

各種浮遊法による虫卵検査法が利用可能だが、感度の高い検査法としてショ糖遠心浮遊法が有効である(図9-5)。ただし、包条虫卵は形態的にはテニア属条虫卵との鑑別が困難であるため、確定診断にはPCR法による遺伝子検査が必要となる。また、包条虫卵はヒトへの感染源となるため検査中の感染予

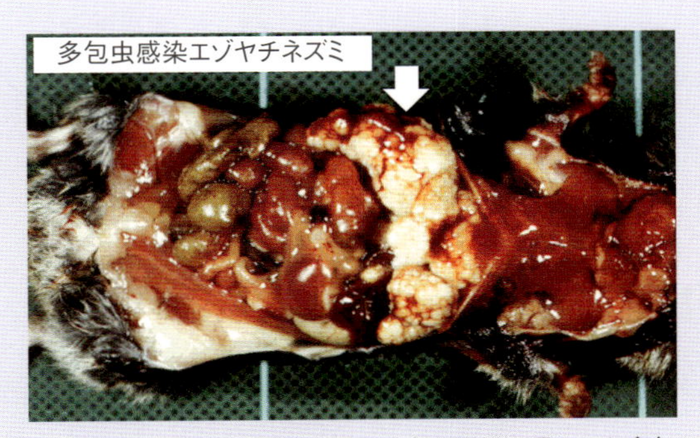

図9-4　エゾヤチネズミ(中間宿主)の肝臓に見られた多包虫嚢(矢印)。(写真提供：宮崎大学農学部獣医学科野中成晃准教授)

防に留意しなければならない。

糞便内抗原検査

多包条虫成虫抗原の特異的モノクローナル抗体(EmA9)を使用して糞便内の成虫由来抗原を検出する方法(サンドイッチELISA法)がある。糞便を加熱して虫卵殺滅処理を行った後でも安全に実施できるが、寄生虫数が少数の場合には陰性反応となることがあるので注意を要する。また、犬では糞便中のエキノコックス虫体由来抗原を検出する簡易検査キット(エキット®、わかもと製薬株式会社)が市販されており、迅速診断が可能になっている。

その他

エキノコックス症の疑いがある動物と接触したり排泄物などの汚染物を取り扱う場合には必ず使い捨ての手袋を着用するとともに、マスクや帽子、エプロンなどの防護衣を装着することが望ましい。使用した手袋などは密封あるいは加熱してから廃棄する。虫卵は熱に弱いため60～80℃では5分間で、100℃では1分間以内に死滅するが、低温に対する抵抗性は強いために－20℃くらいでは死滅しない。床などが汚染された場合には、3.75％以上の濃度の次亜塩素酸ナトリウム溶液を散布して2～3時間以上放置する。

【材料および検査器具】

感染が疑われる動物の糞便(1 g)、比重1.25のショ糖液、蒸留水または生理食塩水、100メッシュ、漏斗、試験管、スライドガラス、カバーガラス、遠心機、顕微鏡

【検査手順】

殺卵処理：検体中に含まれうる包条虫卵を殺滅するため、検体をあらかじめ殺卵処理することが望ましい。現行では、加熱処理(70℃、12時間)あるいは冷凍処理(－80℃、4日間以上)が行われている。

①―試験管に糞便1 gを入れ10 mLの蒸留水または生理食塩水を加えて撹拌する(糞汁)。
②―漏斗にのせた100メッシュで糞汁をろ過し、ろ液を別の試験管に取る。
③―ろ液を2,500 rpmで5分間遠心したら、上清のみを捨てる。
④―沈渣にショ糖液を加えて十分に撹拌する。
⑤―撹拌した沈渣液を2,500 rpmで5分間遠心分離する。
⑥―遠心した沈渣液にショ糖液を試験管の上端と水平になるまで追加し、カバーガラスを液面に被せる。
⑦―30分間静置したらカバーガラスをスライドガラスに置いて検鏡する。

図9-5　ショ糖液遠心浮遊法による虫卵検査の手順

その他の寄生虫性人獣共通感染症の診断

原虫性人獣共通感染症

アメリカトリパノソーマ症(シャーガス病)

病原体：*Trypanosoma cruzi*

概　略：吸血昆虫のサシガメによって媒介される。アメリカ合衆国南部から南米にかけて広く流行しており、犬、猫、げっ歯類のほか多くの野生動物が保虫宿主となりうる。感染動物では浮種、貧血、脾臓、肝腫、リンパ腺炎、心筋炎などの病変が認められる。

診　断：血液塗抹標本や組織切片標本での原虫検出(ギムザ染色)のほか、PCRによる原虫

DNA検出も開発されている。

アフリカトリパノソーマ症(アフリカ睡眠病)

病原体：*Trypanosoma brucei brucei*および*T. b. rhodesiense*

概　略：アフリカ大陸に生息する吸血昆虫のツェツェバエを媒介してヒトや家畜、犬、猫、野生動物に感染する。病原体が高頻度に抗原変異をするため、ワクチンは開発されていない。感染動物では回帰熱、貧血、悪液質が認められ死亡率も高い。

診　断：血液塗抹標本による原虫の検出、血清診断法(間接蛍光抗体法やELISA法)、原虫の検出・同定(特異的モノクローナル抗体やPCR法)などで診断され、近年では血液中に溶出した原虫抗原を検出する簡易な診断キットが開発されている。

リーシュマニア症

病原体：*Leishmania*属原虫

概　略：媒介吸血昆虫のサシチョウバエの刺咬によって感染し、皮膚や粘膜、内臓に病変をもたらす。100種類以上の哺乳類が宿主となり、アフリカ、地中海沿岸、インド、中国、アメリカ南部から南米大陸などで認められる。

診　断：病変部塗抹標本での原虫検出、生検材料のNNN培地培養によるpromastigote観察のほか、PCR診断法の開発も行われている。

クリプトスポリジウム症

病原体：*Cryptosporidium parvum*

概　略：オーシストに汚染された手指、食品、水などを経口摂取することで感染し、ヒトでは激しい下痢を主徴とする。宿主域はヒト、家畜、ペット、野生動物など広く、世界各地に分布している。

診　断：ショ糖遠心浮遊法、抗酸染色法、直接蛍光抗体法などで宿主動物の糞便中のオーシストを検出する。

住肉胞子虫症(サルコシスチス症)

病原体：*Sarcocystis suihominis*(住肉胞子虫)

概　略：ヨーロッパや日本で発生がある。中間宿主である豚の筋肉内に形成されるサルコシスト(肉嚢胞)を経口摂取することでヒト(終宿主)に感染する。

診　断：中間宿主では原虫が体外に出るステージはなく生前診断は困難である。食肉検査で感染豚を検出することが重要である。

蠕虫性人獣共通感染症

回虫症

病原体：*Toxocara canis*(犬回虫)、*T. cati*(猫回虫)、*Baylisascaris procyonis*(アライグマ回虫)、*Ascaris suum*(豚回虫)

概　略：回虫はそれぞれの宿主に分化・適応して世界的に分布している。ヒトを固有宿主としない回虫の成熟卵や幼虫をヒトが経口摂取することで幼虫移行症を起こして様々な症状を呈する。感染の危険性がある動物やその糞便などの汚染物を扱う場合には、誤って虫卵を摂取しないよう注意が必要である。

診　断：感染動物に寄生する虫体の確認、糞便中の虫卵の検出(直接塗抹法や浮遊集卵法)などが用いられる。

糞線虫症

病原体：*Strongyloides stercoralis*(糞線虫)

病原体：本病原体は主に熱帯・亜熱帯地域に広く分布し、ヒト以外の犬、猫、猿にも寄生する。ヒトへの感染は土壌中の感染第3期幼虫の経皮感染による。感染しても一般に下痢などの軽微な消火器症状を呈するのみであるが、自家感染が全身に散布されて重症化する(播種性糞線虫症)こともある。

診　断：糞便中の1期幼虫の検出(直接塗抹法やホルマリン・エーテル法)により診断する。

犬糸条虫

病原体：*Dirofilaria immitis*(犬糸条虫)

概　略：中間宿主はイエカ属やブンヤ属などの蚊で、ヒトへは偶発的に感染して幼虫移行症を起こす。好適宿主であるイヌ科動物の肺動脈や右心室が主な寄生部位で、日本でも犬の感染率は高い。感染犬では寄生虫数が増えて慢性化すると重篤な心不全、腹水貯留、腎不全、低蛋白血症などを併発して致命的な経過を取ることが多い。

診　断：犬では末梢血中のミクロフィラリアの検出(直接法や集中法)あるいは流血中の虫体抗原の検出(簡易キットが市販されている)のほか、エコーにより心臓や肺動脈の成虫を検出することで診断する。

旋毛虫(トリヒナ)症

病原体：*Trichinella* spp.(旋毛虫類)

概　略：旋毛虫類の宿主域は極めて広く、ヒトでは感染した獣肉(主に豚や狩猟野生動物)の生食によって感染する。軽度感染では症状は示さないことが多く、まれに下痢、食欲不振などが見られる。

診　断：すべての発育段階が宿主の個体内で行われ、虫卵や幼虫が宿主体外に出ないため、生前診断が難しい。

顎口虫症

病原体：*Gnathostoma spinigerum*(有棘顎口虫)、*G. hispidum*(剛棘顎口虫)、*G. doloresi*(ドロレス顎口虫)、*G. nipponicum*(日本顎口虫)

概　略：国内で確認されている4種の顎口虫は、いずれもヒト以外を終宿主としており、食道や胃壁に寄生する。中間宿主または待機宿主の一つである淡水魚類(ライギョ、ナマズ、ヤマメ、コイ、ドジョウなど)の生食によって幼虫を摂取することでヒトに感染し、幼虫が皮下組織を移動して皮膚爬行症を起こす。

診　断：終宿主の感染動物の糞便検査により虫卵を検出する。

無鉤条虫症

病原体：*Taeniarhynchus saginatus*(無鉤条虫症)

概　略：ヒトを終宿主、牛などの偶蹄類を中間宿主とする条虫である。嚢虫を含んだ感染肉を生や加熱不十分で摂食することでヒトに感染する。ヒトでは小腸上部に寄生し、成熟虫体は6mにもなる。

診　断：中間宿主である牛は感染しても無症状で虫卵も排泄されないため、と畜場などで咬筋、心筋、横隔膜、舌筋などに寄生する嚢虫を検出することよって診断される。

有鉤条虫症

病原体：*Taenia solium*(有鉤条虫症)

概　略：ヒトを終宿主、豚を主な中間宿主とする条虫で、世界的に分布している。ヒトは嚢虫を含む豚肉の生食により感染するが、虫卵による感染や自家感染も起こり得る。食肉衛生上留意すべき人獣共通寄生虫感染症である。

診　断：中間宿主の豚では特徴的な臨床症状を示さないことが多いため生前診断は難しい。と畜検査によってと殺体に嚢虫が発見された場合には、全部廃棄の措置をとる。

肺吸虫症

病原体：*Paragonimus*属吸虫(肺吸虫)

概　略：日本では5種の肺吸虫が知られているが、ウェステルマン肺吸虫(*P. westetrmanii*)、宮崎肺吸虫(*P. miyazakii*)が重要である。ヒトは感染した第二中間宿主の淡水産のカニ類(モクズガニ、サワガニ)や待機宿主のイノシシを生や加熱不十分で摂食することで感染すると考えられる。

診　断：糞便または喀痰の虫卵検査(MSL法またはAMSⅢ法などの沈殿集卵法)が一般的である。その他、ゲル内沈降反応やELISA法などの血清診断が用いられることもある。肺病変部に寄生する虫体の確認によって診断されることもある。

肝吸虫症

病原体：*Clonorchis sinensis*(肝吸虫)

概　略：終宿主はヒト、犬、猫、イタチ、豚などで、これら動物の胆管に寄生する。終宿主は第二中間宿主であるコイ科、ワカサギ科の魚類を生食することにより感染する。一般に少数寄生では軽症であるが、多数寄生では消化器障害、黄疸、腹水貯留などの症状を呈する。

診　断：糞便に含まれる虫卵検査(MSL法またはAMSⅢ法などの沈殿集卵法)を行う。

住血吸虫症

病原体：*Schistosoma japonicum*(日本住血吸虫)などの住血吸虫類

概　略：本症の原因となる住血吸虫類は世界的に数種が分布するが、日本を含むアジアに広く分布する日本住血吸虫は人獣共通感染症として重要な病原体である。日本住血吸虫はヒト、犬、猫、牛、豚、山羊、げっ歯類などを終宿主とし、腸間膜静脈などの門脈系に寄生する。中間宿主のミヤイリガイの中で形成されたセルカリアが軽皮的に侵入することで感染する。本症の病原性は虫卵に対する組織反応が重要と考えられており、虫卵が種々の組織の細血管を塞栓したり、肉芽腫(虫卵結節)を形成する。感染動物は特徴的な臨床症状を呈することなく慢性化することも多い。1978年以降、日本では日本住血吸虫症の新規患者の報告はないが、東南アジアでは撲滅に成功していない。

診　断：糞便に含まれる虫卵検査(MSL法またはAMSⅢ法などの沈殿集卵法)やミラシジウム孵化法(糞便に水を加えてミラシジウム形成虫卵を孵化させてミラシジウムを検出する方法)などがある。また、犬や牛では腸粘膜掻爬法で検査が行われることがある。その他に、被検血清中の抗虫卵抗体を検出する虫卵周囲沈殿反応(COP反応)という免疫診断法もある。

参考文献

1) 野中成晃：飼い犬のエキノコックス感染とその診断．JVM：341-342，2005
2) 今井壮一：神谷正男，平詔亨，茅根士郎編：獣医寄生虫検査マニュアル，文永堂出版，2003
3) 神谷正男：犬のエキノコックス症対応ガイドライン2004—人のエキノコックス症予防のために—．厚生労働科学研究費補助金振興・再興感染症研究事業動物由来寄生虫症の流行地拡大防止対策に関する研究平成16年度報告書，2004
4) 山下次郎，神谷正男：増補版エキノコックス—その正体と対策．北海道図書刊行会，1997
5) 北海道小動物獣医師会編：小動物臨床家のためのエキノコックス症対応マニュアル(改)．(社))北海道獣医師会，2003
6) 小沼操，明石博臣，菊池直哉，澤田拓史，杉本千寿，宝達勉編：動物の感染症第二版．近代出版，2006
7) 長谷川篤彦監修：人畜共通感染症．学窓社，2007
8) 勝部泰次監修：獣医公衆衛生学実習第二版．学窓社，2007
9) 板垣博，大石勇監修：最新家畜寄生虫病学・朝倉書店，2007
10) 石井俊雄，今井壮一著：改訂獣医寄生虫学・寄生虫病学 1総論/原虫．講談社サイエンティフィク，2007
11) 石井俊雄，今井壮一著：改訂獣医寄生虫学・寄生虫病学 2蠕虫他．講談社サイエンティフィク，2007
12) 神山恒夫，山田彰雄編著：動物由来感染症その診断と対策．真興交易㈱医書出版部，2003
13) 木村哲，喜田宏編：人獣共通感染症．医薬ジャーナル社，2004

第3部
環境衛生

第10章

大気の衛生

温熱環境の測定

温度（気温）

棒状温度計

目盛りがガラス管表面に直接刻まれている温度計であり、水銀を用いた水銀温度計とエチルアルコールを用いたアルコール温度計があるが、一般的には水銀温度計が最も多く使われる。水銀は－39℃で凝固してしまうので寒冷地での使用は避ける必要がある（タリウム入りの水銀温度計の場合は－60℃まで使用可能）。寒冷地の使用には、エチルアルコールを用いたアルコール温度計を使用することが望ましい（エチルアルコールの凝固点は－117℃である）。ただし、アルコール温度計は高温になると蒸発した液が管の頭部に付着しやすいので注意が必要である。

棒状温度計は軽量・簡便・小型・安価などの利点が多いが、最大の特徴は示度の狂いが少ないことである。このため、気象観測用としては優れた温度計であるといえる。

棒状温度計を用いて観測する際には、種々の誤差を念頭に置いておく必要がある。誤差には①温度計の誤差（器差）、②読み取り時における誤差（パララックスによる誤差）、③測定方法による誤差などがあげられる。

①—温度計の誤差（器差）：器差に関しては、検定表に器差補正値が記載されていることから、比較的容易に修正することが可能である。検定後、10年以上経過している温度計は、経年変化による器差も含まれるため、器差表はあてはまらない。

②—読み取り時における誤差：読み取り時の視線が、温度計に対して直角でないため起こる誤差であり、正確に数値を読むことで補正可能である。棒状温度計は、温度計に対して視線が直角になるように数値を読むことが重要である。

③—測定方法による誤差：直射日光のあたる場所での観測や、顔に近づけすぎることによる呼気や体温などによる誤差などがある。

アスマン通風乾湿計（図10-1）

上部にモーター式またはゼンマイ式の通風装置を備えた乾湿計であり、通風速度を一定に保つことが可能なことから、屋内外を問わず気温と湿度を比較的正確に測定することができる。アスマン通風乾湿計は、日射を防ぐために感部に金属製の覆いがつい

図10-1　アスマン通風乾湿計（クリマテック㈱）。左がゼンマイ式、右がモーター式。

ており、通風速度は2.5 m/secになるように作られている。湿度は乾球、湿球温度を読み取り、換算表から求める。

測定方法は観測地点の1.5 mくらいの高さに吸い込み口がくるように通風乾湿計を吊り、湿球の球部にのみ十分湿らせたガーゼを巻く。示度が一定になるまで計測(3～10分間)し、気温はそのまま摂氏(℃)で表す。湿度は乾球と湿球の温度から換算表を用いて、湿度(%)を求める。

自記温度計(図10-2)

感部にバイメタルを用いたリシャール型の自記温度計が良く用いられる。

バイメタルとは、膨張係数の異なる2種類の金属板(鉄と黄銅など)を密着させた物であり、温度変化によりバイメタルの湾曲度合いが変化する。リシャール型の週巻きが用いられており、百葉箱内の床の上に置くのが普通である。ただし、百葉箱内では他の温度計の感部と高さを合わせるため適当な台を用いることが多い。

電気式温度計(図10-3)

白金抵抗温度センサーを使用して、白金の温度に対する電気的な抵抗値の変化を測定する。気象庁や地方公共団体など広く使用されている。

通風筒を用いて、日射や風雨を遮断した状態で使用する。また、通風筒の上部にファンがついており、常に通風筒の下部から上部に向けて気流が動くように設計されている。

最高最低温度計(図10-4)

ある時間の最高気温、最低気温を読み取ることができる温度計である。通常、それぞれを板に固定したルサホード型が用いられる。

最高温度計：球部に水銀と細いガラス棒が入っており、温度の上昇に伴い、球部内の水銀が膨張して内部のガラス棒を押し上げる。球部から押し出されたガラス棒は、気温が下がっても球部内に戻らず、最高気温を示し続ける。

最低温度計：球部に細い色ガラス棒の指標を入れたアルコール温度計で、気温が下がると

自記温度計外観

自記温度計内部

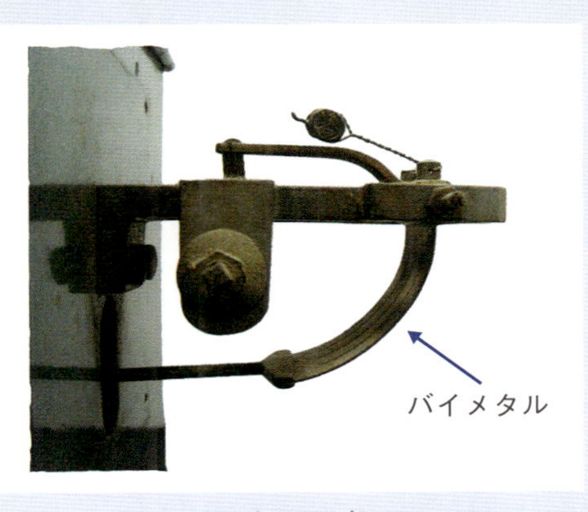

バイメタル部

図10-2　自記温度計

通風筒外観

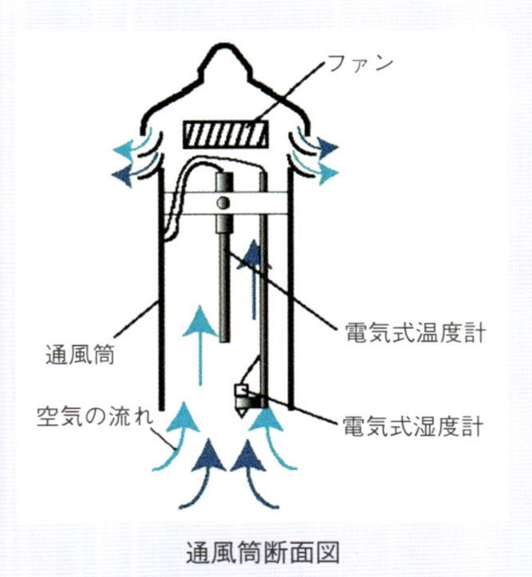

通風筒断面図

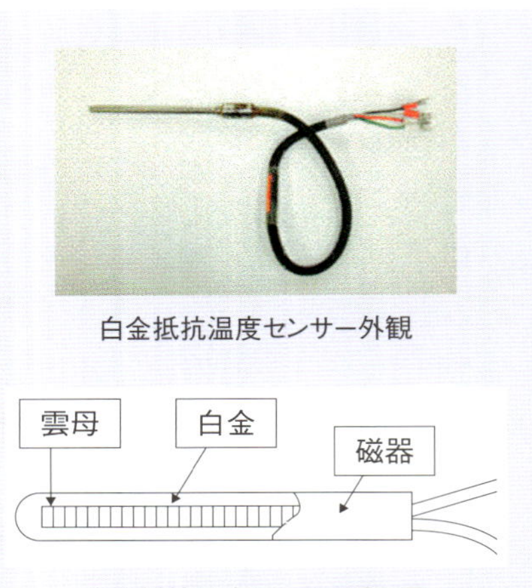

白金抵抗温度センサー外観

白金抵抗温度センサー断面図

図10-3　電気式温度計(気象庁ホームページ)

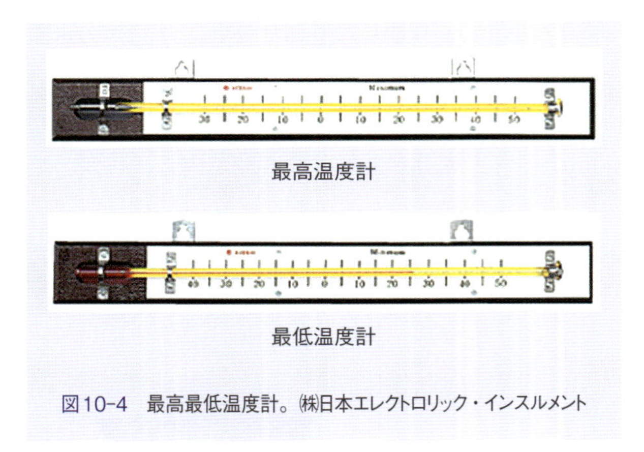

最高温度計

最低温度計

図10-4　最高最低温度計。㈱日本エレクトロリック・インスルメント

内部の指標を引き下げる。気温が上昇しても指標は動かないため、指標の右端を読めば最低気温となる。

湿度(気湿)

乾湿球温度計(乾湿計)(図10-5)

気温と湿球温度から水蒸気圧を求めるのに使用する。

普通の温度計と湿球温度計(温度計の球部を布で包んで水で濡らしてある温度計)を一組にしたもの乾湿球温度計(乾湿計)と呼び、様々な構造のものがあるがどれも原理は同じである。一番簡単で、良く用いられるのは、2本のガラス製温度計を10 cmくらい離して金属製の枠に垂直にかけ、そのうちの1本をガーゼなどの布で包んで湿球とする。一般的には、湿球から糸を垂らし、枠の下端につけた容器から水を吸い上げ、ガーゼが常に湿っている状態にする。

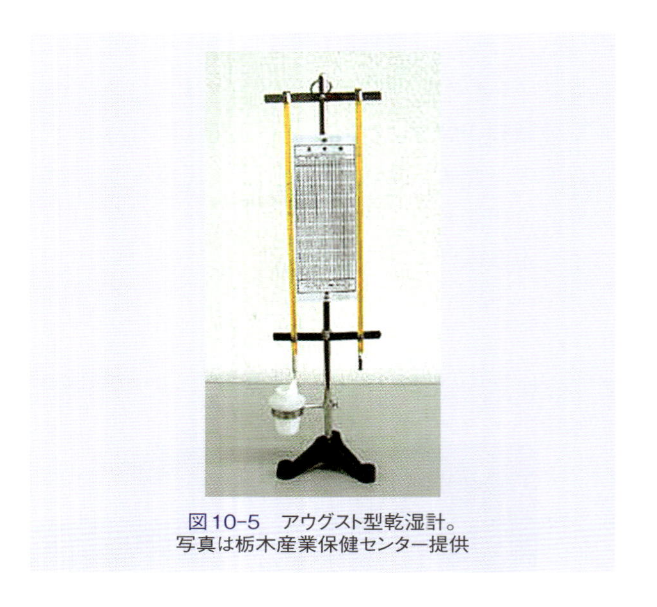

図10-5　アウグスト型乾湿計。写真は栃木産業保健センター提供

棒状温度計を用いた乾湿計をアウグスト型(オーガスト型)、二重管温度計を用いた乾湿計をフース型と呼ぶ。

アスマン通風乾湿計

気温の項参照。

毛髪湿度計(図10-6)

脱脂した毛髪の性質を利用した湿度計である。脱脂した毛髪は、湿度が上昇すると伸長し、乾燥すると収縮する特性をもつ。使われる毛髪は黒髪より金髪の方が細く、断面が円形に近い形をしていることから、湿度の変化をより正確に観測できるといわれている。

多くは、数十本の毛髪を束ねて一端を固定し、もう一端を示針につなぐ方法が用いられる。または束

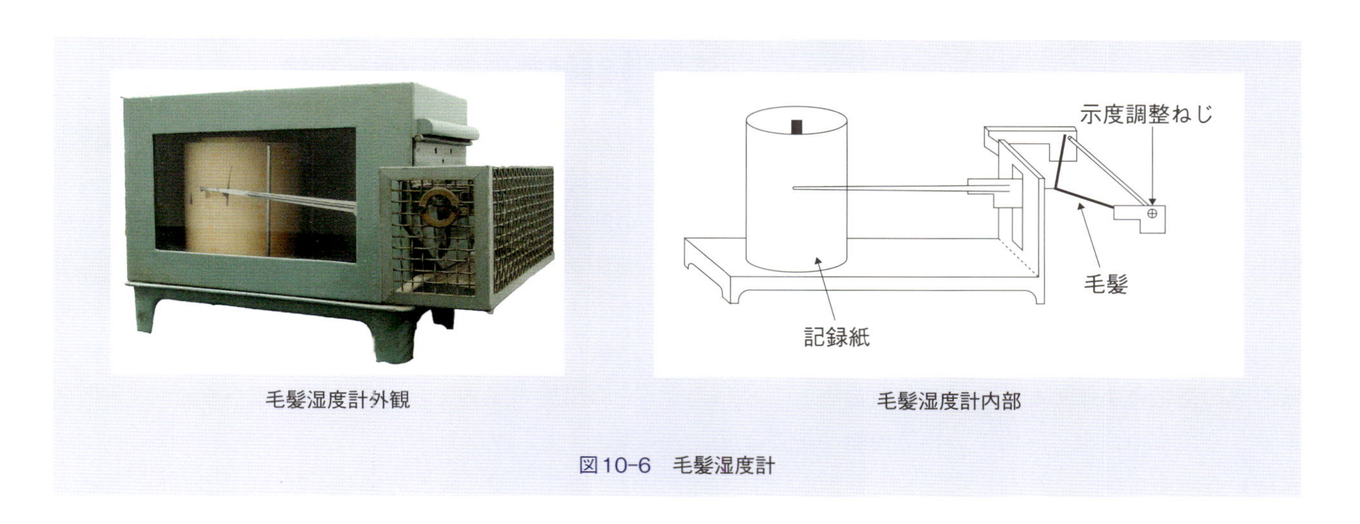

毛髪湿度計外観　　毛髪湿度計内部

図10-6　毛髪湿度計

ねた毛髪の両端を固定し、その中央を弱いバネで引っ張り、示針につなぐ方法もある。

相対湿度を直接%で読み取ることができる。

デジタル温湿度計

温度や湿度の変化により、センサー部分(感受部)にあるサーミスタ(温度上昇に伴い抵抗値が大きく変化する半導体)の抵抗値の変化から温度や湿度を測定する。

気流(気動)

カタ温度計(図10-7)

空気中での人体の平均体温(36.5℃)に等しい温度計の示度において、周囲の空気(風)による冷却力(カタ冷却力)を測定する温度計である。カタ冷却力には以下の2種類がある。

①―乾カタ冷却力：輻射、伝導放熱、気動による冷却力

②―湿カタ冷却力：輻射、伝導放熱、気動、蒸発冷却による冷却力

構造はJIS規格で決められており、感温液にはエチルアルコールが使われている。普通用と高温用の2種類があり、普通用は38℃と35℃に標線が、高温用は55℃と52℃に標線がつけられている。温度計の裏面にはカタ係数(球部の1 cm^2あたりの表面から1秒間に持ち去る熱量をミリカロリー単位で示したもの)が記されている。

測定方法は、カタ温度計の球部を65℃の湯で温浴し、アルコール柱を温度計上部の安全球まで上昇させる。その後、速やかに付着水を拭い、測定場所に垂直に吊す。アルコール柱が38℃から35℃まで下降するのに要する時間(秒)を測定する。この操作を1個所につき複数回行い、その平均時間を求め、以下の式からカタ冷却力を算出する。

$$H = f/T\ (mcal/cm^2/s)$$

(H：カタ冷却力、f：カタ係数、T：平均時間)

上記で求めた乾カタ冷却力を用いて、以下の式から気動(m/sec)を算出する。

※気動が1 m/sec以下($H/\theta < 0.6$)の場合

$$\rightarrow V = [(H/\theta - 0.20)/0.40]^2$$

気動が1 m/sec以上($H/\theta > 0.6$)の場合

$$\rightarrow V = [(H/\theta - 0.13)/0.47]^2$$

(V：気動(m/sec)、H：カタ冷却力、θ：36.5－t℃(tは気温))

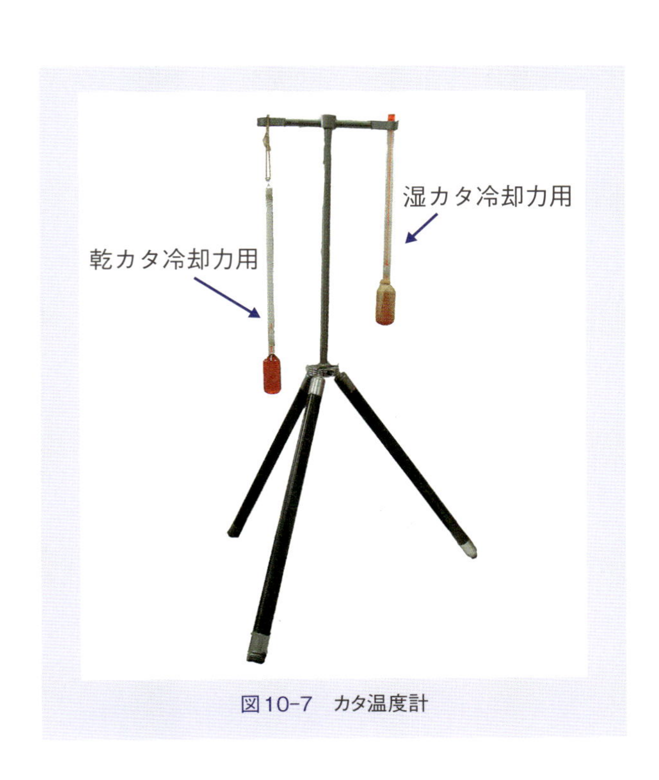

図10-7　カタ温度計

熱線風速計

環境中に露出させた電熱線（白金線、タングステン、白金イリジウムなど）に通電、発熱させ、風による冷却作用による放散熱量に対し、一定の温度になるように熱量を供給する。この時に使用される熱量を測定することにより風速を求める。

一般に、熱線風速計は、受風部と計器からなり、受風部は環境中に露出していることから、大気中の塵などの衝突によりセンサー部分が破損することがある。そのため、主に屋内での換気機能の検査などに用いられる。

風速測定には熱線風速計のほかに、回転を利用したビラム式（風車）、圧力差を利用したピトー管、光を利用したレーザー流速計や音波を利用した超音波風速計などがある。

輻射熱

黒球温度計（図10-8）

周囲からの輻射熱による影響を調べるために用いられる。銅の薄板で作られた中空の球体を艶消しで黒く塗り、その中心に温度計の球部がくるように差し込んだ温度計。黒球温度計は表面に入ってくる日射などの熱をほとんど吸収し、球体中の空気が温められることから、黒球温度は直射日光にさらされた時の体感温度に近いと考えられている。

主に、気温や風速と併せて熱中症の危険度を表す「熱中症指標（WBGT）」の算出に使われる。

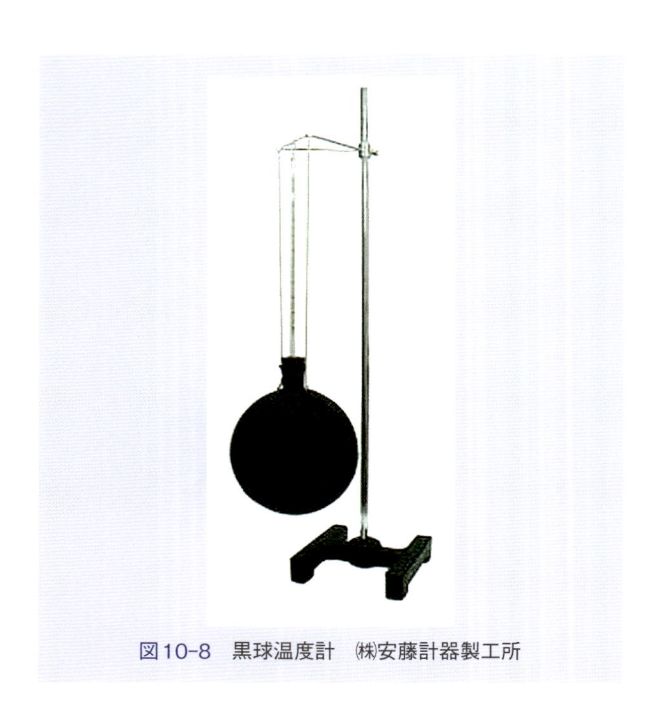

図10-8　黒球温度計　㈱安藤計器製工所

温熱条件の評価と基準

有効温度（Effective temperature；ET、感覚温度）

有効温度は、温度T℃、湿度100％、気流0 m/secの時の温冷感を基準にして、その環境における温熱条件を被験者の体感温度と対比して作成した温度指数である。図10-9の左側縦軸に乾球温度を、右側縦軸に湿球温度をプロットして、両者を通る直線とその環境の風速を示す線との交差点を求め、ETを算定する。ヤグローらによって提案されたこの指数は、高温域での温度評価の不適正、放射熱を考慮していない等の欠点がある。

修正有効温度（Corrected effective temperature；CET、修正感覚温度）

前述有効温度に輻射熱を考慮したもので、図10-9の左側縦軸に黒球温度を用いて前述と同様に算定する。

新標準有効温度（ET*）

発汗による熱平衡を考慮し、相対湿度50％を基準として温熱の4要素（気温、湿度、気流、放熱量）と人体側の2要素（着衣量、作業強度）を総合した温熱指数で、アメリカ暖房冷凍空調学会（ASHRAE）で標準として用いられている。

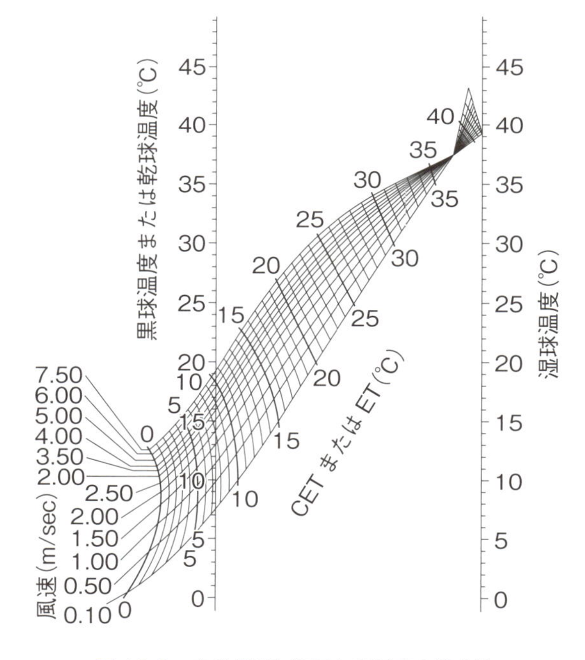

図10-9　有効温度と修正有効温度の算定法

不快指数(Discomfort index；DI)

不快指数は、乾球温度と湿球温度から次式によって求める。

$$DI = 0.72 \times (\text{乾球温度} + \text{湿球温度}) + 40.6$$
$$= 0.81\,t + 0.01\,h \times (0.99\,t - 14.3) + 46.3$$

t：乾球温度℃、h：湿度%

不快指数80程度でほぼ全員が不快に感じるとされるが、気流の要素が考慮されておらず、気流1 m/secあたりDIは7低下するとされる。

WBGT指数(Wet bulb-globe temperature index)

暑熱環境における熱ストレスを評価する指数で、人の発汗量と良く相関するとされる。

屋外(太陽直射のある場合)

$$WBGT = 0.7\,Tw + 0.2\,Tg + 0.1\,Td$$

屋内(または太陽直射のない屋外)

$$WBGT = 0.7\,Tw + 0.3\,Tg$$

Tw：湿球温度℃、Tg：黒球温度℃、
Td：乾球温度℃

WBGTによる許容作業限界は、軽作業で31.5以下、重作業で26.5以下とされる。また、WBGTは、次式によって前述の修正有効温度CETに換算できる。

$$CET = 0.786\,WBGT + 6.0$$

PMV(Predicted mean vote、予測平均温冷感、予測温冷感申告)とPPD(Predicted percentage of discomfort、予測不満足率)

PMV指数は人の温冷感を数値化したもので、ISO(国際標準化機構)やASHRAE(アメリカ暖房冷凍空調学会)規格として採用されている。温熱の4要素(温度、湿度、気流速度、平均輻射温度)と人体側の2要素(衣服、活動量)の6要素をFangerの快適方程式に代入して計算する。

PPD指数は、人間がある温熱条件で何%の人がその環境に不満足かを表すのに用いられる。

PMVとPPDとの関係を図10-10に示す。

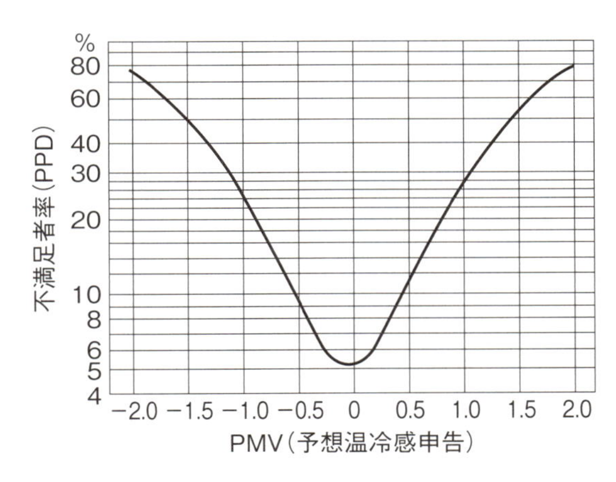

図10-10　PMDとPPDとの相関

照　度

明るさが適当でないと疲労、能率低下の原因となる。一般に精密作業では1,000 lux、事務作業などでは500 lux以上が望ましいとされている。学校環境衛生の基準では、教室および教室に準じる場所の照度は300 lux以上で、さらに教室と黒板面は500 lux以上が望ましいとされている。

測定法：照度計を床上75 cmの高さまたは机上で水平にし、測定者の影の影響がでないようにして測定する。同一区域内でも照度が大きく異なる場合があるので、少なくとも4地点で測定する(図10-11)。

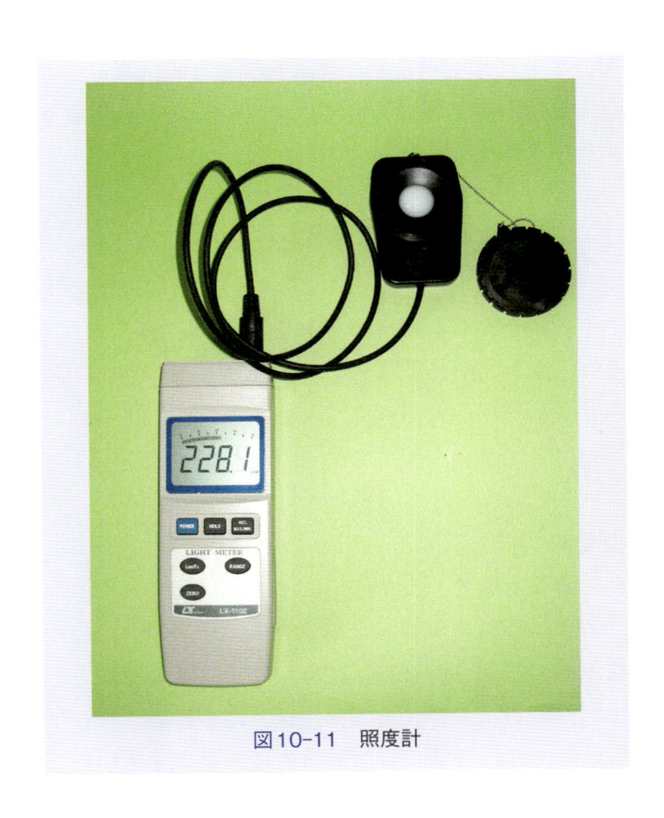

図10-11　照度計

大気成分の測定

空気試料採取法

大気環境

1)　採取地点

(1)　ガス状物質

人が通常の生活を営む上で呼吸する範囲の高さを基本とする。したがって、採取地点は、地上から1.5 m〜10 mの高さで、その周囲には建物や樹木の影響による吹き溜まりが認められないこと、さらに乱気流の発生の起らない通気性の良いところを選ぶ必要がある。

(2)　粒子状物質

地表から風による巻き上げられた土壌の影響を避けるため、地上3 m以上かつ10 m以内の高さを選ぶ。

採取する地点数については、一般大気の調査だけでなく、特定の汚染源についての影響調査などもあるため、それぞれのケースにより測定点の水平配置パターンなどは異なる。

室内環境

室内環境の場合は一般家庭などだけでなく、作業環境における室内なども対象となるため、測定点の選定には基準が定められているものもある。作業室内環境の場合、厚生労働省の告示により、

①—採取する際の高さは床上0.5 m〜1.5 mとする。
②—1作業場所に対し、5個所以上で採取を行う。
③—定常的な作業時間帯における10分間以上の平均値が得られるものであること、

などとなっている。また、作業場所を3 m四方の網目状(メッシュ)に分割してそれぞれの交点で試料を採取する方法が一般的である。

採取法

1)　ガス状物質

ガス状物質については溶液吸収法、容器を用いた採取法、採気バック法、捕集剤による乾式採取として加熱脱着法および溶媒抽出法、冷却採取・濃縮法などがある。ここでは溶液吸収法、容器を用いた採取法について解説する。

(1)　溶液吸収法

大気や室内空気(作業室内空気を含む)の試料または各種発生源からの排ガス採取に広く用いられている。この方法の特徴は、試験対象となるガス状物質を直接的に溶液に溶解して採取する、または試験対象ガスと反応して安定化する溶液を用いてこれに吸収させることにより採取する二通りの方法により、試料空気中の試験対象ガスを捕集するものである。ただし、使用する容器やフィルターについては、測定目的であるガス状物質の吸着や分解を起こさない素材のもの、あるいは容器自体から測定に支障をきたすようなガスを発生しないものを選ぶ必要がある。

試料採取装置は試料ガス採取管、フィルター、吸収瓶、ポンプ、流量調節コック、ガスメーター、乾燥瓶で構成されている。

(2)　容器を用いた試料採取法

大気、作業室内空気、各種発生源からの排ガスなどをステンレス製の容器またはガラス製の採気瓶に採取して試験室まで運び、ガスクロマトグラフ/質量分析計やガスクロマトグラフなどの機器で分析する。

ステンレス製の容器(キャニスター)を用いる場合、またはガラス製の採取瓶を用いる場合はそれぞれステンレス製の容器や採取瓶を真空にしてから試料空気を一定の流速で採取する。その後、このうちの一定量を濃縮してガスクロマトグラフ/質量分析計やガスクロマトグラフなどにより試料空気を分析する。

本法の詳細および他の採取法については日本薬学会編、衛生試験法・注解(2005)、金原出版株式会社を参照のこと。

2)　粒子状物質

環境空気中に浮遊している粒子状物質の組成や粒径は様々であり、その測定目的および測定対象によって採取機器や必要な採取浮遊粒子量は異なる。一般的には測定目的に応じて毎分の流量が0.01〜0.03 m^3/minのローボリュームエアーサンプラーが、試料量が多量に必要な場合は1〜1.5 m^3/minのハ

イボリュームエアーサンプラーが用いられている。

ローボリュームエアーサンプラーを用いる場合は大気から室内空気まで多くの場所での使用が可能であり、一般家庭や比較的限られた空間(作業環境空気など)の測定にも適している。採取方法は測定場所において浮遊粒子状物質をフィルター上に捕集し、試料空気中の粒子状物質の重量濃度や粒子状物質に含有される化学組成の成分分析を行う。装置としては、吸引ポンプ、フィルターホルダー、流量測定部(流量計)、分粒装置(大気の場合は10 μm以上、労働環境の場合は7.07 μm以上の粒径粒子を除去する装置)で構成されている。

ハイボリュームエアーサンプラー(図10-12)を用いる場合は、主に大気あるいは作業環境中の浮遊粒子状物質を対象にフィルター(石英繊維あるいはテフロンコーティングガラス繊維など)上に捕集するものである。これにより比較的多量の粒子状物質が採取できるため、試料空気口の粒子状物質の重量濃度や粒子状物質に含有される化学組成の成分分析に適している。また、この方法は短時間採取から24時間連続採取まで、測定場所や周囲の状況あるいは採取目的により採取時間を設定できる。装置としては、分粒装置(10 μm以上の粒径粒子を除去する装置)、空気吸引ポンプ、フィルターホルダー、流量測定部と保護ケース(シェルター)で構成されている。また、設置位置は地上3～10 mの高さであり、捕集時間は24時間が主となる(ただし、場合により短い時間に設定されることもある)。

大気中の浮遊粒子状物質の重量濃度測定の場合、標準的な方法としては多段型またはサイクロン式の分粒装置により粒径が10 μm以上の粒子をあらかじめ除去してからろ過捕集することとされ、サンプラーとしてはローボリュームサンプラーが用いられている。

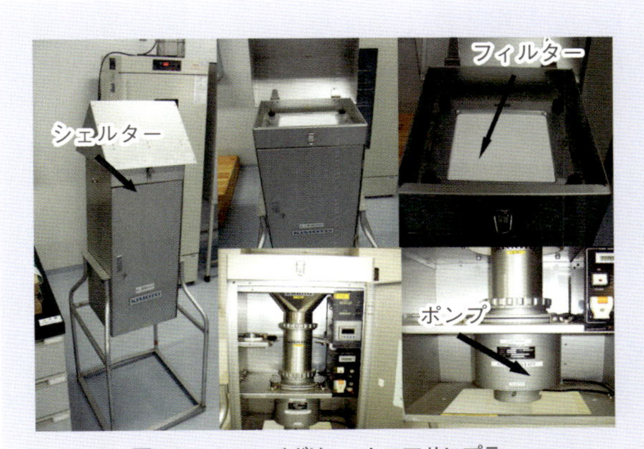

図10-12　ハイボリュームエアサンプラー

空気成分の分析

二酸化硫黄

SO_2、亜硫酸ガスとも呼ばれる。分子量64.06、比重2.26(気体)、1.46(液体)、融点−75.5℃、沸点−10.0℃、無色、腐敗した卵のような刺激臭がある。発生源の主なものにボイラーなどの燃料燃焼装置があり、特に燃料として石炭を使用する場合に多量に発生する。過去には国内の大気汚染の主な原因物質であったが、様々な発生源対策によりピーク時の昭和42年以降は減少を続けている。

SO_2による健康被害は、主として呼吸器への刺激である。粘膜に炎症を起こすことにより、ぜん息様の痙攣性の咳や気管支炎といった症状を呈する。

大気汚染に関するSO_2の環境基準は1時間値の1日平均値が0.04 ppm以下で、かつ1時間値が0.1 ppm以下である。

1)　方　法

環境大気中のSO_2を連続測定する方法としては、溶液導電率法、紫外線蛍光法、炎光光度法、電量法等があるが、ここでは溶液導電率法と紫外線蛍光法について解説する。

1. 溶液導電率法による定量

1)　原　理

試料空気を一定の流速で硫酸酸性*の過酸化水素水(H_2O_2)溶液に通じることにより、含まれているSO_2がH_2O_2溶液に吸収されて反応しH_2SO_4になる。この時に生成されたH_2SO_4の濃度によって変化(増加)した導電率(電気伝導率)を計測することにより、試料空気中のSO_2濃度を連続測定する方法である。

現在、この方法は大気汚染調査や、環境での連続監視に自動連続測定機器の基本原理として広く用いられている。

*過酸化水素水は硫酸あるいはリン酸が安定剤として添加されている場合が多い。

2) 試　薬

①—吸収液

H_2O_2(試薬特級)を水[注1)](25℃における導電率0.1 mS/m以下のもの)で濃度0.006%(v/v)になるよう希釈調整する。次に導電率の安定のためH_2SO_4を約0.000005 mol/Lになるように添加する(吸収液の導電率は20℃で約0.4 mS/mになる)。

②—等価液(校正用SO_2標準溶液)

等価液の調整はJIS B 7952スパン調整用などの等価液調製に用いられる0.005 mol/L H_2SO_4(等価液調製用原液)の採取量は次式によって求める。

(a)0.005 mol/L H_2SO_4の採取量(mL)＝

$$8.93\times10^{-2}\times\frac{1}{2\times(0.005-A)}\times B\times\frac{p\times s}{D}\times\frac{273}{273+Q}$$

A：吸収液のH_2SO_4濃度(mol/L)

B：SO_2濃度(ppm)

p：試料空気流量(L/min)

s：通気時間(min)

D：吸収液の採取量(mL)

Q：20(校正基準となる温度20℃)

F：等価原液に使用した0.05 mol/L H_2SO_4の力価

3) 目盛校正

ゼロ調整用等価液：吸収液をそのまま用いるものとする。

スパン調整用等価液：測定する範囲内の最大目盛値90%の濃度を調整するため、(a)式から等価調整用原液0.005 mol/LのH_2SO_4量(mL)を採取し、次に吸収液を添加して1,000 mLに希釈調製する。

中間点においても校正する場合は、校正する測定範囲の50%付近の濃度を調整するため(a)式を用いて採取量(mL)を求める。

4) 校正用ガス

校正用ガスは校正用ガス調整装置(「環境大気常時監視マニュアル第5版pp.36〜50　www.env.go.jp/air/osen/manual_5th/index.html」参照)を用いた方法により発生したものを使用する。

5) 測定機器

①—自動測定器：図10-13に示す構成をしている。

6) 試験操作[注2)]

①—溶液導電率分析計および指示記録計の電源をONにする(恒温槽が付属している場合は、決められた温度に達するまでゼロ調整用等価液を測定電極部に入れない)。

ゼロ調整

②—ゼロ調整用等価液を電極部に入れた後、指示が十分安定した段階でゼロ調整し、0 ppmを示すようにする。

③—測定電極部にスパン調整用等価液を入れる。(指示の安定後)

スパン調整

④—この等価液による目盛校正を行い、等価液に対応するSO_2濃度を示すようにする。

⑤—中間点用等価液で同様の操作を行い、直線性の

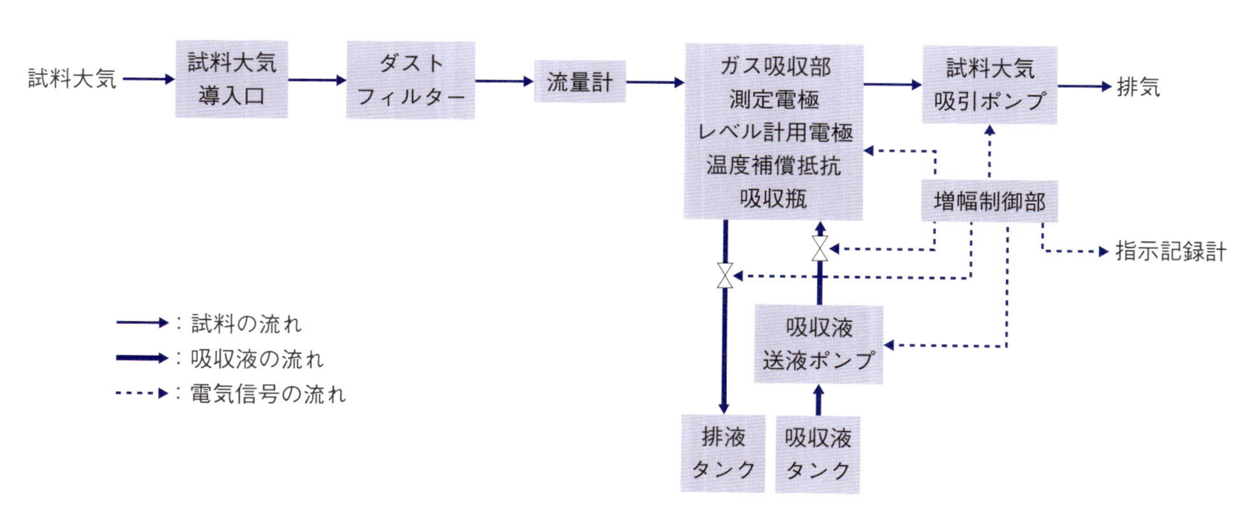

図10-13　溶液導電率法自動測定機の測定系統図例。(環境省報道発表資料：環境大気常時監視マニュアル第5版。環境省より許可を得て掲載)

確認を行う。

校正用ガスによる指針値の確認

⑥—ゼロガス(希釈ガス)を測定機に導入して指示値を読む。
⑦—測定範囲の最大目盛値の90%付近の濃度ガスを測定機に導入して1時間値の指示が充分に安定した後、指示値を読む。
⑧—測定範囲の最大目盛値の50%付近の濃度ガスを導入し、1時間値の指示が充分に安定した後、指示値を読む。
⑨—ポンプなどを作動させて試料空気を導入する。

⑩—連続的にSO_2濃度を測定する。

注1)JIS K 0557「用水・排水の試験に用いる水」に記載の水でA2、A3およびA4(25℃における電気伝導率が0.1mS/m以下のもの)を用いる。
注2)乾式測定機の校正には、測定成分濃度が明らかな校正用ガスを用いて行う。一方、校正を等価液で行う湿式測定機であっても信頼性のある測定値を得るためには、さらに校正用ガスによる指針値の確認が必要になる。

二酸化窒素

NO_2分子量46.01、比重1.491、融点−9.3℃、沸点21.3℃(分解)、大気中での生成は一酸化窒素の酸化によるものである。人為的な発生は、化石燃料の燃焼に伴うものであり主な発生源として工場のボイラーなどの固定発生源および自動車などの移動発生源がある。

NO_2の健康影響は、呼吸器に対する影響が主であり、細気管支炎や肺気腫の発生がある。また、二次的な作用として大気中での光化学スモッグや種々の有害性のあるニトロアレーン類の生成に対する寄与がある。

大気汚染に関するNO_2の環境基準は、1時間値の1日平均値が0.04 ppmから0.06 ppmの範囲内またはそれ以下である。

1) 方　法

環境空気中のNO_2の測定方法は、ザルツマン試薬を用いる吸光光度法あるいはオゾンを用いる化学発光法である。ここではザルツマン法による定量について説明する(オゾンを用いる化学発光法については日本薬学会編:衛生試験法・注解2005、pp.1066〜、または環境大気常時監視マニュアル第5版　pp.68〜を参照)。

1. ザルツマン法による定量

本法はザルツマン試薬によりNO_2を測定して定量する方法である。

1) 原　理

ザルツマン法ではN-1-ナフチルエチレンジアミン2塩酸塩、酢酸、スルファニル酸からなる水溶液を吸収液として用いる。

試料空気中のNO_2は水に吸収されると亜硝酸や硝酸を生成するが、生成された亜硝酸は吸収液中のスルファニル酸とジアゾ反応し、ジアゾ化スルファニル酸塩となって吸収される。このジアゾニウム塩がさらに発色剤のN-1-ナフチルエチレンジアミン2塩酸塩と反応してアゾ色素を生成し赤紫色に発色する。ザルツマン法ではこの発色度の波長545 nmにおける吸光度を測定して試料空気中のNO_2濃度を求めるものである。

2) 試　薬

試薬はすべて特級レベルの純度の薬品を用いる。

試薬調製に用いる水は亜硝酸塩を含まない蒸留水あるいは純水とする。

⑴　吸収発色液(ザルツマン試薬)

水850 mLに酢酸50 mLを加えて混合した後、スルファニル酸5 gを添加し再度よく混合して溶かす(必要な場合には緩やかに加熱する)。次に0.1%のN-1-ナフチルエチレンジアミン2塩酸塩溶液50 mLを加え、最後に水を加えて1,000 mLにする。

⑵　亜硝酸ナトリウム溶液

105〜110℃で3時間乾燥した後、デシケーター内等で室温に戻した亜硝酸ナトリウム($NaNO_2$)2.5880 gを秤量し、水を加えて1,000 mLの溶液とする(冷暗所にて約2カ月間の保存が可能)。

この溶液を原液として用い、必要に応じて10 mLをメスシリンダーで量りとり、水を加えて1,000 mLとしてNO_2溶液を作製する。

これにより$NaNO_2$溶液1 mLは10 μL NO_2(0℃、

101.3 kPa)に相当する。

(3) NO_2標準呈色液

$NaNO_2$溶液を水で段階的に希釈する。これらの希釈液から各1 mLとり、段階希釈数に対応した25 mLのメスフラスコにそれぞれ添加した後、吸収発色液を標線まで加えて良く振り混ぜておく。15分間放置(室温)した後、吸光度の測定に用いる(検量線を作成)。

採取測定機器(図10-14、図10-15)

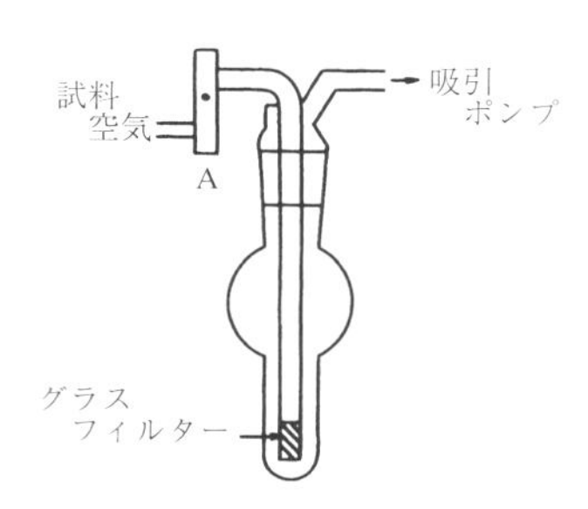

図10-14　試料空気採取装置の例。(日本薬学会編：衛生試験法・注解2005、金原出版。日本薬学会より許可を得て掲載。一部改変)

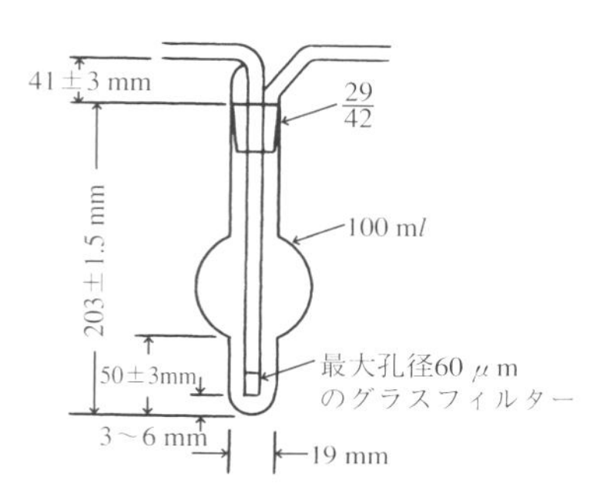

図10-15　吸収管の例。(日本薬学会編：衛生試験法・注解2005、金原出版。日本薬学会より許可を得て掲載)

3) 試料の採取

試料空気の採取を行う前に、吸収発色瓶内のグラスフィルターの吸収率が規定に適合していることを確認しておく。さらに発色時には温度、放置時間が関係するため、温度は25℃以上、十分な発色に必要な放置時間は、標準呈色液の条件と一致させておくことが必要である。

4) 試験操作

①―採取装置(図10-14、10-15)をセットする。

②―管(NO_2測定用)に吸収発色液10 mLを添加する。

③―流量0.4 L/minで60分間試料空気を採取する。

④―それぞれに吸収液を加えて25 mLにする。これにより試料空気中のNO_2の濃度に応じて、吸収発色液は桃紫色に変化が見られる。

⑤―管内から呈色液を比色セルに入れ、吸収発色液を対照液として波長545 nm付近で吸光度を測定する。

⑥―NO_2標準呈色液を比色セルに入れ545 nm付近で吸光度測定して検量線を作成する(対照液には吸収発色液を用いる)。

⑦―作成した検量線から④で得られた吸光度で試験溶液中のNO_2量(μL)を算出する。

計　算：試料空気中のNO_2濃度(ppm)は、次式から算出する。

$$NO_2(\mathrm{ppm}) = S \times \frac{1}{V \times \frac{273}{273+t}}$$

S：管に捕集されたNO_2の量(μL)

V：試料採取空気量(L)

t：試料採取時の平均温度(℃)

一酸化炭素

CO、分子量28.01、対空気比重0.97、0℃における気体密度は1.25 g/L、融点−205℃、沸点−192℃、空気と混合拡散しやすい無色無臭の気体である。水への溶解は、20℃の場合、100 mL中2.32 mLの割合である。

COは有機物または炭素質燃料の不完全燃焼時に生成され、年間推定発生量は世界全体で約32億3,300万トンである。多くは自然界の発生源からであり約90%を占めている。一方、人為的な発生は少ないものの、局在的な発生源から大量にヒトの近接で発生した場合に影響は大きい。

大気汚染に関するCOの環境基準は、1時間値の1日平均値が10 ppm以下とされ、かつ、1時間値の8時間平均値が20 ppm以下である。

COには管理基準があり、「建築物における衛生的環境の確保に関する法律施行令」および「事務所衛生基準規則」では、COについては10 ppm以下(大気中の濃度が10 ppm以上の時は20 ppm以下)である。また、労働環境の許容濃度は日本産業衛生学会では50 ppmである。

1) 方　法

環境空気中のCOの測定方法は、非分散型赤外線吸収法および検知管法による定量法である。

COの測定対象となるのは、環境大気、排ガス、自動車排ガスおよび建築物や労働環境の空気等である。

1．非分散型赤外線吸収法

1） 原 理

異なった原子からなる空気中の分子はそれぞれ特定の波長の光を吸収し、圧力が一定しているガス状物質ではその濃度と光吸収は対応関係がある。この原理に基づき特定の赤外線単色光を吸収するガス状物質は、その濃度に応じて吸収が変化する。これを応用して波長4.7 μm付近におけるCOの赤外線吸収を測定し、試料空気中のCO濃度を測定するものである。

赤外線分析計は分散型方式や非分散型方式のものがある。大気測定に関するCOの連続自動測定を行うのは一般に非分散型の赤外線吸収装置である。一般に非分散型の赤外線吸収装置であり、これを用いてCOの連続自動測定を行っている。

2） 測定機器

大気環境測定用と排出源測定用がある。

装置の構成は自動測定器として試料採取部、赤外線ガス分析計、指示記録計等からなっている。また、赤外線ガス分析計は図10-16に示されるような光源、回転セクター、干渉フィルターセル、基準セル、試料セル、検出器、増幅器等で成り立っている。

3） 試験操作

①—赤外線ガス分析計および指示記録計の電源スイッチをONにする。
　（指示が十分安定した後）
②—校正用ガスを用いてゼロおよびスパンの調整をする[注3)]。
③—ポンプなどを作動させて試料ガスを導入する。
④—連続的にCO濃度を測定する。

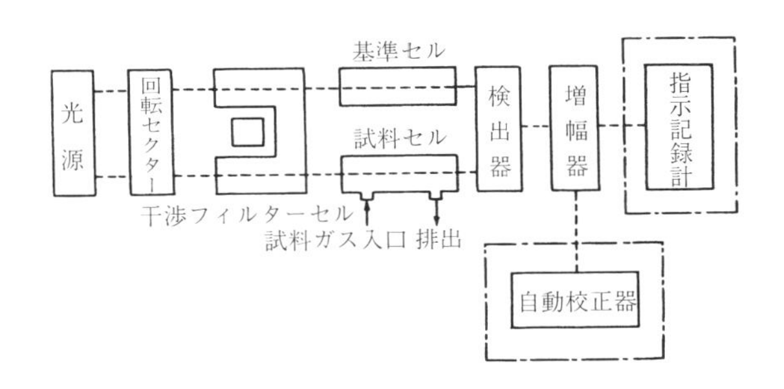

図10-16　赤外線ガス分析計の装置の構成。（日本薬学会編：衛生試験法・注解（2005）、金原出版。日本薬学会より許可を得て掲載）

注3）目盛り校正はゼロ点およびスパンを標準ガスで行うが、ゼロ点については測定器内蔵のゼロガス調製装置で得られた精製空気を使用する方式、あるいはゼロ点を常時補正して比較測定する方式では校正は不必要である。よって主に目盛り校正の対象はスパンであり、最大目盛り値の90％近傍の濃度に調整したN_2とCO混合ガスを用いて校正を行う。さらに、このガスをN_2で希釈して、最大目盛り値の中間点指示値の確認を行う必要がある。その確認において導入CO濃度に対する指示値のブレは、最大目盛り値の±5％以内である。この測定器は校正用のCOについては、高圧ガス容器詰めの標準ガス（濃度検定つき）を用いて2週間に1回程度の校正頻度が必要であるものの、1日1回自動的に校正できる。

二酸化炭素

CO_2、炭酸ガス（別名　無水炭酸）とも呼ばれる。分子量44.01、昇華点（沸点）−78.5℃（1気圧）、融点−56.6℃（5.2気圧）、無色・無臭のガスでわずかに酸味がある。対空気比重は1.529である。CO_2は常温では気体であり、低温では加圧により液化する。水中では炭酸を生じて弱酸性を示すが、空気中で安定したガスで可燃性・助燃性はなく、毒性も弱い。

自然界では火山ガスや炭酸泉中に存在し、大気中（清浄時）では約0.035％、地層の空気中では数％含まれ、深いほど高濃度となる。その他に有機物の燃焼や植物体の腐敗や発酵の際にも高濃度で発生し、空気の流動があまりない場所では、CO_2の蓄積による酸素濃度の減少が問題を引き起こす可能性がある。

労働衛生上の許容濃度（2004）は、50 ppm（日本産業衛生学会勧告）である。

1．非分散型赤外線法による定量

室内空気のCO_2測定に用いる方法であり、測定範囲としては0〜2,000 ppm、または0〜5,000 ppm

がある。小型で軽量な測定器であることからも操作も簡単であり、連続測定もできる。

1）原　理

CO_2測定にはいくつかの方式（1光源1セル、1光源2セルおよび2光源2セルなど）があるが、1光源1セル方式が一般的に使用されている。図10-17は測定器の構造の例を示してある。

この方式は、CO_2検出セルの部分が赤外検出器（コンデンサーマイクロフォン型またはコンデンサーマイクロフロー型）を設置した上下2層構造になっており、上下の検出セルにはそれぞれCO_2が封入されている。

光源から発せられた赤外線は、試料セル内のCO_2濃度に対応して吸収されるが、吸収されずに残った赤外線はそのまま検出セルの下層部分のCO_2に吸収され、その吸収度に応じて熱を発する。

一方、検出セルの上層部分は構造上で赤外線が到達しないように設計されているため、セルの上下層間ではこれに伴って発熱による圧力差が生じる。この圧力差はやがて時間の経過とともに平衡状態となるため非分散型赤外線法では光源付近の回転セクターに起因する断続的な赤外線照射の繰り返しにより、この2層間の圧力差を検出器により信号化して試料空気中のCO_2濃度を測定するものである。

2）試　薬

（1）スパン調整用

CO_2標準ガスは、測定範囲における最大目盛りに対して90％付近の高圧ガス容器詰め標準ガス（JIS K0003）を使用する。

（2）ゼロ調整用

CO_2除去筒は活性アルミナにチモールフタレイン（指示薬）と水酸化カリウム（KOH）溶液を吸着させてから乾燥させた後、透明の樹脂筒に充填したものを使用する。

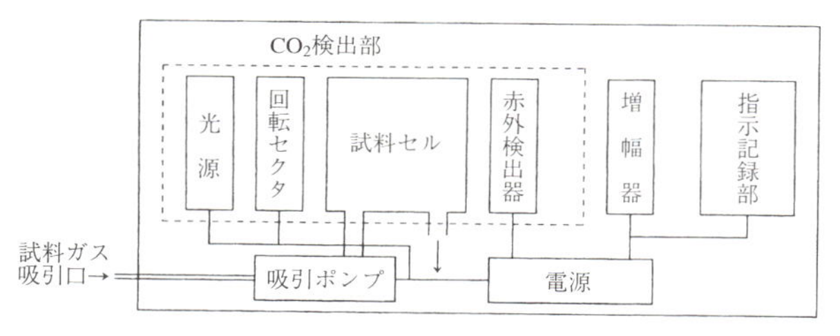

図10-17　測定器の構成の一例。（日本薬学会編：衛生試験法注解（2005）、金原出版。日本薬学会より許可を得て掲載）

3）測定機器

非分散型赤外線吸収式CO_2測定器測定器の構成は試料採取部、赤外線ガス検出部、指示記録部などからなっている。赤外線ガス検出部は1光源1セル方式である。

4）試験操作

①—電源をONにする。
（指示が十分安定するまで放置）
②—試料ガスの吸引口にCO_2除去筒を接続する。
③—接続が完了後、ゼロ調整を行う。
（調整後）
④—接続されたCO_2除去筒を取り外す。
⑤—CO_2標準ガスを吸引させてスパン調整を行う。
⑥—試料ガスを吸引してCO_2の測定を行う。

検知管法による大気の成分分析

検知管法によって定量できる大気の成分は二酸化炭素、一酸化炭素、酸素、アンモニア、硫化水素などのほか、二酸化硫黄、塩素の測定にも適用できる（備考参照）。

二酸化炭素（CO_2）

検知管法は一般の室内環境や作業環境等において、迅速に測定する場合に用いられている。

1）原　理

内径が一定の細いガラス管に検知剤を充填してガラス管の両端を溶封してあるものを用いる。使用の際は直前に両端を切って専用のガス採取器に連結して試料空気を導入（通気）すると、試料空気に含まれる特定ガスと検知剤が化学反応して検知剤が変色することで測定するものである。検知剤層の変色域の長さと特定成分濃度との関係は、あらかじめ作成された検量線から算出された上で濃度目盛りとして印刷されているので、これから直接的に濃度を読み取ることができる。

操作手順に添って正しく測定を行えばはじめて扱う者でも簡単に（数分で）測定結果が得られる。

2）試　薬

CO_2検知剤には以下の2種類がある。

①—NaOH・チモールフタレイン検知剤活性アル

ミナを担体としてチモールフタレインを加えたNaOH溶液を吸着させ、乾燥したものである。この検知剤とCO_2が反応して色が青紫色から薄い桃色へ変化する。

②—ヒドラジン・クリスタルバイオレット検知剤活性アルミナを担体としてクリスタルバイオレットとヒドラジンを吸着させ、乾燥したものである。この検知剤とCO_2が反応して白色から紫色へ変化する。

備　考

一酸化炭素(CO)

CO検知剤

シリカゲルを担体として$K_2Pd(SO_3)_2$溶液を吸着させ、乾燥したもの。この検知剤とCOが反応して色が変化(黒褐色に着色)する。

アンモニア(NH_3)

①—NH_3検知剤

60〜80メッシュのケイ砂を担体としてリン酸酸性のチモールブルー水溶液を浸み込ませた後に真空乾燥したもの。この検知剤とNH_3が反応して色が淡紫色から淡黄色へ変化する。

②—除湿剤

30〜80メッシュのケイ砂にKOH水溶液を含ませて浸み込ませた後、乾燥したもの。

硫化水素(H_2S)

H_2S検知剤

検知剤は60〜80メッシュのシリカゲルを担体とし硝酸鉛溶液を吸着させて乾燥したもの。この検知剤とH_2Sが反応して検知剤が白色から黒褐色へ変色する。

3）器　具

①—2種類のCO_2検知管がある。

NaOH・チモールフタレイン検知管の測定範囲は0.03〜0.70%(v/v)および0.1〜2.6%(v/v)の2段階がある。ヒドラジン・クリスタルバイオレット検知管測定範囲は0.03〜0.5%(v/v)、0.13〜6.0%(v/v)の2段階がある。

備　考

一酸化炭素(CO)

CO検知管　測定範囲は20〜1,000 ppm

アンモニア(NH_3)

NH_3検知管-測定範囲は0.2〜20 ppm(検知限界0.1 ppm)

硫化水素(H_2S)

H_2S検知管-測定範囲は1〜100 ppm(検知限界0.5 ppm)

②—検知管用ガス採取器

・試験操作

①—検知管(図10-18)の両端をカッターで切る。

②—検知管の矢印の方向に従って検知管用ガス採取器(写真)を接続する。

③—ガイドマークに合わせてピストンを一気に引く。

④—この操作によってピストンを固定する。

⑤—この状態で場所を移動させずに検知管ごと所定の時間放置する(検知管の種類により異なるため、反応時間は検知管の説明書に従う)。

⑥—所定の時間が過ぎたら検知管をガス採取器から外す。

⑦—変色層の先端の濃度目盛りからCO_2の濃度を求める。

備　考

NaOH・チモールフタレイン検知管は反応が遅く測定に5分を要する。ヒドラジン・クリスタルバイオレット検知管は1〜2分でを要する。

注　意

化学的性質の似た成分によっても変色を示すこと

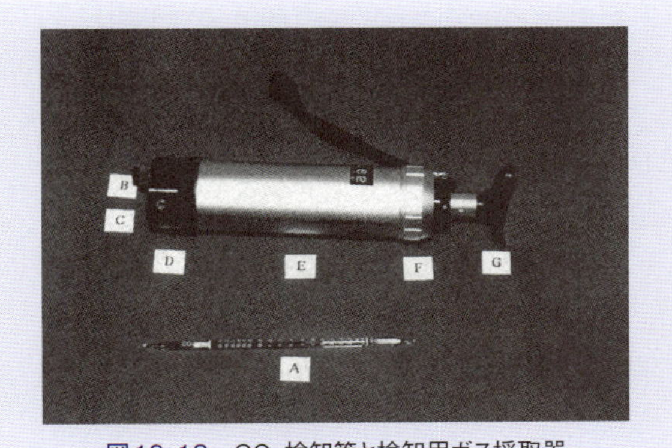

図10-18　CO_2検知管と検知用ガス採取器

があるため、測定場所における共存成分の存在に注意を要する。

粒子状物質

環境空気中には様々な粒径の粒子が浮遊しておりその範囲は0.01 μm～数十 μmに及んでいる。粒子には固体状あるいは液体状のものもあり、その性状によりダスト、ミスト、ヒュームなどに分類されている。発生には自然発生源由来と固定発生源や移動発生源などの人工由来のものがあり、大気中では二次的に生成されるものもある。

粒子状物質の生体影響には直接的および間接的なものがあり、間接的な影響には日光の遮断に起因するくる病の発生などがある。

一般に粒子の粒径が10 μm以上になると多くは鼻腔粘膜に吸着されるため、気管から呼吸器の深部までは到達しない。一方0.01 μm～1 μmレベルのものは気管支から肺胞まで達して沈着する。このため健康影響からは10 μm以下の粒径の粒子が健康上問題となる。これにより大気環境における環境基準は10 μm以下の粒径の粒子(労働環境の場合は7.07 μm以下の粒径粒子)を対象にしている。

空気中に浮遊している粒子のうち、粒径が2.5 μm以下のものはPM2.5と呼ばれ、粒径が小さいため、ヒトの気道や肺に沈着し、ぜん息や気管支炎などの健康影響を引き起こすと懸念されている。

環境基本法における環境基準は浮遊粒子状物質(SPM)として、1時間値の1日平均値が0.10 mg/m^3以下、1時間値が0.20 mg/m^3以下、と定められている。

方　法

1)　重量法

10 μm以上の粒径粒子を除去する分粒装置に接続したローボリュームエアーサンプラーを用いて浮遊粒子状物質をろ紙(フィルター)上に捕集し、その重量を精密な天秤で測定することにより、重量濃度を直接算出する方法である。浮遊粒子状物質に関する環境基準を評価する上で標準的な測定法である。

2)　測定機器

装置は分粒装置、フィルターホルダー、真空計(またはマノメーター)、流量計、コック、吸引ポンプで構成されている。分粒装置は10 μmまたは7.07 μmを以上の粒径粒子を除去する装置であり、吸引ポンプは指定された能力(吸引流量の1.5倍、吸引圧力が－27 kPa以上)を有し、脈動を生じないもので、長時間の連続運転に耐えられるものである。流量計についても20℃、101.3 kPaにおいて10～30 L/minの範囲を0.5 L/minまで測定できるような目盛りのあるものを用いる。

3)　試験操作

環境大気を測定する場合は、サンプラーの設置個所として、特定の発生源や交通機関からの直接的な影響を受けにくく、付近の大気汚染状況を反映し得るような場所を選定する。設置する際は地上3～10 mの高さとし、標準的な捕集時間は24時間とする。

①—捕集用フィルターは温度20℃、相対湿度50%で恒量化する。
②—0.01 mgまで測定可能な化学天秤を用いて0.1 mgレベルまで精秤する。
③—秤量したフィルターをフィルターホルダーに空気漏れが生じないように固定し装着する。
④—電源スイッチをONにする。
⑤—吸引ポンプが作動したら流量計のフロートを20 L/minに合わせ、捕集開始時刻を記録しておく。
⑥—捕集開始約5分後に真空計(またはマノメーター)による差圧測定を行い、その値から吸引流量を補正して吸引流量20 L/minの目盛りに正しくフロートを合わせる。
⑦—捕集終了時に時刻を記録し、総吸引空気量を求めておく。
⑧—捕集後のフィルターの秤量をする。捕集後のフィルターは、温度20℃、相対湿度50%で24時間以上放置して恒量化した後に秤量し、捕集前の重量との差異から捕集した浮遊粒子重量を算出する。

その他に粒子状物質の測定には光散乱法、β線吸収法などがある。

微生物検査法

落下細菌数

一定時間内に一定面積の寒天平板培地上に空気中から落下して発育する細菌を数え、その総数を計数する。この落下法の特長は測定地点に培地を用意するのみで自然の状態を維持したままで測定でき、特殊な装置も動力源も必要としない。しかし、30 μm以下の粒子については落下速度の遅さから数分間の測定時間では測定することが難しいため、本法では浮遊細菌の実態（空気中の微生物汚染）把握への適用が困難である。

1）　方　法

⑴　寒天平板を用いる方法

1）　測定用培地

【標準寒天培地　1 L分】

酵母エキス	2.5 g
ペプトン	5 g
グルコース	1 g
寒天	15 g

（pH6.8～7.7）

2）　寒天平板の調製

加熱滅菌した標準寒天培地約15～20 mLを滅菌ペトリ皿（直径90 mm）に泡立てないように注いだ後、冷却固化させる。この寒天平板を使用するにあたり拡散集落の形成を避けるため、平板表面の十分な乾燥が必要である。

2）　試験操作

試料採取は少なくとも平板上のコロニー数の算術平均を算出するため、各測定場所で寒天平板3枚以上を使用する。

①—測定開始にあたって全寒天培地とも同時に静かに蓋を取る。

②—5分間露出（無菌室の作業中での測定などの場合を除く）

③—再度、静かに蓋をかぶせる。
（寒天平板を上下転倒）

④—36±1℃、24～48時間培養

⑴　コロニー数の算定

培養後すぐに発生したコロニー（集落）数を計算する。コロニー数の算定にあたっては、拡散集落が存在せず、1平板に30～300個のコロニーが見られた平板のみを選択する。この菌数計算で得られた1平板あたりのコロニー数（平均値）を落下細菌数とする。

浮遊細菌数

空気中の浮遊する細菌だけでなく、塵埃に含まれる細菌を対象に生菌総数を測定するものである。測定法にはスリットサンプラー、ピンホールサンプラー、アンダーセンサンプラーなどを用いて測定する方法がある。

1）　方　法

⑴　スリットサンプラーによる方法

加熱滅菌した標準寒天培地約15～20 mLの滅菌ペトリ皿（直径90 mm）に泡立てないように注ぎ、冷却固化させる。その際に拡散集落の形成を避けるため、平板表面の乾燥は十分に行う。

スリットサンプラーによる浮遊菌数測定の場合は、正確に水平の平板を作製することが重要である。

2）　測定機器

スリットサンプラー

3）　試験操作

試料の採取には試験場所（測定地点）にてスリットサンプラー、ポンプ、流量計、寒天培地等を用意する。

①—スリットサンプラーを流量計と電源に接続する。

②—直前に蓋をとった寒天平板を本体に設置する*。

③—電源スイッチをONにしてポンプを作動させる。

④—30 L以上の空気を吸引して寒天平板に吹きつける。

⑤—ポンプの作動を止め、寒天平板に蓋をする。

⑥—本体から取り出すとともに通気量を記録する。
（同様な操作を繰り返して3回行い、1測定について寒天平板を3枚用いる）

⑦—培養は寒天平板を上下転倒して36±1℃、24～48時間培養する。

⑴　コロニー数の算定

培養後は直ちに発生したコロニー数をカウントして総数を計算する。算定の際は平板上に拡散集落が認められないものを対象に行う。また、1平板に30～300個のコロニーが見られる平板を選択する。

⑵　菌数の計算

得られた平板（3枚）のコロニー数の平均値から空気1 m^3あたりの菌数を算出して浮遊細菌数とする。記載は下記の例に従って行う。

記載例：浮遊細菌25個/m^3（標準寒天培地、

37℃、24時間、スリットサンプラー法）

＊スリットサンプラーへの寒天平板の出し入れの際はできる限り雑菌の混入を防ぐため、無菌的に操作を行う。また、必要に応じて測定操作前後に試料採取とは別の平板をコントロールとして用い、混入する菌数を確認しておく。

浮遊真菌数

環境空気中の浮遊真菌類の測定目的は、一般室内環境ではアレルゲンの検索であり、作業環境においては清浄度の確認などである。

1）方　法

測定方法としてはスリットサンプラーによる方法のほかにインピンジャー法やろ過法などもあるが、スリットサンプラーは浮遊する真菌数を単位空気あたりや経時的にも測定が可能であるため良く利用されている。

⑴　スリットサンプラーによる方法

1）　分離培地

一般真菌用の分離培地としてクロラムフェニコール添加PDA培地およびクロラムフェニコール添加YM寒天培地があり、両培地ともクロラムフェニコールが細菌の生育抑制の目的で添加されている。

【クロラムフェニコール添加Potato dextrose agar（PDA）培地　1 L分】

ジャガイモ	300 g
グルコース	10 g
寒天	15 g
（pH5.5〜5.7）	
クロラムフェニコール	100 mg

作製するにあたり皮をむいたジャガイモを約0.5 cm四方に細切する。その後、500〜600 mLの水を加え、約1時間煮沸する（弱火）。

煮沸後、ガーゼ4〜5枚を用いてろ過してから、得られたろ液にグルコースおよび寒天を上記の量で加えてから加温溶解し、さらに水を加えて1 Lとする。このPDA培地を滅菌した後、クロラムフェニコール100 mgを加える。

【クロラムフェニコール添加YM寒天培地　1 L分】

グルコース	10 g
ペプトン	5 g
酵母エキス	3 g
麦芽エキス	3 g
寒天	20 g
（pH6.0〜6.4）	
クロラムフェニコール	100 mg

適量の水に上記の試薬を入れて加温溶解し、さらに水を加えて1 Lとする。このYM寒天培地を滅菌した後、クロラムフェニコール100 mgを加える。

2）　寒天平板の調製

浮遊細菌と同様である。

2）試験操作

①—スリットサンプラーを流量計と電源に接続する。
②—直前に蓋をとった寒天平板を本体に設置する。
③—電源スイッチをONにしてポンプを作動させる。
④—30 L以上の空気を吸引して寒天平板に吹きつける。
⑤—ポンプの作動を止め、寒天平板に蓋をする。
⑥—本体から取り出すとともに通気量を記録する。（同様な操作を繰り返し3回行い、1測定について寒天平板を3枚得るようにする）
⑦—培養は25±1℃、5〜7日間培養して生菌数を計算し、空気1 m^3中の真菌数を求める。

騒音・振動

騒　音

騒音とは人が生活していく上で必要のない不快な音や好ましくない音などを総称したものであり、生理的あるいは心理的な影響も大きい。このため一般住民からの苦情件数が最も多い。

一般環境における騒音に係る環境基準は環境基本法第16条第1項の規定に基づいて告示されている。作業環境においては1労働日における衝撃騒音の許容基準がある（日本産業衛生学会）。

方　法

普通騒音計を用いる測定法

測定器

普通（または精密）騒音計

騒音の量を騒音レベルではかるための規定の特性を備えた電気音響機器で、計量法で定められた計量器である。

試験操作

①—内蔵電池（乾電池）の規定電圧の保持を確認する。
②—校正用音源（付属品）にて感度調整する。
③—スイッチをONにする。
④—減衰器のつまみを（10デシベルきざみ）で調整して指針を指示器の適当な位置に設定する。
⑤—指針の数値および減衰器の数値を加算する。
⑥—加算値を騒音レベル（使用した補正回路についての）とする。

注）現在は市販品が数多くあるため騒音計の説明書に従う（図10-19は市販品の1例）。

振　動

振動とは人為的は原因によりに発生した地盤振動（断続的または継続的）によってその影響を受けた地域の家屋の損壊、または一般住民に対して感覚的な苦痛を生じさせたりする現象である。

振動は多くの場合、環境基本法で定める公害に関連する振動を指す。

振動の大きさは振動レベル計を用いた鉛直方向の振動で測定され、デシベル（dB）を単位として表される。

方　法

振動レベル計を用いる測定法

測定機器

振動レベル計

振動レベル計の構成は振動ピックアップ、電気回路、指示計などである。

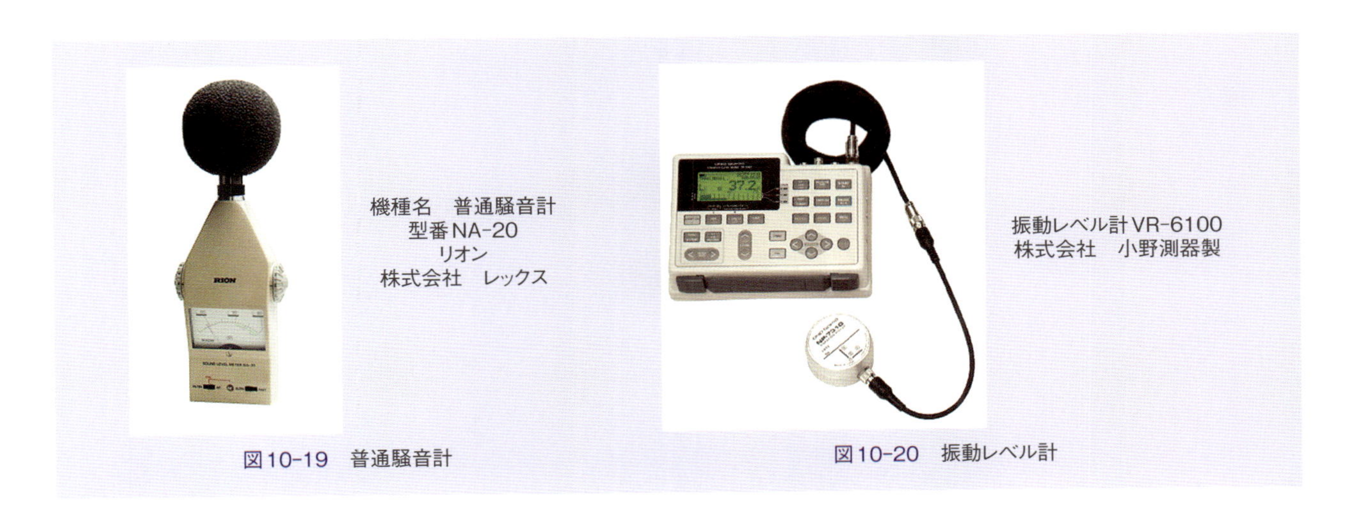

図10-19　普通騒音計

図10-20　振動レベル計

装置の設置

振動レベル計の振動ピックアップを設置する場所の選定には

①—測定しやすい場所であること。

②—測定地点を正しく代表すると認められる場所であること。

③—原則的に屋外の地表であり、振動の発生源(工場、事業所、建設作業場、道路の敷地境界線)かつ住居に面する部分であること、に留意する。

振動ピックアップの設置に関する注意点としては、

①—測定点における緩衝物がないこと。

②—十分踏み固めなどの行われている固い平坦な面に水平に設置すること。

③—可能な限り地面に密着させること。

④—振動でズレたり、グラつかないよう固定すること、温度、風、電気、磁気などの影響を受けないように注意すること(必要に応じ適当な遮蔽を行う)、等である。

試験操作

①—装置の電源電圧が正常であることを確認後、電源スイッチをONにする。

②—増幅部の校正回路がついている場合はゲイン校正を行う。

③—振動間隔補正回路は、(原則として)鉛直振動性を選ぶ(衝撃的な振動については、振動レベル計の過負荷状態を抑えるため、レベルレンジ切り換え器を用いて測定レンジを選定する)。

④—機器の指示器あるいはレベルレコーダーにより指示値を読む。

暗振動の補正について

測定対象となった場所について特定の振動を対象とする場合、同じ場所でその特定の振動がない時の振動を暗振動という。よって測定対象となっている振動状態(振動の有無)により振動レベル計の指示値の差が10 dB以上の場合は暗振動の補正は必要ない。指示値の差が10 dB未満3 dB以上であって暗振動の発生が定常状態にある場合には補正値を用いて指示値から差し引いたものを振動レベルとする。指示値の差が3 dB未満の場合は測定条件を変更する必要がある。

注)現在は市販品が数多くあるため振動計の説明書に従う(図10-20は市販品の例)。

参考文献

1) 衛生試験法・注解2005　日本薬学会編　金原出版
2) 環境大気常時監視マニュアル第5版2007　環境省　水・大気環境局
3) 環境科学辞典1985　荒木峻　沼田眞　和田攻　東京化学同人
4) 大気汚染防止機器1995　新環境管理設備事典編集委員会　産業調査会事典出版センター
5) 環境用語事典1997　横山長之・市川惇信　オーム社

第11章

水環境の衛生

飲料水

試料の採取法

理化学的試験に用いる水の採取には、清浄なガラス瓶またはポリエチレン瓶を用いる。ただし、ガラス瓶からはヒ素、鉛、ナトリウムなどが溶出するおそれがあるので、微量元素を測定する場合はポリエチレン瓶を用いる方が良い。微生物学的試験に用いる水の採取には、蓋の部分にアルミホイルを被せ、あらかじめ滅菌した共栓ガラス瓶を用いる。

水道水の採取は、屋内配管に滞留していた水を捨ててから行うのが一般的であるが、屋内配管からの鉄や鉛の溶出や滞留中のトリハロメタンの生成を知りたい場合には開栓直後の水を採取する。各種の水質試験は採水後速やかに行わなければならない。

理化学的試験

温 度

飲料水の温度について特段の基準はないが、水質の基本的指標の一つである。採取試料の水温は一般の棒状温度計(目盛りが0.5℃までのもの)を用いるが、井戸や水源河川など屋外調査ではペッテンコーヘル水温計(図11-1)が便利である。これは下部に水の溜まる容器のついた温度計で、紐をつけて所定の深さまで沈め、そこで数回上下して容器の水を入れ替え、3分ほどしてから引き上げて値を読みとる。

外 観

個別の試験を行う前に、透明ガラス瓶中の試料について、濁り、浮遊物、沈殿物、着色等について観察する。

濁 度

濁度は透視度と同じく水の濁り具合であり、水の清浄度を表す基本的な指標となる。浄水場ではポリ塩化アルミニウムなどの凝集剤を加えてフロックを形成させ、さらに砂ろ過紙を行うことで水中の不純物を除去している。水道法では濁度2度以下(目標値1度以下)と規定している。

1) 方 法

試料を良く振り混ぜてから、比色管(100 mLの水を入れると30 cmの高さになるもの)にとり、別に作成した濁度標準液と黒紙上で比較する。標準液として以前はカオリン(1 mg/L＝1度)が用いられていたが、現在はポリスチレンビーズの濁度用標準液

図11-1 ペッテンコーヘル水温計

が使われる。また、数種類の濁度標準板を装備した濁度計、660 nmの吸光度や散乱光を測定することによって濁度を求める専用装置も市販されている。

色　度

色度は植物性のフミン質、金属イオン、その他の不純物による着色度である。水道法では色度5度以下と規定されている。

1）方　法

比色管（100 mLの水を入れると30 cmの高さになるもの）に試料をとり、別に作製した色度標準液と白紙上で比較する。また、数種類の色度標準板を装備した色度計や、光路長50 mmのセルを用いて390 nmの吸光度を測定することにより色度を求めることもできる。

臭気・味

味と臭気は地質に由来する場合もあるが、プランクトンや藻の繁殖、塩素消毒、水道管の腐食に由来することが多い。また、味や臭気が急に異常を示した場合には、水源への汚水の混入が疑われる。水道法ではいずれも「異常でないこと」とされている。なお、水質管理目標に設定されている臭気強度（TON）とは、明らかに臭気を感じることのできる最大希釈倍率（対数）で、3以下が目標値である。

1）方　法

味は試料を40〜50℃に加温した後、口に含んで塩素味以外の味を調べる。臭気は試料100 mLを300 mLの三角フラスコに取り、栓をして40〜50℃に加温して激しく振盪し、塩素臭以外の臭気を調べる。

pH

pHは水道法によって5.8〜8.6（目標値7.5程度）とされており、pHが上昇するとカルシウム等の析出によって水道管の閉塞性が高まり、pHが低下すると水道管の腐食性が高まる。

1）方　法

pHメーターによって測定する。

硬　度

水中に含まれるカルシウムおよびマグネシウムの量を炭酸カルシウムの重量に換算して表したもので、水道水の風味や水道管の閉塞性に影響する。一般に硬度100 mg/L未満を軟水、100 mg/L以上を硬水というが、WHOの指針では60 mg/L未満を軟水、60〜120 mg/Lを中程度の軟水、120〜180 mg/Lを硬水、180 mg/L以上を非常な硬水としている。硬度が高すぎると胃腸障害、石鹸の使用不能、かん石の付着などの被害があるため、水道法によって300 mg/L以下（目標値10〜100 mg/L）と定められている。

総硬度＝Ca硬度＋Mg硬度
＝永久硬度＋一時硬度
一時硬度：煮沸によって析出する重炭酸塩等

$$Ca(HCO_3)_2 \rightarrow CaCO_3\downarrow + CO_2 + H_2O$$

$$Mg(HCO_3)_2 \rightarrow Mg(OH)_2\downarrow + 2CO_2$$

1．測定法（EDTA滴定法）

1）原　理

カルシウムとマグネシウムはEBT（エリオクロームブラックT）と赤色のキレート化合物を形成するが、EDTAで滴定するとカルシウムとマグネシウムはEDTAと無色のキレート化合物を形成し、青色のEBTが遊離してくる。このため、試料の赤みが消えて青くなった時の滴定量から硬度を算出する。

2）機材、試薬

ビュレットその他ガラス器具一式、アンモニア緩衝液（NH_4Cl 67.5 gをアンモニア水570 mLに溶解し、1,000 mLとする）、EBT溶液（EBT0.5 gと塩酸ヒドロキシアミン4.5 gを100 mLの90％アルコールに溶解する）、10 mmol/L Na_2EDTA、10 mmol/L塩化マグネシウム溶液

3）手　順

①—検水100 mLを三角フラスコに採り、塩化マグネシウム溶液1 mLとアンモニア緩衝液2 mLを加える。
②—これにEBT溶液数滴を指示薬として加え、EDTA溶液を用いて液が青色を呈するまで滴定する。
③—滴定量（a mL）から次式により硬度を算定する。
硬度（mg/L）＝（a－1）×10

硝酸態窒素、亜硝酸態窒素（イオンクロマトグラフ法）

水道水における硝酸・亜硝酸態窒素の測定は、イオンクロマトグラフ法による一斉分析が公定法である。本法は、フッ素や塩化物イオン測定の公定法でもある。

1） 試　薬

蒸留水：測定対象成分を含まないもの。

溶離液：測定対象成分が分離できるもの。

除去液：サプレッサ（溶離液の電気伝導率を低下させてバックグラウンド値を低くし、分析目的イオン成分の高感度分析を可能にする装置）を動作させることができるもの。

硝酸態窒素標準原液：硝酸ナトリウム6.068 gを蒸留水で1,000 mLとする（1 mg NO_3^-－N/mL、冷暗所保存）。

亜硝酸態窒素標準原液：亜硝酸ナトリウム4.926 gを蒸留水で1,000 mLとする（1 mg NO_2^-－N/mL、暗所保存）。

混合標準液：硝酸態窒素標準原液2 mL、亜硝酸態窒素標準原液1 mLを蒸留水で1,000 mLとする（用時調整）。この溶液は、硝酸態窒素0.002 mg/mL、亜硝酸態窒素0.001 mg/mLを含む。

2） 器具および装置

メンブランフィルターろ過装置：孔径約0.2 µmのメンブランフィルターを備えたもの。

イオンクロマトグラフ

高速液体クロマトグラフ法の一種で、水溶液試料に含まれるイオン成分をイオン交換樹脂を充填したカラムで分離し、溶出液の電気伝導度等をモニターすることで分析目的イオン濃度を測定する装置で、ナトリウム、アンモニア、カルシウム等の陽イオンや、塩素、硝酸、亜硝酸等の陰イオン濃度を数十ppb～ppmレベルで分析できる。

⑴　分離カラム

サプレッサ型は、内径2～8 mm、長さ5～25 cmのもので、陰イオン交換基を被覆したポリマー系充填剤を充填したもの、またはこれと同等以上の分離性能を有するもの。ノンサプレッサ型は、内径4～4.6 mm、長さ5～25 cmのもので、陰イオン交換基を被覆した表面多孔性のポリアクリレートもしくはシリカを充填したものまたはこれと同等以上の分離性能を有するもの。

⑵　検出器：

電気伝導度検出器または紫外部吸収検出器

3） 試料の採取および保存

試料は、蒸留水で洗浄したガラスビンまたはポリエチレン容器に採取し、速やかに試験する。速やかに試験できない場合は、冷暗所に保存し、24時以内に試験する。

4） 試験操作

⑴　前処理

検水に含まれる分析対象物質濃度が適切な濃度範囲の上限値を超える場合（硝酸態窒素0.02～2 mg/L、亜硝酸態窒素0.01～1 mg/L）には、適切な濃度範囲になるように蒸留水を加えて調製する。検水をメンブランフィルターろ過装置でろ過し、はじめのろ液約10 mLは捨て、次のろ液を試験溶液とする。

⑵　分　析

得られた試験溶液の一定量をイオンクロマトグラフに注入し、それぞれの陰イオンのピーク高さまたはピーク面積を求め、下記により作成した検量線から試験溶液中のそれぞれの陰イオンの濃度を求め、検水中のそれぞれの陰イオンの濃度を算定する。

⑶　検量線の作成

混合標準液を段階的にメスフラスコにとり、それぞれに蒸留水を加えて100 mLとする。以下上記と同様に操作して、それぞれの陰イオンの濃度とピーク高さまたはピーク面積との関係を求める。

イオンクロマトグラフ装置（図11-2）とそれによる陰イオンの分析例（図11-3）を示す。

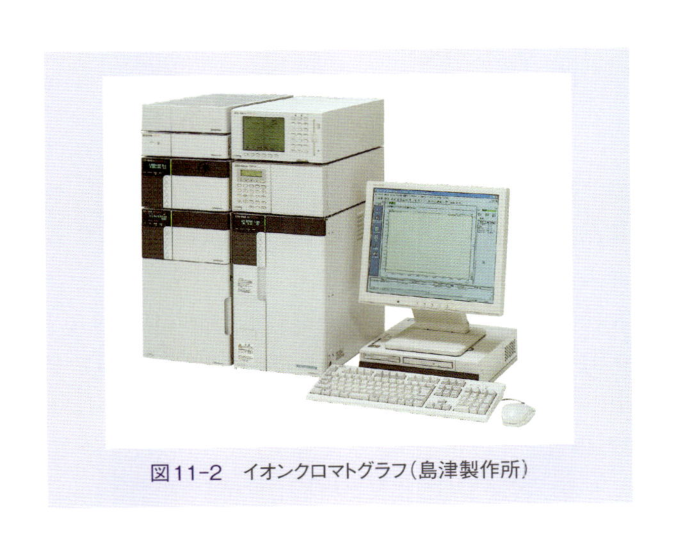

図11-2　イオンクロマトグラフ（島津製作所）

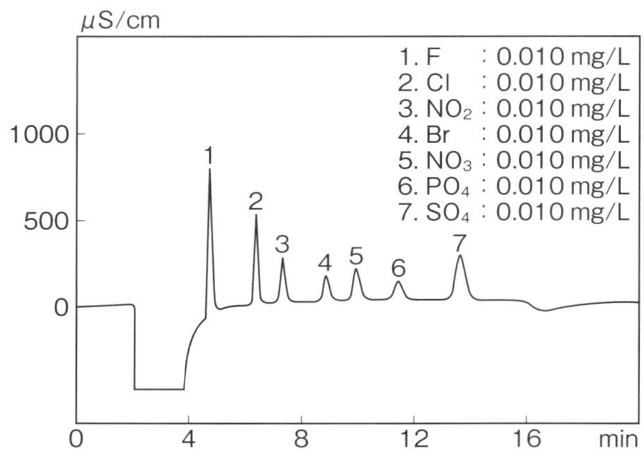

図11-3　イオンクロマトグラフによる陰イオンの分析例

塩化物イオン

塩化物イオンとは、水中に溶解している塩化物のCl^-を指す。水質汚染に最も関係する塩化物はNaClであり、NaClは屎尿や下水中に多量に含有されているので、塩化物イオンはこれらによる水質汚染の指標になる。塩素消毒された水道水などでは水道法で定められた濃度の塩素が検出される。また海水などの影響を受けている地域の水の塩化物イオンは多いが、その量は常時ほぼ一定しているので、その量より一時的に増加した場合に汚染の指標となる。飲料水では30 mg/L以下が望ましく、水道法では200 mg/L以下を基準としている。

1．滴定法（モール法）

1）　原　理

試料水を$AgNO_3$溶液で滴定すると、塩化物イオンが銀イオンと反応してAgClの白色沈殿を生ずる。終点の判定には、K_2CrO_4を添加しておき、過剰の銀イオンにより赤褐色のAg_2CrO_4の沈殿が生成することを利用する。

$$Cl^- + Ag^+ \rightarrow AgCl$$
$$CrO_4^{2-} + 2\,Ag^+ \rightarrow Ag_2CrO_4$$

2）　試　薬

K_2CrO_4溶液：K_2CrO_4、2.5 gを少量の蒸留水に溶かした後、これに微赤色の沈殿が生じるまで$AgNO_3$溶液を加えてろ液を蒸留水で50 mLとする。
0.01 M NaCl溶液：白金るつぼ中で500～550℃で40～50分間加熱し、デシケーター中で放冷したNaCl　0.5845 gを蒸留水に溶かして1,000 mLとしたもの。本液1 mLは塩化物イオン（Cl^-）0.3546 mgを含む。
0.01M $AgNO_3$溶液：$AgNO_3$、1.7 gを褐色メスフラスコにとり、蒸留水に溶かして1,000 mLとしたもの。この溶液は、褐色瓶に入れて暗所に保存する。本液1 mLはCl^-0.3546 mgと反応する。

なお、以下の操作により本液の補正係数(f)を求める。ビュレットを用いて0.01 M NaCl溶液25 mLを白磁皿にとり、これにK_2CrO_4溶液約0.2 mLを加えた後、ガラス棒を用いて静かにかき混ぜながら褐色ビュレットから0.01 N $AgNO_3$溶液を滴加して淡黄褐色が消えずに残るまで滴定する。別に、同様に操作して空試験を行い、補正した$AgNO_3$溶液のmL数(a)から次式により補正係数(f)を算定する。

$$f = 25 \div a$$

3）　試験操作

ホールピペットを用いて検水100 mLを白磁皿にとり、K_2CrO_4溶液0.5 mLを加える。ガラス棒で静かにかき混ぜながら褐色ビュレットを用いて0.01 M $AgNO_3$溶液で淡黄褐色が消えずに残るまで滴定し、要した$AgNO_3$溶液のmL数(b)を求める。別に、蒸留水を用いて検水と同様に操作し、これに要した$AgNO_3$溶液のmL数(c)を求め、空試験値とする。次式によって塩化物イオンの量(mg/L)を算定する。

$$\text{塩化物イオンの量(mgL)} = (b - c) \times f \times \frac{1{,}000}{\text{検水量mL}} \times 0.3546$$

反応の終末点は、別の同型白磁皿に検水100 mLをとり、K_2CrO_4溶液0.5 mLを加えたものの色相と比較して判定すると良い。

残留塩素

残留塩素とは、水中に溶けている遊離残留塩素（分子状塩素Cl_2、次亜塩素酸HOCl、次亜塩素酸イオンOCl^-）および結合残留塩素（モノクロラミンRN-HCl、ジクロラミン$RNCl_2$）をいう。水中では図11-4のような平衡状態となる。

$$Cl_2 + H_2O \longleftrightarrow HCl + HOCl$$
$$HOCl \longleftrightarrow H^+ + OCl^-$$

水中にアンモニア、アミン類、アミノ酸等の水素

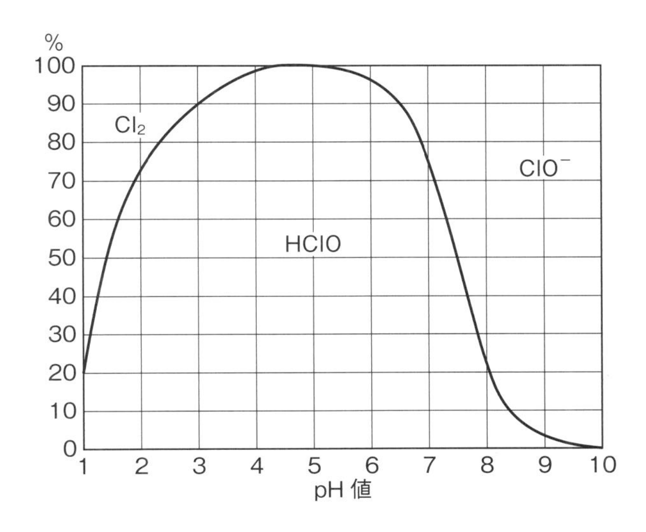

図11-4　水中での残留塩素の存在形態とpHの関係

化窒素化合物が存在すると、塩素と反応してモノクロラミンやジクロラミンを生成する。

$$RNH_2 + HOCl \longleftrightarrow H_2O + RNHCl$$
$$RNHCl + HOCl \longleftrightarrow H_2O + RNCl_2$$

遊離残留塩素の殺菌力は強く、次亜塩素酸の殺菌力は次亜塩素酸イオンの80倍とされる。結合残留塩素の殺菌力は遊離型の1/20程度とされるが、塩素臭がなく有効時間が長い。水道法では遊離残留塩素として0.1 mg/L以上(結合残留塩素の場合は0.4 mg/L以上)と定められている。

1. ジエチル-p-フェニレンジアミン(DPD)による比色計を用いた残留塩素の定量法

1) 原　理

本法は、残留塩素がN,N-ジエチル-p-フェニレンジアミンと反応して生ずる桃～桃赤色を比色して遊離残留塩素と結合残留塩素をそれぞれ分けて測定する方法で、精度が高い。

2) 試　薬

DPD溶液：N,N-ジエチル-p-フェニレンジアミン硫酸塩0.11 gを蒸留水に溶解して100 mLとする。これに1,2-シクロヘキサンジアミン四酢酸0.01 gを添加して保存する。赤変したものは使用できない。

リン酸緩衝液：0.2 M KH_2PO_4溶液100 mLと0.2 M NaOH溶液30.4 mLを混和する(pH6.5)。この100 mLに1,2-シクロヘキサンジアミン四酢酸0.1gを溶解する。

標準比色液調整用$KMnO_4$溶液：$KMnO_4$ 0.891 gを蒸留水に溶解し1,000 mLとする(原液。褐色ビンに貯蔵)。この原液を0.25、0.5、0.75、1 mLとって蒸留水で1,000 mLにすると、0.25、0.5、0.75、1 mg/Lの塩素溶液に相当する。

3) 器　具

共栓つき試験管：容量15～20 mLのもの。

4) 試料の採取および保存

試料は、蒸留水で洗浄したガラスビンに採取し、直ちに試験する。

5) 試験操作

2本の共栓付試験管にそれぞれリン酸緩衝液0.5 mLをとり、DPD溶液0.5 mLを加えて混和する。これに試料10 mLを加えて混和し、直ちに吸光度計を用いて510 nm付近の吸光度を測定し、検量線から遊離残留塩素濃度(mg/L)を求める。同様に操作して発色させた共栓付試験管にKI約0.1 gを加えて溶解し、約2分間放置後、510 nm付近の吸光度を測定し、検量線から総残留塩素濃度(mg/L)を求める。

総残留塩素濃度と遊離残留塩素濃度の差から、結合残留塩素濃度(mg/L)を求める。

検量線の作成：数本の共栓付試験管に、リン酸緩衝液0.5 mL、DPD溶液0.5 mLを加えて混和する。これに各濃度の標準比色液調整用$KMnO_4$溶液を10 mL加えて混和し、速やかに510 nm付近の吸光度を測定して検量線を作成する。

2. 塩素要求量

水に次亜塩素酸を注入し、所定時間後において遊離残留塩素が残留するのに必要な塩素量を塩素要求量という。水の塩素要求量を求めると、図13-5のようにⅠ、ⅡおよびⅢ型のようなグラフが描かれる。

Ⅰ型：塩素を消費する物質を全く含まない水。

Ⅱ型：結合残留塩素を形成しない塩素消費物質を含んでいる水で、aが塩素要求量である。

Ⅲ型：含まれる塩素消費物質が結合残留塩素を生成物質であった場合、dは不連続点と称され、塩素要求量はdとなる。

b-cでは、次亜塩素酸とアンモニアが反応してモノクロラミンを生成する。

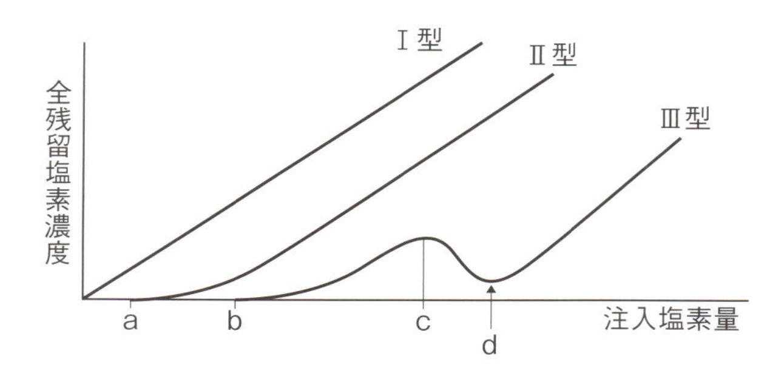

図11-5　注入塩素量と全残留塩素濃度

$$NH_3 + HOCl \longleftrightarrow NH_2Cl + H_2O$$

c-dでは、アンモニアに対して次亜塩素酸が過剰になり、モノクロラミンからジクロラミンが生成され、モノクロラミン、ジクロラミン、次亜塩素酸の共存状態となる。

$$NH_2Cl + HOCl \longleftrightarrow NHCl_2 + H_2O$$

続いてクロラミンの分解による消失反応が起きる。

$$2NHCl_2 + OH^- \longleftrightarrow N_2 + HOCl + 2HCl + Cl^-$$

二つの反応で、見かけ上はジクロラミンと次亜塩素酸が消失することになる。

dの不連続点以降では、遊離残留塩素が増加して行くので、この点を塩素要求量とする。

全有機炭素量

水道水や公共水域の水に含まれる有機性物質は、下水、工場廃水、屎尿などの混入によって増大する。検水の有機性物質濃度を測定する方法としては、古くから過マンガン酸カリウム消費量が用いられており、これは水中の酸化されやすい物質(主に有機性物質であるが、第一鉄塩、亜硝酸塩、硫化物なども含まれる)によって過マンガン酸カリウムが消費される反応に基づく汚染指標である。過マンガン酸カリウム消費量は、プール水で12 mg/L以下、公衆浴場水で10 mg/L以下に規定されている。

水道水の水質基準に関しては、平成17年度から過マンガン酸カリウム消費量に変わって全有機炭素量(TOC)が採用されている。水道水の全有機炭素量は3 mg/L以下であることが規定されているが、この濃度は過マンガン酸カリウム消費量の10 mg/Lとほぼ同じレベルとされている。

1. 全有機炭素計による水道水の全有機炭素量の測定

1) 試　薬

蒸留水：全有機炭素濃度が0.1 mg/L以下のものまたは同等以上の品質を有するもの

全有機炭素標準原液：フタル酸水素カリウム2.125 gを蒸留水で1,000 mLとする。この溶液1 mLは、炭素1 mgを含む。この溶液は、冷暗所に保存すると2カ月間は安定である。

全有機炭素標準液：全有機炭素標準原液を蒸留水で100倍に稀釈する。この溶液1 mLは、炭素0.01 mgを含む(用時調整)。

その他：装置に必要な試薬を調製する。

2) 装　置

全有機炭素定量装置：試料導入部、分解部、二酸化炭素分離部、検出部、データ処理装置または記録装置などを組み合わせたもので、全有機炭素の測定が可能なもの(図11-6)。

3) 試料の採取および保存

試料は、蒸留水で洗浄したガラス瓶に採取し速やかに試験する。速やかに試験できない場合は、冷暗所に保存し24時間以内に試験する。

4) 試験操作

⑴　前処理

全有機炭素の測定において、検水に懸濁物質が含まれている場合には、ホモジェイザー、ミキサー、超音波発生器等で懸濁物質を破砕して均一に分散させ、これを試験溶液とする。

⑵　分　析

装置を作動状態にし、上記試験溶液の一定量を全

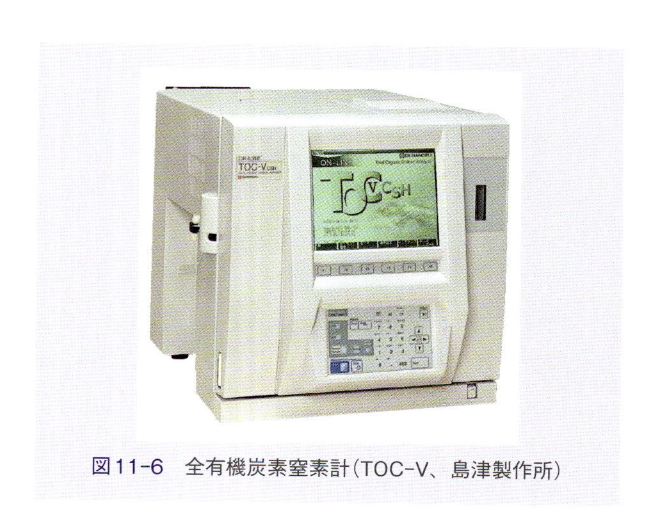

図11-6　全有機炭素窒素計(TOC-V、島津製作所)

有機炭素定量装置で測定を行い、検水中の全有機炭素の濃度を算定する。

(3) 検量線の作成

全有機炭素標準液を用いて、装置の補正方法に従い検量線に相当する補正を行う。

農薬類

水道水の農薬については、水質管理目標設定項目として基準値が定められている。ここでは水道水から検出されるおそれの高い102種の農薬について目標値が設定されており、個々の農薬の目標値に対する比の総和が1以下であることとされている。対象物質によって分析方法は異なり、1回の測定で102農薬を測定することはできないが、固相抽出ガスクロマトグラフ質量分析法(SPE/GC/MS)は分析対象が最も広い。

1. 測定法(SPE/GC/MS)

1) 機材、試薬

GC/MS、定量送液ポンプ、固相抽出カラム(スチレンジビニルベンゼンポリマーミニカラムまたはスチレンジビニルベンゼン－メタクリレート複合ポリマーミニカラム)、ジクロロメタン、メタノール、窒素ガス

2) 手 順

①—固相抽出カラムに、ジクロロメタン5 mL、メタノール5 mL、水5 mLを順番に流す(コンディショニング)。

②—定量送液ポンプを用いて、試料500 mLを15 mL/minの流速でカラムに負荷する。

③—窒素ガスを40分間カラムに吸引し、完全に乾燥させる。

④—ジクロロメタン3 mLをカラムに通し、溶出液を窒素ガスで1 mLに定容してGC/MSで分析する。(GC/MSによる定性、定量については食品の残留農薬の項を参照)

細菌検査

公衆衛生の概念が確立された背景の一つとして、コレラなどの細菌に起因した大規模な水系感染症の発生がある。19世紀末以降、日本を含む先進諸国では、砂ろ過処理および塩素消毒などの水処理技術を確立・普及させるにより、水系感染症の制御を可能としてきた。現在、日本では「清浄にして豊富低廉な水の供給を図り、もつて公衆衛生の向上と生活環境の改善とに寄与すること」を目的とした水道法が制定されており、この法律に基づいて、水道事業体から、安全で高品質な水(上水、水道水)の供給が計られている。水道法の中で、供給される水は、安全かつ高品質であることを保証する「要件」を備えるものでなければならない、としている(第4条)。具体的な事項に関しては、厚生労働省令である「水質基準に関する省令」の中で定められている。

現在の水質基準は平成15年に改正されたもので、全部で50項目が定められている。このうち、微生物に関する項目として、汚染指標細菌である一般細菌および大腸菌がある。また基準として、前者は「試料1 mL中100以下」、後者は「(試料100 mLから)検出されないこと」と定められている。検出方法として、一般細菌には標準平板培地法、大腸菌には特定酵素基質培地法が用いられている。

改正以前の水質基準には、大腸菌ではなく、大腸菌群が定められていた(基準は「(試料50 mLから)検出されないこと」と定められていた)。水道水からの大腸菌群検出は、LB-BGLB培地法によって行われてきた。この検出法は現在、公共浴用水から大腸菌群を検出する際に用いられている。したがって、本検出法に関しては公共浴用水の項に記載する。

検水の採取・輸送

給水管内に残っている水を除去するため、開栓して数分間、水を流したままにする。その後、滅菌容器に水を採取する。なお、水道水中の残留塩素を取り除くため、採水瓶にチオ硫酸ナトリウムを0.02～0.05 g入れておく。採取後、低温に保った状態で検査所に搬入する。検査は原則として、搬入当日に実施する。

一般細菌

試料の調整、試験操作および判定は、食品の衛生管理、指標細菌の一般生菌の記載に従う。ただし、水道水を試料として扱う場合、培養時間を24±2時間とする。

大腸菌

ここで定義される大腸菌とは、食品衛生学領域で

使用されている用語であり、細菌学で定義される「大腸菌」とは必ずしも一致するものではない。大腸菌群と同様に糞便汚染指標細菌である。糞便汚染指標細菌としての大腸菌は、糞便系大腸菌群(44.5℃の条件で発育可能な大腸菌群)のうち、IMViC試験のパターンが「＋＋－－」となるものを定義している。しかしこの方法で大腸菌を検出した場合、確認試験まで行うと約1週間の期間を要する。食品や水の検査においては簡易かつ迅速であることが要求されるため、特定酵素基質培地法が開発される。

本法では、大腸菌が特異的に有する酵素活性を確認することによって菌の検出を行う。すなわち、培地中に加えた、基質が大腸菌のもつ酵素作用を受けると、呈色物質や紫外線下で蛍光を発する物質が産生され、これらの反応産物を検出することにより、菌の存在を証明することができる。特定酵素基質培地による大腸菌の検出では、β-グルクロニダーゼの活性を証明することによって菌の存在を証明する。培地にはβ-グルクロニダーゼの基質である4-メチルウンベリフェリル-β-D-グルクロニド(MUG)が含まれている。MUGはβ-グルクロニダーゼによって分解され、紫外線照射下で淡青色～青紫色の蛍光を発する4-メチルウンベリフェロンが産生される。大腸菌の特定酵素基質培地に関しては多数の市販品が出ている。多くの市販品には5-ブロモ-4-クロロ-3-インドリル-β-D-ガラクトピラノシド(XGal)、あるいはo-ニトロフェニル-β-D-ガラクトピラノシド(ONPG)も加えられている。XGalおよびONPGは大腸菌群の特異的酵素であるβ-ガラクトシダーゼの基質であるため、このような培地を用いることにより、大腸菌群および大腸菌を同時に検出することが可能となっている。表11-1に、市販されている代表的な酵素基質培地をあげておく。

試験操作は以下の通りである。

①—100 mLの滅菌容器に検水および培地を加えて蓋を閉じ、培地が溶解するまで撹拌する。

②—36±1℃、24±2時間の条件で培養する。

③—紫外線照射下(至適波長は366 nm)で培養液を観察し、比色液よりも強い蛍光を発する試料を、陽性と判定する。

変異原性試験

Ames法

細胞系の突然変異や染色体異常の検出を指標とした短期スクリーニング試験として変異原性試験が開発され、信頼性、簡便性、経済性の点から環境試料や有害物質の調査に用いられている。

変異原性試験の中で遺伝子突然変異の検出を指標とする試験系には*in vitro*法として細菌や酵母を用いるもの、*in vivo*法として昆虫、げっ歯類個体を用いるものとがある。この中で操作が簡便で、安価に行える細菌を用いたAmes法(サルモネラ菌や大腸菌)が広く普及している。

1) 原　理

ヒスチジン非合成変異菌株(his^-)に検体を作用させ、突然変異によってヒスチジンを合成し得る野性株(his^+)に戻る性質(復帰変異)を利用している。一つの検体につき、通常、数種類の菌株(*Salmonella* Typhimurium TA 1,535株、TA1,537株、TA1,538

表11-1　主な大腸菌群・大腸菌検出用市販酵素基質培地

培地名	販売元
1. MMO-MUG培地	
コリラート	アイデックス　ラボラトリーズ
2. IPTG添加ONPG-MUG培地	
ESコリキャッチ	栄研化学
コリターグ	エンテストジャパン
フルオロカイトLMXブイヨン	メルク
3. Xgal-MUG培地	
ラウリル硫酸X-Gal・MUG培地Pro・media XMシリーズ	エルメックス
4. ピルビン酸添加Xgal-MUG培地	
ECブルー「ニッスイ」	日水製薬
ESコリブルー培地	栄研化学
クロモアガーX-Gal	関東化学(CHROMagar)

株、TA100株、TA98株および*Escherichia* coli WP 2 *uvrA*/pKM 101株など)を用いる。塩基対置換型の変異原が存在する場合はTA1,535株、TA100株、WP2株で陽性となり、フレームシフト型の変異原が存在する場合ではTA1,537株、TA98株で陽性となる。現在、新たに*Salmonella* Typhimurium YG 1,024株をはじめとする多種の菌株が分離され、目的に応じて数種の菌株が組み合わされることが多い。

また、物質によっては体内に取り込まれ、代謝される過程で変異原性を示すものも存在する。しかし、Ames法で用いる菌株には代謝活性化酵素が存在しないため、ラットの肝臓から抽出した代謝活性化酵素(S9)で代用して試験を行う。

2) 試 薬

特級試薬または同等以上のもの硫酸マグネシウム・7水和物($MgSO_4 \cdot 7H_2O$)、無水リン酸水素カリウム(K_2HPO_4)、リン酸水素アンモニウムナトリウム・4水和物($NaNH_4HPO_4 \cdot 4H_2O$)、塩化ナトリウム(NaCl)、塩化カリウム(KCl)、塩化マグネシウム($MgCl_2$)、リン酸二水素ナトリウム二水和物($NaH_2PO_4 \cdot 2H_2O$)、リン酸水素二ナトリウム・12水和物($Na_2HPO_4 \cdot 12H_2O$)、クエン酸・1水和物、グルコース(無水)、寒天、L-ヒスチジン、D-ビオチン、酵素(S9)、ニュートリエントブロス、蛍光分析用ジメチルスルフォキサイド(DMSO)、還元型ニコチンアミド-アデニンジヌクレオチドリン酸(NADPH)、還元型ニコチンアミド-アデニンジヌクレオチド(NADH)、グルコース-6-リン酸(G6P)

(1) 最小グルコース寒天培池の作製

①—Vogel-Bonner最小培地E(10倍濃度の原液)を調製し高圧蒸気滅菌器を用いて滅菌した後、冷蔵庫に保存する。この液の組成は次によるものとし、この順に水に溶解して1,000 mLに調製する(一つの薬品が完全に溶解してから次の薬品を入れる)。

1. 硫酸マグネシウム・7水和物　2 g
2. クエン酸・1水和物　20 g
3. 無水リン酸水素二カリウム　100 g
4. リン酸水素アンモニウムナトリウム・4水和物　35 g

以下の②から⑤までの操作は最小グルコース寒天平板培地の調製量が1,000 mLになる場合について記載してあるので、以下②〜⑤までの操作で使用する試薬の量は、調製しようとする最小グルコース寒天培地の量により、それぞれの操作の項に記載してある量関係の比を保ち任意に変更する。

②—三角フラスコ300 mL、500 mL、2,000 mL容量のものを3個準備し、それぞれの三角フラスコに水を100 mL、100 mL、700 mLずつ入れる。

③—水を100 mL入れた500 mL容量の三角フラスコに①で調製した滅菌済みのVogel-Bonner最小培地Eを100 mL加える。

④—水を100 mL入れた300 mL容量の三角フラスコにグルコース20 gを加える。

⑤—水を700 mL入れた2,000 mL容量の三角フラスコに寒天15 gを加える。

⑥—③〜⑤に蓋(アルミホイルでも良い)をしてそれぞれ高圧蒸気滅菌器により滅菌した後、約60℃まで放冷し③と④を⑤に移して混合する(高温状態で混合すると糖と塩類が反応し変異原性物質が生成される危険性があるため)。

⑦—⑥を30 mLずつ直径90 mmの滅菌済みシャーレに分注し水平面に放置して冷却固化させ、プレートを作製する。作製したプレートは寒天が固まってから1〜2週間室温に放置し、余分の水分を蒸発させてから試験に使用する。

(2) 培養液の作製

ニュートリエントブロス1 gに対して水40 mLの割合で調製し滅菌後、室温で保存する。

(3) bufferおよびS9 mixの調製

0.2 Mナトリウム-リン酸緩衝液(buffer)は$Na_2HPO_4 \cdot 12H_2O$(71.6 g/L)および$NaH_2PO_4 \cdot 2H_2O$(31.2 g/L)の溶液をそれぞれ準備し、buffer 1,000 mLあたり2溶液を810 mL：190 mLの割合で混合し、pH7.4に調製する。なお、pHの調製は上記2溶液のpHの違いを利用して行う。

S9 mixの調製は個々の溶液を混合して行う。S9 mix 50 mLの場合、高圧蒸気滅菌した0.125 M Na-PBS 40 mLおよび$MgCl_2$-KCl(100 mLあたり$MgCl_2$ 8.14 g、KCl 12.3 g)1 mL、ろ過滅菌した1 M G-6-P 0.25 mL、0.1 M NADPH 2 mL、0.1 M NADH 2 mLおよびS9 5.0 mLを混ぜて調製したCo-factor45 mLにS9 5 mLを混ぜて使用する。なお、G-6-P、NADPH、NADHは溶液では

不安定なため調製は試験当日に行う。また、市販のろ過滅菌済Co-factorおよびS9を9：1で混合して調製することもできる。

⑷ L-ヒスチジン溶液およびD-ビオチン溶液の調製

L-ヒスチジン0.5 mMおよびD-ビオチン0.5 mMの割合の水溶液を調製し、ろ過滅菌器により滅菌した後、冷蔵庫に保存する(*Escherichia coli*の場合は0.5 mMトリプトファンのみを使用)。

⑸ テスト菌株

試験に用いる菌株は下記の特有の生化学的性状を有する。

①―紫外線感受性

②―アミノ酸感受性(ネズミチフス菌の場合はヒスチジン要求性)

③―薬剤耐性因子(R-factor)プラスミドの有無

④―膜変異rfa特性

⑹ トップアガーの調製

変異原性試験当日、寒天0.6％(w/w)およびNaCl 0.5％(w/w)の割合で混合液を調製し、高圧蒸気滅菌器により滅菌した後、約45℃に保温し、寒天が固まらないようにする。このトップアガーに⑷で調製したL-ヒスチジン溶液およびD-ビオチン溶液を容量比10：1の割合で混合する。

3) 器 具

アルミキャップ、小試験管、振盪恒温槽、pHメーター、孵卵器、ろ過滅菌器具(0.45 µmメンブランフィルター)、プラスチックシャーレ(γ線滅菌済み)。

4) 試験操作

⑴ テスト菌株の前培養

ディープフリーザー(−80℃)で凍結保存していた菌懸濁液を取り出して解凍し⑵で作製したニュートリエントブロス溶液に添加する。添加量はニュートリエントブロス10 mLあたり20 µLの割合で接種する。接種後、37℃、8〜16時間(菌株により培養時間が異なる)振盪培養したものを用いる(菌濃度は生菌数で1〜2×10^9個/mL程度)。また、解凍した菌懸濁液は必ず廃棄し再使用しない。

Ames法で用いる菌株は国内の数多くの研究機関で保存しているため、入手は比較的容易である。入手した菌株をそれぞれの研究施設で必要に応じて増菌培養して大量の菌懸濁液を作り、小分けしてγ線滅菌済みのテフロンチューブ(1本につき菌懸濁液800 µL、DMSO 70 µLの割合)に入れ凍結し、−80℃のディープフリーザー内で保存しておく。なお、凍結はドライアイス−アセトンなどにて瞬時に行う。

⑵ プレインキュベーション法

試験は陰性対照、検体、陽性対照**を同時に行い、基本的には代謝活性化法および直接法も同時に行う(図11-7)。

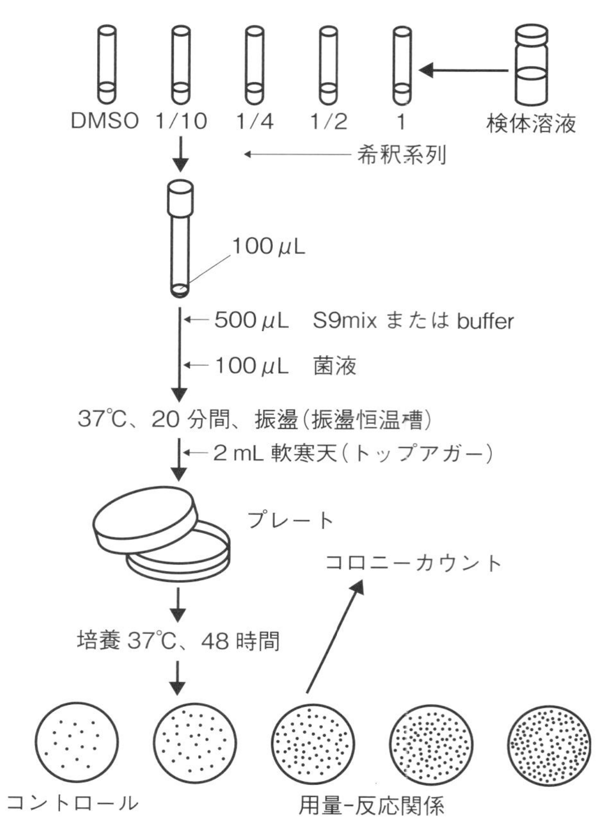

図11-7 Ames法

直接法(代謝活性化によらない場合)

①―滅菌されたアルミキャップ付試験管(10〜15mmφ程度)に試料溶液を0.1 mL入れる。

②―0.1 Mナトリウム−リン酸緩衝液(pH＝7.4)を0.5 mL入れる。

③―前培養したテスト菌懸濁液0.1 mLを加える。

④―振盪培養恒温槽により37℃、20分間振盪培養しながらプレインキュベートする。

⑤―トップアガーを2 mL加える。

⑥―泡が生じないように注意して混合しプレートの上に注ぎ、一様に広げ、遮光する。

⑦―寒天が固まった後、プレートの上下を転倒させ、孵卵器に入れて37℃、48時間、インキュベートする。

⑧—復帰突然変異により生じたコロニー数を数える。

*空試験(コントロール)を代謝活性化法による場合およびよらない場合ともに行う。方法は試料溶液の代わりに希釈などに使用した溶媒(滅菌水、ジメチルスルフォキサイド、他)を0.1 mL入れて同様の操作を行う。コントロールを行うことにより試料に影響されることなく自然復帰した菌数が把握できる。

**変異原性試験を行う際には試料とは別に必ず陽性対照物質{変異原性試験の結果が必ず陽性となる物質−サルモネラ菌の場合は代謝活性化法ではbenzo[a])pyrene(BaP)、あるいは2-aminoanthracene(2AA)、直接法では2-(2-furyl)-3-(5-nitro-2-furyl)acrylamide(AF-2)}を入れた試験系を組み、試験に用いた菌株の変異原性検出能が正常であるかを証明しておく必要がある。Ames法で使用する菌株は生化学的性状を付加されて作製されているため、長期の保存や凍結、解凍などのショックによりその性状が脱落し変異原性の検出能が低下してしまう危険性があるためである。よって、試験毎にチェックを行う(陽性対照物質の試験結果は必ず陽性でなければならず、陰性であれば変異原性検出能が低下または脱落している可能性がある)。

代謝活性化法

①—滅菌されたアルミキャップ付試験管(10〜15 mmφ程度)に試料溶液を0.1 mL入れる。

②—調製したS9 mixを0.5 mL入れる。

③—前培養したテスト菌懸濁液0.1 mLを加える。

④—振盪培養恒温槽により37℃、20分間振盪培養しながらプレインキュベートする。

⑤—トップアガーを2.0 mL加える。

⑥—泡が生じないように注意して混合しプレートの上に注ぎ、一様に広げ、遮光する。

⑦—寒天が固まった後、プレートの上下を転倒させ、孵卵器に入れて37℃で48時間、インキュベートする。

⑧—復帰突然変異により生じたコロニー数を数える。(図11-8)

図11-8　試験結果(左:試料　右:コントロール)

5)　判　定

コロニー計数は自動コロニーカウンターまたは目視により行う。

(1)　変異原性検出の評価

試験に用いた試料の変異原性を陽性と判定するには以下の条件を満たすことが必要となる。

①—コントロール(自然復帰コロニー数)の2倍以上のコロニー数が認められること。

②—試料添加量と得られる復帰突然変異コロニー数との間に用量反応関係(dose-response)が認められること。

③—試験データに再現性が認められること。

④—プレート上の肉眼で観察できるコロニーが復帰変異コロニー(his^+)であること(図11-9)。

(2)　変異原比活性の算出

コロニー計数により得られた用量−反応関係をもとに変異原比活性を求め、変異原性の強さを相対的に比較することができる。ここで用量−反応関係が直線的になる範囲において最小二乗法による直線回帰式($y = ax + b$)を算出し、その傾き(a)を変異原比

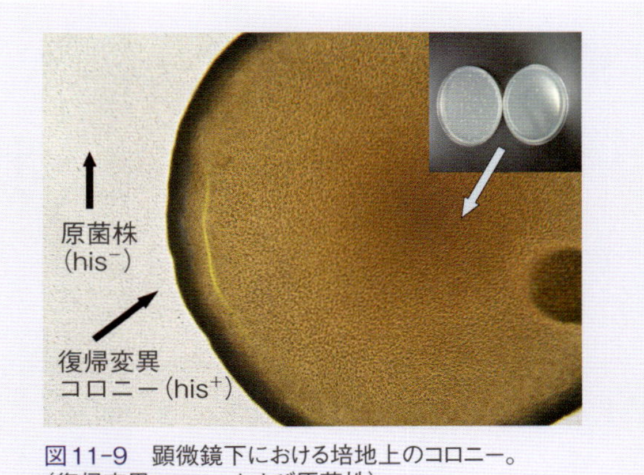

図11-9　顕微鏡下における培地上のコロニー。(復帰変異コロニーおよび原菌株)

活性とする。

Rec Assay

原　理

物理的、化学的要因で生じたDNA損傷の多くは細胞のDNA修復機能で修復される。しかし、DNA修復遺伝子が欠損した菌株にDNA損傷が誘起されると、突然変異または細胞死を起こす。DNA修復欠損株としては枯草菌の組み換え能欠損株や大腸菌のポリメラーゼ欠損株が用いられる。

1)　使用する微生物

Bacillus subtilis Marburg 45T（M45；DNA修復遺伝子欠損株）

Bacillus subtilis Marburg 17H（H17；野生株＝DNA修復能有り）

2)　前培養ブロス

ペプトン	5 g
Beef extract	3 g
NaCl	4 g
蒸留水	1 L

pH6.8〜7.0に調節し、L字管に分注（3 mL）して高圧滅菌する。

3)　Rec Assy平板

ペプトン	5 g
Beef extract	3 g
Yeast extract	3 g
寒天	20 g
蒸留水	1 L

pH6.8〜7.0に調節し、高圧滅菌して平板に分注する。

4)　方法（基本streak法）

①―マジックで2本の線を平板の裏に図11-10のように引いておく。

②―菌をエーゼで線上に接種する。

③―菌の乾燥を待つ。

④―試料を含ませた滅菌小ディスクを小円上に乗せる。

⑤―37℃、24時間培養する。

5)　判定（図11-10）

M45およびH17の両者に影響がなく発育した場合には、DNA、殺菌性がともにない。これに対してM45のみ発育が阻止された場合にはDNAの損傷性があるものと判断する。またM45とH17の両者が発育抑制を受けた場合には殺菌性のある物質と考えられるので物質濃度を低くするなどにより再検査を行うことが望ましい。

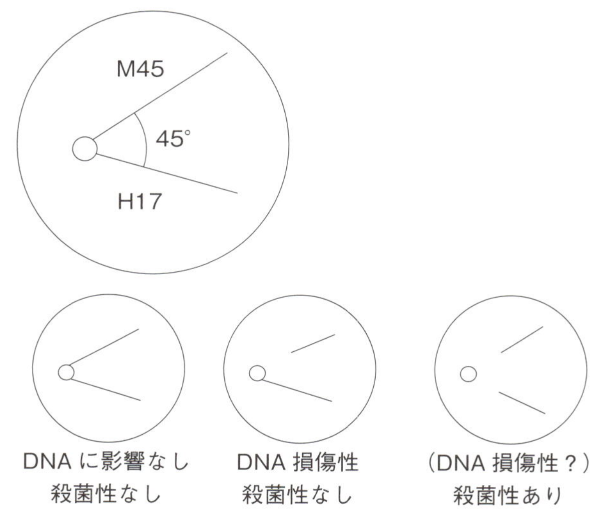

図11-10　REC Assayの判定法

公共浴用水

本試験法は多人数が使用するプール水、水泳場水、公共浴用水の汚染度を試験することを目的とする。

試料の採取法

プール水：検査当日の状況として、①天候、②気温、③測定時刻、④換水からの日数、⑤当日の延べ入泳者数と換水からの延べ入泳者数、⑥当日および換水からの殺菌剤使用状況、⑦当日および換水からの殺藻剤使用状況、⑧当日および換水からのその他の薬剤使用状況、⑨当日および換水からの補水量、⑩その他を記録する。また、施設の概要に関しても、必要事項を記録しておく。原水(注入口)およびプール水(中間層。対角線上、ほぼ等間隔の3個所以上)を採材する。

水泳場水：①現場の見取り図、②日時、③当日および採取前1週間の天候と雨量、④風速、風向、⑤現場の環境状態、⑥気温、⑦遊泳者数、⑧潮流、湾流、渦および水底の状態、⑨河川の場合は流速、流量および上流の汚染源、⑩海水および海水の影響を受ける河川、湖沼の場合は、満潮時刻、その他を記録しておく。海水の場合は、1水泳場について2個所以上を海面と中層とから採取、河川の場合は、1水泳場につき上下流の1個所以上の水面と中層から採材する。

公共浴用水：①所在地、②浴場名および営業者名、③浴槽の構造および大きさ、④使用水の種類、⑤浴剤などの使用の有無、⑦試験年月日、開場時刻、試験時刻、その間の入場者数、⑧浴槽の男女別、その他を記録しておく。浴槽ごとに少なくとも1個所、浴槽の中央で湯の中層から採取する。

採取方法：理化学試験用として、約2,000 mLの共栓つき瓶に直接採取する。細菌試験に用いる試料のうちプール水や公衆浴場水など塩素滅菌されている試料については、採取瓶にあらかじめチオ硫酸ナトリウム($Na_2S_2O_3$)0.02～0.05 gの粉末を入れて高圧滅菌したものを用い、検水採取後の残留塩素による細菌数減少を防止する。

基準値

プール水：健発第0528003号(H19.5.28)

水素イオン濃度	pH5.8以上pH8.6以下
濁度	2以下
$KMnO_4$消費量	12 mg/L以下
遊離残留塩素	0.4 mg/L以上 1.0 mg/L以下が望ましい。

(次亜塩素酸濃度は、1.2 mg/L以下)

(二酸化塩素　0.1 mg/L以上0.4 mg/L以下)

大腸菌	検出されないこと。
一般細菌	200cfu/mL以下
総トリハロメタン(暫定目標値)	0.2 mg/L以下が望ましい。

水浴場水：環境省

糞便性大腸菌群数、油膜の有無、COD、透明度に関する基準が、適(水質AA、A)、可(水質B、C)および不適に区分けして定められている。

公衆浴場：健発第0214004号(H15.2.14)別添1

原湯、原水等

水素イオン濃度	pH5.8以上、pH8.6以下
色度	5以下
濁度	2以下
$KMnO_4$消費量	10 mg/L以下
大腸菌群	50 mL中に検出されないこと。
レジオネラ菌	検出されないこと。

(10 cfu/100 mL未満)

浴槽水

濁度	5以下
$KMnO_4$消費量	25 mg/L以下
大腸菌群	1個/mL以下
レジオネラ菌	検出されないこと。

(10 cfu/100 mL未満)

理化学的試験

過マンガン酸カリウム消費量

1．滴定法(酸性酸化法)

1) 原　理

酸性にした試料水に一定量の$KMnO_4$を加えて被酸化性物質を酸化する。

$$MnO_4^- + 8H^+ + 5e^- \rightarrow Mn^{2+} + 4H_2O$$

次いで未反応のMnO_4^-を一定過剰量のシュウ酸ナトリウム($Na_2C_2O_4$)を加えて分解し、

$$2MnO_4^- + 5C_2O_4^{2-} + 16H^+ \rightarrow 2Mn^{2+} + 10CO_2 + 8H_2O$$

最後に残存する$C_2O_4^{2-}$を$KMnO_4$溶液で逆滴定して、過マンガン酸カリウムの消費量を求める。

下水・汚水の酸性高温過マンガン酸法による化学的酸素要求量(COD)と原理的に全く同じである。

2) 試　薬

希硫酸：蒸留水65 mLに濃硫酸35 mLを冷却しながら少量ずつ添加する。

0.005 mol／L シュウ酸ナトリウム溶液：$Na_2C_2O_4$ 0.6700 g を蒸留水で 1,000 mL とし、遮光して保存する（作成後、1 カ月以内に使用する）。

$$0.005\ \mathrm{M}\ Na_2C_2O_4\ 1\ \mathrm{mL} = 0.3161\ \mathrm{mg}\ KMnO_4$$

0.002 mol／L 過マンガン酸カリウム溶液：$KMnO_4$ 約 0.33 g を蒸留水で 1,000 mL とする（遮光保存）。本溶液は使用の都度、補正係数(f)を定める。

補正係数(f)の測定法

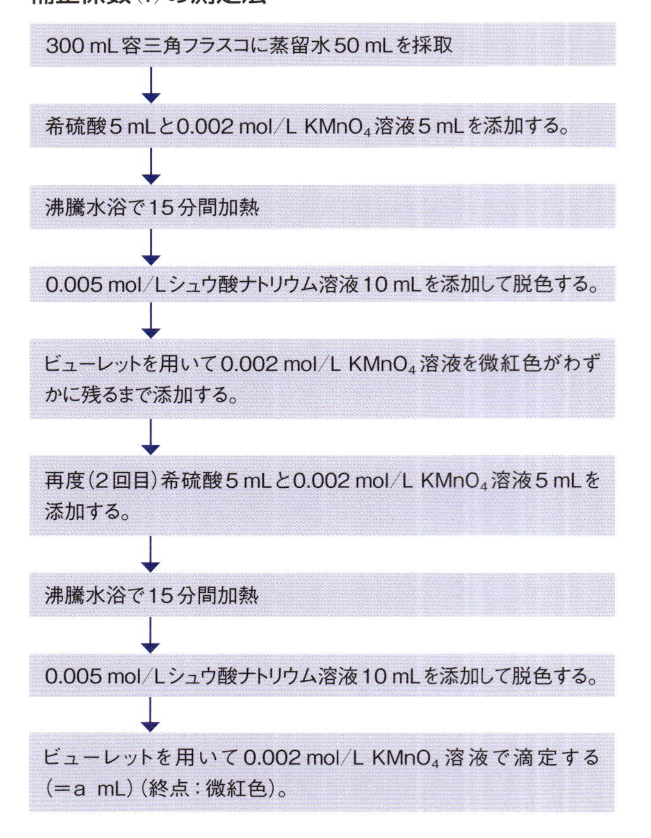

補正係数(f) = 10 ÷ (5 + a)

過マンガン酸カリウム溶液の補正係数(f)は、シュウ酸ナトリウム溶液の補正係数(f)より小さくしておくことが必要である。

3) 試料の採取および保存

試料は、蒸留水で洗浄したガラスビンに採取し、速やかに試験する。速やかに試験できない場合は、冷暗所に保存し、24 時間以内に試験する。

4) 試験操作

三角フラスコに蒸留水 100 mL、希硫酸 5 mL および 0.002 mol／L 過マンガン酸カリウム溶液 5 mL を入れて 5 分間煮沸した後、液を捨てて容器を蒸留水で洗浄する（汚染除去）。この三角フラスコに試験用溶液 100 mL を取り、希硫酸 5 mL および 0.002 mol／L 過マンガン酸カリウム溶液 10 mL を加えて 5 分間煮沸した後、直ちに 0.005 mol／L シュウ酸ナトリウム溶液 10 mL を加えて脱色させる。次いで 0.002 mol／L 過マンガン酸カリウム溶液で滴定し（b mL）、この滴定量とはじ初めに加えた過マンガン酸カリウム溶液量（＝10 mL）の合計量（K1 ＝10＋b）を求め、別途同様の方法で空試験を行い、次式によって過マンガン酸カリウム消費量を求める。

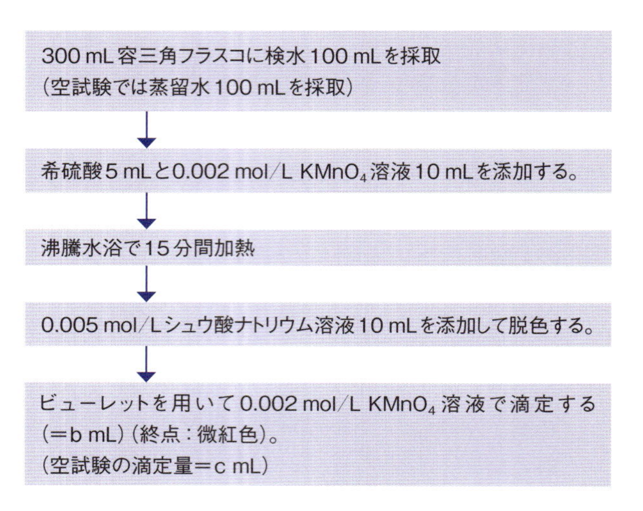

KMnO4 消費量（μg／mL または mg／L）

$$= 0.316 \times (\mathrm{K1} - \mathrm{K2}) \times f \times \frac{1,000}{100}$$

K1：本試験の 0.002 mol／L $KMnO_4$ 溶液所要量（＝b＋10 mL）

K2：空試験の 0.002 mol／L $KMnO_4$ 溶液所要量（＝c＋10 mL）

f：0.002 mol／L $KMnO_4$ 溶液の補正係数(f)

細菌検査

一般細菌

試料の調整、試験操作および判定は、食品の衛生管理、指標細菌の一般生菌の記載に従っている。ただし、水道水と同様に、培養時間を 24±2 時間とする。

大腸菌群

プール水および公衆浴場水に関して、LB-BGLB培地法で行われている(図11-11)。本法において用いられるLB(乳糖ブイヨン)培地は、一般に低栄養性の試料から大腸菌群を検出する際に用いられる。LB培地にはpH指示薬であるブロムチモールブルーが含まれているため、LB発酵管を用いた培養では、大腸菌群の特徴である、乳糖の分解によって発生する酸(培地の黄変)およびガス(ダーラム管における気泡の蓄積)の確認ができる。

本試験は、①推定試験、②確定試験、③完全試験、の三段階に分けることができる。推定試験はLB発酵管を用いた培養過程で、37℃で48時間培養した後に、酸およびガスの産生が認められなければ大腸菌群陰性と判定する。確定試験は推定試験で酸およびガスの産生が認められたものBGLB発酵管に移植して行う培養過程で、37℃で48時間培養した後に、ガスの産生が認められなければ大腸菌群陰性と判定する。また、ダーラム管内に気泡の蓄積が観察された発酵管に関しては、EMB培地などに移植して培養を行う。その後、分離された菌に関してグラム染色を実施するまでの過程が完全試験である。

公衆浴場水が被検試料の場合、定性試験を実施する。大型の発酵管に25 mLの3倍濃度に調整されたLB培地を準備し、そこに50 mLの検水を加える。混和後、図11-11の検査法に従って実験を進めていく。

定量的な検査の場合、菌数は最確数(MPN：Most Probable Number)により算出する。検水の10倍段階希釈系列を作製し、それぞれの希釈段階について複数本(3または5本)の培地に接種する。培養後、陽性となった各希釈段階の本数を求め、陽性本数の組み合わせ(連続する3段階の希釈)から統計学的に菌数を求める方法である。得られた結果と100 mL中のMPN値の算定表(MPN表)とを照らし合わせて菌数を求める。なお、MPN表に関しては、食品の衛生管理、指標細菌の大腸菌群の項を参照する。希釈に関して、10 mL、1 mLおよび0.1 mLの段階では、それぞれの容量の検水をそのままLB発酵管に接種する。0.1 mLより下の段階に関しては滅菌生理食塩水で10倍段階希釈して、そのうち1 mLを培地に接種する。また培養に用いるLB培地に関して、10 mLの検水は3倍濃度に調整されたLB培地(5 mL/発酵管)に接種し、それ以下の希釈段階の検水に関しては、通常濃度のLB培地に接種する。接種後、培養を行い、酸およびガスの産生が

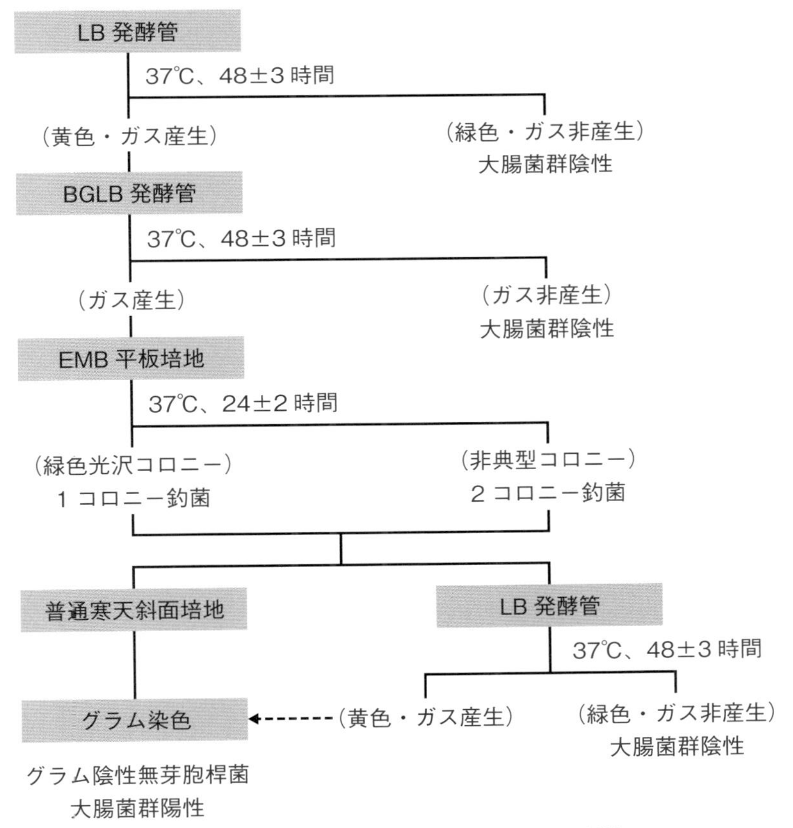

図11-11　大腸菌群の検査法(LB-BGLB培地法)

観察されたすべての発酵管に関して確定試験以下の試験を行う。

なお、平成19年にプール水の水質基準が改正され、大腸菌群が基準項目から外され、その代わりに大腸菌が加わった。

糞便性(系)大腸菌群

水道水の項に記述したように、大腸菌群のうち、44.5℃の条件で発育可能なものを糞便性大腸菌群と呼ぶ。水浴場水からの糞便性大腸菌群の検出はメンブランフィルター法による。すなわち、検水(検査量として100 mLを用いる)をメンブランフィルターで吸引ろ過し、フィルター寒天培地上にのせて44.5℃で培養する。用いる培地はm-FC寒天培地である。メンブランフィルターとして、直径47 mm、孔径0.45 μmで滅菌済みの円形フィルターが使用される。注意点としては、①検水を吸引ろ過後、ファンネル内壁を滅菌生理食塩水(30 mL程度)で洗浄ろ過する(内壁に付着した細菌を洗い流す)、②フィルターを培地にのせる際、培地とフィルターの間隙に気泡を入れない(菌に培地中の養分を確実に供給する)、③培地はビニール袋に入れて密封した後、水浴槽内で培養する(温度条件を厳密に制御するため)、がある。以下に簡単なフローチャートを示す。

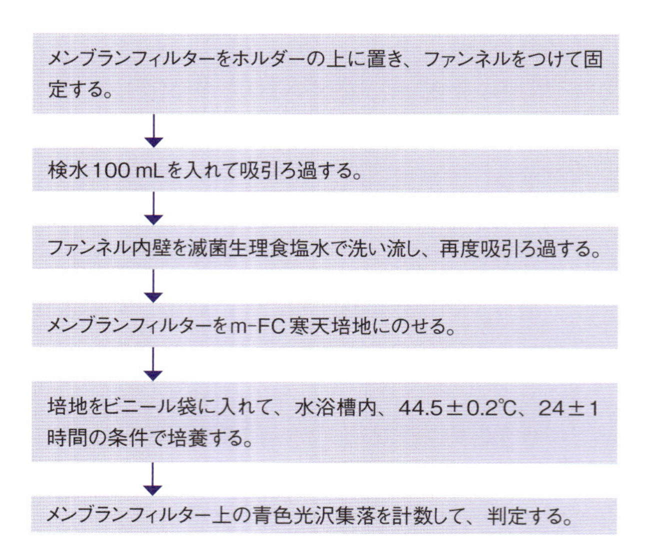

下水・汚水

試料の採取法

汚水処理施設では必要により流入路、処理槽、放流路などの地点を選び、水深の中間部から採水する。河川・湖沼の場合は、その水域の代表的な場所、利水地点、他の河川や放水路が合流する前および後ろの地点などを選び、水深の約2割の深さから採水する。

採水には任意の水深で採水できるハイロート採水器(図11-12)またはこれと類似の簡易式中間採水器を用い、清浄なガラス瓶またはポリエチレン瓶に保管する。工場排水の場合は排水口から直接採取する。

採取した試料には番号をつけ、採取日時、採取地点、天候、水温、pH、試料の外観や臭気などを記録し、冷暗所に保管してなるべく速やかに検査に供する。

理化学的試験

透視度

透視度とは汚水の清澄度を示すもので、上水試験における濁度に相当する。水質基準の項目にはないが、最も簡便かつ直感的な水質汚染の指標であり、

図11-12　ハイロート採水器

下水等の簡易検査に用いる。

1) 方　法

(1) 器　具：透視度計

(2) 手　順：試料をよく撹拌した後に透視度計(図11-13)に満たし、約1,000 luxの場所で標識板を見ながら検水を徐々に捨て、標識板上の二重の十字が明瞭になった時の水面の高さを読み取る。時間の経過とともに懸濁物質が沈降して透視度が変化するので、検査は速やかに行わなければならない。

浮遊物質(SS)および溶解性蒸発残留物

浮遊物質Suspended Solid；SSとは水中の不溶性不純物で、水質汚濁防止法の排水基準では200 mg/L(日平均150 mg/L)以下、下水道法における放流水の水質基準では40 mg/L以下と定められているほか、環境基本法に基づく河川および湖沼の環境基準にも基準値が定められている。一方、溶解性蒸発残留物とは水に溶けている不揮発性の不純物で、基準値等は定められていないが、汚染の総量を示すものとしてSSとともに用いられることがある。

図11-13　透視度計

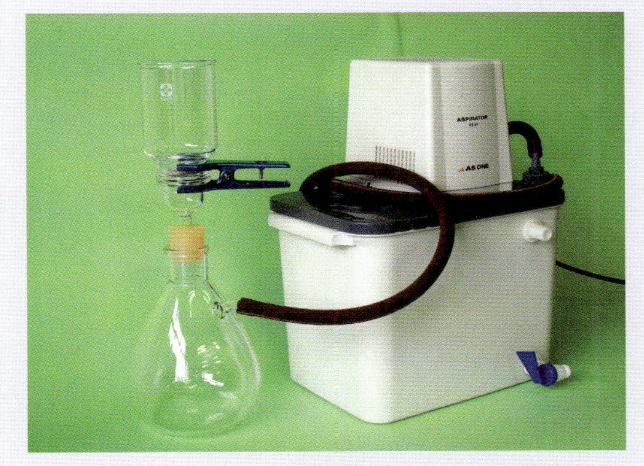

図11-14　吸引ろ過装置

1) 方　法

(1) 器　具

ろ紙(GS-25)、吸引ろ過装置、メスシリンダー、蒸発皿、乾燥器、精密天秤

(2) 手　順

①—ろ紙を吸引ろ過装置(図11-14)に装着して蒸留水で洗浄し、105℃で1時間程度乾燥させた後に0.1 mgまで精秤する。ろ紙の取り扱いには専用のピンセットを用い、持ち運ぶ際にはシャーレに入れるなどする。

②—ろ紙を吸引ろ過装置に装着し、汚染の程度に応じた適当量の試料をろ過する。

③—ろ紙を乾燥させた後に再び精秤し、ろ紙重量の増加と検水量からSSを算出する(単位：mg/L)。

④—次に適当量のろ液を、あらかじめ乾燥させて精秤した蒸発皿に入れて105℃で乾燥させ、重量の増加と検水量から溶解性蒸発残留物を求める。

溶存酸素(DO)

酸素(気体)の水に対する溶解度は、おおむね気圧に比例し(ヘンリーの法則)、温度に反比例する。大気圧における純水の飽和溶存酸素量は、0℃：14.1 mg/L、10℃：10.9 mg/L、20℃：8.8 mg/L、30℃：7.5 mg/Lであるが、溶存酸素は水中の有機物によって消費されるため、水質汚染の指標になる。また、BODの測定や汚水処理施設における曝気状態の観察にも必要である。溶存酸素は水棲生物の生存に必須であり、溶存酸素が低下すると魚介類の生存が阻害され、また嫌気性の発酵などが起こって水が腐敗する。

1. 溶存酸素計

溶存酸素計を用いると簡便に測定できる。

2. ウィンクラー法

1) 原　理

硫酸マンガンはアルカリ性で水酸化マンガンの沈殿を生じるが、これは水中の溶存酸素と速やかに反応してマンガン酸になる。ヨウ素イオンの存在下でこれに硫酸を加えると、溶存酸素と当量のヨウ素を遊離するので、これをチオ硫酸ナトリウムで滴定する。NO_2による妨害を防ぐためにNaN_3を加える。

水酸化マンガンの生成：$MnSO_4 + 2NaOH \rightarrow Mn(OH)_2 + Na_2SO_4$

溶存酸素との反応：$Mn(OH)_2 + O \rightarrow H_2MnO_3$

ヨウ素の遊離：$H_2MnO_3 + 2KI + 2H_2SO_4 \rightarrow MnSO_4 + I_2 + K_2SO_4 + H_2O$

滴定反応：$I_2 + 2Na_2S_2O_3 \rightarrow Na_2S_4O_6 + 2NaI$

2）　機材、試薬

カラーつきふらん瓶（100 mL）、ピペット（1 mL）、三角フラスコ（300 mL）、ビュレット、硫酸マンガン（$MnSO_4$-$4H_2O$ 480 g/L）、アルカリ性ヨウ化カリウム（NaOH 500 g、KI 150 gを水に溶かして1,000 mLとし、NaN3 10 gを40 mLに溶解した液を加える）、硫酸、25 mmol/Lチオ硫酸ナトリウム（Na_2S2O_3-$5H_2O$ 6.2 g、Na_2CO_3 0.2 g/L）、2%デンプン溶液

3）　手　順

①—ふらん瓶に試料を満たし、いったん栓をしてあふれた水は捨てる。

②—試料の中央に硫酸マンガンを1 mLとアルカリ性ヨウ化カリウムを1 mL加える。

③—流しの上で気泡が入らないように素早く密栓し、十分に転倒混和して水酸化マンガンの沈殿を生成させる。

④—硫酸1 mLを水面上から加えてヨウ素を遊離させ、全量を三角フラスコに移す。少量の蒸留水でふらん瓶を洗浄し、その洗液も三角フラスコに加える。

⑤—チオ硫酸ナトリウムで滴定する。淡黄色になってからデンプン溶液を加え、ヨウ素デンプンの青色が消えるまでさらに滴定する。

⑥—滴定量から溶存酸素量を算出する。この際、硫酸マンガンおよびアルカリ性ヨウ化カリウムを加えた分2 mLをサンプル量から差し引かなければならない。

$$DO(mg/L) = \frac{0.2 \times aF \times 1{,}000}{\text{ふらん瓶の容量(mL)} - 2}$$

a：滴定量（mL）、F：チオ硫酸ナトリウムの補正係数（測定法省略）

生物化学的酸素要求量（BOD）

水中の有機物が主に好気性の微生物によって酸化される時に消費される酸素量で、水の有機物汚染の重要な指標となる。一般に水を20℃で5日間遮光培養し、その間の溶存酸素消費量で評価されるが、これは自然界における有機物の分解に近い状態を再現したものである。水質汚濁の原因は、重金属や合成化学物質、窒素やリンなどによる富栄養化など様々であるが、一般に有機物による水質悪化が主である。BODの増加によって溶存酸素が減少すると生物の成育に障害となり、さらに嫌気状態になると、H_2S、NH_3、CH_4などの悪臭のガスが発生する。

1．方　法

1）　機材、試薬

ふらん瓶（カラーつき）、栓つきメスシリンダー（250 mL）、恒温器、溶存酸素測定用器材一式、リン酸緩衝液（K_2HPO_4 2.175 g、KH_2PO_4 0.85 g、Na_2HPO_4-$12H_2O$ 4.46 g、NH_4Cl 0.17 gを100 mLに溶解する）、栄養塩類（$MgSO_4$-$7H_2O$ 2.25 g、$CaCl_2$ 2.75 g、$FeCl_3$-$6H_2O$ 25 mgをそれぞれ100 mLに溶解する）、希釈水（リン酸緩衝液と栄養塩類を蒸留水にそれぞれ0.1%加え、20℃で十分に曝気して用いる。工場排水の測定では希釈水に微生物を植種する場合もある）

2）　手　順

①—試料が20℃以下の場合は、溶存酸素が過飽和の状態なので、水温を22～23℃に上げて数分間曝気した後、20℃まで冷却する。また、試料が酸性またはアルカリ性の場合は中性付近に中和し、残留塩素を含む場合は0.025 mmol/L Na_2SO_3で除去しておく。

②—前処理した試料を250 mLの栓つきメスシリンダーにとり、希釈水で静かに段階希釈する。この際、5日間培養後に溶存酸素が半分程度残るように、試料の汚染状態により適宜希釈倍率を変える。

③—各希釈段階の試料をそれぞれ2本のふらん瓶（図11-15）に入れ、気泡が入らないように密栓する。

④—2本のうち1本は15分後に「DO_0」を測定し、一方は20℃で5日間遮光培養した後に「DO_5」を測定する（DOの測定法参照）。

⑤—「DO_5」が「DO_0」の30～70%になったものにつ

図11-15　BOD用ふらん瓶

いてBODを計算する。ただし、原水においても70%を超えた場合にはその値を採用する。

BOD(mg/L) = $(DO_0 - DO_5)$ × 希釈倍率

化学的酸素要求量(COD)

水中の被酸化物(主に有機物)を酸化剤で酸化した時に消費される酸化剤の量を酸素量に換算したもので、有機物汚染の指標に用いる。同じ水を検査しても、用いる酸化剤の種類、処理方法などによって異なった値を示すため、試験法を明示しなければならない。また、Cl^-、Fe^{2+}、NO_2^-などの無機還元物質や、生物学的に安定な有機物(セルロース等)の影響も受けるためBODの値とは一致しないが、迅速な測定が可能である。

1. 簡易法

簡易水質検査キットを用いることにより、5分間程度でおよその値を知ることができる(図11-16)。

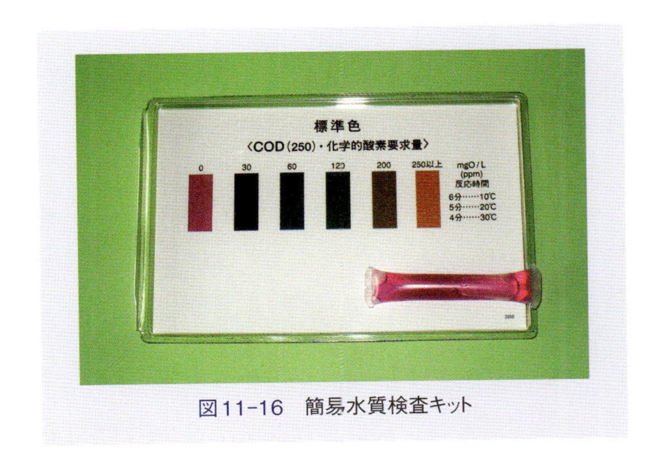

図11-16　簡易水質検査キット

2. 酸性高温過マンガン酸法

1)　原　理

水に過マンガン酸カリウムを加えて水中の被酸化物を酸性高温下で酸化した後に当量のシュウ酸を加えると、残存するシュウ酸量は酸化で消費された過マンガン酸カリウムと等しい。これを過マンガン酸カリウムで逆滴定する。しかし、塩素の多い試料についてはアルカリ性過マンガン酸法を用いる。

酸化反応：$MnO_4^- + 8H^+ + 5e \rightarrow Mn^{2+} + 4H_2O$

適定反応：$2MnO_4^- + 5C_2O_4^{2-} + 16H^+ \rightarrow 2Mn^{2+} + 10CO_2 + 8H_2O$

2)　器具、試薬

三角フラスコ(300 mL)、沸騰水槽、ピペット(5、10 mL)、ビュレット、希硫酸(3倍希釈硫酸に5 mmol/L過マンガン酸カリウムを微紅色が消えずに残るまで加える)、12.5 mmol/Lシュウ酸ナトリウム、5 mmol/L過マンガン酸カリウム、20%硝酸銀

3)　手　順

①—汚染度が高いと思われる試料は、CODが5～10 mg/L程度になるようにあらかじめ希釈する。

②—試料100 mLを三角フラスコにとり、20%硝酸銀を5 mL加えて塩素イオンを除去する。

③—希硫酸を10 mL加えて酸性にし、良く撹拌する。

④—過マンガン酸カリウムを正確に10 mL加え、沸騰水中で正確に30分間加熱する。加熱条件によって酸化度が変わるので、特に注意を要する。

⑤—フラスコを取り出し、直ちにシュウ酸ナトリウム溶液を正確に10 mL加えて脱色させ、過マンガン酸カリウム溶液で微紅色になるまで滴定する。

⑥—別に同様の方法で空試験を行う。

⑦—シュウ酸10 mLをフラスコにとり、蒸留水で適宜希釈した後に希硫酸10 mLを加えて加熱後、直ちに過マンガン酸カリウムで滴定し、過マンガン酸カリウムの補正係数を求める。

⑧—⑤と⑥の滴定量(a mL、b mL)と⑦で求めた補正係数(F)からCODを算出する。

COD(mg/L) = 2 × (a − b) × F

亜硝酸化合物・硝酸化合物

公共用水域の水質汚濁にかかわる排水基準の一つに「アンモニア、アンモニウム化合物、亜硝酸化合物および硝酸化合物」がある。

このうち亜硝酸化合物は日本工業規格K0102の43.1に定める方法(ナフチルエチレンジアミン吸光光度法またはイオンクロマトグラフ法)によって亜硝酸イオン濃度を測定し、換算係数0.3045を乗じて亜硝酸化合物濃度に換算する。また硝酸化合物は、日本工業規格K0102の43.2.1(還元蒸留インドール青吸光光度法)、43.2.3(銅・カドミウムカラム還元−ナフチルエチレンジアミン吸光光度法)または43.2.5(イオンクロマトグラフ法)に定める方法によって硝酸イオン濃度を測定し、換算係数0.2259を乗じて硝酸化合物濃度に換算する。

別にアンモニア性窒素濃度を測定してこれに0.4を乗じた値と、上述の方法で算出された硝酸化合物および亜硝酸化合物の合計量が100 mg/L以下であることが規定されている。

この項目で実習するナフチルエチレンジアミン吸光光度法は感度も高く、特殊な分析機器を必要としないなどの利点がある。

ナフチルエチレンジアミン吸光光度法による亜硝酸イオン濃度の定量

1) 原　理

亜硝酸イオンをスルファニルアミドによってジアゾ化し、さらにN-(1-ナフチル)エチレンジアミンとの反応で生成するアゾ色素の紫赤色について波長540 mm付近の吸光度を測定して亜硝酸イオン濃度を定量する。

2) 試　薬

スルファニルアミド溶液

スルファニルアミド(4-アミノベンゼンスルホンアミド)2 gをHCl60 mLと蒸留水80 mLに溶解し、さらに蒸留水で200 mLとする。

二塩化N-1-ナフチルエチレンジアミンアンモニウム溶液

N-1-ナフチルエチレンジアミン二塩酸塩0.2 gを蒸留水に溶解して200 mLとする(遮光保存で1週間有効)。

亜硝酸ナトリウム標準液(用時調整)

亜硝酸ナトリウムを105〜110℃で4時間加熱し、デシケーター中で放冷する。その1.5 gを蒸留水に溶解して1,000 mLとする(=原液:1 mg NO_2^-/mL)。原液を蒸留水で50倍希釈して20 μg NO_2^-/mLを作製し、さらにこれを10倍希釈して2 μg NO_2^-/mLを作製する。

3) 試験操作

試料の適量(NO_2^-として0.6〜6 μgを含む)をメスシリンダー(栓つき、10 mL容)に採取し、蒸留水で10 mLとする。スルファニルアミド溶液1 mLを添加・混和し、約5分間放置した後、二塩化N-1-ナフチルエチレンジアミンアンモニウム溶液1 mLを添加・混和して約20分間放置する。波長540 mにおける吸光度を測定する。

空試験として蒸留水10 mLをメスシリンダー(栓つき、10 mL容)に採取して、以下同様に操作する。検量線は、2 μg NO_2^-/mLの亜硫酸ナトリウム標準液の3〜30 mLを100 mL容メスフラスコに採取して蒸留水で100 mLにした後、その中からそれぞれ10 mLをメスシリンダー(栓つき、10 mL容)に採取し、以下同様に操作する。得られた検量線から試料中の亜硝酸イオン濃度を算出する。

銅・カドミウムカラム還元−ナフチルエチレンジアミン吸光光度法による硝酸イオン濃度の定量

1) 原　理

硝酸イオンを還元用銅・カドミウムカラムに通すと、定量的に亜硝酸イオンに還元される(亜硝酸イオンは変化しない)。以下、前項と同じ原理で亜硝酸イオン濃度を測定することにより、試料中の硝酸イオンと亜硝酸イオンの合計濃度を求める。

2. 銅・カドミウムカラムの作製

1) 試　薬

(1) 銅・カドミウムカラム充填剤

粒状カドミウム(硝酸態窒素還元用、径0.5〜2 mmのもの)約40 gを容量200 mLの三角フラスコにとり、HCl(1+5=蒸留水5容に対して、HCl1容を加えたもの)約50 mLを加えて振り混ぜた後、洗液を捨て、さらに蒸留水100 mLずつを用いて5回洗浄する。次いで、HNO_3(1+39)約50 mLによる1回洗浄および蒸留水100 mLずつで5回洗浄の後、洗液を捨てる。この操作を2回行った後、蒸留水100 mLを用いて5回洗浄する。

これにカラム活性化液200 mLを加えて24時間放置する(密栓保存)。

(2) カラム活性化液

蒸留水700 mLに水酸化ナトリウム溶液(80 g/L) 70 mLを加え、エチレンジアミン四酢酸二水素二ナトリウム二水和物38 gおよび硫酸銅(Ⅱ)五水和物12.5gを溶解する。この溶液のpHを前述の水酸化ナトリウム溶液を添加してpH7とした後、蒸留水を加えて1,000 mLとする。

(3) 塩化アンモニウム－アンモニア溶液

塩化アンモニウム100 gを蒸留水700 mLに溶解し、アンモニア水50 mLを加え、蒸留水で1,000 mLとする。

(4) カラム充填液

塩化アンモニウム－アンモニア溶液を蒸留水で10倍希釈して用いる。

(5) 硝酸イオン標準液

硝酸カリウムを105～110℃で2時間加熱し、デシケーター中で放冷する。その1.63 gを蒸留水に溶解して1,000 mLとする(原液=1 mg NO_3^-/mL、0～10℃の暗所に保存)。原液を蒸留水で100倍希釈して10 µg NO_3^-/mLを作製する。

2) カラムの作製

図11-17の左)に示すようなガラス管の底部にガラスウールを詰め、カラム充填液を満たして銅・カドミウム充填剤を空気に触れないように流し入れる。上部にガラスウールを詰め、円筒形滴下ロート(図11-17の右)を取りつける。

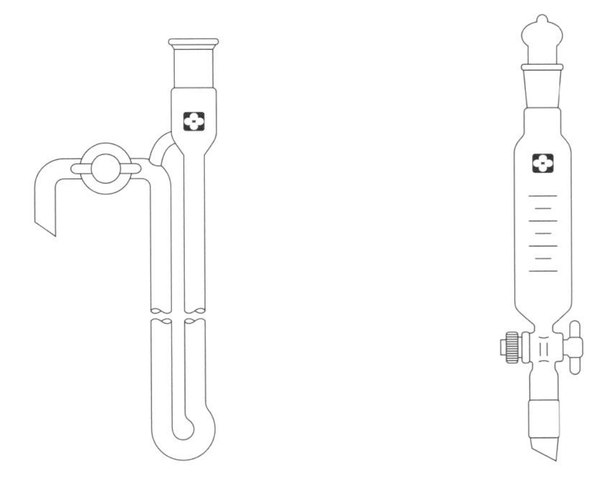

図11-17 左：銅・カドミウムカラム、右：円筒形滴下ロート

次に円筒形滴下ロートから、カラム充填液100 mL、硝酸イオン標準原液(1 mg NO_3^-/mL)の100倍稀釈液200 mL、さらにカラム充填液100 mLの順で、流量約10 L/minで流下させる。充填剤を空気に触れさせてはならない。また、カラムを使用しない時はカラム充填液を満たしておく。

本カラムは使用に伴って劣化して還元率が低下するので、15～20回の使用ごとにカラム活性化液20 mLをカラムに流し、さらにカラム充填液100 mLを流して、カラムの劣化を防止する。

3. 硝酸イオン濃度の測定

1) 試 薬

塩化アンモニウム－アンモニア溶液：前項と同様

スルファニルアミド溶液：亜硝酸化合物の項目と同様

二塩化N-1-ナフチルエチレンジアミンアンモニウム溶液：亜硝酸化合物の項目と同様

亜硝酸ナトリウム標準液：亜硝酸化合物の項目と同様(用時調整)

2) 試験操作

検水の適量(硝酸イオンとして8 µg以上、硝酸イオンと亜硝酸イオンの合量が硝酸イオンとして80 µg以下を含む)を100 mL容メスフラスコにとり、塩化アンモニウム－アンモニア溶液10 mLを加えて、蒸留水で100 mLとする(還元用溶液)。円筒形滴下ロートに還元用溶液を入れ、銅・カドミウムカラム内の液面を充填剤よりわずかに上部に保ちながら、約10 mL/minで流下させ、流出液30 mLを捨てる。還元用溶液を追加して同様に流下し、その後の30 mLを50 mL容メスシリンダーに集める。この流出液から10 mLを共栓つき試験管に採取し、亜硝酸化合物の定量の場合と同様に、スルファニルアミド溶液1 mLを添加・混和し、約5分間放置した後、二塩化N-1-ナフチルエチレンジアミンアンモニウム溶液1 mLを添加・混和して約20分間放置する。波長540 nmにおける吸光度を測定する。検量線は、硝酸イオン標準液(10 µg NO_3^-/mL) 0.8～8 mLを100 mL容メスフラスコに段階的に採取して、蒸留水で100 mLとして、以下、試料の還元用溶液と同様に操作して作製し、試料中硝酸イオン濃度を求める。

試料溶液、標準溶液または蒸留水の一定量

↓ 塩化アンモニウム-アンモニア溶液 10 mL を加え、蒸留水で 100 mL とする。

還元用溶液

↓

銅・カドミウムカラム

↓ 還元用溶液を流し込み、10 mL/min でカラムから溶出液を滴下させる(充填剤を空気に触れさせないこと)。
→溶出液の最初の 30 mL を捨てる。
→還元用溶液を追加しながら、溶出液 30 mL を集める。

溶出液(10 mL)を試験管に採取

↓ スルファニルアミド溶液 1 mL を添加
5 分間放置
ナフチルエチレンジアミン溶液 1 mL を添加
20 分間放置

540 nm の吸光度を測定

3) 計　算

本法で得られた硝酸イオン濃度は、試料に含まれる硝酸イオンを亜硝酸イオンに還元したものと、試料に本来含まれていた亜硝酸イオンの合量としての硝酸イオン濃度である。したがって、試料中の硝酸イオン濃度N(mg NO_3^-/L)を次式により算出する。

$$N = a - b \times 1.348$$

N：硝酸イオン濃度(mg NO_3^-/L)

a：この操作で算出した亜硝酸イオンと硝酸イオンの合量としての硝酸イオン濃度(mg NO_3^-/L)
b：前項の亜硝酸イオンの測定で得られた亜硝酸イオン濃度(mg NO_2^-/L)

亜硝酸イオンを硝酸イオン相当量に換算するには、得られた値に係数1.348(＝62.00÷46.01)を乗ずれば良い。

界面活性剤

洗剤はその主成分である界面活性剤の種類によって、石けんと合成洗剤に区別される。

石けんは、親水基(カルボキシル基等)と親油基(アルキル基等)を有し、高級脂肪酸塩を主成分とする。

一方、合成洗剤は主成分が高級脂肪酸塩以外の界面活性剤を主成分とするものである。非脂肪酸系洗剤の界面活性剤として、陰イオンおよび非陰イオン界面活性剤があるが、家庭で使用される合成洗剤の大部分は陰イオン界面活性剤である。

陰イオン界面活性剤の測定法としては、後述のメチレンブルー比色法以外にも、固相抽出－HPLC法、原子吸光光度法などがある。

メチレンブルー比色法による陰イオン界面活性剤の測定

1) 原　理

陰イオン界面活性剤の主成分であるドデシルベンゼンスルホン酸塩はメチレンブルーと反応して青色の錯化合物を形成する。この錯化合物を有機溶媒で抽出して、吸光光度法で定量する。

2) 試　薬

アルカリ性ホウ酸ナトリウム溶液

ホウ酸ナトリウム($Na_2B_4O_7 \cdot 10\,H_2O$)9.54 gを水に溶かして500 mLとし、0.4%水酸化ナトリウム溶液500 mLを加える。

メチレンブルー溶液

メチレンブルー0.25 gを水に溶かして1,000 mLとする。

クロロホルム

蒸留直後のもの。

陰イオン界面活性剤標準液

ドデシルベンゼンスルホン酸ナトリウム($C_{12}H_{25}C_6H_4SO_3Na$)1.000 gを水に溶かして1,000 mLとする(原液＝1 mg/mL)。作製した標準原液を蒸留水で100倍希釈する(10 μg/mL)。冷蔵保存で1～2週間有効。

3) 試験操作

250 mL容分液ロートAに蒸留水50 mL、分液ロートBに蒸留水100 mLを入れる。それぞれの分液ロートにアルカリ性ホウ酸ナトリウム溶液10 mL、メチレンブルー溶液5 mLとクロロホルム10 mLを加えて激しく振り混ぜる。静置してクロロホルム層を分離して捨てる。さらにクロロホルム2～3 mLを添加して激しく振り混ぜて、クロロホルム層が無色になるまで繰り返し洗う(クロロホルム層は捨てる)。分液ロートBには2.8% H_2SO_4 3 mLを添加する。

pH7に調整した検水(ドデシルベンゼンスルホン酸として100 μg以下を含む)の一定量を分液ロートAに入れ、クロロホルム15 mLを加えて1分間振り混ぜた後、静置してクロロホルム層を分離して、クロロホルム層を分液ロートBに移す。分液ロートBを振り混ぜ、静置してクロロホルム層を分離して、クロロホルム層をあらかじめクロロホルムで潤した脱脂綿を詰めたロートに通してろ過した後、50 mL容メスフラスコに入れる。

分液ロートAにクロロホルム15 mLを加え、同様に振り混ぜて分離したクロロホルム層を分液ロートBに移して、先と同様に操作する。さらにクロロホルム15 Lを用いて同様に操作した後、クロロホルムを用いて50 mL容メスフラスコの標線にあわせる。

この溶液の波長650 nmにおける吸光度を測定する。空試験は検水の代わりに蒸留水を用いて同様に操作したものを用いる。

検量線は、陰イオン界面活性剤標準液0～15mLをとり、検水と同様に操作して波長654mmの吸光度を測定して作成する。

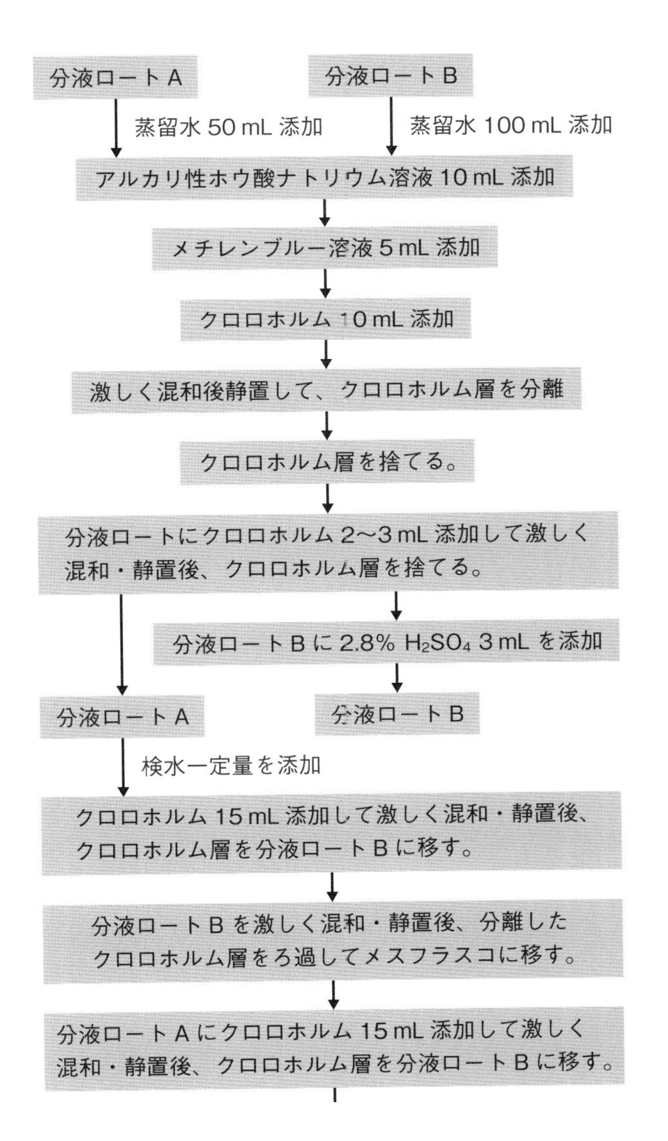

↓

分液ロートBを激しく混和・静置後、分離したクロロホルム層をろ過して先のメスフラスコにあわせる。

↓

メスフラスコ中のクロロホルム層を 50 mL として 650 nm における吸光度を測定する。

ヘキサン抽出物

ヘキサン抽出物質とは、ヘキサン層に分配して溶媒に抽出される物質をいい、主に植物油、動物油、鉱物油およびグリースなどである。他にも炭化水素誘導体、脂肪酸とその誘導体、芳香族化合物などの酸、アルコール、エーテル、エステル、アミン、ニトロ化合物、フェノール類、ハロゲン化炭化水素、農薬、塗料、界面活性剤など多岐にわたる物質がヘキサンに抽出される。

水質汚濁防止法に基づく排水基準では、排水の微生物処理で処理されにくい鉱油類含有量を5 mg/L以下、また動植物油脂類含有量を30 mg/L以下としている。水質汚濁にかかわる環境基準では、海域における生活環境項目について、AおよびB類型で「検出されないこと」と定められている。

重量法による定量

1）　器　具

⑴　採水瓶

容量1,000～2,000 mL容の共栓ガラス瓶をあらかじめヘキサンでよく洗って使用する。

2）　試料の採取

排水が流出している排水口では直接採水するが、水路やピットなどでは全層試料を得るためバンドーン採水器（図11-18）等を用い、底層から表層へ引き上げ速度を加減しながら採水する。採取器中の試料をそのまま使用する。

3）　試験操作

試料を採水器から分液ロートAに移し、採水器をヘキサン30 mLで洗浄した後、ヘキサンを分液ロートAに移す。5分間振盪後、静置してヘキサン層と水層に分離させ、水層は採水器に、ヘキサン層は200 mL容分液ロートBに移す。採水器内部を移した水層で洗浄した後、水層を分液ロートAに戻す。採水器内部をヘキサン30 mLで洗浄した後、ヘキ

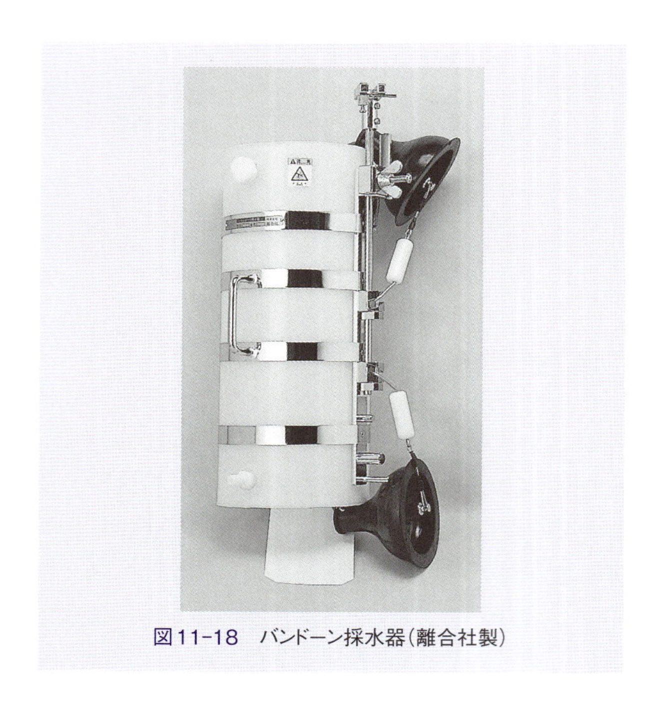

図11-18　バンドーン採水器（離合社製）

サンを分液ロートAに移す。分液ロートAを5分間振盪後、静置してヘキサン層と水層に分離させ、ヘキサン層を分液ロートBに合わせる（水層は捨てる）。

分液ロートBのヘキサン層に蒸留水20 mLを添加して振盪後放置し、水層を捨てる。この水洗をもう一度繰り返し、ヘキサン層に無水Na_2SO_4 3～5 gを添加、混和して脱水する。

得られたヘキサン層を脱脂綿またはろ紙でろ過して、重量既知のヘキサン蒸留容器（ビーカー等）に移し入れる。分液ロートBは少量のヘキサンで洗浄し、このヘキサンも上記ヘキサン蒸留容器にあわせる。ヘキサン蒸留容器を80～85℃のプレート上に置き、ヘキサンを揮散させる。次いで、ヘキサン蒸留容器の外側を清潔な布等で拭き、75～85℃の乾燥機中で正確に30分間乾燥後、デシケーター内に入れ30～60分間以内に秤量して、ヘキサン蒸留容器の前後の重量差を求める。

別に、試験に用いたと同様のヘキサン蒸留容器を用い、同量のヘキサンを入れて同様に乾燥させて、空試験を行う。

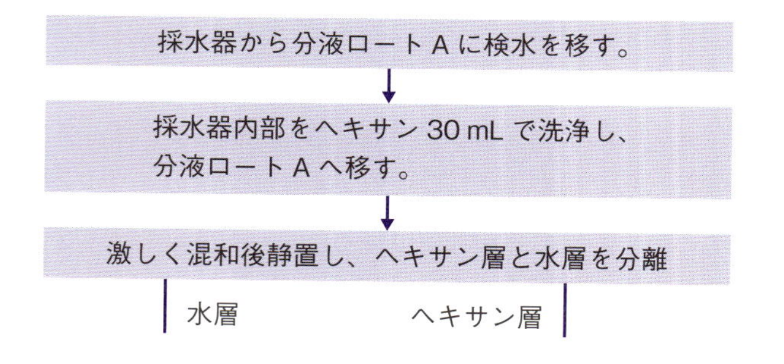

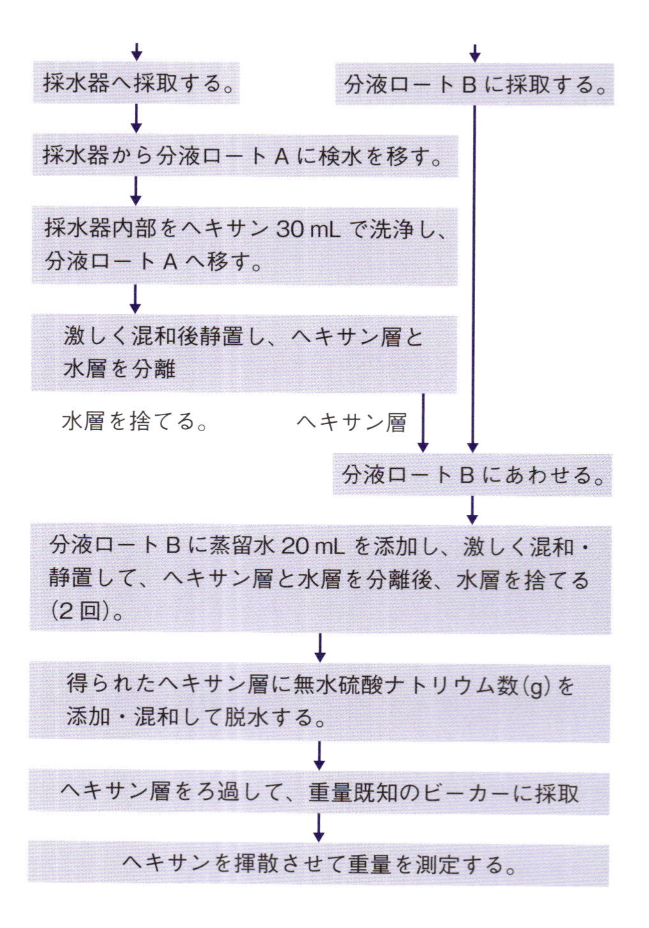

【計算方法】

ヘキサン抽出物質（mg/L）

$$= (W - W_0) \times \frac{1{,}000}{\text{試料(mL)}}$$

W：試料の試験前後のヘキサン蒸発容器の重量差（mg）

W_0：空試験における試験前後のヘキサン蒸発容器の重量差（mg）

各種金属元素の検出

産業の発達と益々進む人口の都市集中化により、下水道に排出される可能性のある有害な物質の種類が多様化する傾向が問題視されている。わが国では、従来より「排水基準」および目標値としての「環境基準」（人の健康の保護に関する環境基準と生活環境の保全に対する環境基準）が定められており、これらの規制の強化とともに、一時期よりは水質汚濁の状況は改善されつつある。しかし、クロロカーボン類のような新しい物質による汚染と並んで、従来から問題視されている生体に有害な各種の金属元素の自然界への放出が完全に止まったというわけではない。これら有害物質による環境汚染に対しては厳重な監視が必要とされている。

試料中の金属元素の測定方法としては、原子吸光法[atomic absorption spectrophotometry；AAS；フレーム型とグラファイト(ファーネス)型]、誘導結合プラズマ発光分光分析法(inductively coupled plasma atomic emission spectrometry；ICP-AES)誘導結合プラズマ質量分析法(inductively coupled plasma mass spectrometry；ICP-MS)、イオンクロマトグラフ(ion chromatograph；IC)法などがある。フレーム型原子吸光装置ではバーナーの炎を用い、グラファイト型原子吸光法ではグラファイトに通じた電流のジュール熱を用いて、試料中の目的元素を原子化する。AASではいずれも光源に、特定元素の波長を放出する中空陰極ランプを置き、その共鳴線を一般的には、アセチレン－空気・フレームにより原子化した蒸気層に透過させる。基底状態にある原子は、その共鳴線のもつエネルギーを吸収して励起状態になるが、その時に吸収するエネルギー量は存在する原子数と比例するので、これをモノクロメーターにより測定して目的元素を定量する。したがって、1波長1元素の測定となる。これに対して、ICP-AESは誘導結合型の高周波プラズマで励起された原子などが基底状態に戻る時に出る特定波長の輝線を、分光器などで選択・増幅することにより、特定元素を定性定量する。したがって、このICP-AESはAASと較べて、検量線の直線範囲が広く多元素同時分析の面で優れているなどいくつかの長所をもつ。分光器に搭載される検出器としては、光電子倍増管(photomultiplier：PMT)が一般的に用いられていたが、近年、電荷移動素子(charge transfer device；CTD)を用いたICP-AESも開発されている。他方、ICP-AESを用いた分析において、金属種(例、アルカリ土類金属)によっては、現在なおその測定方法が確立しておらず感度は悪いとされている。ICP-MSはICP-AESに質量分析の機能を搭載しており、さらに感度は良好である。イオンクロマトグラフ法は上記の方法では難しかった無機の陰イオンを含めて同時に多元素を測定する方法である。

元素を分析する場合には、上記のいずれの方法を用いたとしても、それぞれにおいて元素間の干渉作用があることを忘れてはならない。元素を測定する場合の干渉作用には、分光干渉、化学干渉、イオン化干渉、物理干渉が知られている。ここでは、現在のところ、環境関係で規制されている元素が陽イオンに限るので、以下にAASとICP-AESによる一般的な元素分析方法を示す。

1) 準　備

目的元素測定装置[原子吸光装置、誘導結合プラズマ発光分析装置など]

標準試薬

ドラフト

サーモバス(可変温度設定可能な加熱装置)

2) 測定器具

測定に使用するガラス器具は、パイレックス以上の上質のものを使用するが、測定する元素の種類によっては、石英製の器具を使用する必要性がある。特に、ナトリウム、カリウム、ケイ素などのようにガラス器具から溶出する可能性の高い元素を微量で測定しようとする場合には、石英製の器具を使用することが必須になる。ガラス器具以外の容器は、すべてポリエチレン製のものを使用するのが望ましい。

これらの器具(ガラス器具類、ポリ瓶、ピペットチップなど)はすべて、希塩酸→蒸留水→希硝酸→蒸留水の順で洗浄し風乾する。この洗浄過程では試験管などのガラス器具を入れる容器についても、アルミホイルを含む金属性のすべての物質の使用を避け、プラスチック製あるいはポリエチレン製のものを使用する。風乾した器具は、埃などの侵入を避けて保管する(汚染されていないサンプルパックに入れるか、あるいはラップなどで包み保管する)。

3) 標準試薬

AAS用あるいはICP用に市販されている標準試薬(AAS用の場合には単一元素含有で1,000 ppmあるいは100 ppmが標準である。ICP用は複合元素含有となっている)を、目的元素と測定装置に応じて用意する。この標準試薬を超純水を用いて段階的に希釈し、検量線用の試薬とする。市販の標準試薬はHCl希釈液あるいはHNO_3希釈液となっているので、すべての希釈段階で酸濃度が同一になるように調整する(最近は、HNO_3希釈が一般的である)。希釈した標準試薬は、ポリエチレン製の洗浄済容器に入れ、密封して保管する。低濃度に希釈した標準液は、長期間の保存に耐えないので注意が必要である。

4) 試料の前処理

現在の測定装置において、ある特定の元素を精密に測定しようとする場合には、試料中の元素の状態は無機化されていなければならない。下水においては、ほとんどの物質が溶液中に溶出していると考えられるものの、場合によっては有機物を多量に含むものが放出される危険性は多い。試料中に固体物質あるいは有機物質が含まれたまま測定すると、測定装置の試料導入系を汚染し、測定誤差につながることになるし、最悪の場合には試料導入系を閉鎖してしまうので注意を要する。したがって、前処理を行なうことが望ましい。前処理にはいくつかの方法が考えられる。

有機物の少ない試料の場合：試料を超純水で適当濃度に希釈し、測定用試料として使用する。

有機物の多い試料の場合：この場合には、乾式灰化、湿式灰化、マイクロウエーブによる無機化など、いくつかの方法があるので、目的に応じた処理をする必要性がある。

(1) 乾式灰化法

一定量の試料を陶磁製の容器に入れ、マッフル炉を用いて灰化する。ただし、この方法では試料に対して直接的に高温を負荷するとともにマッフル炉自体の熱媒体であるニクロム線の暴露があり、特定の微量元素の揮発、熱媒体からの汚染が避けられず元素の種類によっては測定結果に支障をきたす。したがって、これらの経緯による無関係な元素を測定する場合には、灰化に要する時間が短時間であるため有効である。最終的には、陶磁製の容器底部に灰化付着した試料を溶媒で希釈し試料とする。

(2) 湿式灰化法

一定量の試料を容器(パイレックス、石英など)に入れる。($H_2SO_4+H_2O_2$ 液)あるいは(HNO_3+HClO_4液)の混合酸液の一定量を試料に加える。酸を加えた後、測定元素の揮発温度を考慮して、測定しようとする特定元素が揮発しない温度[mp(最大負荷温度；melting point)－10℃]で試料を加熱して無機化する。これにより灰化後の試料は白色結晶化する。この無機化に要する時間は、通常の元素(Na、K、Ca、Mg、Li、Cdなど)では180℃で12～48時間程度であるが、Seなどの揮発元素ではより低温で揮発するので、80℃で約2～3週間を要する。最終的に灰化(無機化)した試料を溶媒で希釈し、試料とする。

(3) マイクロウエーブ法

完全に密封した容器内の試料に酸を加えて、これに電磁線を負荷することにより、試料を無機化する。最近、開発された方法である。湿式灰化法に較べて、

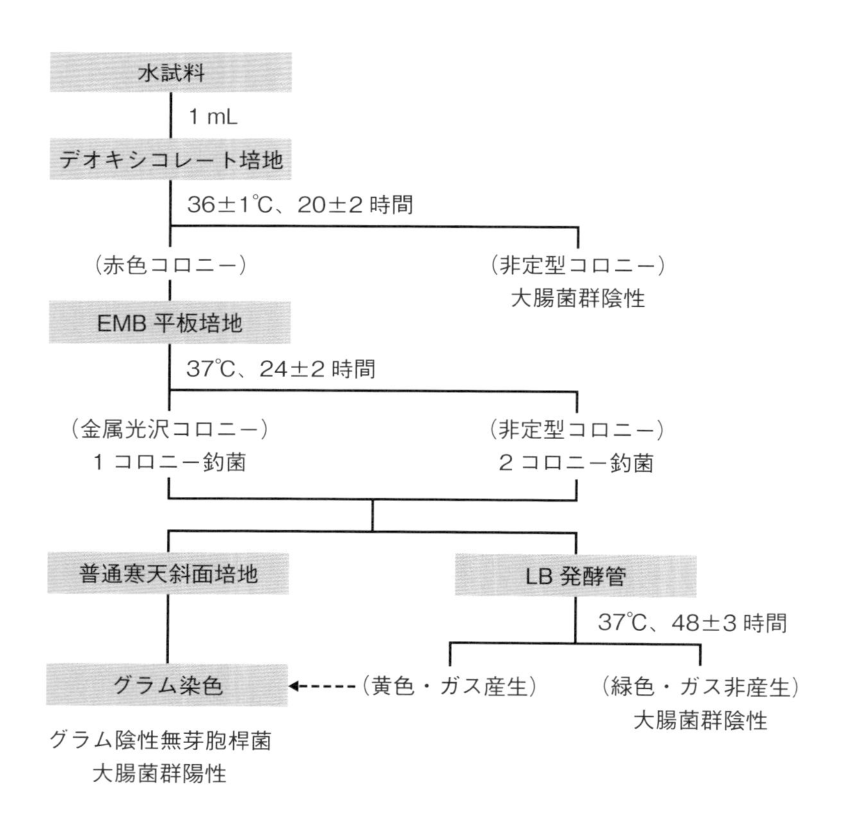

図11-19　大腸菌群の検査法(デオキシコレート培地法)

処理スピードが高速であり(30分/サンプル：仕様説明書)、密閉式であるために揮発性元素の処理にも有効である。現在のところ、実用化されている装置の、1回の処理能力は12サンプル程度である。この方法で無機化した試料についても、他の方法と同様に溶媒で希釈して試料とする。

⑷ 方　法

①—標準試薬中の目的元素をAASあるいはICP-AESで測定し検量線を作成する。

②—①～④のいずれかで作製した試料と試料を入れず試薬のみを添加して作製したBlankに、一定濃度の希硝酸あるいは希塩酸を適当量加えて、同様に目的元素を測定する。

③—検量線からそれぞれの濃度を読みとる。

④—計算

$$試料中の濃度 = \frac{(試料の測定値 - Blankの測定値) \times 希釈倍率}{試料の容量}$$

HCl	塩酸
HNO_3	硝酸
H_2SO_4	硫酸
H_2O_2	過酸化水素
$HClO_4$	塩素酸

細菌検査

公共用下水道、あるいは法律(水質汚濁防止法)で定める「特定施設」から公共用水域に放流される水に関して、理化学的、細菌学的および生物学的水質基準が定められている。根拠となる法律は、公共用下水道に関しては下水道法施行令、特定施設に関しては前述のとおり水質汚濁防止法である(ただし、公共用下水道の中に含まれる終末処理場も、特定施設の中に含まれる)。細菌学的水質基準として定められているのは大腸菌群で、基準値は3,000個/cm^3以下と定められている。

放流水からの大腸菌群検出に関しては、固形培地を用いたデオキシコレート培地法によって行われている(図11-19)。大腸菌群はこの培地上で赤色のコロニーを呈する。

本試験も、①推定試験、②確定試験、③完全試験、の三段階に分けることができる。推定試験で、デオキシコレート培地を用いた菌培養を行う。検水、あるいは希釈したものを1 mL、空の滅菌シャーレに取っておく。これに、加温溶解して50℃に保ったデオキシコレート培地約15 mLを加え、試料と混釈する。培地を室温に静置して培地を固める。さらにその表面に同じ培地、あるいは普通寒天培地2～3 mLを重層し、静置して固める(培地表面のコロニーが大きくなるのを防ぐため)。36±1℃、20±2時間の条件で培養し、赤色コロニーの出現を確認する。得られたコロニーはEMB培地に接種して培養する。以降の過程はLB-BGLB培地法に準じて行う。

付表　χ^2の表

n \ P	0.99	0.95	0.9	0.8	0.7	0.5	0.3	0.2	0.1	0.05	0.02	0.01	0.001
1	0.000157	0.0039	0.016	0.064	0.15	0.46	1.07	1.64	2.71	3.84	5.41	6.64	10.83
2	0.0201	0.103	0.21	0.45	0.71	1.39	2.41	3.22	4.61	5.99	7.82	9.21	13.83
3	0.115	0.352	0.58	1.01	1.42	2.37	3.67	4.64	6.25	7.82	9.84	11.34	16.27
4	0.297	0.711	1.06	1.65	2.20	3.36	4.88	5.99	7.78	9.49	11.67	13.28	18.47
5	0.554	1.145	1.61	2.34	3.00	4.35	6.06	7.29	9.24	11.07	13.39	15.09	20.52
6	0.872	1.635	2.20	3.07	3.83	5.35	7.23	8.56	10.65	12.59	15.03	16.81	22.46
7	1.239	2.167	2.83	3.82	4.67	6.35	8.38	9.80	12.02	14.07	16.62	18.48	24.32
8	1.646	2.733	3.49	4.59	5.53	7.34	9.52	11.03	13.36	15.51	18.17	20.09	26.13
9	2.088	3.325	4.17	5.38	6.39	8.34	10.66	12.24	14.68	16.92	19.68	21.67	27.88
10	2.588	3.940	4.87	6.18	7.27	9.34	11.78	13.44	15.99	18.31	21.16	23.21	29.59
11	3.053	4.575	5.58	6.99	8.15	10.34	12.90	14.63	17.28	19.68	22.62	24.73	31.26
12	3.571	5.226	6.30	7.81	9.03	11.34	14.01	15.81	18.55	21.03	24.05	26.22	32.91
13	4.107	5.892	7.04	8.63	9.93	12.34	15.12	16.99	19.81	22.36	25.47	27.69	34.53
14	4.660	6.571	7.79	9.47	10.82	13.34	16.22	18.15	21.06	23.69	26.87	29.14	36.12
15	5.229	7.261	8.55	10.31	11.72	14.34	17.32	19.31	22.31	25.00	28.26	30.58	37.70
16	5.812	7.962	9.31	11.15	12.62	15.34	18.42	20.47	23.54	26.30	29.63	32.00	39.25
17	6.408	8.672	10.09	12.00	13.53	16.34	19.51	21.62	24.77	27.59	31.00	33.41	40.79
18	7.015	9.390	10.87	12.86	14.44	17.34	20.60	22.76	25.99	28.87	32.35	34.81	42.31
19	7.633	10.117	11.65	13.72	15.35	18.34	21.69	23.90	27.20	30.14	33.69	36.19	43.28
20	8.260	10.851	12.44	14.58	16.27	19.34	22.78	25.04	28.41	31.41	45.02	37.57	45.32
21	8.890	11.591	13.24	15.45	17.18	20.34	23.86	26.17	29.62	32.67	36.34	38.93	46.80
22	9.542	12.338	14.04	16.31	18.10	21.34	24.94	27.30	30.81	33.92	37.66	40.29	48.27
23	10.196	13.091	14.85	17.19	19.02	22.34	26.02	28.43	32.01	35.17	38.97	41.64	49.73
24	10.856	13.848	15.66	18.06	19.94	23.34	27.10	29.55	33.20	36.42	40.27	42.98	51.18
25	11.524	14.611	16.47	18.94	20.87	24.34	28.17	30.68	34.38	37.65	41.57	44.31	52.62
26	12.198	15.379	17.29	19.82	21.97	25.34	29.25	31.80	35.56	38.89	42.86	45.64	54.05
27	12.879	16.151	18.11	20.70	22.72	26.34	30.32	32.91	36.74	40.11	44.14	46.96	55.48
28	13.565	16.928	18.94	21.59	23.65	27.34	31.39	34.03	37.92	41.34	45.12	48.28	56.89
29	14.256	17.708	19.77	22.48	24.58	28.34	32.46	35.14	39.09	42.56	46.69	49.59	58.30
30	14.953	18.493	20.60	23.36	25.51	29.34	33.53	36.25	40.26	43.77	47.96	50.89	59.72

n＝自由度

付表　全乳の比重補正表

牛乳比重計示度	牛乳温度 10	11	12	13	14	15	16	17	18	19	20	21	22	23	24	25
14	13.4	13.5	13.6	13.7	13.8	14.0	14.1	14.2	14.4	14.6	14.8	15.1	15.2	15.4	15.6	15.8
15	14.4	14.5	14.6	14.7	14.8	15.0	15.1	15.2	15.4	15.6	15.8	16.1	16.2	16.4	16.6	16.8
16	15.4	15.5	15.6	15.7	15.8	16.0	16.1	16.3	16.5	16.7	16.9	17.1	17.3	17.5	17.7	17.9
17	16.4	16.5	16.6	16.7	16.8	17.0	17.1	17.3	17.5	17.7	17.9	18.1	18.3	18.5	18.7	18.9
18	17.4	17.5	17.6	17.7	17.8	18.0	18.1	18.3	18.5	18.7	18.9	19.1	19.3	19.5	19.7	19.9
19	18.4	18.5	18.6	18.7	18.8	19.0	19.1	19.3	19.5	19.7	19.9	20.1	20.3	20.5	20.7	20.9
20	19.0	19.4	19.5	19.6	19.8	20.0	20.1	20.3	20.5	20.7	20.9	21.1	21.3	21.5	21.7	21.9
21	20.3	20.4	20.5	20.6	20.8	21.0	21.2	21.4	21.6	21.8	22.0	22.2	22.4	22.6	22.8	23.1
22	21.3	21.4	21.5	21.6	21.8	22.0	22.2	22.4	22.6	22.8	23.0	23.2	23.4	23.6	23.8	24.1
23	22.3	22.4	22.5	22.6	22.8	23.0	23.2	23.4	23.6	23.8	24.0	24.2	24.4	24.6	24.8	25.1
24	23.3	23.4	23.5	23.6	23.8	24.0	24.2	24.4	24.6	24.8	25.0	25.2	25.4	25.6	25.8	26.1
25	24.2	24.3	24.5	24.6	24.8	25.0	25.2	25.4	25.6	25.8	26.0	26.2	26.4	26.6	26.8	27.1
26	25.2	25.3	25.5	25.6	25.8	26.0	26.2	26.4	26.6	26.9	27.1	27.3	27.5	27.7	27.9	28.2
27	26.2	26.2	26.5	26.6	26.8	27.0	27.2	27.4	27.6	27.9	28.2	28.4	28.6	28.8	29.0	29.3
28	27.1	27.2	27.4	27.6	27.8	28.0	28.2	28.4	28.6	28.9	29.2	29.4	29.6	29.9	30.1	30.4
29	28.1	28.2	28.4	28.6	28.8	29.0	29.2	29.4	29.6	29.9	30.2	30.4	30.6	30.9	31.2	31.5
30	29.0	29.2	29.4	29.6	29.8	30.0	30.2	30.4	30.6	30.9	31.2	31.4	31.6	31.9	32.2	32.5
31	30.0	30.2	30.4	30.6	30.8	31.0	31.2	31.4	31.7	32.0	32.3	32.5	32.7	33.0	33.3	33.6
32	31.0	31.2	31.4	31.6	31.8	32.0	32.2	32.4	32.7	33.0	33.3	33.6	33.8	34.1	34.4	34.7
33	32.0	32.2	32.4	32.6	32.8	33.0	33.2	33.4	33.7	34.0	34.3	34.6	34.9	35.2	35.5	35.8
34	32.9	33.1	33.3	33.5	33.8	34.0	34.2	34.4	34.7	35.0	35.3	35.6	35.9	36.2	36.5	36.8
35	33.8	34.0	34.2	34.4	34.7	35.0	35.2	35.4	35.7	36.0	36.3	36.6	36.9	37.2	37.5	37.8

付録　主な化合物の化学式一覧

化学式	化合物名
NaN_3	アジ化ナトリウム
$NaNO_2$	亜硝酸ナトリウム
$CuSO_3 \cdot 5H_2O$	亜硫酸銅(5水和塩)
NH_4Cl	塩化アンモニウム
KCl	塩化カリウム
$NaCl$	塩化ナトリウム
$CaCl_2$	塩化カルシウム
$FeCl_3$	塩化第二鉄
$MgCl_2$	塩化マグネシウム
$AgCl$	塩化銀
HCl	塩酸
H_2O_2	過酸化水素
$KMnO_4$	過マンガン酸カリウム
K_2CrO_4	クロム酸カリウム
Ag_2CrO_4	クロム酸銀
KBr	臭化カリウム
$K_2Cr_2O_7$	重クロム酸カリウム
$Na_2C_2O_4$	シュウ酸ナトリウム
HNO_3	硝酸
KNO_3	硝酸カリウム
$AgNO_3$	硝酸銀
$NaNO_3$	硝酸ナトリウム
KOH	水酸化カリウム
$NaOH$	水酸化ナトリウム
$Ba(OH)_2$	水酸化バリウム
K_2CO_3	炭酸カリウム
$NaHCO_3$	炭酸水素ナトリウム
Na_2CO_3	炭酸ナトリウム
$Na_2S_2O_3 \cdot 5H_2O$	チオ硫酸ナトリウム(5水和塩)
KF	フッ化カリウム
NaF	フッ化ナトリウム
H_3BO_3	ホウ酸
$Na_2B_4O_7$	ホウ酸ナトリウム
KI	ヨウ化カリウム
NaI	ヨウ化ナトリウム
KIO_3	ヨウ素酸カリウム
H_2S	硫化水素
H_2SO_4	硫酸
$ZnSO_4 \cdot 7H_2O$	硫酸亜鉛(7水和塩)
$(NH_4)_2SO_4$	硫酸アンモニウム
K_2SO_4	硫酸カリウム
$FeSO_4 \cdot 7H_2O$	硫酸第一鉄(7水和塩)
$CuSO_4$	硫酸銅
Na_2SO_4	硫酸ナトリウム
$MgSO_4$	硫酸マグネシウム
$MnSO_4$	硫酸マンガン
K_2HPO_4	リン酸水素二カリウム
Na_2HPO_4	リン酸水素二ナトリウム
KH_2PO_4	リン酸二水素カリウム

索　引

あ

亜硝酸塩 …… 23-24
亜硝酸化合物 …… 192
亜硝酸態窒素 …… 175
アスコリー反応 …… 122
アスマン通風乾湿計 …… 154
アニサキス症 …… 145-146
アフラトキシン …… 15
アフリカ睡眠病 …… 149
アフリカトリパノソーマ症 …… 149
アメリカトリパノソーマ症 …… 148
亜硫酸ビスマス培地 …… 59
アルカリ性ペプトン水 …… 34,57,58,59
アルギニンジヒドロラーゼ …… 59
アルコールテスト …… 71-73
アレナウイルス感染症 …… 114

い

胃アニサキス症 …… 145
イオンクロマトグラフ法 …… 175
一類感染症 …… 96
一酸化炭素 …… 164
一種病原体等 …… 98
一般細菌数 …… 4
犬糸条虫 …… 149
犬流産菌 …… 131
イムノクロマト法 …… 62
インフルエンザ …… 109-111
飲料水 …… 173-184

う

ウエストナイル熱 …… 113
ウエストナイル脳炎 …… 113
ウェルシュ菌 …… 47-50
牛海綿状脳症 …… 80
牛型菌 …… 129
牛流産菌 …… 131

え

エキノコックス症 …… 146-148
エチレンオキシド …… 28
エボラ出血熱 …… 115
エルシニア･エンテロコリチカ …… 56-58
エロモナス･ソブリア …… 58
エロモナス･ヒドロフィラ …… 58
塩化物イオン …… 176
塩素要求量 …… 177
エンテロトキシン …… 40,43,47,48
遠藤培地 …… 6

お

黄色ブドウ球菌 …… 40-43
嘔吐毒 …… 50
黄熱 …… 113
オウム病 …… 132-136
オウム病クラミジア …… 132
オキシドール …… 27
オルトフタルアルデヒド …… 27
温度 …… 154

か

回収率 …… 23
回虫症 …… 149
界面活性剤 …… 194
化学的酸素要求量 …… 191
顎口虫症 …… 150
各種金属元素 …… 196-197
過酢酸 …… 27
過酸化水素 …… 27
過酸化物価 …… 18
カタ温度計 …… 157
家畜伝染病予防法 …… 102
過マンガン酸カリウム消費量 …… 185
肝吸虫症 …… 150
乾湿球温度計 …… 156
乾湿計 …… 156
緩衝ペプトン水 …… 35,36
寒天ゲル内沈降反応 …… 111
寒天平板希釈法 …… 139
カンピロバクター …… 52-56
甘味料 …… 24

き

気温 …… 154
危害分析 …… 29
危機的許容限界 …… 29
気湿 …… 156
気動 …… 157
揮発性塩基窒素 …… 14
揮発性窒素 …… 14-15
狂犬病 …… 104-107
狂犬病予防法 …… 99

気流 157

く

クックドミート培地 46
グランピングファクター試験 42
クリプトスポリジウム症 149
クリミア·コンゴ出血熱 114
グルタルアルデヒド 27
クレゾール 27
クロモアガー 35
クロラムフェニコール
添加ポテト 12
クロルヘキシジン 27

け

下水·汚水 188-199
血液寒天培地 120
結核 129-130
結合水 15
血清型別 37
ゲルベル法 65,67
嫌気培養装置 50
検体 3
検知管法 166-168
原虫性人獣共通感染症 148-149

こ

コアグラーゼ試験 42
公共浴用水 184-188
高速液体クロマトグラフィー 13
抗体検査 95
公定法 2
硬度 174
香料 24
五類感染症 97
コレラ菌 58
コンウェイ拡散器 15,16,17

さ

細菌性赤痢 138
最高最低温度計 155
サキシトキシン 85
サバクキネズミ流産菌 131
サルコシスチス症 149
サル痘 116
サルモネラ属菌 35-38
酸化 18
三種病原体等 98
酸度 68-69
サンプリング 3
残留塩素 176
残留抗菌性物質 79-80
残留農薬 19-23
三類感染症 97

し

次亜塩素酸ナトリウム 26
自己温度計 155
湿度 156
指定感染症 97
自動酸化 17
指標細菌 4
シモンズ·クエン酸培地 39
シャーガス病 148
住血吸虫症 150
重症急性呼吸器症候群 116
自由水 15
修正有効温度 158
住肉胞子虫症 149
重要管理点 29
硝酸化合物 192
硝酸態窒素 175
照度 159,166
消毒 26
食品添加物 24
飼料添加物 19
新感染症 97
真菌 12
人獣共通感染症
診断と届出義務 96-99
診断の意義 92-93
診断の手法 93-94
特色 92-93
振動 171
新標準有効温度 158

す

水分活性 15
スキロー 54

せ

生菌数 4
生物化学的酸素要求量 190
石酸炭 27
赤痢菌 58
セジメントテスト 69-70
赤血球凝集阻止試験 111
セレウス菌 49-52
セレナイト培地 59
洗浄 25-26
蠕虫性人獣共通感染症 149-150,156
鮮度検査 88
鮮度試験 82
旋毛虫症 150
全有機炭素量 178

そ

騒音 171
総菌数 74-76

た

大腸菌群 6,8,76-77,187-188
耐熱性溶血毒素 33
ダニ媒介性脳炎 113

多包条虫 146,147
炭疽 117-124
単包条虫 146,147

ち

チフス菌 59
着色料 24-25
腸アニサキス症 146
腸炎ビブリオ 33-34
腸管凝集接着性性大腸菌 38,40
腸管出血性大腸菌 38,40
腸管侵入性大腸菌 38,40
腸管毒素性大腸菌 38,40
腸管病原性大腸菌 38,40
腸炭疽 118
直接鏡検 121

つ

ツベルクリン反応 95,130

て

ディスク拡散法 140
定量限界 23
デオキシニバレノール 13
テキストロース寒天(PDA)培地 12
デジタル温湿度計 157
デソキシコレート・クエン酸塩寒天培地 59
テトラチオネート培地 35
テトロドトキシン 82,84
電気式温度計 155
伝達性海綿状脳症検査法 80-81

と

透視度 188
動物用医薬品 19
トキソプラズマ症 143-145
トリクロサン 27
トリヒナ症 150

な

南米型出血熱 114

に

二酸化硫黄 161
二酸化炭素 165
二酸化窒素 163
二種病原体等 98
日本脳炎 107-109
乳脂率 65-66
乳糖ブイヨン培地 6,8
ニューマン染色液 76
ニューマン染色法 74
二類感染症 97

ね

猫ひっかき病 127-129
熱線風速計 158

の

農薬 19
ノロウイルス 60-62

は

パールテスト 122,123
肺吸虫症 150
肺炭疽 118
ハウユニット 88
薄層クロマトグラフィー 13,25
暴露後免疫 105
パスツレラ症 124-127
パスツレラ属菌 124
バツラー 54
パツリン 13
バブコック法 65
パラチウスA菌 59
ハロゲン化合物 26
バンコマイシン耐性腸球菌 141
ハンタウイルス感染症 114

ひ

Bウイルス感染症 112
ビグアナイト類 27
比重 64-65
比重計 65
羊流産菌 131
非定型抗酸菌症 136
ヒト型菌 129
皮膚炭疽 118
ビブリオ寒天培地 58
ビブリオ・フルビアリス 58
標準平板培養法 4
標準法 2
微好気培養 54

ふ

ファージテスト 122
フェノール 27
フォーゲル包条虫 146
不快指数 159
輻射熱 158
フグ毒 82-85
豚丹毒 136
豚流産菌 131
浮遊細胞数 169
浮遊真菌数 170
浮遊物質 189
フラビウイルス感染症 113
ブリード法 74-76
プリオン病 80
ブルセラ症 131-132
プレシオモナス・シゲロイデス 58

プレストン 54
糞線虫症 149
糞便系大腸菌群 6,8,188

へ

ベアード・パーカー卵黄寒天培地 43
β-ラクタマーゼ酸生菌 141
ペーパーディスク法 79-80
ヘキサクロロフェン 27
ヘキサン抽出物 195
ヘニパウイルス感染症 115
ベロ毒素 40
変異原性試験 180-183
変敗 17

ほ

棒状温度計 154
ホスファターゼテスト 70-71
保存料 24
ボツリヌス菌 44-47
ボツリヌス毒素 44
ボルトン 54
ホルムアルデヒド 26

ま

マールブルグ病 115
マスターテーブル 32
マッコンキー寒天培地 38,59
マトリクス効果 23
麻痺性貝毒 85-87
マルタ熱菌 131
マンニット食塩寒天培地 43

む

無脂乳固形分 67-68
無鉤条虫症 28,150

め

メチシリン耐性黄色ブドウ球菌 141
滅菌 26,27-28

も

毛髪湿度計 156

や

薬剤感受性試験 139
薬剤耐性菌 138
野兎病 136
ヤマネコ包条虫 146

ゆ

有効温度 158
有鉤条虫症 150

よ

陽イオン界面活性剤 27
溶解性蒸発残留物 189
ヨウ素系消毒薬 26
溶存酸素 189
四種病原体等 98
四類感染症 97

ら

ライム病 137
落下細胞数 168
ラッサ熱 114
ラパポート・バシリアディス培地 35
卵黄加CW寒天培地 48
卵黄係数 88
卵黄反応 42
卵白係数 88

り

リーシュマニア症 149
リステリア症 137
リステリア・モノサイトゲネス 58
リフトバレー熱 113
粒子状物質 168
両面活性剤 27

れ

レーゼゴットリーフ法 65
レサズリン還元試験 78
レプトスピラ病 137

ろ

ロット 3

欧文

Acid Value 18
ALOA培地 60
Ames法 180
Anisakis 145
Aspergillus 13
Aw 15
Bacillus anthracis 117
Bartonella henselae 127
BGLB培地 6
BOD 190
Bolton 54
Borrelia afzelii 137
Borrelia burgdorferi 137
Borrelia garinii 137
Borrelia japonica 137
Brucella abortus 131
Brucella canis 131
Brucella melitensis 131
Brucella neotomae 131
Brucella ovis 131

Brucella suis ······ 131
Butzler ······ 54
Cary-Blair輸送培地 ······ 37
CBI寒天培地 ······ 46
cereulide ······ 50
Chlamydophila psittaci ······ 132
CHROMagar Listeria ······ 60
CIN寒天培地 ······ 57
COD ······ 191
Critical Control Point ······ 29
CT-SMAC培地 ······ 39
DCLS寒天培地 ······ 59
DHL寒天培地 ······ 35,59,60
DHL培地 ······ 38
DHX寒天培地 ······ 60
Duncan and Strong培地 ······ 49
EAEC ······ 38,40
Echinococcus ······ 146
Echinococcus granulosus ······ 146
Echinococcus multilocularis ······ 146
Echinococcus oligarthrus ······ 146
Echinococcus vogrli ······ 146
EC培地 ······ 8
EHEC ······ 38,40
EIEC ······ 38,40
EMB培地 ······ 6,8
EPEC ······ 38,40
Erysipelothrix rhusiopahiae ······ 136
Erysipelothrix tonsillarum ······ 136
ESサルモネラ寒天培地II ······ 35
ETEC ······ 38,40
Fisherの直接確立検定法 ······ 32
Francisella tularensis ······ 136
Fraser培地 ······ 60
Fusarium ······ 13
GAM寒天培地 ······ 47
GC／MS ······ 20
GPセンター ······ 89
HACCP ······ 29
half Fraser培地 ······ 60
Hazard Analysis ······ 29
HPLC ······ 13
IMViC試験 ······ 9
intimin ······ 40
LAMP法 ······ 56
Leptopira ······ 137
LIM培地 ······ 37,39
Listeria monocytogenes ······ 137
Loffer液 ······ 74,76
mCCDA培地 ······ 54
MLCB寒天培地 ······ 35
MPN値 ······ 8
Mycobacterium avium-intracellulare complex ······ 136
Mycobacterium bovis ······ 129
Mycobacterium kansasii ······ 136
Mycobacterium marinum ······ 136
Mycobacterium tuberculosis ······ 129
MYP寒天培地 ······ 51,52
NGKG寒天培地 ······ 51,52
Oxford寒天培地 ······ 60
PALCAM寒天培地 ······ 60
Pasteurella canis ······ 124
Pasteurella dagmatis ······ 124
Pasteurella multocida ······ 124
Pasteurella stomatis ······ 124
PCR法 ······ 46,48
Penicillium ······ 13
PLET寒天培地 ······ 120
PLテスト ······ 73
PMT寒天培地 ······ 58
PMV ······ 159
Preston ······ 54
Rec Assay ······ 184
RT-PCR法 ······ 61
SARS ······ 116
Shigella ······ 138
SIM培地 ······ 59
Skirrow ······ 54
SS寒天培地 ······ 59
TCBS寒天培地 ······ 34,58,59
Terranova ······ 145
TLC ······ 13
Toxoplasma gondii ······ 143
TSI寒天培地 ······ 37,54,59
TSI培地 ······ 39
TTCテスト ······ 79
UVM培地 ······ 60
Validation ······ 22
Vibrio parahaemolyticus ······ 33
VYE寒天培地 ······ 57
WBGT指数 ······ 159
XLD寒天培地 ······ 59
XLD培地 ······ 35
Yatesの補正式 ······ 32

新版 獣医公衆衛生学実習

定価（本体 4,800 円＋税）

2016 年 2 月 24 日　第 1 版第 1 刷
2018 年 8 月 21 日　第 1 版第 2 刷
2022 年 2 月 8 日　第 1 版第 3 刷
2024 年 10 月 23 日　第 1 版第 4 刷

著者承認
検印省略

編　者　獣医公衆衛生学教育研修協議会
発行者　山口勝士
発行所　株式会社学窓社
〒113-0024　東京都文京区西片 2-16-28
編集部　03（3818）8701
http://www.gakusosha.com
印刷・製本　株式会社シナノパブリッシングプレス

ISBN 978-4-87362-751-9